中国科学院大学研究生教材系列

# 高能物理科学大数据系统与应用

程耀东　汪　璐　李海波　著

科学出版社

北　京

# 内 容 简 介

本书介绍了高能物理领域的实验数据存储和管理技术,全面讲解了数据管理体系架构、海量存储系统的设计与实现、跨地域分布式数据管理、面向事例的数据库、数据长期保存与共享等关键技术。特别强调了如何应对高能物理大科学装置所带来的海量数据管理挑战,包括分布式处理、深度数据挖掘与科学数据的开放共享。通过案例分析和实际应用,展示了科学大数据管理在高能物理研究中的重要性与实际解决方案。

本书适合从事高能物理、大数据管理、科学数据存储与处理的工程技术人员、科研人员及研究生阅读。特别适合在高能物理实验、大型科学项目、数据存储与处理系统设计方面有需求的专业人士,对于希望深入了解大规模数据管理及其在科学研究中的应用的读者具有较大的参考价值。

图书在版编目(CIP)数据

高能物理科学大数据系统与应用 / 程耀东, 汪璐, 李海波著. —— 北京 : 科学出版社, 2025.3
中国科学院大学研究生教材系列
ISBN 978-7-03-077880-2

Ⅰ. ①高… Ⅱ. ①程… ②汪… ③李… Ⅲ. ①高能物理学－实验－数据管理－研究生－教材 Ⅳ. ①O572-39

中国国家版本馆 CIP 数据核字(2024)第 025315 号

责任编辑:任 静 / 责任校对:胡小洁
责任印制:师艳茹 / 封面设计:蓝正设计

科学出版社 出版
北京东黄城根北街 16 号
邮政编码:100717
http://www.sciencep.com

涿州市殷润文化传播有限公司印刷
科学出版社发行 各地新华书店经销
*

2025 年 3 月第 一 版 开本:787×1092 1/16
2025 年 3 月第一次印刷 印张:20 1/4
字数:492 000
定价:**168.00 元**
(如有印装质量问题,我社负责调换)

# 前　言

当前，随着大规模科学研究以及互联网、物联网等的快速发展，结构化、半结构化、非结构化数据大量涌现，数据的产生不受时间和空间的限制，引发了数据爆炸式增长，数据类型繁多且复杂，已经超越了传统数据管理系统和处理模式的限制，人类开启了大数据时代的新航程。

科学数据是国家科技创新发展和经济社会发展的重要基础性战略资源。近年来，我国科技创新能力不断提升，科学数据产生越来越多，而且质量大幅提高。海量科学数据给高能物理、天文学、空间科学、地球科学、生命科学、医学等多个学科领域的科研活动带来了前所未有的影响，科学研究方法发生了重要变革，进入继实验、理论、仿真之后的"第四范式——数据密集型科学发现"。第四范式科研已经在物理和天文、生物和医学、气象和环境方面取得了很大进展，同时在科学数据的管理方面也面临着新的挑战。

众多的科学研究和工程应用产生和处理的数据量越来越大，单一的项目往往可以达到 PB 甚至 EB 数量级。位于欧洲核子研究中心的大型强子对撞机（Large Hadron Collider, LHC）自投入运行以来，探测器无时无刻不在产生海量的实验数据，目前累积的数据量已经超过了 1000PB，并将在升级后的 HL-LHC 阶段，每年产生 1000PB 以上的数据。天文大科学工程平方公里阵列（Square Kilometer Array, SKA）在建设的第一阶段每年传输到数据中心的科学数据达到每年 300 PB。大型高海拔空气簇射观测站（Large High Altitude Air Shower Observatory, LHAASO）项目建设在四川省海子山上，目前已经开始运行，每年产生 10PB 的原始数据。数据规模和数据复杂度不断扩大给科学数据管理带来了巨大的挑战，大规模数据管理需要高效存储、放置、调度 PB 级甚至 EB 级的数据，同时在数据计算和处理过程中能够保证中间数据的容错，以避免计算任务的失败，缩短计算任务的完成时间。

高能物理学研究深层次微观世界中物质结构的性质、这些物质相互转化的现象，以及产生这些现象的原因和规律。同时，利用微观粒子的性质还可以研究宇宙的起源和演化等前沿科学课题。高能物理研究往往需要大科学装置，比如大型强子对撞机、江门中微子实验站、高海拔宇宙线观测站等，这些大科学装置产生了海量的科学数据。如何从这些庞大的数据中剔除干扰信息，提取识别出有用的信息并进行高效的处理，是现代科学研究急需解决的问题之一。由于庞大的数据量以及国际合作的需要，国际上的高能物理和天文实验还建立了分布式的数据处理模式，即将数据分发到全球合作单位的数据中心进行共享开放以及分析，这就需要全局统一的大数据管理系统。此外，随着探测技术的不断进步和发展，人类天文观测已经进入了"多信使天文学"的时代，即使用电磁波、引力波、中微子、宇宙线等信使对宇宙进行观测，这就需要对多种数据源进行联合分析和深度挖掘，对科学大数据的管理也提出了新的要求。

科学大数据除了具有传统的大数据特点，包括数据容量巨大、数据类型多、价值密度低、处理速度快、数据真实性等，还具有数据的高度不确定性、不可重复性、高维特性以及科学原理模型的复杂性等其他特点。针对高能物理大科学装置的需求，科学大数据还需要进行分布式处理、深度数据挖掘以及长期保存等任务。因此，高能物理科学大数据管理是一门多学科交叉的综合性学科，实现先进的大数据处理技术与高能物理科学研究的深度融合。

本书结合多个高能物理实验的数据管理系统实践，全面介绍高能物理领域的实验数据存储和管理技术，包括数据管理体系架构、基于磁盘和磁带的海量存储系统、跨地域的分布式数据管理、面向事例的数据库、数据保存和开放共享以及先进技术展望等，引导读者理解实验数据存储和管理的需求和科学数据管理系统的设计思想，并掌握书中介绍的相关工具、技术和解决方案，解决高能物理大科学工程中的实际数据管理问题，相信本书能对从事科学大数据管理及相关技术的研究人员和工程技术人员有所帮助。

全书共分为 11 章，在成书过程中得到了中国科学院大学核科学与技术学院、中国科学院高能物理研究所计算中心以及国家高能物理科学数据中心领导以及师生的热心支持，本书使用了大量实验室的资料，在此表示衷心的谢意。本书获得中国科学院大学教材出版中心资助出版。

由于作者水平有限，书中难免存在不足之处，敬请读者批评指正。

作 者

2024 年 11 月于北京

# 目　　录

# 第 1 章　科学大数据基础

## 1.1　大数据基本概念

### 1.1.1　大数据产生

物联网、云计算、移动互联网、手机与平板电脑、PC 以及遍布各个角落的各种各样的传感器，随时随地都在产生大量的数据。世界上所产生的新数据，包括位置、状态、观测过程和行动等产生的数据都汇入了数据洪流之中，从而导致数据洪流席卷互联网。归纳起来，大数据的来源分为两大类：一类来自互联网世界；另一类来自物理世界。

首先，大数据是计算机和互联网结合的产物，计算机实现了数据的数字化，互联网实现了数据的网络化。随着互联网、物联网等不断渗透到我们的生活和工作中，新的数据正在以指数级别的速度产生，目前世界上 90%的数据是在互联网出现以后产生的。来自互联网的数据包括文字、图片、视频、日志、网页以及结构化数据等。比如：互联网每天产生的全部内容可以刻满 6.4 亿张 DVD；Google 每天需要处理 24PB 的数据；网民每天在 Facebook 上要花费 234 亿分钟，被移动互联网使用者发送和接收的数据高达 44PB；全球每秒发送 290 万封电子邮件，一分钟读一封的话，足够一个人昼夜不停地读 5.5 年；每天会有 2.88 万小时的视频上传到 YouTube，足够一个人昼夜不停地观看 3.3 年；Twitter 上每天发布 5000 万条消息，假设 10 秒浏览一条消息，足够一个人昼夜不停地浏览 16 年[①]。

另外，来自物理世界的数据也在快速增加，包括大型国际实验室、跨国实验室或者个人观测的实验数据等。当前，科学研究和各行各业越来越依赖大数据手段来开展工作。例如，希格斯玻色子(又称为上帝粒子)的寻找，采用了大型强子对撞机(Large Hadron Collider，LHC)。LHC 探测器每秒产生超过 1PB 的数据，经过在线过滤和压缩后，每年需要处理和保存的数据达到 100PB。LHC 正在升级为 HL-LHC，预计在 2026 年左右运行，每年需要保存的数据将超过 1000PB。又如，利用地震勘探的方法来探测地质构造、寻找石油，需要用大量传感器来采集地震波形数据；高铁运行的安全保障，需要在铁轨周边大量部署传感器，来感知异物、滑坡、水淹、变形、地震等异常。随着科研人员获取数据方法与手段的变化，科研活动产生的数据量激增，科学研究已经成为数据密集型活动。科学研究方式也从实验、理论、仿真计算过渡到"数据密集型科学发现"的第四范式。

随着科学数据在整个科研流程中的重要性逐渐受到重视，学术资源也已不再局限于期刊文献和专著等传统出版物。欧洲 PARSE. Insight 项目调查显示，85% 的科研人员认为将学术文献与其支撑数据进行关联十分必要[4]。科学数据与期刊文献的关联服务是从获取传统出版

---

① 引自《大数据的来源，为什么全球数据量增长如此之快？》。https://edu.cstor.cn/information/article/19。

物向便捷地获取相关科学数据转变的重要途径，已经被许多数据库商和科学数据仓储所研究和尝试。因此，互联网与物理世界的链接形成了在线科学数据系统。通过在线科学数据系统，许多领域的科学数据可以互相交叉、联合分析。所有文献与数据集成在一起，可以实现从文献到数据，再回到文献，进而大规模提高科学研究的效率和速度。

## 1.1.2 大数据特点

大数据首先是指数据规模大，尤其是因为数据形式多样性、非结构化特征明显，导致数据存储、处理和挖掘异常困难的那类数据集。研究机构 Gartner 认为"大数据"是需要新处理模式才能具有更强的决策力、洞察发现力和流程优化能力来适应海量、高增长率和多样化的信息资产。麦肯锡全球研究所认为，大数据是一种规模大到在获取、存储、管理、分析方面大大超出了传统数据库软件工具能力范围的数据集合，具有海量的数据规模、快速的数据流转、多样的数据类型和价值密度低四大特征。其实，大数据技术的战略意义不在于掌握庞大的数据信息，而在于对这些含有意义的数据进行专业化加工处理，通过"加工"实现数据的"增值"。

通常，人们将大数据的特征归纳为 5V，即 Volume（数据量）、Variety（多样性）、Value（价值）、Velocity（速度）、Veracity（真实性），如图 1-1 所示。

### 1. 数据容量巨大

Volume 代表大数据的数据容量大。存储容量最小的基本单位是比特（bit），8 个比特组成一个字节（byte），然后按照进率 1024（2 的十次方）依次扩大，包括 KB、MB、GB、TB、PB、EB、ZB、YB、BB、NB、DB 等。存储容量单位的定义如表 1-1 所示。

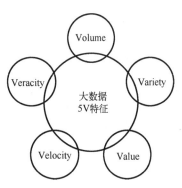

图 1-1 大数据 5V 特征

表 1-1 存储容量单位定义

| 单位 | 定义 | 字节数（二进制） | 字节数（十进制） |
| --- | --- | --- | --- |
| Kilobyte（KB） | 1024 Byte | $2^{10}$ | $10^{3}$ |
| Megabyte（MB） | 1024 Kilobyte | $2^{20}$ | $10^{6}$ |
| Gigabyte（GB） | 1024 Megabyte | $2^{30}$ | $10^{9}$ |
| Trillionbyte（TB） | 1024 Gigabyte | $2^{40}$ | $10^{12}$ |
| Petabyte（PB） | 1024 Trillionbyte | $2^{50}$ | $10^{15}$ |
| Exabyte（EB） | 1024 Petabyte | $2^{60}$ | $10^{18}$ |
| Zettabyte（ZB） | 1024 Exabyte | $2^{70}$ | $10^{21}$ |
| Yottabyte（YB） | 1024 Zettabyte | $2^{80}$ | $10^{24}$ |
| Brontobyte（BB） | 1024 Yottabyte | $2^{90}$ | $10^{27}$ |
| Nonabyte（NB） | 1024 Brontobyte | $2^{100}$ | $10^{30}$ |
| Doggabyte（DB） | 1024 NonaByte | $2^{110}$ | $10^{33}$ |

当前，全球数据量在飞速增长。根据国际权威机构 Statista 的统计和预测，2020 年全球

数据产生量达到了 47ZB，预计到 2035 年，这个数据将会达到 2142ZB。如果我们用 2.5 寸 1TB 的硬盘来存储 2020 年的数据，需要 50,465,865,728 块硬盘。每块硬盘高度为 9mm，如果把这些硬盘都叠加起来，共 45.4 万千米，超过了地球到月亮的距离。每块硬盘重量约为 610 克，加起来共有 3078 万吨，需要 3000 多艘万吨巨轮才能运输。从这些数据可以看出，存储和传输大数据是多么困难的工作，需要特别的技术才能有效地管理和使用这些数据。

### 2. 数据类型多

Variety 代表数据类型繁多。来自于互联网的大数据，包括各种音频、视频、图像、文档、地理定位数据、系统日志、文本文件、网页、元数据、电子邮件、社交网络、表格等。来自物理世界的数据，包括传感器数据，天文、地理、生物、高能物理、空间测绘、对地遥感等科学数据。数据格式根据应用领域不同，类型也不一样，包括结构化数据、半结构化数据以及非结构化数据。

结构化数据通常指具有模式的数据，结构就是模式，比如数据库、Excel 表格等。非结构化一般指无法结构化的数据，例如图片、二进制文件、视频等。半结构化数据通常来说是有结构的，但却不方便模式化。比如，XML 和 JSON 表示的数据。像科学领域使用的 ROOT、FITS 以及 HDF5 等文件也兼有半结构化数据和非结构化数据的特点，管理起来更加复杂。结构化、非结构化和半结构化数据的对比如表 1-2 所示。

**表 1-2　结构化、非结构化、半结构化数据对比**

| 对比项 | 结构化数据 | 非结构化数据 | 半结构化数据 |
| --- | --- | --- | --- |
| 定义 | 具有数据结构描述信息的数据 | 不方便用固定结构来表现的数据 | 处于结构化数据与非结构化数据之间 |
| 结构与内容的关系 | 先有结构，再有数据 | 只有数据，没有结构 | 先有数据，再有结构 |
| 示例 | 各类表格 | 图形、图像、音频、视频等 | HTML、XML、JSON 等，数据内容与结构混合在一起 |

### 3. 价值密度低

Value 代表海量信息中的价值密度相对较低。如果大数据中的信息不能深入挖掘和分析，大概 80%到 90%的数据都是无效数据。以视频为例，连续不间断监控过程中，可能有用的数据仅有一两秒钟。随着人工智能技术的发展，连最普通的家用摄像头都具有简单分析的能力，比如画面变化、人员移动等，仅将这部分存储下来即可。因此，人们常使用价值密度比来描述大数据的特点。随着物联网的广泛使用，信息感知无处不在。如何通过智能的算法、强大的算力来快速、有效地提取出大数据中的信息，成为大数据技术需要解决的难题。

### 4. 处理速度快

Velocity 代表速度快，即数据获取速度快、增长速度快、处理速度快、时效性要求高。比如搜索引擎要求几分钟前的新闻能够被用户查询到，个性化推荐算法尽可能要求实时完成推荐，微信等社交网络数秒内完成数亿用户实时信息分享。这是大数据区别于传统数据挖掘的显著特征。实现快速、实时的海量数据获取和处理非常困难，内存计算、GPU 计算、FPGA 计算、超级计算等新兴的计算模式不断涌现。

### 5. 数据真实性

Veracity 代表真实性。大数据中的内容与真实世界中的事件是息息相关的，研究大数据就是从庞大的数据中提取出能够解释和预测现实事件的过程。因此，要求数据是准确和可信赖的，即数据的质量要高。数据本身如果是虚假、错误或者偏颇的，那么得出的结论就可能是错误的，甚至是相反的。

## 1.1.3　大数据背景

当前，人类正处于一个前所未有的大规模生产、消费和应用大数据的时代。大规模科学研究，以及互联网、物联网等快速发展，把人类带入了一个以大数据为中心的时代。据 Statista 公司 (IDC) 在 2024 年的预测[1]，全球大数据规模将在 2028 年接近 400ZB，如图 1-2 所示。中国拥有的数据在国际上举足轻重，在未来几年内每年将以 30%的速度增长，到 2025 年中国将成为世界上拥有最多数据的国家之一。

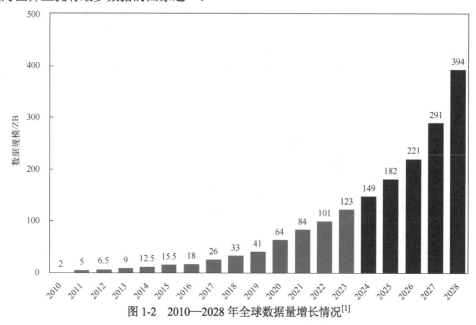

图 1-2　2010—2028 年全球数据量增长情况[1]

一个国家拥有数据的规模、处理技术及解释运用能力成为综合国力的重要组成部分，对数据的占有和控制，甚至将成为陆权、海权、空权之外的另一种国家核心资产。联合国在 2012 年发布了大数据政务白皮书[2]，指出大数据对于联合国和各国政府是一个历史性的机遇，通过使用极为丰富的数据资源，可对社会经济进行前所未有的实时分析，帮助政府更好地响应社会和经济运行。我国在 2015 年首次提出"国家大数据战略"，同年国务院发布《促进大数据发展行动纲要》[3]，之后陆续出台了《政务信息资源共享管理暂行办法》《大数据产业发展规划(2016－2020 年)》等重要文件，将大数据战略上升为国家战略，促进我国大数据蓬勃发展。目前，全球大数据的发展方兴未艾，大数据已经开始显著地影响全球的生产、流通、分配和消费方式，它正在改变人类的生产方式、生活方式、经济运行机制和国家治理模式，它是知识驱动下经济时代的战略制高点，是国家的新型战略资源。

## 1.1.4　科学大数据

作为大数据的一个分支，科学大数据正在成为科学发现的新型驱动力，引起有关国家和科技界的高度重视。美国将数据视为强化国家竞争力的关键因素之一，将数据研究和生产提高到了国家战略层面，积极建设国家级科学数据中心，对国家科学数据中心的建设与投入一直走在全球前列。欧盟提出"科学是一项全球性事业，而科研数据是全球的资产"的理念[4]。美国的"从大数据到知识"计划、欧盟的"数据价值链战略"计划、英国的"科研数据之春"计划、澳大利亚的"大数据知识发现"项目、欧洲"地平线 2020"计划的"数据驱动型创新"课题，均聚焦于从海量和复杂的数据中获取知识的能力，深入研究基于大数据价值链的创新机制，倡导大数据驱动的科学发现模式。大数据的影响已触及自然科学、社会科学、人文科学和工程科学的各个研究领域，不同领域的大数据研究中心陆续成立[5]。

2004 年，我国科技部、财政部联合启动国家科技基础条件平台建设专项，重点推动公共财政在地球系统、人口与健康、农业、林业、气象、地震、基础科学、海洋等 8 个领域支持建成了国家科技资源共享服务平台，基本覆盖相关领域的科技资源优势单位，初步形成了一批资源优势明显的科学数据中心，实现了众多学科领域科学数据的汇聚整合与开放共享。2019年 6 月，科技部、财政部在原有科学数据类国家平台基础上，进一步优化调整为"国家高能物理科学数据中心"等 20 个国家科学数据中心[6]，形成不同领域的科学大数据基础设施。

在人类漫长的科学研究过程中，科学研究的范式也在不断发展变化。最初只有实验科学范式，主要描述自然现象，以观察和实验为依据的研究，又称之为经验范式。后来出现了理论范式，是以建模和归纳为基础的理论学科和分析范式，科学理论是对某种经验现象或事实的科学解说和系统解释，是由一系列特定的概念、原理(命题)以及对这些概念、原理(命题)的严密论证组成的知识体系。开普勒定律、牛顿运动定律、麦克斯韦方程式等正是利用模型和归纳而诞生的。但是，对于许多问题，用这些理论模型分析解决过于复杂，只好走上了计算模拟的道路，也就是第三范式。第三范式是以模拟复杂现象为基础的计算科学范式，又可称为模拟范式。模拟方法已经引领我们走过了 20 世纪后半期的全部时间。现在，数据爆炸又将理论、实验和计算仿真统一起来，出现了新的密集型数据的生态环境。模拟方法正在生成大量数据，同时实验科学也出现了巨大的数据增长。研究者已经不用望远镜来观看，取而代之的是通过把数据传递到数据中心的大规模复杂仪器上来观看，开始研究计算机上存储的信息。毋庸置疑，科学的世界发生了变化，新的研究模式是通过仪器收集数据或通过模拟方法产生数据，然后利用计算机软件进行处理，再将形成的信息和知识存于计算机中。科学家通过数据管理和统计方法分析数据和文档，只是在这个工作流中靠后的步骤才开始审视数据。可以看出，这种密集型科学研究范式与前三种范式截然不同，所以将数据密集型范式从其他研究范式中区分出来，作为一个新的、科学探索的第四种范式，其意义与价值重大。

数据密集型科学的基础是科学大数据，由数据的采集、管理和分析三个基本活动组成。数据的来源构成了科学大数据的生态环境，主要有大型国际实验、跨实验室、单一实验室或者个人观察实验等。各种实验涉及海量的实验数据，比如大型强子对撞机(LHC)、平方公里阵列望远镜(SKA)、大型巡天望远镜(LSST)等，每天产生数 TB 甚至 PB 的数据。它们的高数据通量，对常规的数据采集、管理和分析工具形成了巨大的挑战。

真正实现科学大数据的大价值尚面临着一系列技术挑战。在数据规模、数据增速、数据类型、数据质量、数据价值等方面给科学大数据处理技术与方法提出了新的科学技术问题和方向，主要体现在五个方面[7]：①数据存储管理方面。科学大数据本身固有的特征亟待面向海量、非结构化或半结构化数据高效存储管理的数据库。②数据分析方法方面。数据产生和数据分析过程的分离使得数据噪声增多，问题驱动的研究方式逐渐被数据驱动的研究方式所代替。③模型和算法方面。随着半结构化、非结构化数据比重的逐渐增多，针对该类数据的特征学习方法逐渐超越并取代传统的数据模型和算法。④计算体系结构方面。新型存储器件和计算器件不断涌现，使得通用处理器和单一体系结构的单机逐渐过渡为专用处理器、多核和分布式大规模异构集群。⑤计算和服务方面。以互联网为媒介的云计算模式和分布式高性能数据中心逐渐成为大数据处理的新型模式。

科学大数据与互联网大数据、商业大数据等存在本质属性和特点上的区别，具有自己独特的科学内涵和特点。整体看来，科学大数据具有如下外部特征：从数据内容来讲，科学大数据一般表征自然客观对象和变化过程；从数据体量来讲，科学大数据在不同学科中存在较大的差异；从数据增长速率来讲，科学大数据依学科不同其数据增长速率也变化较大；从数据获取手段来讲，科学大数据一般来自观测和实验的记录以及后续加工；从数据分析手段来讲，科学大数据的知识发现一般需要借助科学原理模型。通过归纳科学大数据的外部特征，其内部特征也变得相对清晰，主要概括为：①数据内容的不可重复性。正如哲学家赫拉克利特的名言"人不能两次踏进同一条河流"，对于一般自然与物理的客观过程的观测具有一定的不可重复性。②数据的高度不确定性。由于采用的直接或非直接观测方式、采样手段和记录技术，往往引入系统观测误差及数据记录误差。③数据的高维特性。由于观测对象和采样方法本身的时间、空间属性以及观测传感器的多通道特征，科学大数据往往具有时空连续性和谱段多维性，导致维数灾难。④数据分析的高度计算复杂性。数据的高度不确定性、高维特性，以及与科学数据分析相伴随的原理模型的复杂性，导致科学数据处理分析的计算复杂性。

## 1.2　高能物理大科学装置

人类探索世界的脚步永无止境，而科学研究的方式也在不断发展。远古时期，人们依靠观察和思辨来认识和探索世界。17世纪以来，随着牛顿经典力学基本运动定律的发表，科学家们逐渐把实验与理论作为科学研究的基本手段。然而，随着人类探索世界的不断深入，许多科学问题的实验研究和理论研究变得越来越复杂，甚至难以给出明确的结论。近半个世纪以来，随着计算机的诞生与快速发展，计算机仿真模拟变成第三种不可或缺的科学研究手段，以帮助科学家们去探索实验与理论难以解决的问题，比如宇宙的起源、汽车碰撞、天气预报等等。而在当前社会，各个学科领域的研究不断向纵深发展，不管是实验装置还是计算机仿真模拟的规模都变得越来越大，产生了越来越多的数据，从而催生了围绕海量数据获取、存储、共享和分析的科学研究手段。来自大科学装置或者计算机仿真模拟的实验数据被收集和存储起来，并通过先进高速的网络分享给处于不同国家或机构的合作者。依靠分布式计算技术以及协同工作环境，科学家们不仅共享数据，还共享软件、模型、计算、专家知识甚至人力等资源，从而加快科学成果的产出。现代科学研究，特别是粒子物理、生命科学、能源环境、先进材料与纳米科学等新兴或交叉领域的发展要进行跨国家、跨地域的协作与交流，而大数据技术的发展正在对其产生深远的影响。

下面以高能物理为例来说明科研大数据的需求及计算平台现状，比如 LHC 实验、北京谱仪 BESIII 实验、大亚湾及江门中微子实验、高海拔宇宙线观测站 LHAASO 实验、北京高能同步光源 HEPS 等，都产生海量的数据。2020 年，世界高能物理的实验数据超过 1000PB，并将在 2026 年以后每年产生的数据超过 1000PB。全球数万名物理学家利用这些数据进行物理研究。

## 1.2.1　大型强子对撞机实验

LHC 是欧洲核子研究中心(CERN)的一个大型强子对撞机。LHC 是现在世界上最大、能量最高的粒子加速器，坐落于日内瓦附近瑞士和法国交界地下 100 米深，总长 27 公里的隧道内。2008 年 9 月，LHC 初次启动进行测试。2019 年 8 月，LHC 的下一代"继任者"——高亮度大型强子对撞机(HL-LHC)项目的升级工作开始进行，亮度将提升 5 到 10 倍。包括来自中国研究机构的全世界近万名科学家参加 LHC 的四个主要实验。这四个实验包括 ALICE、ATLAS、CMS、LHCb(图 1-3)。LHC 实验将探索物理学最前沿的课题，包括寻找物质质量起源的希格斯玻色子、反物质、暗物质、暗能量以及超对称粒子等。2012 年 7 月 4 日，欧洲核子研究中心召开新闻发布会，宣布 ATLAS 和 CMS 国际合作组发现了希格斯玻色子，即物理学家们等待近半个世纪的"上帝粒子"。

图 1-3　LHC 的四个主要实验：CMS、ATLAS、ALICE 和 LHCb

LHC 对撞机的四个实验自投入运行以来，探测器无时无刻不在产生海量的实验数据，甚至在过滤掉 99% 的数据后，每年还有数十 PB 的数据需要长期保存，比如在 2018 年产生了 88PB 的数据。截止到 2020 年底，LHC 网格平台的数据量已经超过了 1000PB。

在 HL-LHC 阶段，数据量将是目前的 10 倍以上，计算量增长 60 倍以上。比如仅 ATLAS 一个探测器的数据量在 2030 年左右将超过 3EB/年，这实际上已经超出了目前信息技术的处理能力[8]。从图 1-4 可以看出，科学家们必须突破现有数据处理技术，否则难以满足物理研究的需要，特别是数据密集型计算模式、I/O 性能、软件的并行化和向量化技术等。目前，全球的物理学家和计算机专家都在积极研究和探索相关技术。

为了应对 LHC 带来的挑战，LHC 采用了分级式计算平台，将实验数据复制到各地区的数据分析中心，该解决方案叫作 LHC 网格[9]，即 WLCG(Worldwide LHC Computing Grid)。WLCG 由不同规模和任务的计算中心组成。这些计算中心包括 CERN 的零级站点(Tier-0)、

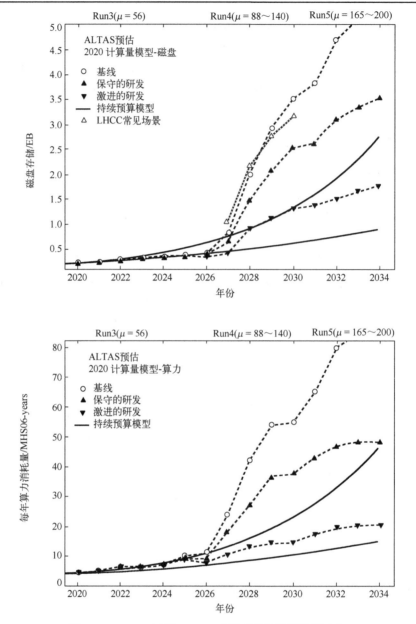

图 1-4　HL-LHC 时代 ATLAS 实验存储和计算资源需求

地区的一级站点(Tier-1)、大型机构的二级站点(Tier-2)以及实验室或研究团队的三级站点(Tier-3)等组成。一级站点往往由参加 LHC 实验的成员国建立,二级站点则由规模较大的研究机构建立。WLCG 使 LHC 的每个实验能够利用该系统的存储和计算资源,确保了实验数据和计算任务智能化地分发到世界各地的网格站点上进行数据分析处理,并使所有的科研人员能够透明地访问这些数据和计算结果。WLCG 是世界上最大的计算网格平台,截止到 2020 年底,全球 42 个国家的 170 个计算中心加入其中,贡献了 100 万颗 CPU 核和 1000PB 的存储空间,每天运行 200 万个计算任务,为 LHC 实验的数据分析处理提供了不可或缺的支撑。WLCG 网格体系结构见如图 1-5 所示。

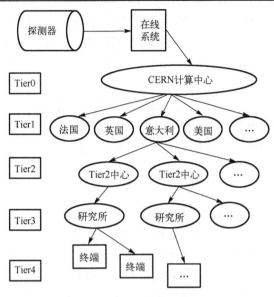

图 1-5　WLCG 网格体系结构

## 1.2.2　北京谱仪 III 实验

北京正负电子对撞机(Beijing Electron-Positron Collider,BEPC)项目是设计工作在 2～5 GeV 陶-粲能区的高亮度正负电子对撞设备。在这个能量区域,BEPC 可以针对第三代轻子——陶子(τ)和第二代上型夸克——粲夸克开展专门研究。既能通过陶轻子和粲夸克弱衰变研究电弱统一理论,又能通过粲偶素研究 QCD 的非微扰效应。北京谱仪探测器是运行在北京正负电子对撞机上的精密通用型磁谱仪,基于北京谱仪探测器采集数据进行的实验统称为北京谱仪实验(Beijing Spectrometer,BES)。北京谱仪实验历经了三个阶段,根据北京谱仪探测器的结构和性能,依次称为北京谱仪(BES)、北京谱仪 II (BESII)和北京谱仪 III (BESIII)[10],如图 1-6 所示。其中,第一代 BES 实验采集了当时世界上最大的 900 万 J/ψ 事例、400 万 ψ(2S)事例、5pb$^{-1}$亮度的 τ 质量测量数据和 22pb$^{-1}$亮度的 ψ(4040)数据样本,1995 年结束数据采集。第二代 BESII 实验于 1998 年开始采集数据,在 2～5GeV 能区 91 个能量点采集了 5.6pb$^{-1}$亮度的 R 值扫描数据,以及 5800 万 J/ψ 事例、1400 万 ψ(2S)事例和 33pb$^{-1}$亮度的 ψ(3770)

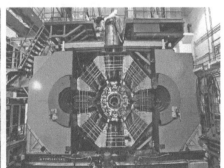

(a)北京谱仪　　　　　　　　(b)北京谱仪II　　　　　　　　(c)北京谱仪III

图 1-6　三代北京谱仪探测器

数据样本，2004 年结束运行取数。2009 年 BESIII 实验开始首次物理取数。BESIII 实验至今连续 15 年顺利取数，在质心系能量 2.0～4.6GeV 能区内积累了超过 20fb$^{-1}$ 亮度的数据。2016 年 BEPCII 的峰值亮度达到了设计指标 $1 \times 10^{33} cm^{-2} s^{-1}$，创造了陶-粲能区的正负电子对撞亮度的纪录。2019 年 2 月 BESIII 实验积累了 100 亿 J/ψ 事例，是有史以来正负电子对撞中采集的最大的 J/ψ 数据样本。截止到 2020 年底，BESIII 的数据规模已经达到 10PB，包括原始数据、模拟数据、重建数据和分析数据等。BESIII 合作组共有来自 15 个国家 75 个研究所 500 名科学家参与，需要建立一个国际化分布式的计算环境为数据处理提供支撑。

### 1.2.3 大亚湾和江门中微子实验

中微子是宇宙中最古老、数量最多的物质粒子，从宇宙诞生的大爆炸起就充斥在整个宇宙空间。太阳、地球、超新星、宇宙线、核反应堆，甚至人体都在不停地产生中微子，每秒钟都有亿万个中微子穿过我们的身体，但无法察觉，它几乎不与任何东西发生反应，甚至可以轻松穿过整个地球。十几年前，通过对太阳中微子和大气中微子的研究，科学家发现中微子有一个神奇的特性，能够在飞行中从一种类型转变成另一种，即"中微子振荡"，完成该发现的两位科学家被授予 2015 年诺贝尔物理学奖。

大亚湾中微子实验(图 1-7)由中国科学院高能物理研究所(以下简称高能所)主持，是中美两国在基础研究方面最大的国际合作项目。科学家利用大亚湾和岭澳核电站反应堆产生的中微子，提出了多模块探测器的方法，设计了 3 个实验站和 8 个中微子探测器。来自全球 7 个国家和地区，41 个科研机构的 200 多名科研人员共同参与。2007 年 10 月，大亚湾中微子实验破土动工，开始隧道、实验厅以及探测器的建造。2011 年 12 月，为了赢得国际竞争，项目组决定提前运行建成的 6 个探测器，并很快获得了实验结果。2012 年 3 月 8 日，大亚湾实验国际合作组宣布发现了一种新的中微子振荡，并以前所未有的精度，测得其振荡大小为 0.092，误差为 0.017，无振荡的可能性仅为千万分之一。这一重大发现对于研究物质本源和宇宙起源，理解宇宙中反物质消失之谜具有重要意义，在国际高能物理界引发了强烈反响。该实验成果入选美国《科学杂志》2012 年度十大科学突破，获得了 2016 年度"基础物理学突破奖"和 2016 年度国家自然科学一等奖。此后，大亚湾实验继续高质量运行，获得了丰硕成果。目前已将中微子振荡振幅的测量精度误差范围从 20%降低至 3.4%，预测将低于 3%。

图 1-7 大亚湾中微子实验探测器

这是自然界的基本参数，其精确测量具有重要的科学价值。2020 年 12 月 12 日，大亚湾反应堆中微子实验装置退役仪式在实验站现场举行。至此，这个自 2003 年开始，经过 4 年酝酿、4 年建设和 9 年运行取数的中微子实验装置，实现了原定科学目标，完成了科学使命，正式退役。

为了精确测量中微子质量顺序这一世界性的难题，江门中微子实验(Jiangmen Underground Neutrino Observatory，JUNO)在广东江门市建造一个有效质量 2 万吨的液体闪烁体探测器 (图 1-8)，距阳江和台山核电站反应堆群约 53 公里，位于地下 700 米，能量分辨率达到前所未有的 3%。通过探测来自反应堆的中微子能谱，精确测量反应堆中微子的振荡信号，以确定中微子质量顺序，精确测量 4 个混合参数，同时研究超新星中微子、地球中微子、大气中微子、太阳中微子、惰性中微子等多个前沿重大问题。JUNO 实验的能量分辨率需要好于 3%@1MeV，光电倍增管(PMT)覆盖率需要达到 75%以上。为此，实验需要安装 18000 支 20 英寸的 PMT 以及 25000 支 3 英寸的 PMT。每个 PMT 都将以单独的一路通道读出，经过高速的采样率数字化后进行保存。为了得出物理结果，这些保存的原始数据需要离线的数据处理和物理分析。首先，原始数据中的波形信息经过波形重建算法得出经过 PMT 刻度后的信息。由于不同物理事例的信号不同，需要运行算法进行后续重建算法的选择。重建算法再经过复杂的计算，得出重建后的物理事例对象。物理学家根据预先研究得出的选择条件，对实验数据进行分析。在这一过程中，为了压低本底信号，除了使用中心探测器，还需要联合水池探测器和顶部径迹探测器的数据进行分析。另外，除了原始实验数据，模拟数据是另一个重要的数据，例如可被用于物理选择条件的研究、探测器性能的研究、重建算法的改进。

图 1-8　JUNO 中微子探测器示意图

(球形的中微子探测器置于水池中心，上下与四周均被 2 米以上的水包围以屏蔽本底，在水池顶部采用
径迹探测器作为反符合探测器，钢网架上安放光电倍增管以探测并收集中微子事例)

## 1.2.4　高海拔宇宙线观测站

宇宙线是来自宇宙空间的高能带电粒子流的总称，包括以质子为主的各类元素的原子核，以及只有原子核总数的 1%左右的少量高能电子。能够到达地球附近的初级宇宙线能量

跨度很大，不同的能量反映了不同的起源。太阳宇宙线的能量最低，大约以 10GeV 作为起点，从 100GeV 到 $10^{17}$eV 的宇宙线主要起源于银河系内，而能量高于 $10^{17}$eV 的宇宙线，主要来自于银河系外的广袤宇宙。初级宇宙线粒子进入地球大气，与空气中的物质发生多次相互作用，会产生广延空气簇射，一个原初质子会产生上百万个电子和其他次级粒子，用高山和地面的探测器探测和研究这些次级粒子，形成了研究相互作用规律的宇宙线高能物理研究，以及研究初级宇宙线能量和方向分布，从而推断其起源的宇宙线天体物理研究。

20 世纪 90 年代以来，中国先后与日本及意大利的合作者，在海拔 4270 米的西藏羊八井成功开展了国际著名的地面宇宙线大气簇射实验。由于大气的吸收效应相对较小，这些实验比国际上放在低海拔的同类实验具有更低的探测阈能和更好的能量分辨率。羊八井实验在 $10^{14}\sim10^{17}$eV 能量范围内精确测量了宇宙线能谱，在 $10^{12}\sim10^{15}$eV 能量范围内精确测量了二维的宇宙线各向异性，在 $10^{12}\sim10^{13}$eV 开展了伽马射线观测，这些结果是具有国际前沿水平的成果。2010 年后，中日合作 ASγ 实验通过建造几千平方米的地下缪子探测器，开始具有了区分光子和宇宙线的能力。2014 年，ASγ 实验(图 1-9)团队在现有 65000 平方米宇宙线表面阵列下面，增设了有效面积 3400 平方米的创新型的地下缪子水切伦科夫探测阵列，用于探测宇宙线质子与地球大气作用产生的缪子，通过综合利用地面和地下探测器阵列的数据，将 100TeV 以上的宇宙线背景噪声压低到百万分之一，从而极大地提高了伽马射线探测的灵敏度。2021 年 3 月，中日合作西藏 ASγ 实验观测到当时最高能量的弥散伽马射线辐射，最高能量达 957TeV，接近 1PeV(1000 万亿电子伏特)；这些超高能伽马射线的方向并没有指向已知的低能段伽马射线源，而是弥漫分布在银盘(银河系在天空的投影)上。这是国际上首次发现拍电子伏特宇宙线加速器(PeVatron)在银河系中存在的证据。该结果被美国物理学会(APS)评论为研究高能宇宙线起源"世纪之谜"的里程碑。

(a) ASγ 表面阵列　　　　　　　　　　(b) 地下水切伦科夫探测器

图 1-9　我国西藏羊八井 ASγ 实验

在成功开展了国际著名的西藏羊八井宇宙线实验的基础上，中国科学家提出了在组织实施和国际合作中"以我为主"的大型高海拔空气簇射观测站(Large High Altitude Air Shower Observatory，LHAASO)项目(图 1-10)[11]。LHAASO 是我国"十二五"期间立项建设的国家重大科技基础设施，位于四川省稻城县海子山，海拔 4410 米，由三个主要探测器阵列组成：分布面积最大的阵列称为 1 平方公里地面粒子探测器阵列(1km² Array，KM2A)，在 1.3km² 范围内均匀放置 5216 个地面电磁粒子探测器(Electromagnetic Particle Detectors，ED)和 1188

个地下缪子探测器(Muon Detectors，MD)；中心部分是全覆盖、低阈能、总面积 78000m² 的水切伦科夫光探测器阵列(Water Cherenkov Detector Array，WCDA)；还有可以机动布置以适应不同物理需求的 18 台广角大气切伦科夫光望远镜组成的望远镜阵列(Wide Field Cherenkov Telescope Array，WFCTA)。LHAASO 将发挥多种探测手段组成的复合式地面粒子探测器阵列的综合优势，在高能宇宙线起源研究、全天区伽马源搜索、宇宙线能量范围覆盖等方面发挥重要作用。LHAASO 的核心科学目标是探索高能宇宙线起源以及相关的宇宙演化、高能天体演化和暗物质的研究。具体的科学目标包括：①探索高能宇宙线起源。通过精确测量高能伽马源宽范围能谱，研究高能辐射源粒子的特征，探寻银河系内重子加速器存在的证据，在发现宇宙线源方面取得零的突破；精确测量宇宙线能谱和成分，研究宇宙线加速和传播机制。②开展全天区伽马源扫描搜索，大量发现新伽马源，特别是河外源，积累各种源的统计样本，探索其高能辐射机制，包括产生强烈时变现象的机制，研究以超大质量黑洞为中心的活动星系核的演化规律，捕捉宇宙中的高能伽马暴事例，探索其爆发机制。③探寻暗物质、量子引力或洛仑兹不变性破坏等新物理现象，发现新规律。

图 1-10　LHAASO 实验观测基地航拍图

## 1.2.5　中国散裂中子源

中国散裂中子源(China Spallation Neutron Source，CSNS)是"十一五"国家重大科技基础设施项目(图 1-11)，是国际前沿的高科技、多学科应用的大型研究平台。其科学目标是，建成世界一流的大型中子散射多学科研究平台，使其与我国已建成的同步辐射光源等先进设施相互配合、优势互补，为材料科学技术、生命科学、化学、物理学、资源环境、新能源等领域的基础研究和高新技术开发提供强有力的研究手段，为解决国家发展战略需求的若干瓶颈问题提供先进平台，促进我国在重要前沿领域实现新突破，为多学科在国际上取得一流的创新性成果提供重要的技术条件保障。中国散裂中子源项目历经 6 年半的紧张建设，按指标、按工期高质量地完成了工程建设任务，综合性能进入国际同类装置先进行列，成为粤港澳大湾区首个国家重大科技基础设施。2018 年 8 月正式通过国家验收并向国内外用户开放。中国散裂中子源是我国第一台脉冲式散裂中子源，也是发展中国家拥有的第一台散裂中子源，和正在运行的美国 SNS、日本 J-PARC 与英国散裂中子源 ISIS 一起，构成世界四大脉冲散裂中子源，填补了国内脉冲中子应用领域的空白。

中国散裂中子源通过中子谱仪获得实验数据，其谱仪基本可以分为衍射、散射(小角)、反射、非弹几种类型。衍射谱仪主要用来研究材料的晶体结构以及磁性结构。衍射谱仪又分为单晶/粉末衍射、工程衍射，全散射等类型。单晶/粉末衍射对 I(d) 衍射谱进行 Rietveld 全谱拟合，得到材料的局域/平均结构。工程衍射可以研究材料内部的应力应变。全散射主要研究无序复杂材料的长程或短程关联，通过逆向蒙特卡罗(Reverse Monte Carlo，RMC)方法来解析 PDF 数据，得到材料的无序结构。反射谱仪可以沿着纳米薄膜深度来探测核密度和磁密度的分布。大多数情况用来研究液体-液体界面结构或生物膜结构，通过模型对反射率 R(q)拟合来确定表面/界面结构。散射(小角)谱仪主要研究纳米至微米尺度材料的微观和介观结构，包括纤维材料、多孔材料、合金和复杂流体。散射数据 S(Q) 可以通过 Porod(散射强度随散射角度变化的渐进行为)或 Guinier(散射体的尺度及其分布)理论来进行定性和定量的解析。非弹谱仪研究材料的动力学性质，包括磁性动力学，材料的自旋、电荷、晶格、轨道耦合机制，材料的声子谱等。可应用于多铁材料、磁性材料和热电材料等。通过蒙特卡罗模拟、第一性原理与分子动力学模拟的结合，来解析动力学散射函数 I(Q，E)，获得材料的自旋与原子动力学。

图 1-11　CSNS 快循环同步加速器(左)和靶站谱仪(右)

### 1.2.6　高能同步辐射光源

高能同步辐射光源(High Energy Photon Source，HEPS)[12]是我国"十三五"期间建设的国家重大科技基础设施，为国家重大战略需求和前沿基础科学研究提供技术支撑，于 2017 年 12 月获得国家发展改革委批复立项，2019 年 6 月在北京怀柔奠基启动建设，计划将于 2025 年左右完成建设。作为第四代同步辐射光源，HEPS 光源具有极小的发射度，能够提供比现有第三代同步辐射光源亮度高 100 倍以上的同步辐射光，实验站也更容易获得微米和亚微米(纳米)尺度的聚焦光斑。同时，低发射度光源具有的相干性优势也将极大地促进相干谱学、相干成像等实验技术的发展。这些优异的性能可以为高压科学在更高压力范围、更小时间或空间尺度等条件下开展研究提供重要支撑，例如：极高压(太帕量级)条件下的物性研究、压力(或温度)快速加载条件下的时间分辨研究、极高压条件下的局域变化及不均匀性研究、地球(行星)深部温压条件下的物质研究等。建成后，HEPS 将成为我国第一台高能量同步辐射光源，与世界上正在运行的美国先进光子源(APS)、欧洲同步辐射装置(ESRF)、日本 SPring-8、德国的 PETRA-III 一起，构成世界五大高能同步辐射光源。

　　HEPS 建成后将具备 90 条以上高性能光束线站的容量，其中一期建设的线站共 14 条(另外包括一条测试束线)。图 1-12 所示为 HEPS 一期线站布局，其中以 ID 开头的线站是在直线节安装插入件的引出线站，以 BM 开头的线站为弯铁引出线站。3 条延伸到实验大厅以外的长光束线能在纳米聚焦、相干、时间分辨到高能等方面充分发挥新光源优势。HEPS 一期线站的规划主要是在考虑体现新光源高能、高亮度等优势，满足国内用户群体需求及"衍射极限光源先进的实验方法在实验站全覆盖"等原则基础上完成的。

(a)

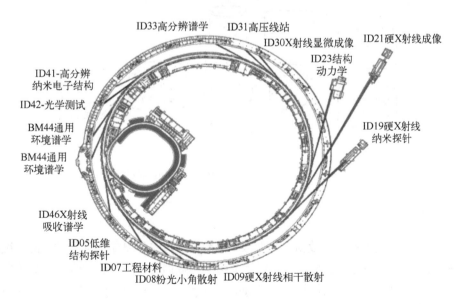

(b)

图 1-12　HEPS 装置建设示意图和一期光束线站布局

# 1.3　高能物理离线数据处理

如上节所述，高能物理领域开展了多项国内外合作的大型实验，规模大，周期长，参加人数多。本节将介绍高能物理数据处理的基本过程以及离线数据处理平台的主要组成。

## 1.3.1　数据处理的基本过程

粒子在高能物理实验的探测器中的运动过程被捕获，产生大量的电子学信号。然后，通过触发判选和在线选择的事例，由在线数据获取系统（Data Acquisition，DAQ）以二进制文件的形式记录下来。这种数据称作原始数据，主要包含探测器电子学信号的时间和幅度信息。通过高速以太网，原始数据文件被传输到磁带库永久保存。对原始数据进行刻度和重建后，生成重建数据，供物理分析使用。

离线数据处理和物理分析的简化过程如图 1-13 所示。原始数据经过离线刻度，能够消除实验的各种外部条件（例如温度、气压）和探测器本身条件（例如探测器高压）对电子学信号与物理测量之间转换关系的影响。离线刻度将按不同的子探测器分别进行，生成的大量刻度常数保存于数据库。数据重建是离线数据处理的核心，数据重建算法使用刻度算法产生的刻度常数，将探测器记录的原始数据转化为粒子的动量、能量和运动方向等物理量，生成重建数据。物理研究还需要产生与真实数据数量相当的模拟数据，这部分数据也要进行重建。根据不同实验的规则，有些实验把重建数据保存在磁带库中，有些实验则不备份重建数据。物理分析人员利用物理分析工具例如运动学拟合、粒子衰变顶点寻找和粒子鉴别等软件，分析重建数据，得到物理研究结果。

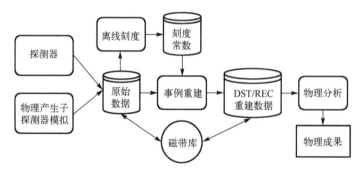

图 1-13　高能物理离线数据处理的基本流程

## 1.3.2　数据存储

高能物理计算属于典型的数据密集型应用，数据存储系统是影响计算性能的关键环节。数据存储系统不仅要保存海量数据，同时还要考虑与数据处理系统的配合，提高数据分析效率。大部分高能物理计算是高通量计算（High Throughput Computing，HTC），追求系统整体而非单个作业的性能和效率。这里高通量指一个计算机或数据处理系统单位时间内的数据处理量或传输量。高能物理数据分析的读写（Input/Output，I/O）模式以大文件（数百 MB 甚至

GB 级)、大块(MB 级记录块)读写，一次写多次读，吞吐率需求高(单个作业需要几 MB/s)
为特征。同时，物理学家对大量小文件(KB 级的程序和文档)的查找和浏览也对元数据访问
性能提出了很高的要求。

　　高能物理数据以非结构化数据为主。目前，常用的非结构化数据存储系统包括集群文件
系统、应用层存储系统和分级存储系统等。这三者都采用了分布式存储技术，本身并没有非
常严格的区分，只是关注的侧重点有所不同。集群文件系统一般以传统文件系统的方式来访
问，客户端实现内核模块，完全兼容 POSIX 语义，因此上层的数据处理软件无需任何修改即
可使用海量的存储空间，能够很好地兼容原有应用。常见的集群文件系统包括 Lustre、EOS、
GPFS、ISILON 等，其中全世界最快的超级计算机(TOP500)中有 70%以上都在使用 Lustre
系统。EOS 是高能物理领域广泛使用的 EB 级存储系统，由欧洲核子研究中心(CERN)开发，
目前在 CERN 存储了 LHC 上 CMS、ATLAS、ALICE、LHCb 等多个实验的数据，管理了超
过 50 亿个文件，存储超过 300PB 的数据。另外，还有一类应用层存储系统，比如 HDFS、
dCache 等，一般不实现文件系统内核模块，不完全兼容 POSIX 语义，针对特定的应用场景
进行优化，因此往往表现出更好的可扩展性和性能，但是上层应用程序必须要调用特定的应
用程序接口(API)才能访问。分级存储系统是指根据文件的访问频率、热度等因素，将不同
的文件分配到不同的存储设备上存放。基于磁盘–磁带的分级存储系统比较成熟，比如
CASTOR、HPSS 等系统广泛应用于高能物理领域。CASTOR 由 CERN 开发，目前在 CERN
管理的数据接近 400PB。CASTOR 正在升级到 CTA (CERN Tape Archive)系统，将具有更好
的可扩展性和性能，满足 HL-LHC 时代的数据存储需求。

　　高能物理领域存储系统分为磁盘存储系统和磁带存储系统。磁盘存储系统包括 Lustre、
EOS 等，磁带存储系统包括 CASTOR、HPSS 等。数千个计算节点和近百个存储服务器之间
通过万兆甚至百吉等超高速网络连接，存储软件为计算作业屏蔽了复杂的后端架构，用户可
以像使用单机存储设备一样使用海量存储空间。在图 1-14 中，左侧的 Lustre 磁盘存储系统包
括若干台数据服务器以及多套磁盘存储阵列，管理数十 PB 乃至 EB 级的存储空间，提供数
百 GB/s 的聚合带宽，支持数千个计算节点上万个计算任务并发访问。右侧的分级存储系统，

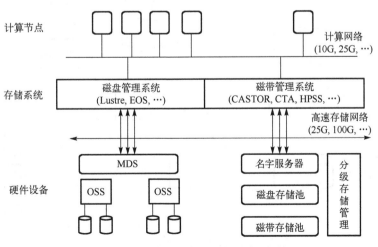

图 1-14　高能物理典型的存储系统架构

比如 Castor、HPSS 等，用于存放不频繁访问、需要长期保存的数据，例如备份数据，原始物理数据等。

在实际应用中，单个存储设备很难满足高能物理计算 PB 甚至 EB 级的存储和数十 GB/s 乃至 TB/s 的吞吐率需求，高能物理数据存储系统必须是分布式、多服务器、多设备的。在一个庞大的网络连接的系统中，设备故障、网络中断和延时、服务器死机是常态。因此高能物理计算对存储系统的可扩展性、易用性、数据可靠性和高可用性提出了不小的挑战。同时，考虑到存储需求的递增性和存储设备的更新换代，存储资源总是逐步扩张的。存储系统软件还必须很好地解决性能的可扩展性以及数据的自动负载均衡问题。

### 1.3.3　数据传输

高能物理实验多数采用异地建设，比如 LHAASO 位于四川省稻城县海拔 4410 米的海子山，江门中微子实验的探测器位于广东省江门市地下 500 米的试验大厅。这些实验每天都会产生大量的科学数据，需要传输到远程的数据中心进行离线分析。海量实验数据实时、可靠、高效地传输是高能物理科学大数据系统需要解决的一个重要问题。

目前高能物理数据传输系统大多数都基于支持并发传输的工具（如 GridFTP、bbFTP 等）来实现，其基本框架如图 1-15 所示，以大亚湾中微子实验的数据传输系统为例，现场的数据传输系统将在线数据获取系统中的数据远程传输到高能所计算中心，并保存在分布式并行文件系统和数据备份系统中，然后再将数据分发到其他合作单位，以便全球的科学家进行数据分析和处理。

为了保证数据传输的可靠性，数据传输系统都具有传输过程管理和传输性能监控、数据校验、数据出错重传等功能，数据传输系统的实现框架如图 1-16 所示。原始数据在发送端首先经过数据校验、文件打包、文件压缩等流程传输至接收端的数据临时接收目录，接收端收到该压缩文件后，进行相应的校验、解压缩，并存放至事先定义好的离线文件系统相应的目录下，并通知发送端该文件传输完成。

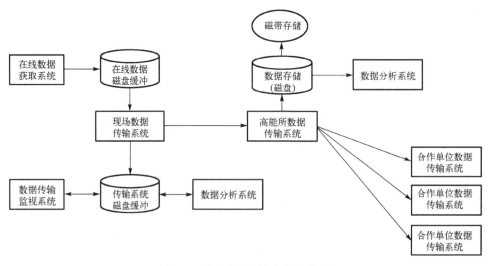

图 1-15　数据传输系统部署架构图

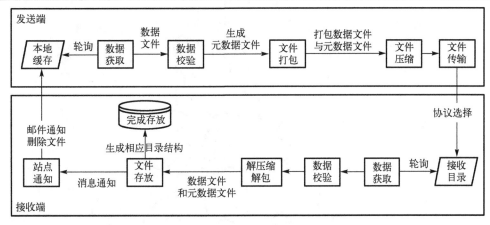

图 1-16  数据传输系统工作流程

## 1.3.4  计算集群

利用计算集群进行数据处理是高能物理计算的主要手段。计算集群是指把一组计算机通过高速网络连接在一起，构成一个整体，提供用户计算服务。一个计算集群通常由用户交互节点、计算节点、存储文件系统和资源管理作业调度服务构成。为了保证集群健壮运行，集群一般还配备有软件安装部署服务、运行监视服务和数据备份服务等。

高能物理计算是在大量物理事例中寻找极少量具有特定物理意义的事例，物理事例之间相互独立，没有相关性。通用的做法是将一批物理事例按专用的数据格式存储于数据文件中，大量高能物理数据文件由集群文件系统统一管理，提供交互节点及计算节点的读写访问。由于事例相互之间的无关性，多个不同文件可以分别被多台计算节点同时处理，计算节点之间无需相互通信，因此除了计算存储设备的硬件性能以外，计算节点数量多少也会直接影响整体数据处理速度。

一个典型的高能物理计算集群架构如图 1-17 所示。通过高速、可靠的网络将交互节点、计算节点、存储设备和管理服务器连接起来。按照功能不同，每个组件的软件及配置各不相同，其功能也相互独立，但整体上协同工作，提供多用户批作业计算服务。

用户在交互节点上设置各自的计算环境，编写调试程序，进行少量计算以确认程序的正确性，再将程序包装为作业后提交给计算集群。集群作业中不仅包含了需运行的程序，还有运行该程序所必需的软硬件资源需求说明。资源管理与作业调度服务是计算集群最核心的组件，它根据集群中所有计算节点的当前状态和等待运行作业的实际需求，为作业分配一个最适合的计算节点运行，此过程称之为作业调度。一个计算集群同时为很多用户提供计算服务，不同用户作业运行需求各不相同，资源管理与作业调度服务按照一定的调度策略实现作业调度。计算集群一般还需配备软件安装升级、运行监控和数据备份等管理服务器。

有些高能物理集群用 LSF、SGE 等商业软件进行作业管理。除此之外，一些开源的批作业调度软件由于免费易用、方便灵活等特点在高能物理领域中也得到广泛应用，包括 Torque Maui、HTCondor、SLURM 等。

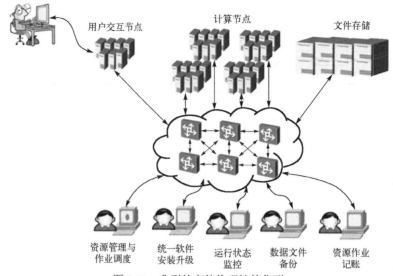

用户交互节点　　　计算节点　　　　文件存储

资源管理与　统一软件　运行状态　数据文件　资源作业
作业调度　　安装升级　监控　　　备份　　　记账

图 1-17　典型的高能物理计算集群

Torque Maui 由最初的 PBS 批作业管理软件发展而来，曾被大量用于高能物理计算集群。Torque 用于计算资源和作业队列管理；Maui 实现作业调度，可以提供作业回填、用户优先级等多种调度算法。但近年来此款开源软件缺少更新，用户社区不够活跃，对于大规模集群的作业调度性能不高，正在逐渐淡出使用。

HTCondor 是由美国威斯康星大学开发的一款高通量作业调度软件，它精减了复杂的调度算法，追求高效的调度性能。HTCondor 提出了分类广告板(ClassAd)机制，用于高效地匹配资源请求者(作业)与资源提供者(机器)之间的需求。作业和计算节点遵循 ClassAd 机制，可以非常灵活地描述各自需求与拥有属性，并由 ClassAd 进行匹配以实现作业调度。由于这种高效的调度机制非常适合高能物理计算作业简单大量的特点，被越来越多的高能物理集群所采用。

SLURM 是近年来非常活跃的一款开源软件，世界上很多超级计算机也在用其作为资源管理与调度软件。它的高度可伸缩及容错性的特点很适用大型计算集群作业调度。SLURM 以一种排他或非排他的方式为作业分配使用计算节点(取决于资源的需求)；提供框架结构启动、执行和监视作业；通过管理一个待处理工作的队列实现作业与资源管理。与 HTCondor 相比，SLURM 不仅可以支持大型计算集群的作业管理，还对 MPI 这种 CPU 密集型计算作业有着良好的支持，因此被更多科学研究计算领域采用。

## 1.3.5　网格计算与分布式计算

高能物理实验数据处理已经步入大数据时代，原来单一的数据中心已经远远不能满足高能物理实验的数据处理和分析的计算和存储需求，即超强的计算能力和海量的数据存储能力。为了适应这一需要，一种全新的计算技术——网格计算孕育而生。互联网为高能物理实验实现了实验数据的高速共享，WWW(万维网)服务为高能物理学家实现了科研信息的充分共享，网格计算则是基于互联网为高能物理实验带来了计算资源和存储资源的全球共享。

　　网格计算技术将分布在互联网上的计算资源和存储资源融合成一个整体，使得高能物理研究人员在世界上任何一个角落可以通过互联网透明地使用分布在世界上各个地方的资源，所以我们可以将网格系统比喻成一个位于全球范围的超大型计算机，其基本体系架构如图 1-18 所示。

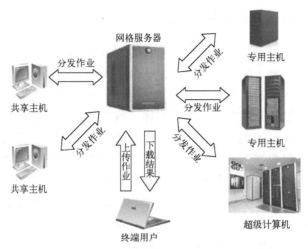

图 1-18　网格计算体系架构示意图
(计算负载由网格服务器分发到大量异构的机器上执行，包括超级计算机等)

　　一个完整的网格系统包括安全服务、网格基础软件和网格应用软件三个部分组成。安全服务就像网格的"卫士"，负责对进入网格系统的用户进行身份确认和访问权限确定。因此安全服务包括身份认证和权限管理两部分，其中身份认证是通过电子网格证书来实现，用户通过合法的证书签发机构(Certificate Authority，CA)申请和获得证书。比如，位于高能所的 IHEPCA 就是由国际网格信任联盟(Interoperable Global Trust Federation，IGTF)认证的中国最早的网格 CA。网格用户是通过虚拟组织(VO)进行分组，每个实验通过虚拟组织管理系统(VOMS)对本实验用户进行管理。网格基础软件也叫网格中间件(Grid Middleware)，是网格的核心部件，它建造了网格的"基础设施"，正是它实现了计算和存储资源的互联，并为网格用户提供了使用网格的基本服务，包括资源信息管理、作业管理、数据管理、监控统计等。每个加入网格系统的资源都需要安装网格中间件以保证资源被纳入统一管理和调度。得到授权的网格用户通过资源信息管理服务可以查询到可用的资源，通过作业管理服务可以进行作业的提交、查询和取回结果，通过数据管理服务可以进行数据存储、查询和获取，通过监控统计服务获取资源的状态以及使用信息。也就是说，用户可以通过统一的接口和服务，无缝地使用到网格的计算和存储资源。现在常用的网格中间件有 Globus、gLite、OSG、GOS 等几种。网格应用软件则是基于网格中间件面向特定应用和方便物理用户进行开发的软件，典型的包括大规模作业提交、实验数据集管理、实验作业监控和统计，它为最终的物理用户提供直接和专门的"服务设施"。

　　国际上应用最广的高能物理网格平台有欧盟的 EGEE(Enabling Grids for E-sciencE)和EGI(European Grid Infrastructure)、美国的 OSG(Open Science Grid)等。中国国家网格(CNGrid)是中国为科学实验用户提供的大型网格计算和应用平台。欧洲核子研究中心是最大也是最为成功的网格用户，基于大型强子对撞机(LHC)实验建设的 WLCG 网格应用系统，包含了 42 个国家的 170 个数据中心的资源，使用了包括 EGEE 和 OSG 在内的多个网格平台，位于高能所的北京站点也是其中的一部分。WLCG 为重大物理成果——希格斯玻色子的最终发现做出了巨大的贡献。

### 1.3.6　数据长期保存与开放共享

高能物理大科学装置是物理基础研究和满足国家战略需求的国之重器，为基础及应用研究提供了重要的平台，其产生的数据是一座极为重要的科学金矿，而科学数据的开放与共享是科学数据效益最大化的必要条件。因此，高能物理大科学装置产生的数据需要永久长期保存，并进行开放共享。高能物理大科学装置包括特定学科的专用研究类装置和服务于多学科交叉前沿的公共服务平台类装置，两类装置科学数据构成大体一致，均包括实验数据、模拟数据以及文档、成果和专利等数据，但在数据主权和共享机制上则存在较大差别。专用研究装置和数据采用合作组模式，合作组由国内外科学家共同参与组成，并在合作组框架下实现科学数据共享和利用。公共服务平台类大科学装置数据管理和共享目前还没有详细的管理规定和规范，需要结合我国科学数据管理办法和领域特点，进一步开展相关研究、探索和实践。科学数据的开放共享应遵循"尽量共享、不得已才受限"的原则，推动科学数据的效能最大化，并在经费保障、技术研发和人才队伍等方面给予支持。

在高能物理领域，为了促进数据长期保存和开放共享，欧洲核子研究中心(CERN)、美国布鲁克海文国家实验室(BNL)、德国电子同步加速器中心(DESY)、意大利国家核物理研究院(INFN)、法国国家核物理和粒子物理研究所(IN2P3)、日本高能加速器研究机构(KEK)、中国科学院高能物理研究所(IHEP)等数十家国际高能物理研究单位于 2008 年共同发起了数据长期保存(Data Preservation in High Energy Physics，DPHEP)组织。2012 年，DPHEP 发布高能物理数据长期保存蓝图[13]，阐述了高能物理数据长期保存的使用场景、模型、技术及具体的建议等。该白皮书还定义了高能物理数据共享的四个等级，包括第一级(Level-1)公开文档或者论文数据、第二级(Level-2)用于教育或科普的简单格式数据、第三级(Level-3)用于完整科学分析的重建数据、第四级(Level-4)所有原始数据及相关条件和软件等。2015 年，DPHEP 又发布了扩展蓝皮书[14]，更加详细地描述了高能物理数据长期保存的愿景、案例及项目等。

高能物理数据具有明显的学科特征，包括大科学装置多、数据来源广泛、数据体量大、质量要求高、数据服务周期长、服务用户广等。这对数据共享技术提出巨大的挑战，目前主要的数据共享技术包括数据标识、数据仓库、数字图书馆、软件及运行环境等几个部分。

## 1.4　高能物理科学大数据特点

在数据驱动的科学发现时代，高能物理科学数据具有典型的大数据特征，包括数据容量大、数据类型多、高价值密度低、产生和处理速度快、数据真实反映物理世界等特点。高能物理领域的数据还可以分为粒子物理、中子科学、光子科学、天体物理等各类科学数据，包括大亚湾中微子实验、北京谱仪 BESIII 实验、ATLAS 实验、CMS 实验、LHCb 实验、L3C 实验、中国散裂中子源(CSNS)、北京同步辐射装置(BSRF)、硬 X 射线调制望远镜(HXMT)、大型高海拔宇宙线观测站(LHAASO)、羊八井国际宇宙线观测站 ARGO 和 ASγ 实验、引力波暴高能电磁对应体全天监测器(GECAM)卫星等大型高能物理实验项目，需要长期保存和处理原始数据、模拟数据、重建数据、分析数据、条件数据等各种类型数据。从数据结构来看，高能物理数据包括了条件数据库等结构化数据、图形图像二进制的非结构化数据以及以 HDF5、FITS、XML 等半结构化数据。

高能物理数据产生依赖于探测器的工作条件(比如 BESIII 实验)或者宇宙天体活动(比如 Gecam, LHAASO, HXMT 等)，具有高度复杂性、不可复制性、权威性和稀缺性等特点。BESIII 谱仪实验数据是目前世界上精度最高、规模最大的强子物理数据，用来开展粲物理研究、轻强子谱研究、粲偶素衰变和(类)粲偶素粒子研究。2019 年 2 月，北京谱仪 III (BESIII) 国际合作组宣布累计获取 100 亿 J/ψ 事例及配套连续区数据，是有史以来世界上正负电子对撞中采集的最大的 J/ψ 数据样本。2020 年 7 月，BESIII 国际合作组宣布北京谱仪 III 探测器在 2020 年上半年这一轮运行取数中，BESIII 实验首次在 Y(4660) 共振能区采集了世界上最大的高质量数据样本，从而为类粲偶素粒子(也称为 XYZ 粒子)和粲重子研究奠定了基础。2020 年 12 月 12 日，历经 9 年运行，大亚湾反应堆中微子实验装置实现了原定科学目标，完成了科学使命，正式被按下停机按钮。该装置产生的科学数据是国际最高水平、体量最大的反应堆中微子实验数据，将永久保存在国家高能物理科学数据中心，提供给全世界的科学家用于研究宇宙起源、粒子物理大统一理论等。此外，伽马射线暴等极端天体活动稍纵即逝，各类天体物理及空间天文获取的数据极其珍贵。硬 X 射线望远镜卫星 (HXMT) 在轨期间开展大天区巡天、定点观测、小天区深度扫描和伽马暴(GRB)监测等各类观测，每年在轨期间开展各类观测 1000 余次，及时向国际伽马射线暴协调网络(GCN)通报了多次 GRB 事件，还与国际上主要的天文望远镜开展联合观测，在人类历史上直接且非常可靠地测量到宇宙中的最强磁场等。这些数据极其稀缺，是全世界的科学家乃至全人类共同的资产。

除了全面收集各类高能物理实验数据，还需要采集与保存实验相关的重要数据，比如气象条件会影响到 LHAASO 实验的科学观测，而该实验位于 4410 米的稻城县海子山国家自然保护区，完整的气象数据难以获取。通过自建气象观测设施以及与专业气象研究部门合作，国家高能物理科学数据中心完整保存了采集到的气象数据，包括气温、气压、湿度、降水、太阳辐射、风向、风速等信息。每年采集该类数据超过 300 万条，可用于空间天气预报、地质地理等交叉学科研究。这是高能物理数据多样性的一个例子。

为了处理海量的科学数据，各大高能物理实验还建立了国际合作的分布式计算环境，在全球范围内进行数据共享和开放，并实现数据的统一管理和处理。因此，高能物理科学大数据除了具有数据容量巨大、数据类型多、价值密度低、处理速度快、数据真实性等传统的大数据特点，还具有数据权威稀缺性、不可重复性以及处理复杂性等其他特点。

# 1.5 本章小结

当前，人类正在处在一个前所未有的大规模生产、消费和应用大数据的时代，高能物理、空间天文、生物医药等大规模科学研究进入到数据密集型科学发现的"第四范式"，这就需要先进的科学大数据管理系统。本章中首先介绍了大数据背景、大数据产生、大数据特点等大数据的基本概念，接着介绍当前主要的高能物理大科学装置及其数据挑战，然后介绍了高能物理离线数据处理环境及相关技术。最后，总结了高能物理科学大数据的特点。

## 思 考 题

1. 在大数据时代，新摩尔定律的含义是什么，与传统的摩尔定律有什么区别和联系？
2. 大数据有哪些特征，如何描述？
3. 大数据来源有哪些分类，各有什么区别和特点？
4. 高能物理大科学装置分为哪几类，区别是什么？
5. 与互联网等大数据相比，高能物理科学大数据有哪些特征？
6. 随着实验数据越来越多，高能物理科学数据管理主要面临哪些挑战？

## 参 考 文 献

[1] Taylor P. Amount of data created, consumed, and stored 2010-2023, with forecasts to 2028[R]. Statista, 2024.

[2] UN Global Pulse. Big Data for Development: Challenges & Opportunities [R/OL] [2012-05-01]. https://www.unglobalpulse.org/document/big-data-for-development-opportunities-and-challenges-white-paper/.

[3] 国务院. 国务院关于印发促进大数据发展行动纲要的通知[EB / OL][2015-08-31]. http://www.gov.cn/zhengce/content/2015-09/05/content_10137.htm.

[4] GRDI2020. Global Research Data Infrastructures: Towards a 10-year vision for global research data infrastructures[EB/OL]. [2018-08-16]. http://www.grdi2020.eu/Repository/FileScaricati/6bdc07fb-b21d-4b90-81d4-d909fdb96b87.pdf.

[5] 李学龙, 龚海刚. 大数据系统综述[J]. 中国科学: 信息科学, 2015, 45(1): 1-44.

[6] 高孟绪, 王瑞丹, 王超, 等. 关于国家科学数据中心建设与发展的思考[J]. 农业大数据学报, 2019, 1(3): 21-27.

[7] 郭华东. 科学大数据——国家大数据战略的基石[J]. 中国科学院院刊, 2018, 33(8): 768-773.

[8] Calafiura P, Catmore J, Costanzo D, et al. ATLAS HL-LHC Computing Conceptual Design Report, CERN-LHCC-2020-015[EB/OL]. [2020-05-01]. http://cds.cern.ch/record/2729668/files/LHCC-G-178.pdf .

[9] Worldwide LHC Computing Grid. Home [EB/OL]. [2020-12-31]. http://wlcg.web.cern.ch （Accessed 2022-06-10）.

[10] 苑长征, 吕晓睿, 李海波. 北京谱仪实验 30 年[J]. 现代物理知识, 2019(4): 10.

[11] 查敏, 陈松战, 吴含荣, 等. 追踪宇宙"信使"冲击世纪谜题——高海拔宇宙线观测站简介[J]. 科技导报,

2019, 37 (21): 14.

[12]　李晓东, 袁清习, 徐伟, 等. 第四代高能同步辐射光源 HEPS 及高压相关线站建设[J]. 高压物理学报, 2020, 34 (5): 13.

[13]　Akopov Z, Amerio S, Asner D, et al. Status report of the DPHEP Study Group: Towards a global effort for sustainable data preservation in high energy physics[J]. arXiv preprint arXiv:1205.4667, 2012.

[14]　Amerio S, Barbera R, Berghaus F, et al. Status report of the DPHEP Collaboration: A global effort for sustainable data preservation in high energy physics[J]. arXiv preprint arXiv:1512.02019, 2015.

# 第2章　高能物理大数据管理体系

从20世纪50年代开始，各国物理学家建造了多个不同能级、不同研究目标的高能物理实验装置，它们每年都会产生海量的科学数据，并且不同实验的数据具有唯一性。此外，高能物理学家对数据的分析也不会随着实验取数的结束而立即停止，很多实验在停止取数的若干年内，仍然有相关的成果发现和论文发表。因此，一个稳定的大数据管理体系对高能物理研究非常重要。本章将讲述高能物理领域大数据管理体系以及相关的计算平台。

## 2.1　大数据系统架构

典型的高能物理科学大数据系统架构如图2-1所示，主要包括六个部分：IT基础设施、数据采集与清洗、海量数据管理、并行数据处理、数据分析和挖掘工具以及科学大数据应用。

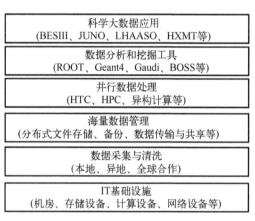

图2-1　高能物理科学大数据系统架构

### 2.1.1　IT基础设施

IT基础架构包括多个相互依赖的组件。数据中心机房为计算机硬件提供空间，机房中不仅有多台服务器和网络组件，还包括电力设备、制冷设备和消防设备等。图2-2展示了欧洲核子研究中心(CERN)的数据中心。

计算机硬件包括存储设备、计算设备以及网络设备。存储设备指储存信息的设备，是将信息数字化后再以利用电、磁或光学等方式的媒体加以保存，常见的存储设备包括磁盘阵列、磁盘扩展柜、磁带库、机械磁盘、固态硬盘、磁带、光盘等。计算设备包括机架式服务器、刀片服务器、GPU服务器，是允许多个用户访问和共享资源的计算机。网络设备包括交换机、路由器、集线器、点到点专线、广域网专线等。交换机连接局域网上的网络设备，如路由器、服务器和其他交换机等。路由器允许不同局域网上的设备在网络之间通信和移动数据包。集线器连接多个联网设备以充当单个组件。

图 2-2　CERN 数据中心

计算机软件指计算机系统中的程序及其文档的集合，是用户与计算机硬件之间的接口。用户通过软件使用计算机硬件资源，执行操作。计算机软件分为系统软件和应用软件两类。系统软件负责管理计算机系统中各种独立的硬件，使得它们可以协调工作，比如操作系统、硬件驱动、编译程序等。应用软件指用于完成某些工作而设计开发的程序，比如工具软件、游戏软件、管理软件等。

## 2.1.2　数据采集与清洗

数据采集是挖掘数据价值的第一步，当数据量越来越大时，可提取出来的有用数据必然也就更多。在互联网行业快速发展的今天，数据采集已经被广泛应用于互联网及分布式领域，比如摄像头、麦克风，都是数据采集设备。数据采集系统整合了信号、传感器、激励器、信号调理、数据采集设备和应用软件。在数据大爆炸的互联网时代，数据的类型也是复杂多样的，包括结构化数据、半结构化数据、非结构化数据。结构化最常见，就是具有模式的数据。非结构化数据是数据结构不规则或不完整，没有预定义的数据模型，包括所有格式的办公文档、文本、图片、XML、HTML、各类报表、图像和音频/视频信息等。常用的数据采集方法归结为以下三类：传感器、日志文件、网络爬虫。

（1）传感器通常用于测量物理变量，一般包括电压、电流、声音、温湿度、距离等，从传感器和其他待测设备等模拟和数字被测单元中自动采集非电量或者电量信号，将测量值转化为数字信号，传送到数据采集点，让物体有了触觉、味觉和嗅觉等感官，让物体慢慢变得活了起来。高能物理实验的探测器也可被认为是一类特殊的传感器。

（2）日志文件数据一般由数据源系统产生，用于记录数据源的执行的各种操作活动，比如网络监控的流量管理、金融应用的股票记账和 Web 服务器记录的用户访问行为。

很多互联网企业都有自己的海量数据采集工具，多用于系统日志采集，如 Hadoop 的 Chukwa[1]，Cloudera 的 Flume[2]，Facebook 的 Scribe[3]等，这些工具均采用分布式架构，能满足每秒数百 MB 的日志数据采集和传输需求。

（3）网络爬虫是指为搜索引擎下载并存储网页的程序，它是搜索引擎和 Web 缓存主要的数据采集方式。通过网络爬虫或网站公开 API 等方式从网站上获取数据信息。该方法可以将非结构化数据从网页中抽取出来，将其存储为统一的本地数据文件，并以结构化的方式存储。它支持图片、音频、视频等文件或附件的采集，附件与正文可以自动关联。

数据采集技术广泛应用在各个领域，数据采集系统通常由一组硬件和软件组成，可使用传感器或转换器对电压、电流、温度和应力等物理参数进行采样。尽管数据采集系统根据不同的应用需求有不同的定义，但各个系统采集、分析和显示信息的目的却大致相同。

在数据处理时，根据处理设备的结构方式、工作方式，以及数据的时间空间分布方式的不同，数据处理有不同的方式。不同的处理方式要求不同的硬件和软件支持，每种处理方式都有自己的特点。数据处理主要有四种分类方式：①根据处理设备的结构方式区分，有联机处理方式和脱机处理方式。②根据数据处理时间的分配方式区分，有批处理方式、分时处理方式和实时处理方式。③根据数据处理空间的分布方式区分，有集中式处理方式和分布处理方式。④根据计算机中央处理器的工作方式区分，有单道作业处理方式、多道作业处理方式和交互式处理方式。

数据清洗是对数据进行重新审查和校验的过程，目的在于删除重复数据、补齐缺失的数据、消除数据的不一致，从而保证数据质量，支撑数据挖掘。因为数据仓库中的数据在产生、传输、存储中可能错误或冲突，这样的数据显然不是最终想要的，称为"脏数据"。或者，数据在进行分析和处理前需要进行格式规整。按照一定的规则把"脏数据""洗掉"，这就是数据清洗。

数据清洗步骤主要包括：①重复数据清洗。对于重复冗余数据需要采用规则加以去除，如通过相同的关键信息匹配进行去重，也可以通过主键进行去重。②缺失数据清洗。对于一些应该有的信息发生缺失，一般有两种情况：一种是采集的数据发生缺失，对此需要对采集设备进行改进或软件进行优化。第二种是数据在传输存储中缺失，需要溯源原始数据，对数据进行修复。③错误数据清洗。对于格式错误数据，可以通过格式转化规则自动进行处理；对于内容错误数据可以通过页面规则设定方式进行限制，减少内容错误；对于逻辑错误数据，则需要编写与业务相关的判读规则来实现数据的确认或剔除。④关联性验证。如果数据有多个来源，那么有必要进行关联性验证，经过关联性验证后才能确定数据是否需要去重或合并。

在高能物理数据系统中数据采集被称作 DAQ（Data Acquisition），即数据获取系统。典型的 DAQ 为分级触发架构，如图 2-3 所示，即：一级硬件触发、二级硬件触发和三级软件触发。在高能物理探测装置中产生的微弱电信号，由前置放大器读出，经过放大、成形、数字化处理，被送到数据获取与触发判选系统。触发判选系统对读出的物理信号按筛选条件进行判选，所挑选的信号供数据获取系统进行分析与记录。

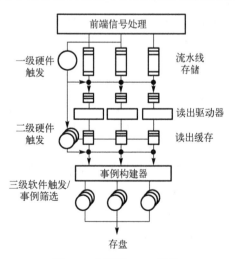

图 2-3　典型的 DAQ 结构

高能物理科学大数据的采集方式可分为本地、异地和国际三种类型，如图 2-4 所示，需要采用不同的网络连接模式。对于本地数据采集方式，DAQ 系统与计算中心位于同一个局域网中，科研人员能够通过终端或者工作站直接连接到计算中心进行数据的存储和处理。异地数据采集需要配置专线网络，通过数据传输系统 FTS 实时或延迟地传输至计算中心。国际合作单位的数据则经过国际互联网与计算中心连接。

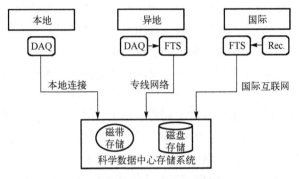

图 2-4　高能物理科学大数据采集模式

数据采集、处理与清洗是对数据进行分析、整理、计算、编辑和加工的技术过程。随着高能物理实验规模不断扩大，新的 IT 技术也被不断地应用于高能物理实验的数据处理，需要建立、运行和维护大规模的高性能科学计算和网络环境，为高能物理重大科技基础设施和实验提供数据服务和信息化支撑，以加快物理成果获取进程。

## 2.1.3　海量数据存储

大数据领域海量数据存储面临很多的挑战：

(1) 长时间、连续、高负载访问，例如：离线作业、在线数据获取、交互分析和查询、个人数据存储等；

(2) 十亿乃至百亿级别的文件数量和百 PB/EB 级存储空间，包括：物理数据、用户个人数据、程序等；

(3) 异构存储设备，包括 SSD、机械磁盘、磁带库；

(4) 多样的 QoS，包括大吞吐率、低延时、高可用、安全隔离等；

(5) 多站点数据共享：面向 LHAASO、BESIII 等实验的分布式处理环境；

(6) 数据需要长期保存，数据不仅要保证不丢失，还要保证可访问。

高能物理计算是典型的数据密集型应用，因此存储系统至关重要，需要充足的、集群节点共享的磁盘空间，充分的数据访问带宽和安全可靠的数据长期保存环境。存储系统包括分布式文件系统、备份系统、数据传输系统等。

### 1. 分布式文件系统

信息爆炸时代中，面对如此庞大的数据存储量以及可预见性的数据增长量，简单地通过增加硬盘个数来扩展存储容量的方式，在容量大小、增长速度以及数据安全等方面都无法满足要求。分布式文件系统可以有效解决数据的存储和管理难题，它将固定于某个地点的某个文件系统，扩展到任意多个地点或者多个文件系统，众多的节点组成一个文件系统网络。每个节点可以分布在不同的地点，通过网络进行节点间的通信和数据传输。在使用分布式文件系统时，无需关心数据是存储在哪个节点上，或者是从哪个节点处获取的，只需要像使用本地文件系统一样管理和存储文件系统中的数据。

分布式文件系统摆脱了传统存储数据共享困难、扩容受控制器性能限制等问题，通过将软件部署于通用服务器，用去中心化架构支持弹性扩展和高并发访问，消除了容量和性能的约束，实现更优秀的存储能力，可以轻松支撑 EB 级存储规模。分布式文件系统提供千万级 IOPS（即每秒钟能够服务的输入输出请求数量）和 TB/s 级聚合带宽（即每秒钟传输的数据量），能够满足高并发访问需求，加之部署简单、灵活扩展的特点，为当下日益增长的海量数据提供高容量、高性能、高可靠和高性价比的存储系统底层支撑。

分布式文件系统把大量数据分散到不同的节点上存储，大大减少了数据丢失的风险。分布式文件系统具有冗余性，部分节点的故障并不影响整体的正常运行，而且即使出现故障的计算机存储的数据已经损坏，也可以由其他节点将损坏的数据恢复出来。因此，安全性是分布式文件系统最主要的特征之一。分布式文件系统通过网络将大量零散的计算机连接在一起，形成一个巨大的计算机集群，使各主机均可以充分发挥其价值。此外，集群之外的计算机只需要经过简单的配置就可以加入到分布式文件系统中，具有极强的可扩展能力。

分布式文件系统是建立在客户机/服务器技术基础之上的，一个或多个文件服务器与客户机文件系统协同操作，这样客户机就能够访问由服务器管理的文件。分布式文件系统的发展大体上经历了三个阶段：第一阶段是网络文件系统，第二阶段是共享 SAN 文件系统，第三阶段是面向对象的并行文件系统。

高能物理计算是数据密集型计算，I/O 性能是计算效率的决定因素。集群计算是大规模高能物理数据处理的主要形式，分布式文件系统为集群计算提供高效可靠的数据访问接口，全局共享名字空间和 PB 或 EB 量级的磁盘存储空间，是集群计算的关键组件。

2. 备份系统

数据备份是一种数据安全策略，对存储的数据做一个拷贝，以便在故障发生时，通过备份软件恢复数据，避免数据丢失带来的损失。高能物理领域有多个重要的科研设施和装置，包括北京正负电子对撞机、北京谱仪、大亚湾反应堆中微子实验等，物理学家们对这些装置或实验所产生的数据进行研究分析，最终得到物理结果。在此过程中，需要对关键数据进行有效备份和恢复。

备份策略是数据备份实现的规则，需要面向整个备份环境，包括数据、网络、存储资源和用户。对于使用者来说，它屏蔽了后台复杂的参数定义，提供简明扼要的备份任务选择。它的建立需要考虑多种因素，主要包括：①备份对象。需要备份的数据类型、大小、增长速度。②备份方式。选择完全备份、增量备份还是差异备份。③备份频率。隔多久做一次备份。④备份介质。是否使用"缓存"，还是直接写到备份资源池。⑤备份级别。根据用户等级和数据的重要程度来定级别，提供不同的服务。⑥备份文件保存时间。备份文件是永久保存还是定期删除。

同一类型的备份需求分成多个备份策略，这样既可以实现备份数据的并发读写，减少整体备份时间，又能使多个策略各不相关，出现问题时，不会干扰其他数据的正常备份。但同时也要考虑到备份策略管理的难度，在满足备份需求的条件下，不需要制定过多的备份策略。备份系统统一管理备份资源，根据不同的备份要求灵活制订备份策略，对用户提供简单的数据备份和恢复方式。在遇到灾难或者误删除等情况下，保证用户的数据安全。

### 3. 数据传输系统

高能物理实验站分布在全国甚至全球不同的地方，如 LHAASO 位于四川稻城海子山，距离北京超过 2000 公里，因此需要长距离、大带宽、高可靠以及实时的数据传输系统，将实验站获取的数据传输到数据处理中心。为了保证不同数据类型的传输质量，数据传输系统支持海量数据实时发现、多目标、多链路、多流、校验、重传等功能，比如 LHAASO 的数据传输系统架构如图 2-5 所示。一旦 DAQ 产生数据并注册到传输管理数据库中，数据传输系统会立即把数据从稻城通过网络专线传输到北京的数据中心并进行校验，确保正确性和完整性。数据传输系统采用模块化的设计思想，实现系统的可配置性和可扩展性，同时会记录数据传输状态，当数据文件传输至北京的数据中心时，传输系统会更新 LHAASO 传输管理数据库中的数据传输状态为 transferred（即已传输）。为了提高数据传输的高效性，部署方式上数据传输系统支持多链路、多流、多进程和集群部署方式。如果存在多条独立网络链路，则会根据网络链路状态，数据传输时采用"尽最大努力交付（best-effort delivery）"的策略，实现"负载均衡"与"容错"两种方式，保证多条链路充分利用，并且当单条链路故障时仍可传输数据。

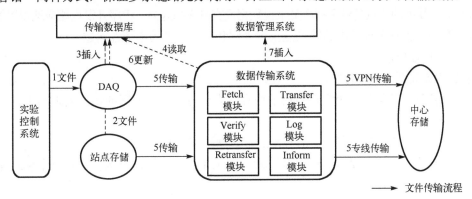

图 2-5　LHAASO 数据传输系统架构图

该数据传输系统共包括六个模块：①Fetch 模块，Fetch 模块不断地轮询传输管理数据库（该数据库为 Redis，其中的内容包含文件产生的时间、文件的大小、文件的校验值、文件的传输状态以及该文件被传输的时间等），根据文件的状态，获取待传输的文件。②Transfer 模块，Fetch 模块发现待传输的数据之后，Transfer 模块开始负责将待传输的实验数据从站点存储传输到中心存储系统上进行保存。③Verify 模块，验证实验数据的 Check 值和文件大小的值，从而确保传输数据的完整性。④Log 模块，负责提供实时和历史的传输日志，保留每个文件传输过程记录。⑤Retransfer 模块，在传输的过程中，遇到文件没有正常传输到中心存储系统的数据，将启动 Retransfer 模块，重传失败的实验数据。⑥Inform 模块，对传输过程中出现的问题和错误，及时通知管理员。

### 2.1.4 并行数据处理

并行数据处理是计算机系统中能同时执行两个或多个处理的一种计算方法，是提高计算机系统计算速度和处理能力的一种有效手段。它的基本思想是用多个处理器来协同处理同一问题，将问题分解成若干个部分，各部分均由一个独立的进程来处理，再将处理的结果返回给用户。并行数据处理既可以运行在专门设计的、含有多个处理器的超级计算机上，也可以运行在以某种方式互连的若干台独立计算机构成的集群上。

并行数据处理主要目的是节省大型和复杂问题的解决时间，提高求解问题的规模。为实现并行数据处理，首先将一个应用分解成多个子任务，分配给不同的处理器，各个处理器之间相互协同，并行地执行子任务。为了实现并行处理，首先需要对程序进行并行化处理，也就是说将工作各部分分配到不同处理进程或线程中。并行处理由于存在相互关联的问题，因此不能自动实现。另外，并行也不能保证完全的线性加速。从理论上讲，在 $n$ 个处理机上并行处理的执行速度可能会是在单一处理机上执行速度的 $n$ 倍，但是在实践中是很难达到的。

目前，主要的并行系统包括共享内存模型、消息传递模型以及数据并行模型等。

1）共享内存模型

共享内存模型具有如下特性：

(1)在共享编程模型中，任务间共享统一的可以异步读写的地址空间。

(2)共享内存的访问控制机制可能使用锁或信号量。

(3)这个模型的优点是对于程序员来说数据没有身份的区分，程序开发也相应地得以简化。

(4)在性能上有个很突出的缺点是很难理解和管理数据的本地性问题。

2）消息传递模型

消息传递模型有以下特征：

(1)计算时任务集可以用它们自己的内存。多任务可以在相同的物理处理器上，同时可以访问任意数量的处理器。

(2)任务之间通过接收和发送消息来进行数据通信。

(3)数据传输通常需要每个处理器协调操作来完成。例如，发送操作有一个接收操作来配合。

3）数据并行模型

数据并行模型有以下特性：

(1)并行工作主要是操纵数据集。数据集一般都是像数组一样典型的通用的数据结构。

(2)任务集都使用相同的数据结构，但是每个任务都有自己的数据。

(3)任务的工作都是相同的，例如，给每个数组元素加 4。

(4)在共享内存体系结构上，所有的任务都是在全局存储空间中访问数据。在分布式存储体系结构上数据都是从任务的本地存储空间中分离出来的。

目前高能物理领域的并行处理系统主要包括高通量计算(High Throughput Computing，HTC)和高性能计算(High Performance Computing，HPC)两种，要求具备海量的存储能力、高性能的计算能力、高速网络以及大规模的扩展能力，并且作业和基础设施也要具备可管理性。通常，大规模的计算集群支持多个高能物理实验实现资源共享，并行数据处理的方式包括作业并行、数据并行、多线程、MPI 多机并行和网格计算等。

1）作业并行

高能物理领域通常使用 HTCondor[4]实现作业并行。HTCondor 是威斯康星大学麦迪逊分校构建的分布式计算软件，用来处理高通量计算 HTC 的相关问题，能够长时间稳定运行，并充分利用集群或网格内计算资源。集群或网格内计算资源往往是不可靠的，这中间蕴含了计算资源管理和任务调度的问题。

具体来说，HTC 的思想就是将大规模的密集运算拆分成一个个的子任务，交给集群计算机运算。HTCondor 提供了如下功能：

（1）发布任务。根据设定的集群内计算资源条件，将任务发布到集群计算机。

（2）调度任务。任务能够发送到满足条件的计算机中运行，或者迁移到另外一台计算机。

（3）监视任务。随时监视任务运行的情况和计算资源的情况。

注意拆分任务这一步还是需要用户自己控制的，拆分合适粒度的并行任务，有助于最大限度的负载均衡。

除此之外，磁盘 IO 问题也是一个不能忽视的问题。HTC 往往涉及海量数据的处理，巨量数据的磁盘 IO 会造成性能瓶颈。HTCondor 原生支持一种文件传输机制，发布任务的时候能够自动将数据发送到对应的机器中运行，并搭配分布式文件系统进行计算。

2）数据并行

在大数据时代，Hadoop[5]是一个重要的支持数据并行的系统。Hadoop 是一个由 Apache 基金会所开发的分布式系统基础架构。用户可以在不了解分布式底层细节的情况下，开发分布式程序。充分利用集群的威力进行高速运算和存储。Hadoop 实现了一个分布式文件系统，其中一个组件是 HDFS（Hadoop Distributed File System）[6]。HDFS 有高容错性的特点，被设计用来部署在廉价的硬件上，而且它提供高吞吐量访问应用程序的数据，适合那些有着超大数据集的应用程序。HDFS 放宽了 POSIX 的要求，可以以流的形式访问文件系统中的数据。Hadoop 框架最核心的设计包括 HDFS 和 MapReduce。HDFS 为海量的数据提供了存储，而 MapReduce 则为海量的数据提供了计算。

3）多线程

共享内存系统即单机并行，在一台机器上运行程序时分配多个进程或线程来达到加速的目的。比如用 OpenMP[7]和 Pthreads 进行共享内存编程，在程序中加入相关并行语句实现线程的创建和销毁。

OpenMP（Open Multi-Processing）是一个应用程序接口（API），可用于显式支持多线程、共享内存的并行性。OpenMP 被广泛接受，支持的编程语言包括 C 语言、C++和 Fortran，支持 OpenMP 的编译器包括 Sun Compiler、GNU Compiler 和 Intel Compiler 等。OpenMP 提供了对并行算法的高层的抽象描述，程序员通过在源代码中加入专用的 #pragma 来明确自己的意图，由此编译器可以自动将程序进行并行化，并在必要之处加入同步互斥以及通信。当选择忽略这些 #pragma，或者编译器不支持 OpenMP 时，程序又可退化为通常的程序（一般为串行），代码仍然可以正常运作，只是不能利用多线程来加速程序执行。

OpenMP 提供的这种对于并行描述的高层抽象降低了并行编程的难度和复杂度，这样程序员可以把更多的精力投入到并行算法本身，而非其具体实现细节。对基于数据分集的多线程程序设计，OpenMP 是一个很好的选择。

并行计算不同于分布式计算。分布式计算主要是指，通过网络相互连接的两个以上的处理机相互协调，各自执行相互依赖的不同应用，从而达到协调资源访问、提高资源使用效率的目的。但是，它无法达到并行计算所倡导的提高求解同一个应用的速度，或者提高求解同一个应用的问题规模的目的。对于一些复杂应用系统，分布式计算和并行计算通常相互配合，既要通过分布式计算协调不同应用之间的关系，又要通过并行计算提高求解单个应用的能力。

4）MPI 多机并行

多线程是一种便捷的模型，当中每一个线程都能够访问其他线程的存储空间。因此，这样的模型仅仅能在共享存储系统之间移植。一般来讲，并行机不一定在各处理器之间共享存储，当面向非共享存储系统开发并行程序时，程序的各部分之间通过来回传递消息的方式通信。要使得消息传递方式可移植，就需要采用标准的消息传递库。这就促使消息传递接口（Message Passing Interface，MPI）[8]面世，MPI 是一种被广泛采用的消息传递标准。

MPI 是一种基于消息传递的跨语言的并行编程技术，支持点对点通信和广播通信。MPI是一种编程接口标准，而不是一种详细的编程语言。简而言之，MPI 标准定义了一组具有可移植性的编程接口。各个厂商或组织遵循这些标准实现自己的 MPI 软件包（如链接库等形式），典型的实现包含开放源码的 MPICH、LAM MPI 以及不开放源码的 Intel MPI。因为 MPI提供了统一的编程接口，程序员仅仅需要设计好并行算法，使用对应的 MPI 库就能够实现基于消息传递的并行计算。MPI 支持多种操作系统，包含大多数的类 UNIX 和 Windows 系统。

5）网格计算

网格计算通过共享网络将不同地点的大量计算机相联，从而形成虚拟的超级计算机，将各处计算机的多余处理器能力整合在一起，可为科学研究和其他应用提供巨大的处理能力。有了网格计算，那些没有能力购买价值数百万美元的超级计算机的机构，也能使用其巨大的计算能力。

自 20 世纪 90 年代在欧美出现以来，网格计算主要被用于帮助分散的大学研究人员分析粒子加速器和巨型望远镜的数据。网格计算的概念和 Globus Toolkit[9]在研究和教育领域得到广泛应用，数十项全球性的大项目采用这些技术，以解决科学计算中的海量计算问题。网格计算主要的特点包括：

（1）分布式超级计算。网格计算可以把分布式的超级计算机集中起来，协同解决复杂的大规模的问题，使大量闲置的计算机资源得到有效的组织，提高了资源的利用效率，节省了大量的重复投资，使用户的需求得到及时满足。

（2）高通量计算。网格计算能够十分有效地提高计算的吞吐率，它利用 CPU 的周期共享技术，将大量空闲的计算机的计算资源集中起来，提供给对时间不太敏感的计算任务，作为计算资源的重要来源。网格计算能够同时执行大量的不同类型的计算任务，具有很高的计算吞吐率。

（3）数据密集型计算。数据密集型问题的求解往往同时产生很大的通信和计算需求，需要网格计算能力才可以解决。网格计算可以满足药物分子设计、计算力学、计算材料、电子学、生物学、核物理反应、航空航天等众多领域的需求。

（4）基于广泛信息共享的人与人交互。网格计算的出现更加突破了人与人之间地理界线的限制，使得科技工作者之间的交流更加方便，从某种程度上可以说实现了人与人之间的智慧共享。

(5) 更广泛的资源贸易。随着超级计算机性能的提高和 PC 服务器的普及，资源的闲置问题也越来越突出，网格计算技术能够有效地组织这些闲置的资源，使得有大量计算需求的用户能够获得这些资源，而资源提供者的应用也不会受到太大的干扰。需要计算能力的人可以不必购买大的计算机，只要根据自己的任务需求，向网格购买计算能力就可以满足计算需求。

### 2.1.5　数据分析和挖掘工具

数据最终的价值呈现一定是为应用服务的，人工智能和大数据分析技术的发展，驱动数据产生更多的应用价值。在利用人工智能方面，传统 SAN/NAS 系统因为访问协议的限制，无法感知数据，只能在存储底层利用数据访问 IO 分类、使用容量统计、存储硬件错误码等信息进行统计分析，来实现存储系统自动化运维与管理等维度，以存储系统自身管理效率改进为目标的 "基础智能"。

数据分析是一个大的概念，理论上任何对数据进行计算、处理从而得出一些有意义的结论的过程，都叫数据分析。从数据本身的复杂程度以及对数据进行处理的复杂度和深度来看，数据分析通常分为不同的层次，比如数据统计、联机分析处理 (Online Analytical Processing, OLTP)、数据挖掘、大数据分析等。

数据挖掘是指从海量数据中找到人们未知的、可能有用的、隐藏的规则，可以通过关联分析、聚类分析、时序分析等各种算法发现一些无法通过观察图表得出的深层次原因。数据挖掘通常通过统计、在线分析处理、情报检索、机器学习、专家系统 (依靠过去的经验法则) 和模式识别等诸多方法来实现上述目标。

高能物理科学大数据挖掘和分析工具，包括 ROOT、Geant4、Gaudi、BOSS、SNiPER 等。ROOT[10]是一种科学数据处理的平台，擅长数据分析，特别是高能物理数据存储和处理，主要功能包括：事例产生、探测器模拟、事例重建、数据采集、数据分析、可视化等。它可将数据 (普通数值或 C++类) 以压缩二进制的办法保存起来并且可以很方便地对其进行挑选、画 1 维、2 维、3 维直方图、散点图、拟合等分析工作。ROOT 还提供数学及统计工具、并行处理、神经网络及多变量分析软件包，实现多种分布的数据样本产生工具以便于对复杂问题的 MC 模拟开发。ROOT 是高能物理数据分析的必备工具，也可用于低能物理、工程、经济、军事等需要处理和分析科学数据及软件开发的领域。ROOT 是全免费开源软件且可运行在 Windows 和 Linux 下，国际上有大量科研人员及科研机构使用。

ROOT 提供了丰富的数学函数与工具库 (图 2-6)，用来实现高级的数据分析。

蒙特卡罗应用软件包 Geant4 (Geometry and tracking)[11]由欧洲核子研究中心 (CERN) 基于 C++面向对象技术开发，用于模拟粒子在物质中输运的物理过程。相对于 MCNP、EGS 等商业软件来说，Geant4 的主要优点是源代码完全开放，用户可以根据实际需要更改、扩充 Geant4 程序。Geant4 始于 1994 年，主要提供一套通用的模拟软件，包括 OpenGL 在内的一系列可视化接口，以及基于 Tcsh 的交互界面，模拟基本粒子穿过物质时发生的相互作用。

Geant4 分为许多模块，分别负责处理几何跟踪、探测器响应、运行管理、可视化和用户界面。对许多物理模拟来说，这意味着可以在实现细节上花费较少时间，使得研究者可以立

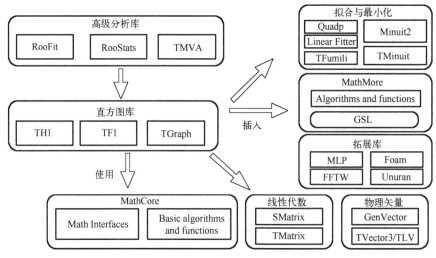

图 2-6　ROOT 的数学函数与工具库

刻着手模拟工作中重要的方面。Geant4 的功能模块如下："几何"是对实验的物理布局的定义，包括探测器，吸收体的形状、大小、材料等；"跟踪"通过追踪粒子穿过介质时发生的物理过程（碰撞、反应、吸收等），确定粒子的路径和状态；"探测器响应"记录到达探测器的粒子的信息，预测真实探测器将会做出何种反应；"运行管理"记录每一次运行（由一系列事件组成）中的信息，在多次运行之间可以对运行参数进行设置。

Geant4 目前被应用于高能物理、核物理、空间工程、医学物理、材料科学、辐射防护和安全等领域，它所提供的功能涵盖电磁、强子、光强子、轻强子相互作用以及几何光学等，而且用户可以定制和扩展。

## 2.2　大数据基础设施

大数据基础设施（Big Data Infrastructure，BDI）是面向数据采集、数据分析和数据应用的创新性系统工程，其一方面指支撑大数据应用和大数据产业的基础设施，另一方面指用大数据和人工智能的方法，解决基础设施运行过程中的问题，为数据产业的安全、运维、生产实验环境、服务和运营体系提供价值，例如云计算与虚拟化技术。两方面互为促进，构成完整的大数据基础设施，解决产业和科研问题。

数据中心通常是指在一个物理空间内实现信息的集中处理、存储、传输、交换、管理，而计算机设备、服务器设备、网络设备、存储设备等是数据中心机房的关键设备。关键设备运行所需要的环境因素，如供电系统、制冷系统、机柜系统、消防系统、监控系统等是关键物理基础设施。图 2-7 展示了中国科学院高能物理研究所数据中心。

一个完整的数据中心在其建筑之中，由支撑系统、计算设备和业务信息系统这三个逻辑部分组成。以服务对象为标准可以将数据中心分为两类，即企业数据中心和互联网数据中心。若按等级划分则可分为：第一等级（Tier Ⅰ）"基础级"，没有冗余设备（包括计算和存储），所有设备由一套线路系统（包括电力和网络）相连通；第二等级（Tier Ⅱ）"具冗余设备级"，有冗余设备，但是所有设备仍由一套线路系统相连通；第三等级（Tier Ⅲ）"可并行维护级"，

图 2-7  中国科学院高能物理研究所数据中心

具有冗余设备，所有计算机设备都具备双线路(一主一备)；第四等级(Tier Ⅳ)"容错级"，具有多重的、独立的、物理上相互分隔的冗余设备，所有计算机设备都至少具备双活线路。数据中心的标准如表 2-1 所示。

表 2-1  数据中心等级标准

| 对比项 | 一级 | 二级 | 三级 | 四级 |
| --- | --- | --- | --- | --- |
| 系统设备 | 单系统 | 单系统 | 单系统 | 双系统 |
| 系统部件冗余 | $N$ | $N$ | $N$ | 至少 $N+1$ |
| 线路 | 1 条 | 1 条 | 1 主 1 备 | 双主运行 |
| 物理分割 | 没有 | 没有 | 有 | 有 |
| 并行维护 | 没有 | 没有 | 有 | 有 |
| 容错(单一事件) | 没有 | 没有 | 没有 | 有 |
| 每年停机事件 | 28.8 小时 | 22 小时 | 1.6 小时 | 0.8 小时 |
| 可利用时间占比 | 99.67% | 99.75% | 99.98% | 99.99% |

数据中心基础设施包括：电力系统、计算设施、存储设施、网络设施、制冷系统、消防系统等。图 2-8 简单展示了数据中心应该拥有的基础设施。

在所有设施中，电力系统的设计是数据中心基础设施设计中最为关键的部分，关系到数据中心能否持续、稳定地运行。数据中心的规划等级决定了电力冗余设备的配置，Tier Ⅳ 数据中心的电力系统可靠性需要达到 99.99%，意味着平均每 5 年才会发生一次电力事故。要达到这样的可靠性，往往需要市电双路供电、设置双总线不间断电源(UPS)并配备柴油发电机作为第二重备份，在市电仍未恢复且 UPS 耗尽前及时接入等。此外，温度控制也是保障数据中心正常运转的关键条件之一，通常可以使用风冷、水冷和机架内利用空气-水热交换制冷来控制温度。

计算设施则是多种类型的服务器，例如：塔式服务器、刀片服务器、GPU 服务器以及常见的机架式服务器。存储设备是指磁盘阵列、磁盘扩展柜、存储一体机以及磁带库等可以放置大量硬盘、磁带等存储硬件的设施。网络设备主要是指交换机和路由器。交换机是基于 MAC 地址识别的封装转发数据包功能的网络设备，局域网中常用的类型有以太网交换机、快速以太网交换机、千兆以太网交换机、万兆以太网交换机、25G 以太网交换机、IB (InfiniBand) 交换机，等等。而路由器是用于连接多个逻辑上分开的网络，当收到数据时，通过路由规则判断网络地址并选择路径，完成数据在多个子网间的传输。

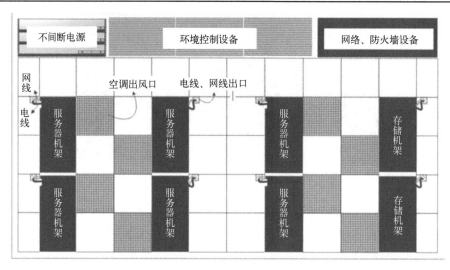

图 2-8　数据中心基础设施组成

## 2.3　数据生命周期管理

数据生命周期管理(Data Lifecycle Management，DLM)是一种基于策略的方法，用于管理数据在整个生命周期内的流动，从数据创建、存储管理、数据访问、数据再利用到它过时被删除。数据生命周期管理的整个过程是自动化的，通常根据指定的策略将数据组织成各个不同的层，并基于那些关键条件自动地将数据从一个层移动到另一个层。作为一项规则，较新的数据和那些很可能被更加频繁访问的数据，应该存储在更快的、相对更昂贵的存储介质上，而那些不是很重要的数据则存储在比较便宜的、稍微慢些的介质上。

数据的全周期，以高能物理中的数据为例，从探测器装置中刚产生出来的数据，对于数据的读写效率和即时性有很高的要求，需要物理学家立即处理，这种数据称之为热数据；经过一段时间的数据分析和挖掘之后，数据的访问频率会渐渐降低，但仍然会有部分物理学家对这批数据进行多种方法的数据处理，所以这些数据仍然需要被及时访问到，这种数据称之为温数据；高能物理实验数据价值很高，需要长期保存，所以实验的原始数据可以保存到成本相对较低的存储介质中，待有需要时再调取，这类数据一般称之为冷数据。

科学数据管理生命周期核心要素：数据管理计划、数据收集、数据处理、数据分析、数据保存、数据共享和数据再利用等。

数据生命周期管理是解决数据周期的复杂性，即对数据执行的各种操作：传输、归档、复制、删除等进行规划与管理。它的核心是在不同的阶段能让各种信息的价值得到体现，高效地挖掘出自己所拥有数据的价值，并进行有效管理，从而降低成本，提高数据产出。DCC(英国数字策管中心)、FGDC(美国联邦地理数据委员会)、USCD(美国加州大学圣地亚哥分校)等组织提出过数据生命周期模型。图 2-9 显示了 DCC 数据生命周期模型[12]，在该模型中有四个全生命周期操作(数据圈加上周围的三个封闭圆圈)，分别为：描述和表示、保存规划、用户反馈，以及治理和保存。描述和表示是指提供描述数字对象所需的元数据的操作，以便长期可访问和可理解。保存规划包括管理所有保存所需操作的计划。用户反馈强调数据治理对于领域用户的重要性。治理和保存则是数据整个生命周期中的一系列操作，这些操作遵循整个数据管理项目的轨迹——从规划设计和数据收集到决定需要管理和保存什么（评估和选择），再到使数据可供长期访问和重用所需的步骤（数据摄取、保存操作、数据存储、访问和利用）。最后一步"数据转换"是指在创建原始数据产品时可以从原始数据创建新的衍生数据产品的重用阶段。在每个阶段，DCC 生命周期模型都强调创建和注册适当的元数据，确保数据的真实性和完整性，并遵循相关的社区标准和工具。偶尔的操作包括数据转移和重新评估等，即将数据转换为不同的格式或者销毁，以使其免受硬件或软件过时的影响。

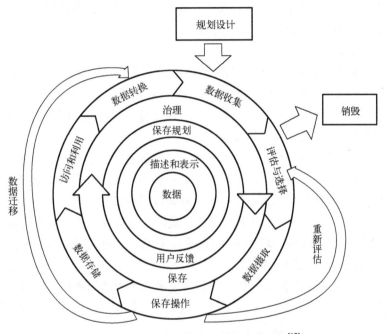

图 2-9　英国数字策管中心数据生命周期[12]

不同的机构对于科学大数据的生命周期定义有所不同，通常来说可以分为六个阶段：

1）数据创建阶段

首先，要采集数据与预处理。创建或采集数据是新产生或收集系统内尚不存在的信息的行为。包括以下几个步骤：①收集数据，通过不同的收集方法收集不同类型的数据；②加工数据，数据所有者在采集后需要对原始数据进行处理，包括脱敏、分类、清洗、建模分析等，并将清理后的数据进行合理分组；③验证数据，为了确保清理后的数据是可用的和有意义的，数据验证是必要的。此外，要随机选择样本数并检查其可用性。

随着信息技术的不断发展和普及，新的数据量快速增长，所产生的数据需要存储环境以利于及时的处理、管理和保护，因而需要稳定、可靠、高可扩展能力的存储设备。不同的应用和数据，需要不同容量、功能和价格的存储系统，以满足合理的成本和投资回报。

数据的价值通常会随着时间逐渐降低，因此所有数据在创建时都应当获得一个由数据的类型、数据的价值和删除日期。如果不对过期数据进行正确的控制,对相关数据的搜索将会导致系统管理效率的不断降低,因此系统将定期清除到期的数据。数据生命周期管理就是要根据应用的要求、数据提供的时间及数据和信息服务的等级,提供相适应的数据产生、存储、管理等条件,以保障数据的及时供应。

大数据采集与预处理在大数据生命周期中处于第一环节。大数据采集来源包括管理信息系统、网络信息系统、物理信息系统、科学实验系统等。对于不同的数据集,可以有不同的结构,如文件、XML、关系表等,或者经过整理过的异构数据集。整理、清洗、转换后,生成到一个新的数据集,为后续进行查询和分析研究问题提供信息统一的可视图。

在原始数据集的收集和预处理之后,进入数据分析阶段。数据分析是以创建新的信息和发现新的规律为目的检查原始数据的科学性。数据合成涉及统计方法的使用,这些方法结合了许多数据来源或测试,以获得更好的总体估计。

2)数据使用阶段

数据生命周期管理的主要目标是确保数据可以支持分析处理和为所有者或组织机构提供长期的价值。因此,数据必须便于访问,最好可以在机构的多个处理环节和应用之间共享,以提供最大限度的数据价值。此外,数据必须可以支持多种处理流程,因此这个阶段将成为数据生命周期管理与数据处理管理的交叉点。

除了数据价值,还需研究数据的访问频率。数据的访问频率基本上可以分为三类:每天都需要访问的数据;需要随时访问,但访问频繁和访问速度要求不高的数据;偶尔需要查询或访问的数据。这三种分类体现为在线、近线和离线三种访问方式。

(1)在线方式。在线存储之所以非常重要,是因为它可以提供对数据的即时访问,在线存储为业务系统提供日常业务处理所需的数据。因而,在线存储要求高性能、大容量、高扩充能力,以保证业务系统的快速处理。

(2)近线方式。需要定期但访问频率和访问速度要求不高的数据应当以近线方式保存。通过这种方式,可以实现较为及时的并且成本较低的数据访问。近线存储设备的价格要比在线存储要低,而且数据访问的速度要慢一些。

(3)离线方式。对那些访问速度要求不高、存放的时间较长、访问的频率更低的数据,可以将其存放在价格更低的存储介质和设备上,当数据需要被访问时,才将其恢复到在线存储设备中,从而使数据存储的成本进一步降低。

在数据使用阶段,还可能包含数据汇交。数据汇交让数据在本学科领域或者交叉学科领域内共享,让数据流动起来,充分发现和挖掘数据的应用价值。

3)数据保护阶段

今天很多组织机构的科学产出都与数据的连续可用性、完整性和安全性息息相关。随着数据量指数级地增长,机构面临着如何以相同或者更少的资源管理迅速增长的数据的挑战。同时,机构内部业务需要快速获取所需要的数据。数据可用性的降低或者数据的丢失,对机构而言,都意味着时间的浪费、业务处理效率降低或数据管理灾难。

数据生命周期管理将按照数据和应用系统的等级,采用不同的数据保护措施和技术,以保证各类数据得到及时和有效的保护。

从数据处理产生以来,对于数据保护的需求一直没有发生变化,即防止数据受到无意或者有意的破坏。但是，实际发生的一系列数据丢失事件使得数据保护和灾难恢复问题成为人们关注的焦点，越来越多的组织机构都意识到从数据中心所遭受的重大损失中恢复所需要的成本，以及制定相应计划的重要性。数据保护的解决方案是一系列技术和流程的组合，包括备份、远程复制和其他数据保护技术。

很多大数据的应用，都需要 24×7 的在线运行。系统的可用性在一定程度上取决于数据的可用性，即使在技术上服务器和网络都是可用的，但是如果应用系统不能访问到正确的数据，用户也认为它是不可用的。在此情况下，即便是事先安排的停机（备份时间、升级时间等）也是无法接受的。机构会对很多可以减少计划性停机和意外停机的技术投入了大量的资金，例如实时数据复制技术、计算机集群系统以及远程数据复制技术等。

目前数据保护的方案主要有以下几种：第一是内容的加密、内容水印和数字签名的创建。第二是访问控制。它负责身份和访问管理，并为需要访问受保护的数字内容的用户提供凭据。此外，还需要监视授权用户的行为，并为不同的用户设置不同的访问权限。第三是许可证管理。它向授权用户发布许可证，例如密钥、身份验证代码等，并控制和检查许可证的有效期。

4）数据迁移阶段

在当前大数据应用的环境中，保持应用系统的全天候运行是一个基本条件。即使是事先计划的、为了对系统进行升级或对系统配置改变而进行的停机对许多用户来说也是无法接受的事件。因此，越来越多的变动必须在运行系统上进行。数据迁移就是其中一个操作，必须采用必要的技术加以配合，使数据的迁移简单、自动化而且不影响业务的运行。

分级存储管理（Hierarchical Storage Management，HSM）是数据生命周期管理产品中的一个操作。分级表示不同的存储媒介类型，例如 RAID（独立磁盘冗余阵列）系统、光学存储或者磁带，每种类型都表示不同级别的成本和需要访问时的检索速度。使用分级存储管理技术，管理员可以建立并且给出使用策略，说明不同类型的文件被拷贝到备份存储设备的频率。一旦策略被创建，分级存储管理软件就自动地管理所有的数据。通常，分级存储管理应用程序将基于从最后一次访问之后过去的时间的长度来移动数据，而 DLM 应用程序则可以根据更加复杂的条件来启用不同的策略。

5）数据归档阶段

单个数据可能会使用相当长的一段时间，但其生命周期最终都会到尽头。那时，机构应该将数据归档。维持一个数据备份和归档系统可以从多个方面支持数据的持续价值。比如，即使一个高能物理实验结束很久，但是仍然可能从归档的数据中挖掘出其价值，并发表科学论文。

数据备份无疑是非常重要的。备份数据可以在原始信息因为某种原因被损坏时进行恢复。数据备份是数据存储战略的重要组成部分。由于对备份数据访问的频率和速度要求不是很高，因而价格低、容量大的存储介质和系统成为最佳选择。

6）数据销毁阶段

许多数据总会在一段时期后，没有再继续保存的价值。这时，数据机构必须要制定相关的政策，对没有保留必要的数据进行销毁或回收。被销毁或回收的数据将从活动和非活动系统中清除。对一些数据，不能轻率地进行销毁操作。数据机构必须确保其销毁的数据不会与相关的条例和法规相违背，因此应当建立科学和明确的数据回收或者销毁规则。

数据清除涉及删除不再有用或不需要的数据，在数据生命周期结束时，将删除数据项的每个副本，这通常是在归档中完成的。数据管理者应创建数据保留政策以实施正确的数据清除。

## 2.4　高能物理计算平台与发展

高能物理实验对计算机和网络应用不断提出新的更高的需求，高能物理计算平台也经历了从大型机、小型机、集群计算、网格计算以及云计算等不同的阶段。大型机，或者称大型主机，英文名 mainframe。大型机使用专用的处理器指令集、操作系统和应用软件。与大型机相比，小型机在规模上小一些，其实也是专用的计算机，介于大型机和个人计算机之间。在 20 世纪 80 年代前后，高能物理计算平台主要以大型机和小型机为主。比如，高能所计算中心成立于1974年，第一台计算机就是当时国内最大的48 位国产 DJS-8(320)计算机，在 1984年引进了当时国际先进的 DEC VAX-11/780计算机，并在随后的几年使用 5 台更为先进的 DEC VAX 计算机并组成了计算机集群。

20 世纪 90 年代以来，网络化和微型化已经成为计算机发展的趋势，传统的集中式处理模式和大型机越来越不能适应人们的需求。在这个时代，PC 机和百兆/千兆以太网络技术的不断发展，特别是开放源码的 Linux 操作系统在互联网技术的催生下，发展速度异常迅猛，很快进入实用阶段。因此，高能物理计算平台很快采用集群计算技术。集群计算由一组计算机组成，它们作为一个整体向用户提供计算资源，其中的单个计算机系统就是集群的节点。集群的用户不需要关注集群系统底层的节点，而是把集群看作是一个系统，而非多个计算机系统，集群系统的管理员可以随意增加和删改集群系统的节点。最为常见的一种集群模式是 Beowulf 集群，常称作 PC Farm，即把同类型的计算机作为集群中的一个最小单元，每个单元安装和运行一样的 Linux 或 BSD 系统，各个单元之间通过 TCP/IP 局域网和有关的程序库来分配计算任务和通信。

在这一时期，随着互联网技术的快速发展，计算机科学家提出 "网络就是计算机"，用于描述分布式计算技术带来的新世界。此后，分布式计算主要发展出网格计算和云计算。网格计算照搬自电网的概念，目的是把大量机器整合成一个虚拟的超级机器，给分布在世界各地的人们使用，也就是公共计算服务。

网格计算将全球地理上分散的计算资源有机地整合起来，协同工作，为大型科学实验研究提供计算支持，能够完成单个集群无法完成的大规模计算任务。网格计算系统由若干个站点组成，每个站点采用的技术与以上介绍的计算环境类似，也由本地的海量存储系统、计算集群、用户管理等部分组成。所以，网格计算也可以简单地理解为"集群的集群"。网格计算技术主要体现在：第一，网格计算是一台超级计算机，拥有大量的计算资源与存储资源，用户可以透明使用。第二，通过网格，最大限度地实现任务调度与资源共享，在全球范围内合理地分配资源；第三，在共享资源的同时最大限度地保证网格资源的安全性。

网格计算出现以后，全球高能物理实验室迅速将其作为高能物理计算平台的主要模式，建立了多个网格平台，包括美国的开放科学网格(Open Science Grid，OSG)、欧洲的网格基础设施(European Grid Infrastructure，EGI)等。目前，网格计算技术已经成为高能物理科学家日常使用的计算基础设施，发挥了极其重要的作用。全球高能物理网格 WLCG(Worldwide

LHC Computing Grid)是全球最大的网格系统。到 2021 年底，WLCG 将近 40 个国家和地区的 170 多个研究机构联合起来，整合超过 100 多万颗 CPU 核的计算资源和超过 100PB 的存储资源。

在网格计算应用的同时，云计算也开始发展。云计算是一种通过网络统一组织和灵活调用各种计算资源，实现大规模计算的信息处理方式。云计算利用分布式计算和虚拟资源管理等技术，通过网络将分散的 ICT 资源(包括计算与存储、应用运行平台、软件等)集中起来形成共享的资源池，并以动态按需和可度量的方式向用户提供服务。用户可以使用各种形式的终端(如 PC、平板电脑、智能手机甚至智能电视等)通过网络获取 ICT 资源服务。以 XEN、KVM 为主的开源的虚拟机管理系统、以 GFS、HDFS 等为主的云计算存储系统、以 Openstack、OpenNebula、Eucalyptus、Nimbus 等为主的开源云计算基础设施管理系统等如雨后春笋般地发展起来。

云计算在提高资源利用率、灵活的可伸缩性以及可管理性方面表现出了巨大的优势。欧洲核子研究中心基于 Openstack 建设了大规模的 CERN Cloud[13]，提供虚拟机服务，并支持批处理计算服务，以提高资源利用率并简化管理。高能物理领域使用动态云计算资源时广泛采用 CVMFS(CernVM file system)[14] 来支持软件部署、发布及同步等。DESY、Fermilab 等其他国际高能物理实验室也开始部署和使用云计算技术。从 2012 年开始，中国科学院高能物理研究所计算中心先后建设了面向天体物理的云计算平台、公共服务云和高能所个人云平台(IHEPCloud)[15]，提供支持多实验多队列的动态资源管理。

典型的高能物理计算环境如图 2-10 所示，其核心是一个高速、高可靠的网络，其余子系统连接到这个核心网络上，包括前端登录集群、本地计算集群、分布式计算系统、磁盘存储、磁带存储、备份与分级存储系统、数据传输以及安全服务等，分别构成计算子系统、存储子系统和网络子系统。不同的子系统具有不同的功能和配置，功能上相互独立，整体上协同工作。

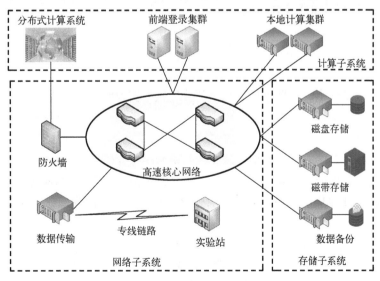

图 2-10 典型的高能物理计算环境

计算子系统由前端登录集群、本地计算集群和分布式计算系统组成。前端登录系统直接面向用户提供服务,后端的计算与存储等系统以虚拟资源池的形式通过前端系统展现给用户。前端系统通常与业务应用系统紧密联系,提供远程的登录服务、高性能计算服务、Web 服务、海量存储接口等。对用户来说,前端登录系统就是一个单一入口点,后台实际上是能够动态扩展和负载均衡的集群系统。本地计算集群通过作业调度软件将大量计算节点上的 CPU 资源整合起来,形成计算集群,对用户提供单一系统映像。作业调度系统对多用户提交的任务进行统一安排,避免冲突,同时对用户访问资源进行授权。分布式计算系统包括网格计算、云计算等。

存储子系统由磁盘存储、磁带存储以及数据备份组成。磁盘存储通过分布式存储系统,比如 Lustre, EOS 等,形成一个超大容量的存储池,提供给用户透明使用。磁带存储是使用磁带系统来管理大型磁带库,负责机械手、磁带驱动器以及磁带的管理和调度,并构建一个磁带存储池,将顺序读写的磁带设备转变成可以随机读写的存储空间。数据备份工具负责将重要的系统文件以及用户文件定期备份起来,防止用户误删除或者数据损坏,实现数据的可靠性。

网络子系统采用高速以太网(如10G/25G/40G/100G 等)或者 Infiniband 网络建立高速核心网络,同时还负责将数据从异地实验站传输到本地的数据中心,并实现与国内外合作单位的数据交换。

## 2.5　本章小结

本章首先介绍了高能物理大数据管理系统的结构,包括 IT 基础设施、数据采集与清洗、海量数据存储、并行数据处理、数据分析和挖掘技术等。接着,介绍了数据中心基础设施以及数据生命周期管理。科学数据管理生命周期包括数据管理计划、数据收集、数据处理、数据分析、数据保存、数据共享和数据再利用等。最后,按照历史和技术发展,讲述了大型机、小型机、集群计算、网格计算以及云计算等高能物理计算平台的不同阶段,并介绍了当前典型的高能物理计算平台组成及其功能。

## 思　考　题

1. 科学数据管理生命周期包括哪几个部分?试举例说明。
2. 高能物理大数据管理系统主要包含哪些部分,各部分最大的挑战是什么?
3. ROOT TFile 如何支持不同的数据源?试解释原理及其协议转换的机制。
4. 行存储和列存储的区别和特点是什么?请给出行存储和列存储的系统。
5. 高能物理数据处理主要包含哪几个过程,每个部分在 IO 方面各有什么需求?
6. 高能物理计算环境一般由哪几个部分组成?试说明高能物理计算环境的发展阶段和趋势。

## 参 考 文 献

[1]　Boulon J, Konwinski A, Qi R, et al. Chukwa, a large-scale monitoring system[C]//Proceedings of CCA, 2008, 8: 1-5.

[2]　Hoffman S. Apache Flume: Distributed Log Collection for Hadoop[M]. Birmingham: Packt Publishing Ltd, 2013.

[3]　Thusoo A, Shao Z, Anthony S, et al. Data warehousing and analytics infrastructure at facebook[C]// Proceedings of the 2010ACM SIGMOD International Conference on Management of data, 2010: 1013-1020.

[4]　Fajardo E M, Dost J M, Holzman B, et al. How much higher can HTCondor fly?[J]//Journal of Physics: Conference Series, 2015, 664(6): 062014.

[5]　White T . Hadoop: The Definitive Guide[M]. Sebastopol: O'Reilly Media Inc, 2009.

[6]　Shvachko K, Kuang H, Radia S, et al. The hadoop distributed file system[C]//2010 IEEE 26th Symposium on Mass Storage Systems and Technologies (MSST), 2010: 1-10.

[7]　Ayguadé E, Copty N, Duran A, et al. The design of OpenMP tasks[J]. IEEE Transactions on Parallel and Distributed Systems, 2008, 20(3): 404-418.

[8]　Gabriel E, Fagg G E, Bosilca G, et al. Open MPI: Goals, concept, and design of a next generation MPI implementation[C]//European Parallel Virtual Machine/Message Passing Interface Users' Group Meeting, Heidelberg, 2004: 97-104.

[9]　Foster I. Globus toolkit version 4: Software for service-oriented systems [J]. Journal of Computer Science and Technology, 2006, 21(4): 513-520.

[10]　Antcheva I, Ballintijn M, Bellenot B, et al. ROOT—A C++ framework for petabyte data storage, statistical analysis and visualization[J]. Computer Physics Communications, 2011, 182(6): 1384-1385.

[11]　Agostinelli S, Allison J, Amako K, et al. GEANT4—a simulation toolkit[J]. Nuclear Instruments and Methods in Physics Research Section A: Accelerators, Spectrometers, Detectors and Associated Equipment, 2003, 506(3): 250-303.

[12]　Higgins S. The DCC curation lifecycle model[J]. International Journal of Digital Curation, 2008, 3(1): 453.

[13]　Bell T, Bompastor B, Bukowiec S, et al. Scaling the CERN OpenStack cloud[J]. Journal of Physics: Conference Series, 2015, 664(2): 022003.

[14]　Aguado S C, Bloomer J, Buncic P, et al. CVMFS-a file system for the CernVM virtual appliance[J]. XII Advanced Computing and Analysis Techniques in Physics Research, 2008(70): 52.

[15]　Cheng Z, Haibo L I, Huang Q, et al. Research on elastic resource management for multi-queue under cloud computing environment[J]. Journal of Physics: Conference Series, 2017, 898(9): 092003.

# 第 3 章 存储技术与系统

存储系统是大数据管理的基础，由基本的存储设备和相应的存储软件系统组成。本章将介绍存储硬件、磁盘文件系统、分布式文件系统以及基于磁带的分级存储系统等原理、技术、发展和应用，并对 Lustre、EOS 等实际的存储系统进行剖析，全面展示高能物理科学大数据的存储技术和系统。

## 3.1 存储硬件及发展

存储硬件是基本存储设备，即用来存放数据的实际物理载体。不同的存储设备具有不同的物理存储机理，也具有不同的存储特性，但主要目标都是把数据保存下来。本节将围绕磁盘、固态盘、磁带和光盘这几种主流的存储设备介绍其原理、特性以及发展历史。

### 3.1.1 磁盘

磁盘是指利用磁记录技术存储数据的物理介质，它可以记录大量的二进制数据，并且断电后也能保证数据不丢失。早期计算机使用的磁盘有两种，分别为软磁盘(Floppy Disk，简称软盘)和硬磁盘(Hard Disk，简称硬盘)。软盘最早由 IBM 公司于 1967 年推出，直径 32 英寸。4 年后 IBM 公司又推出一种直径 8 英寸的表面涂有金属氧化物的塑料质磁盘，发明者是艾伦·舒加特。1976 年 8 月，艾伦·舒加特宣布研制出 5.25 英寸的软盘。1979 年索尼公司推出 3.5 英寸的双面软盘，其容量为 875KB，到 1983 年已达 1MB。在个人计算机设备中，软盘是最早使用的可移动存储设备。

如今最常用的磁盘是硬盘，它作为计算机最主要的存储设备由一个或者多个铝制或者玻璃制的碟片组成，这些碟片外覆盖有铁磁性材料。第一块磁盘驱动器诞生于 1956 年 9 月 13 日，名为 IBM 350 RAMAC，如图 3-1 所示。它将近半人高，共使用了 50 个直径为 24 英寸的磁盘，总容量却只有 5MB，这些盘片表面涂有一层磁性物质，它们被叠起来固定在一起，绕

图 3-1　IBM 350 RAMAC 硬盘

着同一个轴旋转。盘片由一台电动机带动，磁头可以上下前后运动寻找要读写的磁道。盘片的面密度只有 2Kbit/in$^2$，数据处理能力为 1.1KB/s，总重量约 900kg。这款 RAMAC 当时主要应用于飞机预约、自动银行、医学诊断及太空领域内，不过体积庞大、性能不高，使用和制造都不方便。

　　1968 年，IBM 公司提出了温彻斯特技术，并于 1973 年制造出了第一台采用该技术的硬盘，其核心思想是"镀磁盘片密封、固定并高速旋转，磁头悬浮在盘片上方，沿盘片径向移动，并且不与盘片直接接触"。这些思想奠定了现代硬盘的结构原型，即便当今硬盘容量超过当年千万倍，它的基本架构也没有发生大的变化，现在使用的硬盘大多是此技术的延伸。当前最为常见的硬盘是机械硬盘(Hard Disk Drive，HDD)，它是电脑主要的存储媒介之一，如图 3-2 所示。绝大多数机械硬盘都是固定硬盘，被永久性地密封固定在硬盘驱动器中。

　　根据温彻斯特技术的思想，硬盘中的盘片围绕着主轴旋转，盘片每分钟转动的圈数称为硬盘转速，单位为 "转数/分钟"(Revolutions Per Minute，RPM)，常见转速为 7200RPM、10000RPM 等。每块盘片会被划分成为若干个同心圆，称为磁道或柱面，在每个磁道上就好像有无数的任意排列的小磁铁，它们分别代表着 0 和 1 的状态。当出现写操作时这些小磁铁会受到来自磁头的磁力的影响，其排列的方向会随之改变。所以可以利用磁头的磁力控制指定每一个小磁铁方向，使每个小磁铁都可以用来储存信息。而在磁头读取数据时，则将磁粒子的不同极性转换成不同的电脉冲信号，再利用数据转换器将这些原始信号变成电脑可以使用的数据。每个盘片的两面都可以存储数据，所以磁头分布在每块盘片的两侧，习惯上将盘面数计为磁头数用来计算硬盘容量。除此之外，根据硬盘的规格不同，磁道数可以从几百到成千上万不等。每个磁道可以存储数千比特的数据，但是计算机每次读写的数据不会都是这么多。因此，再把每个磁道划分为若干个弧段，每个弧段就是一个扇区。扇区、磁道(或柱面)和磁头数等构成了机械硬盘的基本结构(图 3-3)，同时用这些参数可以计算硬盘的容量，其计算公式为：

$$存储容量=磁头数×磁道(柱面)数×每道扇区数×每扇区字节数$$

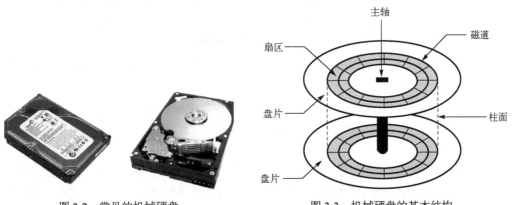

图 3-2　常见的机械硬盘　　　　　　　图 3-3　机械硬盘的基本结构

　　作为计算机系统的数据存储器，容量是硬盘最基本的参数。硬盘的容量以千兆字节(GB)或万兆字节(TB)为单位，目前市面上主流的机械硬盘容量大约在 320GB 到 20TB 之间。但是这里标称的容量并不一定代表其所能容纳的具体数据量，因为存储器生产厂家向来都是按照

1000 字节记作 1K 字节，即 1000KB 称为 1MB。而计算机操作系统都是按照 1024(2 的 10 次方)字节为基础来计算的，比如标称 500GB 的硬盘其容纳的数据量应该为 465.66GB。

实际场景中，硬盘要存取数据一般需要三个步骤：首先读写磁头沿径向移动，移到要读取的扇区所在磁道的上方，这段时间称为寻道时间(seek time)。因读写磁头的起始位置与目标位置之间的距离不同，寻道时间也不同。磁头到达指定磁道后，通过盘片的旋转，使得要读取的扇区转到读写磁头的下方，这段时间称为旋转延迟时间(rotational latency time)。在磁头到达目标位置后开始进行数据的读写，这段时间称为传输时间(transfer time)。所以在使用中磁盘的延迟(latency)为寻道时间、旋转延迟时间和传输时间的总和，公式可表示为：

$$T_{res} = T_{seek} + T_{rotation} + T_{transfer} = T_{seek} + \frac{1}{2N} + S_{data} / W_{transfer}$$

其中，$T_{seek}$ 是磁盘控制器将磁头组合定位在磁盘块所在磁道的柱面上所需要的时间即寻道时间。$T_{rotation}$ 为旋转延迟，可以用转速的倒数的一半来估算。$N$ 为磁盘转速。$T_{transfer}$ 为传输时间，用请求数据大小除以数据传输率表示。$S_{data}$ 为请求数据大小，$W_{transfer}$ 为数据传输率。

因此，可以看出，对于大块数据传输，磁盘有较好的传输效率。但是对于保存了诸多文件信息的磁盘设备来说，同一时刻可能会有许多来自系统和应用程序的存取请求，并且每一个请求的位置可能都不相同，所以磁盘系统需要制定一些规则来明确按照什么次序为这些请求提供服务。这种用来明确服务次序的规则被称为磁盘输入输出调度算法。设计一种磁盘输入输出调度算法往往需要考虑两个方面：首先是公平性，每一个输入输出请求应当在有限的时间之内得到满足；其次是高效性，因为算法的主要目的就是为了减小设备机械运动带来的时间开销，提高硬盘使用效率。

常见的磁盘调度算法包括[1]：

(1)先到先服务算法(First Come First Serve，FCFS)，它按照输入输出请求的次序为各个进程服务，这是最公平且最简单的算法，但是执行效率不高。

(2)最短查找时间优先算法(Shortest Seek Time First，SSTF)，它的思想是优先为距离磁头当前所在位置最近柱面的请求服务，所以 SSTF 总是选择导致最小寻道时间的请求。它拥有比 FCFS 算法更好的性能，但是会存在饥饿现象，即可能存在某个进程长时间不被执行。

(3)扫描算法(Scan)，它往复扫描各个柱面并为经过的柱面请求服务，即为 SSTF 在中途不回折，使每个请求都有处理机会。Scan 要求磁头仅仅沿一个方向移动，并在途中满足所有未完成的请求，直到它到达这个方向上的最后一个磁道，或者在这个方向上没有其他请求为止。由于磁头移动规律与电梯运行相似，Scan 也被称为电梯算法。

除此之外还有很多磁盘调度算法，例如：LOOK 算法、循环扫描算法、$N$ 步扫描和冻结扫描算法等，这里不再一一展开叙述。

尽管通过硬盘调度算法可以提高使用效率，但是受限于机械装置本身，硬盘的存取速度远远跟不上 CPU 的处理速度。所以为了平衡硬盘内部与外部的数据传输率，减少主机的等待时间，提出了磁盘缓冲区的概念。在工作时硬盘会将读取的资料先存入缓冲区，等全部读完或缓冲区填满后再以接口速率快速向主机发送，反之亦然。缓冲区的存在使得低速的输入输出设备和高速的 CPU 能够协调工作，避免低速的输入输出设备占用 CPU，使其能够高效率工作，同时也避免了频繁的读写对硬盘造成的损伤。

市面上的机械硬盘基本上都包含以上几个部分，而不同的接口形式则将机械硬盘分为更多种类，主要包括：IDE(Integrated Drive Electronics)硬盘，它的本意是指把"硬盘控制器"与"盘体"集成在一起的硬盘驱动器；SATA(Serial Advanced Technology Attachment)硬盘又叫串口硬盘，是目前 PC 机硬盘的主流类型；SCSI 硬盘(Small Computer System Interface)小型计算机系统接口，它并不是专门为硬盘设计的接口，而是一种广泛应用于小型机上的高速数据传输技术；SAS(Serial Attached SCSI)即串行连接 SCSI，和现在流行的 SATA 硬盘相同，都是采用串行技术以获得更高的传输速度，并通过缩短连结线改善内部空间；FC(Fiber Channel)即为光纤通道技术，和 SCSI 接口一样光纤通道最初也不是为硬盘设计开发的接口技术，是专门为网络系统设计的，是存储区域网络(Storage Area Network，SAN)里主要采用的硬盘链接方式。

在以上这些机械硬盘中，SAS 盘在磁盘性能上更占优势且支持双向全双工模式，而 SATA 只能提供单通道和半双工模式。

## 3.1.2　固态硬盘

固态硬盘(Solid State Disk 或 Solid State Drive，简称 SSD)是用固态电子存储芯片阵列而制成的硬盘，由控制单元和固态存储单元(DRAM 或 FLASH 芯片)组成。其在接口的规范和定义、功能及使用方法上与普通硬盘完全相同，在产品外形和尺寸上也基本与普通硬盘一致。新一代固态硬盘常见接口有 SATA、SAS、M.2、PCIe 等，常见的 SSD 硬盘如图 3-4 所示。

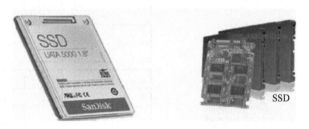

图 3-4　常见的 SSD 硬盘

固态硬盘的存储介质分为两种：一种是采用闪存(Flash 芯片)作为存储介质，另外一种是采用动态随机存取存储器(Dynamic Random Access Memory，DRAM)作为存储介质，此外还有英特尔的 3D XPoint 颗粒技术。

基于闪存的固态硬盘采用 FLASH 芯片作为存储介质，这也是通常所说的 SSD。它的外观可以被制作成多种模样，例如：笔记本硬盘、微硬盘、存储卡、优盘等样式。这种 SSD 固态硬盘最大的优点就是可以移动，而且数据保护不受电源控制，能适应于各种环境，适合于个人用户使用。在基于闪存的固态硬盘中，存储单元又分为单层单元(Single Layer Cell，SLC)、多层单元(Multi-Level Cell，MLC)、三层单元(Triple Level Cell，TLC)以及四层单元(Quad-Level Cell，QLC)几类。与 SLC 相比，MLC 技术通过使每个单元存储更多的比特来实现容量上的成倍跨越。与 SLC、MLC 相比，TLC 和 QLC 在每个单元里存放了更多的比特，但是它们的性能和写入寿命有所降低。

基于 DRAM 的固态硬盘采用 DRAM 作为存储介质，它仿效传统硬盘的设计、可被绝大部分操作系统的文件系统工具进行卷设置和管理，并提供工业标准的 PCI-E 和 FC 等接口用于连接主机或者服务器。基于 DRAM 的固态硬盘是一种高性能的存储器，而且使用寿命很长，但是需要独立电源来保护数据安全，目前应用较少。

基于 3D XPoint 的固态硬盘原理上接近 DRAM，但是属于非易失存储，它由 Intel 和美光联合研发，Intel 将其命名为 Optane（傲腾）。这项技术带来革命性的突破，速度、耐用性能够达到闪存的 1000 倍，但其缺点是密度相对 NAND 较低，成本极高。3D XPoint 技术采用栅状电线电阻来表示 0 和 1，不需要独立电源来保护数据安全，是一种非易失性存储。

固态硬盘若要正常工作离不开存储单元（NAND Flash）和控制单元。NAND Flash 可以简单视为由很多个电容器组成的集成电路，其制造流程和 CPU 等处理器类似，都是使用高纯度的硅，切割成晶圆之后使用光刻机和化学溶剂将设计好的电路蚀刻上去，然后用金属材料"镶嵌"而成。图 3-5 为三星制造的一种闪存芯片。

由于 NAND 的特性，固态硬盘的最小文件存储单位被称为页（Page），它类似于机械硬盘的扇区，机械硬盘上的每一个文件都占用整数个扇区，而固态硬盘上的每一个文件都会占用整数个 Page，即每次读写至少是一个 Page。通常地，每个 Page 的大小为 4KB 或者 8KB（1KB=1024 字节），多个 Page 组成一个块（Block），一个完整的 NAND Flash 则包含多个 Block，如图 3-6 所示。

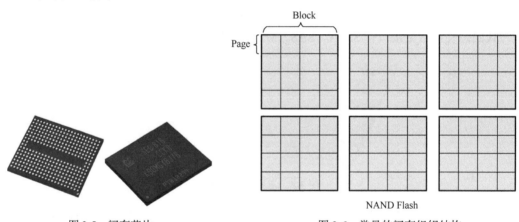

图 3-5 闪存芯片          图 3-6 常见的闪存组织结构

根据物理特性，NAND 只能读或写单个 Page，但不能覆盖写入某个 Page，必须先要清空里面的内容，再写入。但是由于清空内容的电压较高（"电容器"放电），必须是以 Block 为单位。因此，没有空闲的 Page 时，必须要找到没有有效内容的 Block，先擦除，然后再选择空闲的 Page 写入。这种特性也就导致了写入 NAND 的速度低于读取 NAND 的速度。在 SSD 中，一般会维护一个 Mapping Table，维护逻辑地址到物理地址的映射。每次读写时，可以通过逻辑地址直接查表计算出物理地址，与传统的机械磁盘相比，省去了寻道时间和旋转时间。

固态硬盘的接口通常包括总线标准（SATA、PCI-E 等）和协议标准（AHCI、NVMe 等）两个部分。高级主机控制器接口 AHCI（Advanced Host Controller Interface）是一种由英特尔等厂商联合制定的技术标准，实现一种允许软件与 SATA 存储设备沟通的硬件机制，可让 SATA

存储设备激活高级 SATA 功能，例如原生指令队列及热插拔。AHCI 详细定义一个存储器架构规范给予硬件制造商，规范如何在系统存储器与 SATA 存储设备间传输数据。非易失性内存主机控制器接口规范 NVMe（Non-Volatile Memory Express）是一个逻辑设备接口规范，它与 AHCI 类似，定义了基于设备逻辑接口的总线传输协议规范，用于访问通过 PCI-E 总线附加的非易失性存储器介质（例如采用闪存的固态硬盘驱动器），实际在理论上不一定要求必须采用 PCI-E 总线协议。图 3-7 展示了常见的固态硬盘接口种类，其中使用 PCI-E 3.0X4 总线和 NVMe 协议的 U.2 接口理论速度能达到 32Gb/s。

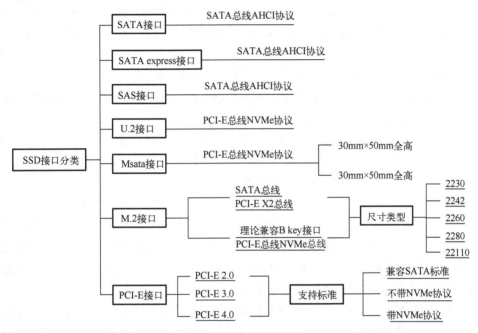

图 3-7　常见的固态硬盘接口

早期的固态硬盘都使用与机械硬盘驱动器相同的 SATA 或 SAS 接口连接到系统和网络。虽然这些接口对于机械硬盘所能提供的性能来说已经足够了，但是它们为固态硬盘带来了瓶颈。随着固态硬盘在大众市场上的流行 NVMe 逐渐成为固态硬盘接口的主流协议标准，其优势包括：性能有数倍的提升，可大幅降低延迟，可以把最大队列深度从 32 提升到 64000，SSD 的 IOPS 能力大幅提升，自动功耗状态切换和动态能耗管理功能大大降低功耗等。NVMe 标准的出现也解决了不同 PCI-E SSD 之间的驱动适用性问题。

目前常用的计算机外部存储设备有机械硬盘和固态硬盘，两者也各有各的优势。SSD 定位数据更快，HDD 需要经过寻道和旋转，才能定位到要读写的数据块，而 SSD 通过 Mapping Table 直接计算即可；SSD 的读取速度也更快，HDD 的速度取决于旋转速度，而 SSD 只需要加电压读取数据。在顺序读取过程中，由于定位数据只需要一次，定位之后，则是大批量读取数据的过程。此时，HDD 和 SSD 的性能差距主要体现在读取速度上，HDD 能达到 200MB/s 左右，而普通 SSD 是其两倍。在随机读取过程中，由于每次读都要先定位数据，然后再读取，HDD 定位数据耗费时间很多，一般是几毫秒到十几毫秒，远远高于 SSD 的定位数据时间（一般 0.1ms 左右）。因此，随机读写测试主要体现在两者定位数据的速度的性能差异，此时 SSD

的性能也要远远好于 HDD。但是 SSD 在写操作过程中对不同的情况有不同的处理流程，会受到 NAND Flash 的特性限制。因为 NAND Flash 每次写必须以 Page 为单位，且只能写入空闲的 Page 不能覆盖写原先有内容的 Page，在擦除数据时，由于电压较高只能以 Block 为单位擦除，所以速度相对读取较慢。此外，同等存储容量的 HDD 和 SSD 成本方面也有很大差异。

### 3.1.3 磁带

除了主流的机械硬盘和固态硬盘存储器，还有一种常见的存储介质——磁带，它是一种顺序存取存储器(Sequential Access Memory，SAM)，即磁带上的文件依次存放。它由磁带机及其控制器组成，通常具有很大的存储容量，但查找速度慢，广泛应用于数据归档和备份，能够保持较长的时间记录(30 年以上)。在微型计算机上磁带一般用作后备存储装置，以便在硬盘发生故障时恢复系统和数据。磁带机由磁带传动机构和磁头等组成，能驱动磁带相对磁头运动，用磁头进行电磁转换，在磁带上顺序地记录或读出数据。磁带控制器是中央处理器在磁带机上存取数据用的控制电路装置。

读写磁带需要通过专用的磁带驱动器完成，工作方式为传统的行扫描模式(记录和回放磁头接触磁带)或为线性磁带模式(磁头不接触磁带)，但是由于磁带驱动器顺序存取的特性导致磁带使用的灵活性远比磁盘速度低。读写磁带常用的技术有：

螺旋扫描读/写技术，它和录像机的原理基本相似，磁带缠绕磁鼓的大部分，并水平低速前进，而磁鼓在磁带读写过程中反向高速旋转，安装在磁鼓表面的磁头在旋转过程中完成数据的存取读写工作。其磁头在读写过程中与磁带保持 15 度倾角，磁道在磁带上以 75 度倾角平行排列。采用这种读写技术在同样磁带面积上可以获得更多的数据通道，充分利用磁带的有效存储空间，因而拥有较高的数据存取密度。

线性记录(数据流)读/写技术和录音机的原理基本相同，平行于磁头的高速运动磁带掠过静止的磁头，进行数据记录或者读出操作。这种技术可使驱动系统设计简单，读写速度较低，但由于数据在磁带上的记录轨迹与磁带两边平行，数据存储利用率较低，为了有效提高磁带的利用率和读写速度，人们研制出了多磁头平行读写方式，提高了磁带的记录密度和传输速率，但驱动器的设计变得极为复杂，成本也随之增加。

数字线性磁带(Digital Linear Tape，DLT)技术是一种先进的存储技术标准，包括 1/2 英寸磁带、线性记录方式、专利磁带导入装置和特殊磁带盒等技术。比如，DLTtape IV 标准的磁带在带长为 1828 英尺、带宽为 1/2 英寸的磁带上具有 128 个磁道，使单磁带未压缩容量可高达 20GB，压缩后容量可增加一倍。

线性开放式磁带(Linear Tape-Open，LTO)技术由 HP、IBM、Quantum 这三家厂商在 1997 年 11 月联合制定，该技术不仅可以增加磁带的信道密度，还能在磁头和伺服结构方面进行全面改进，LTO 技术采用了磁道伺服跟踪系统来有效地监视和控制磁头精确定位，防止相邻磁道误写问题，达到提高磁道密度的目的。LTO 技术一直在不断发展，2021 年底市场上最新的型号为 LTO 第 9 代产品，一盘磁带非压缩存储 18TB 数据，采用压缩模式可存储 45TB 数据，数据传输性能在非压缩时可达 400MB/s，在压缩模式下可达 1000GB/s。

常见的磁带库 I/O 调度算法包括：

（1）READ：直接读取整个磁带的数据内容到系统内存中，如果后续的存取能够命中，则能改善存取性能。如果存取数据量太大，或命中率太低，性能不会改善。

（2）FIFO：维护一个先来先服务请求队列，但该方法不能直接改进存储性能。

（3）SORT：将请求所在的逻辑块地址进行排序，并按照顺序处理。

（4）SCAN：先找到正向轨道上最远的请求，向前移动并读取正向轨道上的所有请求，然后磁头再反向寻道。

（5）OPT：直接计算本次调度平均响应时间最短的调度次序，存在 NP 难问题。

### 3.1.4　光盘

光盘，即高密度光盘（Compact Disc）是近代发展起来不同于完全磁性载体的光学存储介质，其用聚焦的氢离子激光束处理记录介质的方法存储和再生信息，又称激光光盘。 光存储技术是采用激光照射介质，激光与介质相互作用，导致介质的性质发生变化而将信息存储在光盘上。读出信息时，用激光扫描介质，识别出存储单元性质的变化，读出"1"，"0"这些信号，组成二进制代码，便读出了特定的数据。光存储技术具有存储密度高、存储寿命长、非接触式读写和擦除、信息的信噪比高、信息位的价格低等优点。需要说明的是，光盘具有只写一次的属性，不可修改，所以更适合归档备份。

近年来，光盘库发展迅速。光盘库是一种带有自动换盘结构的光盘网络共享设备。目前主流的光盘库，主要是使用 100GB 以上蓝光光盘，常温情况下无需加电保存年限可达 50 年以上，蓝光光盘库相比于磁盘阵列具有防病毒感染、防二次改写、防电磁干扰、后期保存无需加电、保存年限长等特点，主要用于数据的长期归档保存。

## 3.2　磁盘阵列与编码

从机械硬盘到固态硬盘，从闪存芯片到最新的 3D XPoint 技术，硬盘存储的性能越来越优秀，但是仍然存在着一些较为复杂的应用问题。例如：目前最主流的机械磁盘单盘容量为 10TB，构建一个 PB 或者 EB 级系统至少需要成千上万块硬盘，那么如何才能减少系统管理的硬件数量？单块机械硬盘的读写速率大约在 100～200MB/s 之间，如何面向应用实现 1GB/s 以上的单流数据读写性能？单块 SSD 磁盘的容量为 1～5TB 之间，如何使用户可以在系统中看到一块 100TB 的 SSD 存储空间？如何保证硬件故障发生时，数据不丢失（高可靠）且能继续被访问（高可用）等问题。为了解决以上问题，独立磁盘冗余阵列（Redundant Array of Independent Disks，RAID）技术[2]在 1988 年被提了出来，并得到了广泛应用。

### 3.2.1　RAID 技术

RAID 是指由独立磁盘构成的具有冗余能力的阵列。磁盘阵列是由很多价格相对便宜的磁盘组合成一个容量巨大的磁盘组，利用各磁盘提供的数据所产生的加成效果来提升整个磁盘系统的效能。因为使用了多个磁盘，所以增加了平均故障间隔时间（Mean Time Between Failure，MTBF），同时由于使用冗余编码，提高了数据可靠性和可用性。RAID 技术中主要包括如下几个基本概念：

1) 条带化

条带化技术就是一种自动将 I/O 的负载均衡到多个物理磁盘上的技术。具体来说，就是将一块连续的数据分成很多小部分并把它们分别存储到不同磁盘上。这就能使多个进程同时访问数据的多个不同部分而不会造成磁盘冲突，而且在需要对这种数据进行顺序访问的时候可以获得最大限度的 I/O 并行能力，从而获得非常好的性能。

2) 数据校验

数据校验是提供容错功能的一种手段，该方法建立在每个磁盘驱动器的硬件容错功能之上。通过某种校验算法可以比较多份数据之间的异同或者计算出校验位的值从而判断数据的完整性。例如常见的异或运算(XOR)算法，系统只需要根据校验位 P 的值就可以实现校验，从而获知不同磁盘上同一份数据是否一致或者更多的信息。

3) 磁盘重建

磁盘重建(Rebuild)是指在 RAID 阵列中把一个故障盘上的所有数据再生到替换磁盘上的过程，在这个过程中校验扮演了重要的角色。

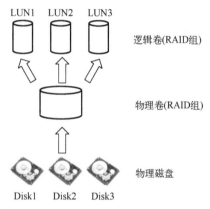

图 3-8　RAID 物理卷和逻辑卷划分示意图

4) 物理卷、逻辑卷

RAID 往往由几个硬盘所组成，从整体上看它们相当于一个物理卷。在物理卷的基础上可以按照指定容量创建一个或多个逻辑卷，通过 LUN(Logic Unit Number)来标识。

在实现逻辑卷时，先将多个物理磁盘创建为一整个 RAID 组，此时呈现出来的是一个完整的磁盘空间，再将该 RAID 组划分成多个逻辑卷。在图 3-8 中虽然直观上来看卷的数量没有变化，但是对于整个阵列来说，其可靠性和可用性都得到了提升。

根据 RAID 的冗余信息程度，切分数据的方式等不同，可以把 RAID 分成不同的级别，分别是：RAID0、RAID1、RAID2、RAID3、RAID4、RAID5、RAID6。还可以对这些模式进行组合，例如：RAID10、RAID 6+1、RAID 5+1 等。下面简单介绍几种常用的 RAID 技术，包括 RAID0、RAID1、RAID5、RAID6、RAID10 等。

1) RAID0

RAID0 设计的目标是为了提升读写性能，但并不带数据冗余信息。它首先会把数据切成块，然后分别存储在 $N(N \geqslant 1)$ 块磁盘上。如果要顺序读写的数据块大于条带尺寸且分布在多个磁盘上，那么 RAID0 支持同时从多块盘读写数据。$N$ 块盘的 RAID0 的特性包括：读性能最好情况下是单块盘的 $N$ 倍；写性能最好情况下是单块盘的 $N$ 倍；空间利用率为 100%；不具有冗余信息，任何一块磁盘损坏，会导致整个 RAID 不可用。RAID0 的原理如图 3-9 所示。

2) RAID1

RAID1 的设计目标是为每份数据都提供一份或多份冗余数据。其中每一个磁盘都有一个或多个冗余的镜像盘，所有磁盘的数据是一模一样的。RAID1 一般用两个硬盘实现，如果多于两个则自动实现 RAID(0+1)。在读数据时，可以利用所有数据盘的带宽；写数据时，要同时写入数据盘和镜像盘。因此，需要等待最慢的磁盘把数据写完，这样整个写操作才完成。

所以，写性能跟最慢的磁盘相当。$N(N≥2)$ 块盘的 RAID1 的特性如下：读性能最好情况下是原来的 $N$ 倍；写性能跟最慢的磁盘相当；空间利用率为 $1/N$；$N$ 块盘，坏掉 $N–1$ 块，RAID还能正常使用。RAID1 的原理如图 3-10 所示。

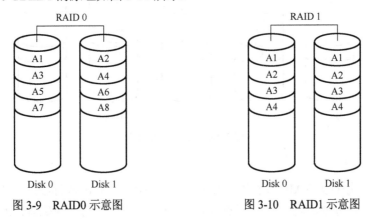

图 3-9　RAID0 示意图　　　　　　　图 3-10　RAID1 示意图

#### 3）RAID5

RAID5 是把数据块进行分块并分别存储在不同的磁盘中，并且冗余信息也会作为一份分块分布在多块磁盘中。读数据时，当数据分布在多块盘时，能够利用多块数据盘的带宽；写数据时，如果数据分布在多块盘时，也能利用所有数据盘带宽，同时写校验数据也分散在多块盘上，但因为要额外写入校验数据。因此，写数据的性能略微有所下降。$N(N≥3)$ 块盘的RAID5 的特性如下：读性能是原来的 $N$ 倍；写性能略微弱于 RAID0；空间利用率为 $(N–1)/N$；坏掉一块盘，RAID 还能正常工作。RAID5 的原理如图 3-11 所示。

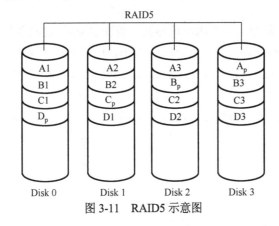

图 3-11　RAID5 示意图

#### 4）RAID6

RAID6 是把数据块进行分块并分别存储在不同的磁盘中，并且冗余信息为两份奇偶校验码，分布在多块磁盘中。在读数据时，当数据分布在多块盘时，能够利用多块数据盘的带宽；写数据时，如果数据分布在多块盘时，也能利用多块数据盘带宽，同时写校验数据也分散在多块盘中，但因为要额外写入两份校验数据，因此写数据的性能要略微下降。$N(N≥3)$ 块盘的 RAID6 的特性如下：读性能是原来的 $N$ 倍；写性能略微弱于 RAID0；空间利用率为 $(N–2)/N$；坏掉两块盘，RAID 还能正常工作。RAID6 的原理如图 3-12 所示。

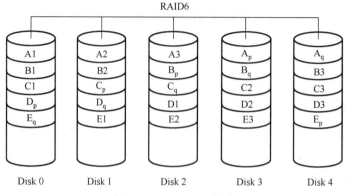

图 3-12　RAID6 示意图

5）RAID10

RAID1+0 也被称为 RAID10 标准，实际是将 RAID1 和 RAID0 标准结合的产物，在连续以位或字节为单位分割数据并且并行读/写多个磁盘的同时，为每一块磁盘作磁盘镜像进行冗余。它的优点是同时拥有 RAID0 的超凡速度和 RAID1 的数据高可靠性，但是磁盘的利用率相对较低，与 RAID1 一样只有 50%。由于利用了 RAID0 极高的读写效率和 RAID1 较高的数据保护、恢复能力，使 RAID10 成为了一种性价比较高的等级，目前几乎所有的 RAID 控制卡都支持这一等级。RAID10 的原理如图 3-13 所示。

每一种 RAID 模式都有适合的应用场景，在具体应用时需要综合考虑成本、性能、可靠性等问题。例如在视频生成与编辑、图像编辑等工作中适合使用 RAID0 模式组织硬盘、在可靠性较为重要的财务、金融系统中适合使用 RAID1 模式而在对数据安全要求很高的场合则常常使用 RAID6 模式，等等。

在配置 RAID 的时候要主要考虑几项参数。首先是 strip size（条带大小），如果追求顺序 I/O 的读写带宽，应该设置成较大的值例如 512KB，如果追求小块读写操作的 IOPS，应该设置成较小的值例如 16KB；其次是 stripe width（条带宽度），即 RAID 中的磁盘数，将其设置成较大的值使参与读写的磁盘数量变多，性能更好，但是故障发生的概率变大，而重建一块磁盘时间不变，所以可靠性会降低；最后是写回策略，一般有三种选择，分别是 write back：数据到达控制器 Cache，写操作就返回完成；write through：数据写入磁盘后，写操作才返回完成；write back enabled：只有当控制检测到 Cache 内容有电池断电保护时，才启动 write back。

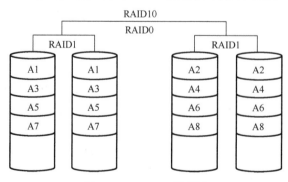

图 3-13　RAID10 示意图

RAID 的实现方式有软 RAID、硬 RAID 卡、RAID 控制器以及应用层算法等。

软 RAID 通过操作系统自身提供的磁盘管理功能将连接在 SCSI 控制卡上的多块磁盘配置成逻辑盘，组成阵列。Microsoft Windows 和 Linux 等操作系统都提供此功能，其优点是性价比高，缺点是需要占用系统 CPU 资源，不能保护系统盘，系统分区无法实现软 RAID。

硬 RAID 卡是一种内嵌了 RAID 功能的 SCSI 控制卡，其内部包含处理芯片和存储器，不会占用服务器系统资源，其优点是硬件稳定性高，缺点是需要购买或者配置专用的硬件，受限于控制卡上资源，数据访问性能和管理功能有限。

RAID 控制器硬件一般在磁盘阵列中配置，内存更大，有专用处理器，并可附加 ASCI/FPGA 等硬件加速技术，用来提高性能，并且可以实现的功能更加丰富，支持多种接口协议、快照、镜像、备份、安全、监控、报警、远程维护等扩展功能。其优点是硬件级数据冗余和存储管理功能，上层应用(如文件系统，数据库等)开发难度和复杂度降低，缺点是成本较高，控制器有可能成为性能瓶颈。

最后一种是分布式存储系统协议中实现的数据冗余算法，例如文件副本、纠删码[3]等，可以看成是特殊形式的 RAID。支持软件数据冗余的分布式存储系统，往往采用廉价的底层存储硬件，例如，把管理功能上移到系统软件中。其优点是降低了硬件成本、配置灵活，缺点是增加了上层软件的开发难度和复杂度。软件数据冗余是高能物理等大科学应用的数据存储系统的设计趋势。

## 3.2.2 动态磁盘池

虽然 RAID 技术提供了更高的可用性和可靠性，但是当出现磁盘损坏时，重建磁盘往往会花费大量的时间，在此期间盘阵的性能也会下降，数据丢失的风险增大。为此，NetAPP 等企业提出了动态磁盘池(Dynamic Disk Pool，DDP)技术[4]，它可以提供持续不受影响的性能。

DDP 有两个基本概念：D-Piece 和 D-Stripe。D-Piece 是在一块物理硬盘上开出的一段连续的、大小为 512MB 的存储空间。其中，每个 D-Piece 包含了 4096 个存储段，即每个存储段就是 128KB 大小。D-Stripe 是由 10 个分布在不同的物理硬盘上的 D-Piece 所组成的，大小为 4GB。在 D-Stripe 内，存储数据是以类似于 RAID6 的条带和校验方式存储的，也就是说如果 10 个 D-Piece 组成一个 Stripe 的话，那么 Piece 的组织方式就是传统的 8+2 方式，8 个 Piece(即 4GB 大小)是存储数据的，2 个 Piece 保存校验信息。

在图 3-14 中可以更直观地看出，DDP 技术可以使系统性能保持在"绿色区域"，即使硬盘故障对系统的性能影响最小、显著加快系统恢复时间、拥有 10 倍于传统 RAID 的恢复速度以及加速数据重建等优势。此外磁盘池还可以规避硬盘热点，其所有的卷空间分布在磁盘池中全部的硬盘中，降低了硬盘故障率，并且动态的数据分布和再分配由后台持续进行。

从虚拟磁盘和 LUN 的维度来理解，DDP 就是一个虚拟磁盘池，这个池是由很多个按照用户需求来定义生成的 4GB 大小的 D-Stripe 组成的。如果一个 DDP 包含了 12 块物理硬盘，其中的任意 10 块物理盘中的 D-Piece 可以组成一个 D-Stripe 用于存储数据。这里需要注意的一点是，D-Piece 和 D-Stripe 是近似平均分配在 12 块硬盘上的。

DDP 并没有专门指定的热备磁盘，某一块硬盘存在失效风险的时候，它能提供一个所谓的"集成保护能力"，能极大地提高重建的性能。当 DDP 中的磁盘有失效的状态发生，在重建的过程中，它可以保证在任意一块物理磁盘中不会保存同一个 D-Stripe 上的两个 D-Piece。

在图 3-15 中，假设 6 号盘失效。随后，之前保留在这块物理硬盘上的 D-Piece 数据会在其他的可用硬盘上进行重建。因为是由多块盘在进行写入操作，所以实际的重建时间要远远小于传统的 RAID 重建时间。当有多块盘失效之后，系统会优先重建那些包含丢失了两个 D-Piece 的 D-Stripe 所在的硬盘，以减少数据丢失的风险。当关键数据被重建之后，系统会继续将其他失效的数据进行修复，保证数据的持续可用。

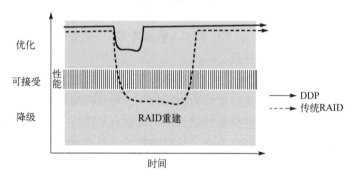

图 3-14 磁盘故障对于 RAID 性能的影响

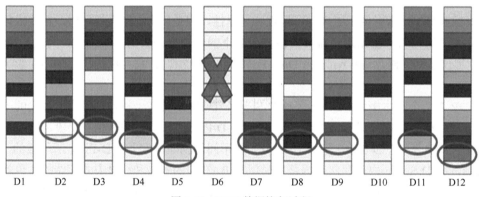

图 3-15 DDP 数据恢复过程

### 3.2.3 纠删码

纠删码(Erasure Code，EC)是一种数据冗余保护技术，其以更低成本的方式提供近似三副本的可靠性，主要应用在分布式存储、云存储系统中。

纠删码的基本结构为：总数据块 = 原始数据块($n$) + 校验块($m$)。其中 $m$ 是由 $n$ 的值计算得出的。通过将这 $n+m$ 个数据块分别存放在 $n+m$ 个硬盘上，就能容忍任意 $m$ 个硬盘故障，当出现硬盘故障时，只要任意选取 $n$ 个幸存数据块就能计算得到所有的原始数据块。同理将该理论扩展到分布式存储中，如果将 $n+m$ 个数据块分散在不同的存储节点上，就能容忍 $m$ 个节点故障。

纠删码技术在分布式存储系统中的应用主要包括阵列纠删码(RAID5、RAID6 等)、里德-所罗门类纠删码(Reed-Solomon,RS)[5]、低密度奇偶校验纠删码(Low Density Parity Check Code,LDPC)[6],等等。

RAID 是 EC 的特殊情况。在传统的 RAID 中,仅支持有限的磁盘失效,RAID5 只支持一个盘失效,RAID6 支持两个盘失效,而 EC 支持多个盘失效。EC 主要运用于存储和数字编码领域。LDPC 码也可以提供很好的保障可靠性的冗余机制,其目前主要用于通信、视频和音频编码等领域。

Reed-Solomon(RS)码也是存储系统较为常用的一种纠删码,可以表示为 RS$(n, m)$,其中 $n$ 代表原始数据块个数,$m$ 代表校验块个数,如图 3-16 所示。

RS 纠删码编码过程以 $n=5, m=3$ 为例,即 5 个原始数据块 $D$,乘上一个 $(n+m) \cdot n$ 的矩阵,然后得出一个 $(n+m) \cdot 1$ 的矩阵。根据矩阵特点可以得知结果矩阵中前面 5 个值与原来的 5 个数据块的值相等,而最后 3 个则是计算出来的校验块 $C$。

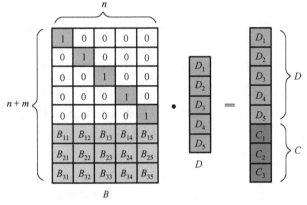

图 3-16 RS 纠删码示意图

利用该方法可以实现数据丢失后的重建。假设在使用过程中丢失了 $m$ 块数据,可以从编码矩阵中删去丢失数据块和丢失编码块对应行,$B$ 矩阵需要删掉对应的 $m$ 个行得出一个 $B'$ 的变形矩阵,然后求出 $B'$ 的逆矩阵 $B'^{-1}$,最后通过在等式两边分别乘上 $B'$ 的逆矩阵就可以实现解码数据重建的过程,如图 3-17 所示。

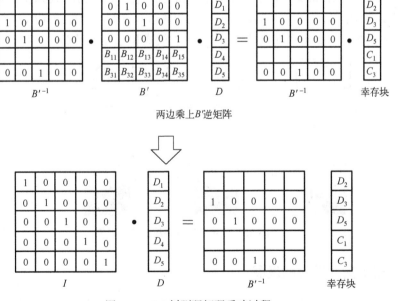

图 3-17 RS 纠删码解码重建过程

通过该解码过程可知,对于 RS$(n, m)$来说,$n$ 值影响数据恢复代价。$n$ 值越小,数据分散度越小,故障影响面越大;$n$ 值越大,多路数据拷贝增加的网络和磁盘负载越大,重建代价也越大。而 $m$ 值则影响可靠性与存储成本,取值大,故障容忍度高;取值小,数据冗余低。

# 3.3 分布式文件系统

早期的计算机一般都采用本地文件系统,即文件系统管理的物理资源直接存在于本地计算机系统中,当时不同的用户往往分时使用同一台计算机,这也就很自然地实现了文件的共享。但是随着现代数据量的爆炸式增长以及网络技术的发展,简单的在本地增加硬盘已经难以满足人们的需求。特别在高性能计算领域,往往一次实验计算就要调用数百 TB 的数据,此外还有数据备份以及数据安全管理等问题。这些困难以及需求推动了人们将文件"分散地"存储在多台计算机中,这也是后来分布式文件系统诞生的主要推动力。

分布式文件系统(Distributed File System,DFS)可以将多个地点、多台设备的文件系统通过网络连接起来,组成一个文件系统网络。每一台设备都是这个网络上的一个节点,它们之间通过有线或者无线网络进行通信。这也是分布式文件系统不同于单机文件系统的地方。

分布式文件系统由客户端、服务器、存储设备及连接它们之间的网络组成,如图 3-18 所示。从内部实现来看,分布式文件系统不再和普通文件系统一样负责管理本地磁盘,而是通过网络传输到远端系统上,并且大量客户端共享分布式文件系统上的文件。但是从客户端的角度来看,分布式文件系统类似于本地的文件存储服务,其理想目标是使客户端根本不知道在使用网络或者远程的文件。分布式文件系统提供的文件服务接口包括:文件(无语义的字节序列)、属性(属主、大小、访问时间、访问权限等)、保护(访问控制列表 ACL 等)、只读文件(可以简化缓存和副本等功能)以及上传/下载模式和远程访问模式。

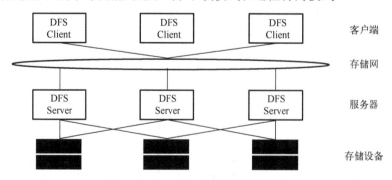

图 3-18 分布式文件系统结构示意图

## 3.3.1 分布式文件系统的发展

分布式文件系统从诞生到现在已经几十年了,最早的具有代表性的分布式文件系统是由

Sun 公司开发的 NFS（Network File System）网络文件系统[7]，现在仍有较大规模的应用。NFS 最初的主要功能是为了将磁盘从主机中独立出来，通过局域网络让不同的主机系统之间可以共享文件或目录，它的设计理念是采用无状态服务器并通过分离服务器来实现文件锁，这样不仅可以获得更大的容量，而且还可以随时切换主机，实现数据共享、备份、容灾等。这里的无状态服务器是指在系统中，服务器并不保存其客户机正在缓存的文件的信息。因此，客户机必须协同服务器定期检查是否有其他客户改变了自己正在缓存的文件。这种方法在大的环境中会产生额外的网络通信开销，但对小型网络来说，这是一种令人满意的方法。NFS 实现原理如图 3-19 所示，其部署在主机上的客户端，可以通过 TCP/IP 协议把文件命令转发到远程文件服务器上执行，整个过程对主机用户透明。

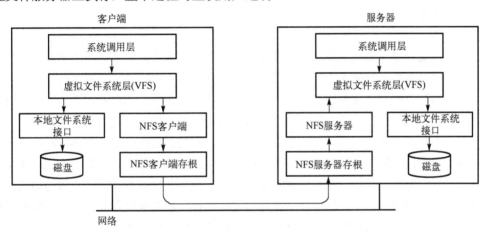

图 3-19　NFS 实现原理

随着数据和流量的快速增长，应用对分布式文件系统提出了更高的要求，需要支持的存储空间越大越好、支持的并发访问请求越多越好、性能越快越好，并且硬件资源的利用率越高越合理就越好。单纯的对磁盘空间扩容已经无法满足应用需求，因此分布式文件系统设计需要从透明性、灵活性、可靠性、性能以及可扩展性等几个方面进行考虑。

1）透明性

分布式文件系统可以看成是分布式操作系统的一部分。目前，分布式操作系统还没有统一的定义，Andrew S.Tanenbaum 认为[8] "分布式操作系统是一种对用户看起来像集中式操作系统，但它却运行在多个独立的处理机器上的操作系统，它的关键是透明性。"因此，分布式操作系统的功能是对用户屏蔽掉底层分离的硬件，使用户使用分布式操作系统像一个独立操作系统一样，这就是透明性的含义所在。

对于分布式文件系统来说，它是为了实现资源共享、方便用户使用而设计的。该理念也和分布式操作系统的设计目标一致，所以透明性对于分布式文件系统来说也很重要。而文件系统的透明性主要体现在以下几个方面[9]：①位置透明，用户在使用文件时无需了解文件的位置。②存取透明，用户对远程文件和本地文件所采取的操作是一致的。③并发透明，多个用户可同时对同一文件进行操作而不会引起文件的不一致性。④故障透明，用户在对文件进行操作时，不会因计算机或网络通信发生故障而产生文件的不一致性。所以在设计和评估一个分布式文件系统时可以从以上几个透明度方面进行考虑。

2）灵活性

灵活性也可称之为可伸缩性（scalability），指的是一个系统、网络或进程在应对变化的负载时能对外提供一个一致行为的能力。一般来说，广义的可伸缩性至少包含以下三个维度：①大小维度。从系统内部角度看，新节点的加入能够使系统性能线性增加，反之亦然。或者从用户角度看，用户压力的增加不会使系统延时变高。②地理维度。这个维度其实也跟用户延时有关，离用户越近，能提供越低的延时。③运维维度。这往往是被忽视的维度，运维的复杂度不能随着机器规模的变大而变化。

所以，灵活性本质上是为了给用户提供一致性服务而对文件系统提出的要求。节点的加入删除、数据盘的插入拔出这些只是其中的一部分手段，除此之外还需要分布式文件系统支持多种其他文件系统类型并提供接口。

3）可靠性

可靠性主要包括一致性、安全性以及容错性。缓存的使用提升了分布式文件系统的读写性能，但是也会带来了数据不一致的问题，包括：副本写入不一致，当多个客户端在一个时间段内，先后写入同一个文件时，先写入的副本可能会丢失其写入内容，因为可能会被后写入的内容覆盖掉。文件读取不一致，当一个客户端读取自己的缓存文件时，在其过期之前如果别的客户端更新了文件内容，那么它是看不到新内容的。也就是说，在同一时间段里不同客户端或者进程操作同一个文件时，内容可能不一致。此类问题有几种解决方法：①文件只读不改。一旦文件被打开了，就被设置只能读不能修改。这样就不存在不一致的问题；②通过锁的方法。例如在一个客户端操作文件时对文件加锁，使其他进程无法访问。但是这样就失去了共享的意义。所以用文件锁时还要考虑不同的权限粒度。例如，写的时候是否允许其他进程读？读的时候是否允许其他进程写？这是在性能和一致性之间的权衡，作为文件系统来说，由于对业务并没有约束性，所以要做出合理的权衡比较困难，因此最好是提供不同粒度的锁由业务端来选择。

安全性指的是文件系统对不同数据和网络访问权限的设置。主流文件系统的权限模型主要包括：①自主访问控制（Discretionary Access Control，DAC），由客体的属主对自己的客体进行管理，由属主自己决定是否将自己的客体访问权或部分访问权授予其他主体，这种控制方式是自主的。也就是说，在自主访问控制下，用户可以按自己的意愿，有选择地与其他用户共享他的文件，常用的 DAC 是 UNIX 类权限框架，以 user-group-privilege 为三级体系，其中 user 就是 owner，group 包括 owner 所在 group 和非 owner 所在的 group、privilege 有 read、write 和 execute。这套体系主要是以 owner 为出发点，owner 允许谁对哪些文件具有什么样的权限。②强制访问控制（Mandatory Access Control，MAC），是一种由操作系统约束的访问控制，目标是限制主体或发起者访问或对对象或目标执行某种操作的能力。主体通常是一个进程或线程，对象可能是文件、目录、TCP/UDP 端口、共享内存段、I/O 设备等。Linux 中的 SELinux（Security Enhanced Linux）就是 MAC 的一种实现，为了弥补 DAC 的缺陷和安全风险而提供出来。③基于角色的权限控制（Role Based Access Control，RBAC）是基于角色建立的权限体系，用户通过角色与权限进行关联。一个用户拥有若干角色，每一个角色拥有若干权限。这样，就构造成"用户-角色-权限"的授权模型。在这种模型中，用户与角色之间、角色与权限之间，一般都是多对多的关系。

目前，分布式文件系统有不同的选择，像 CEPH 就提供了类似 DAC 但又略有区别的权限体系，Hadoop 自身就是依赖于操作系统的权限框架，同时其生态圈内 Apache Sentry 提供了基于 RBAC 的权限体系来做补充。

容错性是指当服务器或者某个存储设备故障时，文件系统仍然可以正常地提供服务。在数据层面主要是通过多副本的方式来解决，这也就需要保证每个副本的数据的一致性；分散存储副本，即使灾难发生时，不至于所有副本都被损坏；周期性地检测被损坏或数据过期的副本等策略。此外不仅要保证数据的安全，还得保证元数据的安全。一般方法是增加一个从节点，主节点的数据实时同步到从节点上。同时，也可以采用共享磁盘，通过 RAID1 的硬件资源来保障可靠性。很显然，增加从节点的主备方式更易于部署。

4) 性能

在性能方面，分布式文件系统需要比本地文件系统具有更高的性能，因为服务请求会跨多个服务器，并且每个服务器都需要统一管理多个存储设备，统筹的空间更大。对于性能的保障除了使用性能更强的 CPU 和带宽更高的网络，还要从文件调度层面考虑。当请求发生时，如何选择最"合适"的文件是文件调度算法需要考虑的事情。

5) 可扩展性

当在集群中加入一台新的存储节点，它会主动向中心节点注册，提供自己的信息，当后续有创建文件或者给已有文件增加数据块的时候，中心节点就可以分配到这台新节点了。由于大型高能物理实验经常有数万个用户和数十万个客户端并发访问，所以要求文件系统能够处理大量的用户和客户端数量，并且能够在地理和管理域不断增加的情况下进行数据管理。对于一个存储空间(EB 级存储)不断增加的大型文件系统来说，名字服务可能存在单点故障和瓶颈，因此需要保证其服务的连续性，此外还要尽量使各存储节点的负载相对均衡，保证新加入的节点，不会因短期负载压力过大而崩溃等。除此之外分布式文件系统还面临着集中式锁服务的可扩展性、文件存储的去中心化等挑战。

## 3.3.2　文件访问语义

文件访问语义包括 UNIX 语义、会话语义、类 NFS 语义、事务语义和不可修改文件语义等。

(1) UNIX 语义(UNIX Semantics)基于本地的物理或逻辑时钟，任何互斥操作之间都有一个绝对的时间顺序，跟在一个写操作后面的一个读操作应该会返回刚刚写入的数据；如果发生两个连续的写操作，则第二个写操作的结果保留；此外 UNIX 语义采用缓存进行性能优化，但是直接写(Write-through)模式代价较高。

(2) 会话语义(Session Semantics)对一个打开的共享文件所进行的修改操作只对操作进程(或客户节点)本身可见，只有当该共享文件被关闭之后其修改结果才对其他进程(或客户节点)可见。当然会话语义也存在问题，例如两个客户节点同时修改一个文件会产生冲突、父进程和子进程如果运行在不同的机器上将无法共享文件指针等。

(3) 类 NFS 语义(NFS Analogy Semantics)对会话语义进行了加强，该语义下对共享文件的修改操作与该操作结果对全局可见之间的时间间隔不能超过某个限定值(暂称为间隔时间)，间隔时间限定了节点缓存的有效时间以及脏数据写回周期。通过修改该间隔时间，可以调整类 NFS 语义的强弱，其上限是零间隔时间近似于 UNIX 语义。其下限是关闭时间间隔，等价于会话语义。

(4) 事务语义(Atomic Transaction Semantics)通过事务处理机制控制对共享文件的并发访问，隶属于相同事务的各个文件操作要么全都执行，要么全都不执行，其中间的状态结果对外不可见，以保证对共享文件操作的原子性和可串行性，同时两个事务之间不交叉。事务语义一般用于数据库，但实现代价高。

(5) 不可修改文件语义(Immutable Semantics)，即文件一旦创建便不可修改。该文件语义仅允许创建和读取，目录可以更新。修改文件时，不是覆盖原有内容，而是创建一个新文件，替换掉原有的文件。

### 3.3.3　文件系统设计

文件系统设计需要考虑多方面的问题，例如使用场景、文件的大小分布、读操作与写操作比例、顺序访问还是随机访问、文件生命期长短、是否多个进程同时操作一个文件以及文件的多样性、用户的数量、性能要求等。对于高能物理领域来说，其数据主要以需要长期保存的大文件为主，并且往往需要随机访问和新型的并行计算支持，读写操作则是以"一次写多次读(Write Only Read Many，WORM)"模式为主。除此之外，设计一个分布式文件系统还需要考虑架构和一些关键技术，包括元数据组织、服务状态、缓存、副本等。

对于元数据组织来说，元数据服务实现方式分为集中式、分布式、无元数据服务器等几种模式。元数据服务器需要提供全局命名空间、单一系统映像、数据定位以及文件锁等功能，它是最复杂最关键的组件，首先是因为元数据之间的相关性较为复杂，并且在应用中元数据操作的比例能达到50%以上，所有的文件操作都要从元数据操作开始。

集中式元数据管理主要由单一元数据服务器负责元数据的管理和服务，如图 3-20 所示。优点在于实现简单、复杂性低；缺点是单点故障、性能瓶颈。使用集中式元数据管理架构的分布式文件系统有 Lustre、StorNext、PVFS、HDFS 等。

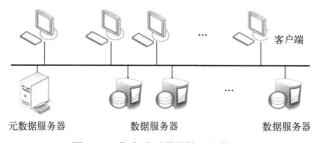

图 3-20　集中式元数据管理架构

分布式元数据管理需要使用多台服务器组成集群，各服务器协同工作，如图 3-21 所示。它具有很好的性能和可扩展性，但是子树划分、同步等功能导致其设计复杂、实现困难，数据一致性要求更高。使用分布式元数据管理架构的分布式文件系统有 CEPH、GPFS、Panasas 等。

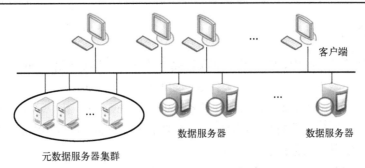

图 3-21　分布式元数据管理架构

无元数据服务器架构没有专门的元数据服务器，仅有数据服务器，如图 3-22 所示。它采用算法定位文件，速度快，并且不存在单点故障和性能瓶颈，但是目录操作效率低，难以支持更加复杂的功能。无元数据服务器架构代表的文件系统有 GlusterFS 等。

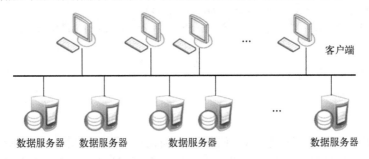

图 3-22　无元数据服务器架构

服务器的服务状态可分为无状态服务和有状态服务。无状态服务(stateless service)是指服务器对单次请求的处理，不依赖其他请求，也就是说，处理一次请求所需的全部信息。其优点是可靠性好、易于负载均衡。而有状态服务(stateful service)则相反，它会在服务器自身保存一些数据，先后的请求是有关联的，优点是请求消息更短、性能更好、容易实现预读，也可以实现全局文件锁。

服务器可以在不同的地方缓存数据以提升性能，包括服务器主存、客户端硬盘和客户端主存等。缓存可以在进程空间、内核或者专门的缓存服务中实现。

此外分布式文件系统还存在副本机制，可以在多台服务器上存在多个文件的副本，用以防止数据丢失。拥有副本机制的分布式文件系统在单台服务器宕机的情况下，系统仍然可以提供服务，同时实现负载均衡并提高性能。

## 3.4　磁带管理与分层存储

在计算机存储系统中使用的磁带与普通音乐磁带相比，存储数字信息的格式不同，并且有更加严格的数据校验功能。磁带存储系统是所有存储媒体中单位存储信息成本最低、容量最大、标准化程度最高的常用存储介质之一。在高能物理领域常用于关键数据备份。磁带管理的主要目标有以下几点：读写数据、读写指定位置的文件、文件元数据管理、磁带库管理、磁带卷管理、磁带驱动器调度以及虚拟文件系统等，本节将从这几个方面介绍磁带的管理。

### 3.4.1  数据读写

在一个磁带管理系统中,磁带设备可以看成普通文件,直接调用 open,read,write,close 方法即可。通常,磁带设备会被命名为:/dev/st[0-9]以及/dev/nst[0-9],数字表示磁带驱动器编号,如果仅有一个磁带器驱动,名称就是/dev/st0 或 /dev/nst0。其中,/dev/st0 是回卷设备,每次操作后自动回卷到磁带的开头;而/dev/nst0 是非回卷设备,每次操作后停留在当前位置。两者可根据实际使用需求进行选择。

假如要向磁带存储系统中写入数据,流程通常是 open、write、close。示例代码如下所示:

```
int writetape(const char *devicename, void *buf, size_t count)
{
int n, tapefd;
tapefd=open("/dev/st0", O_WRONLY);
if ((n = write (tapefd, lbl, size)) < 0) {
printf (%s, " tapefd %d, path %s write error\n", tapefd, devicename);
RETURN (-1);
}
close(tapefd);
RETURN (n);
}
```

示例代码中首先以只写模式打开磁带设备/dev/st0,随后使用 write 指令向其中写入大小为 size 的数据,如果写入失败则进行提示,完成后关闭该设备。从磁带中读取数据的流程也是类似的,首先需要打开磁带设备,随后使用 read 指定读取数据,读取完毕后关闭该设备。

### 3.4.2  读写指定位置的文件

由于磁带是顺序读写的模式且每个存到磁带中的文件大小往往又不相同,所以如何正确定位并读取到某个指定的数据是一个必须要解决的问题。

磁带管理支持 TM(tape mark)标签,它可以作为文件结束(EOF)的特殊的标记。利用 TM 可以设计一种磁带数据存储规范,如图 3-23 所示:

图 3-23　简单的磁带文件格式示意图

在磁带管理系统中可以使用 ioctl 函数实现该标记设置,例如:

```
mtop.mt_op = MTWEOF;
mtop.mt_count = n;
ioctl (tapefd, MTIOCTOP, &mtop);
```

该规范表示当磁带驱动器读取到 TM 标签时,即表示该段数据读写完毕。理论上来说这样的设计是可以的,但是存在一些问题,例如:如何判断操作的磁带是否正确,数据访问权限如何确定,如何进行使用统计,读写文件的名称是什么,操作块的规格有多大,如何确定读写数据的准确性,等等。这些问题都要求在驱动器准备读写磁带时,需要更多的信息来确保本次操作的准确性以及完整性。在这些问题的基础上，美国国家标准学会（American National Standards Institude，ANSI）提出了拓展磁带文件格式标准（ANSI X 3.27 标准），具体如图 3-24 所示。

图 3-24 ANSI 磁带文件格式标准

可以看到，在 TM 标签的基础上引入了更多的 Label 用来表示相关信息，在文件的开始部分是头标记组（Header Label Group），随后是由两个文件头（File Header）包裹的数据文件，每一部分使用 TM 标记隔开。一般规定每个标记由 80 个字节组成，标记的具体类别包括 VOLn（卷开始编号）、HDRn（文件开始标记）、UHLn（用户记录头标记）、EOFn（文件结束标记）、UTLn（用户记录尾标记）、EOVn（卷结束编号）等，如图 3-25 所示。磁带中存储一个完整的文件都需要这些关键字类别作为标记将其前后包裹住，并且每个关键字的长度都是 4 个字节但标记的长度不等，比如：VOL1、HDR2、UTL2 等。假设 VOL1 表示某盘磁带的信息，则磁带在使用之前必须要写入 VOL1 的内容（关键字及其他信息），即磁带格式化；之后读写该磁带中的内容之前必须要检查 VOL1 是否正确，否则拒绝读写该磁带的请求。

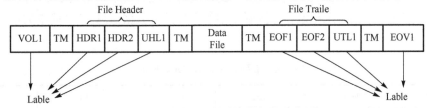

图 3-25 磁带文件格式中的标签示意图

以 VOLn 为例，共 80 个字节，其前四个字节为关键字固定值，随后 5～10 位表示卷的标识号，剩余字节表示编码类别、磁带是否可用、磁带所有者、预留空间等信息。HDRn 包含 80 个字节，用于描述的信息更加丰富，具体如表 3-1 所示。

表 3-1 HDR 格式定义

| 字节范围 | 长度 | 示例 | 意义 |
|---|---|---|---|
| 1～3 | 3 | HDR | Label 类别，EOF 或者 EOV |
| 4 | 1 | 1 | Label 编号，1～9 |
| 5～21 | 17 | FileID | 文件的外部 ID 号（index 等） |
| 22～27 | 6 | AB1234 | 第一个磁带号 |
| 28～31 | 4 | 0001 | 文件分区号 |
| 32～35 | 4 | 0001 | 文件序号 0001～9999 |
| 36～39 | 4 | 0001 | 产生号 |
| 40～41 | 2 | 空格 | 预留 |
| 42～47 | 6 | cyyddd | 创建时间，比如 020262 |
| 48～53 | 6 | cyyddd | 过期时间，比如 020363 |
| 54 | 1 | 空格 | 是否可访问 |
| 55～60 | 6 | 00058 | 块号 |
| 61～73 | 13 | CERNVM | 创建的系统名称 |
| 74～80 | 7 | 空格 | 预留 |

通过拓展磁带文件格式标准，不仅可以获取磁带中每个文件的详细说明信息，还可以利用标记间固定的 TM 数量来定位磁带中某个文件的位置。例如在磁带管理过程中，如果要写某个确定位置的文件，可以使用 ioctl 命令跳过若干个 TM 进行定位。例如，写第 $N$ 个文件，需要跳过 $X$ 个 TM，其中 $X=(N-1)\times3+1$。然后，在定位后调用 write 写 File Header，在调用一次 ioctl 写入一个 TM 后使用 write 写文件数据，文件数据写完毕之后同样调用 ioctl 写入 TM 标志，最后调用 write 写 File Trailer 并再次使用 ioctl 写入 TM 标记。这样，就完成了一个完整的在磁带中写文件的流程。在磁带中读取文件的流程也是类似的，同样根据 File Header 的信息来确认读取文件的准确性及完整性。

### 3.4.3　磁带文件元数据管理

上一节中介绍了读写磁带中文件的具体操作及原理，在现代的磁带管理系统中，这些复杂的操作已经被封装为具体的指令，例如 tpread、tpwrite 等。但是，以标记的形式仍然难以存储更多、更具体的信息，例如文件名、文件属主、文件大小等所谓的文件元数据。这使得磁带中的文件对于管理员以及用户来说信息量不够。此外，在具体的应用场景中往往向磁带库中读取或者写入数据都是一次性大批量的，这对运维人员来说也是很烦琐的工作。于是研究人员考虑使用数据库来记录存储到磁带中的文件的元数据信息，一个简单的示例如表 3-2 所示。

表 3-2　磁带文件简单的元数据信息

| Fileid | Filename | Size | Owner | Vid | Seq |
|--------|----------|---------|-------|--------|-----|
| 1 | r101.dat | 10231 | 6001 | ABC001 | 1 |
| 2 | R201.dat | 20312 | 6002 | ABC001 | 2 |
| 3 | r102.dat | 310212 | 6003 | ABC002 | 1 |
| 4 | r301.dat | 1023871 | 6004 | ABC003 | 1 |
| 5 | r401.dat | 1023213 | 6005 | ABC003 | 2 |
| 6 | r105.dat | 427035 | 6001 | ABC003 | 3 |

该数据库表中就包括了磁带存储文件名、大小、属主等简单信息，但是面对实际应用(多副本迁移、是否压缩、校验、分区)来说这些简单的信息仍然是不完善的。

目前在高能物理领域中，磁带管理系统(CERN Tape Archive，CTA)[10]应用比较广泛，它有自己专门的元数据存储，其存储内容包括：磁带目录、硬件布局、驱动状态、驱动性能、磁带池、路径选择、队列、挂载策略等。图 3-26 是 CTA 磁带管理系统的简单架构。

CTA 由一组命令行工具、一个或多个前端、一个中央元数据存储和一个或多个磁带服务器组成。用户通过运行命令行工具，将请求发送到前端，然后在中央元数据存储中写入/排队这些请求。为了有效地利用底层磁带硬件，磁带服务器会在最适当的时刻从存储中提取请求并执行。

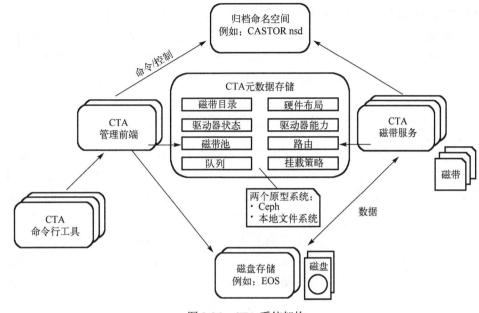

图 3-26　CTA 系统架构

### 3.4.4　磁带库、磁带卷以及磁带驱动器

　　磁带库是基于磁带的备份系统，它由多个驱动器、槽和机械手臂组成，并可由机械手臂自动实现磁带的卸载和装填。磁带库中多个驱动器可以并行工作，也可以几个驱动器指向不同的服务器来做备份，存储容量达到 PB 甚至 EB 级，可实现连续备份、自动搜索磁带等功能，并可在管理软件的支持下实现智能恢复、实时监控和统计，是集中式网络数据备份的主要设备。

　　磁带库不仅数据存储量大，而且在备份效率和人工占用方面拥有无可比拟的优势。在网络系统中，磁带库通过存储局域网络(Storage Area Network，SAN)或者以太网可形成网络存储系统，为数据存储提供有力保障，很容易完成远程数据访问、数据存储备份，或通过磁带镜像技术实现多磁带库备份，无疑是数据仓库、ERP 等大型网络应用的良好存储设备。而且磁带介质保存时间久远、成本低廉，已广泛应用于科学研究、银行、广播电视媒体、档案馆、国土资源、卫星资源等行业。

　　如图 3-27 中所示，磁带库主要由：主柜、扩展柜、机械手、驱动器、服务器以及磁带组成。工作时，通过机械手定位并抓取需要的磁带，通过传动装置放入驱动器中，进行磁带的读取和写入。在使用过程中，由于驱动器的升级或者磁带的更换，很可能导致同一个磁带库中出现多种类型的磁带、不同格式的磁带(al, aul, sl)甚至多个版本的磁带驱动器 (LTO4,5,6,7,8,9等)。为了保证每一盘磁带正确调度到合适的驱动器，需要将所有磁带存储资源划分为若干个磁带卷进行管理，以便准确定义磁带的属性以及驱动器的属性。对

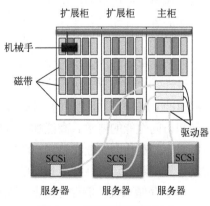

图 3-27　磁带库系统的组成

于管理员或用户来说只需要针对磁带卷进行操作而不需要更加烦琐的信息。

对于磁带驱动器来说，重要的是要保证调度的公平性，同时还要保障重要任务的及时执行。通常的做法是所有客户端的请求发送到调度服务器中，根据制定的调度策略将任务排序，此外还会预留一部分资源给更高优先级的任务，以保证重要实验任务的及时执行。

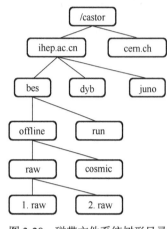

图 3-28　磁带文件系统树形目录

### 3.4.5　虚拟磁带文件系统

使磁带可以像本地文件系统一样访问是磁带管理的一个重要目标。为了实现该目标，常采用树形目录、文件访问命令、文件访问 API 以及内核兼容接口等方法。例如，图 3-28 表示一个磁带管理系统的树形目录，该树形目录可以基于关系型数据库的元数据构建。

文件访问命令包括：元数据类命令、文件操作类命令、文件访问 API 等。但是这些都是随机访问接口，而磁带为顺序访问，在实际使用时需要采用磁盘缓存。当访问某个文件时，首先调用 tpread 将数据从磁带导入磁盘中，然后再调用。

内核兼容接口可以基于 FUSE（Filesystem in Userspace）实现。FUSE 是 Linux 内核标准模块，在本地机器上表示为/dev/fuse。

### 3.4.6　分层存储

面对数据量爆炸增长的存储挑战，对于 IT 系统的速度响应要求越来越高，传统的单一磁盘存储系统在处理高 IOPS 需求业务时显得力不从心，如何提升存储访问性能是目前工业界和学术界广泛关注的内容。本章介绍的磁盘、磁带存储等都是存储数据的一种形式，每一种形式都有其最适合的使用环境，将不同类型的存储设备灵活地结合起来，分成一个个的层级，再通过统一管理的方式为用户提供服务是一种兼具性能和性价比的解决方案。

在高能物理领域很早就开始应用分层存储管理（Hierarchical Storage Management，HSM）技术，将数据根据价值和使用频率分布在各类容量、价格、性能各异的存储设备上，各级存储设备保持对应用透明，均能直接向用户提供数据存取服务。这种技术可以使性能、容量差异明显的各类存储设备发挥最大效益并降低成本。在实现方式上，大多通过在内存和机械硬盘之间增加由一个或多个固态硬盘组成快速存储层。此外，大型分布式计算系统中实现存储分层还有很多不同的解决方案。例如从客户端 CPU 到数据的最终持久化位置即机械硬盘之间，设计客户端内存、I/O 转发节点、数据存储服务器内存、存储控制器等中间环节，从而逐级缓冲 CPU 对机械硬盘的数据访问压力，以满足有限的预算条件下，海量数据处理对存储容量和访问性能的要求。高能物理实验每年产生的数据量巨大且需要长期保存，在应用中通常将固态硬盘作为快速存储层，和机械硬盘、磁带库构建成三级存储系统，以解决目前高能物理计算中数据访问性能瓶颈问题。

分层存储系统性能也与数据分布密切相关，数据放置策略和数据迁移策略的优化，是分层存储管理研究的重点。

# 3.5　实际系统剖析

## 3.5.1　Lustre

Lustre 是一个开源的、符合 POSIX 标准的分布式并行文件系统，其主要优势在于高性能、可扩展性以及灵活开放。在 2019 年国际超级计算大会(ISC2019)上公布的 IO500 存储系统性能排名中，Lustre 获得第一名[11]。Lustre 支持数百 PB 数据存储空间，多 TB/s 并发聚合带宽，数万客户端并发访问，以 Lustre fs 为核心的集群存储架构支持多种底层网络和外部管理工具。Lustre 的集群和并行架构，非常适合众多客户端并发进行大文件读写的场合。目前部署最多的为高性能计算，世界超级计算机 TOP 10 中的 70%，TOP 30 中的 50%，TOP 100 中的 40%均部署了 Lustre。另外，Lustre 在石油、天然气、制造、富媒体、金融等行业领域也被大量部署应用。

1. Lustre 架构

Lustre 采用客户端-服务器架构以及高效可靠的通信协议，使用中心元数据服务器将元数据和数据分离，通过服务器集群实现性能横向扩展，最后通过虚拟网络层，支持多种底层网络。Lustre 主要包括如下几个关键组件[12]。

(1)管理服务器(Management Server，MGS)，为 Lustre 文件系统提供配置信息。Lustre 客户端在挂载文件系统时首先联系 MGS，以获取有关文件系统配置方式的详细信息。MGS 还可以主动通知客户端文件系统配置的更改，并在 Lustre 恢复过程中发挥作用。

(2)管理目标设备(Management Target，MGT)，它是用于持久存储 Lustre 文件系统配置信息的块设备，通常只需要相对较小的空间(大约 100～200MB)。

(3)元数据服务器(Metadata Server，MDS)，用来管理文件系统命名空间，并向客户端提供元数据服务，如文件名查找、目录信息、文件布局和访问权限。Lustre 文件系统至少包含一个 MDS，也可以创建更多的 MDS。

(4)元数据目标设备(Metadata Target，MDT)，用来存放 MDS 上元数据信息的块设备。Lustre 文件系统至少包含一个保存文件系统根目录的 MDT。常见配置是每个 MDS 服务器使用一个 MDT，但一个 MDS 可以使用多个 MDT。MDT 可以在多个 MDS 之间共享以支持故障切换，但每个 MDT 在任何给定时间只能由一个 MDS 挂载。

(5)对象存储服务器(Object Storage Server，OSS)，用来存储文件数据对象，并将文件内容提供给 Lustre 客户端使用。一个文件系统通常会有许多 OSS 节点，以提供更大的存储容量和更高的聚合带宽。

(6)对象存储目标设备(Object Storage Target，OST)，用于存储 OSS 上用户文件内容的块设备。一个 OSS 节点通常会配置多个 OST。这些 OST 可以在多个主机之间共享，但就像 MDT 一样，每个 OST 在任何给定时间都只能挂载到单个 OSS 上。文件系统的总容量是所有单个 OST 容量的总和。

(7)Lustre 客户端(Lustre Client)，用来挂载 Lustre 文件系统，并把命名空间内容提供给用户，有数百甚至数千个客户端访问单个 Lustre 文件系统。每个客户端还可以一次挂载多个 Lustre 文件系统。

（8）Lustre 网络（Lustre Networking，LNet），用于 Lustre 客户端和服务器之间通信的网络协议，支持低延迟网络上的 RDMA 和异构网络之间的路由。

MGS、MDS 和 OSS 节点被称为"前端"。各个 OST 和 MDT 必须使用本地文件系统进行格式化，以便 Lustre 在这些块设备上存储数据和元数据。目前本地文件系统仅支持 ldiskfs（ext4 的修改版本）和 ZFS。ldiskfs 或 ZFS 通常被称为"后端文件系统"。Lustre 为这些后端文件系统提供了一个抽象层，允许将来包含其他类型的后端文件系统。

图 3-29 显示了 Lustre 文件系统组件的简化版本。在此图中，MGS 服务器不同于 MDS 服务器，但对于小型文件系统，MGS 和 MDS 可以组合到单个服务器中，MGT 可以与主 MDT 共存于同一块设备上。

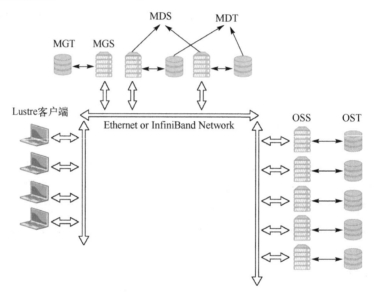

图 3-29　Lustre 文件系统组件

## 2. I/O 访问路径

Lustre I/O 访问路径如图 3-30 所示。Lustre 客户端由本地的虚拟文件系统（VFS）、逻辑对象卷（Logical Object Volume，LOV）、对象存储客户端（Object Storage Client，OSC）和元数据客户端（Metadata Client）组成。如果要读写一个文件 A，Lustre 客户端首先通过 MDC 向元数据服务器（MDS）发送打开文件 A 和写意向锁的请求。然后，MDS 检查文件 A 是否存在，如果文件已经存在，那么就从 MDT 的文件桩 A 中读取该文件的 Layout 扩展属性信息。如果文件 A 不存在就创建新的 Layout。有了 Layout，MDS 将相关的信息包括文件索引节点 Inode 发送 MDC 并授予写意向锁。接着，客户端知道文件 A 包含两个对象，分别位于 OST1 和 OST3，就通过 OSC 联系 OST1 和 OST3 完成读写操作。最后，直到全部读写完成，客户端才会联系 MDS 释放写锁。

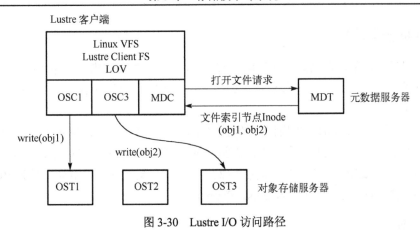

图 3-30　Lustre I/O 访问路径

### 3. 元数据管理

Lustre 的元数据服务器在 MDT 上存储整个系统的名字空间。MDT 是一个修改过的 ext4 文件系统，用于存储 Lustre 文件系统文件桩。文件桩与实际文件有相同的属性，都包括属主、权限、时间、目录成员等。但是在文件桩中文件的大小为零，并且文件桩的 inode 扩展属性中记录了文件包含的对象、对象所在的位置等。

扩展属性 (Extended Attributes, EA) 是区分于文件属性如属主、权限、尺寸等的属性。它是 POSIX 协议支持的一项特殊功能，可以给文件、文件夹添加额外的 key/value 的键值对，是完全自定义的属性。包括 btrfs、ext*、JFS、Reiserfs 以及 XFS 等磁盘文件系统都支持 EA。

### 4. Lustre 的文件放置规则

Lustre 在文件创建时，根据分条规则在 OST 上为其创建 $N$ 个 ($N \geqslant 1$) 对象，文件可以有多个对象，但是在单个 OST 上只有一个对象。然后，OST 根据对象的 Object ID 的 Hash 值将对象均匀地分布在多个目录中。在不同的情况下，MDS 会采用不同的策略为文件选择放置的 OST，当各个 OST 水位差不多时，采用循环放置法，OST 水位相差很大时，采用加权循环放置法。如果文件系统的数据一直有删除和写入，则最终所有 OST 水位会近似平衡，如果没有，而系统又一直有新的 OST 加入，则需要数据迁移来保证负载均衡。

### 5. Lustre 的文件锁

文件锁是实现 POSIX 语义并保持数据一致性的重要功能，Lustre 支持对文件元数据的比特级锁和数据的字节级锁。客户端在操作数据之前需要提前向服务器的 LDLM (Lustre Distributed Lock Manager) 申请对应的锁。对于元数据来说，一个 RPC 请求中可以申请多个比特级锁。多个客户端可以对同一个文件数据申请读锁，也可以同时对不同文件的不同位置申请写锁。但是当客户端长时间不回复服务器的心跳信息或者 callback 请求时，客户端申请的锁资源和文件句柄会被强制删除。Lustre 除了支持全局文件锁以外还支持单客户端文件锁。

### 6. Lustre 部署实例

Lustre 已经在高能所部署超过 15 年，一直是高能所最主要的磁盘存储系统，其硬件开放性、支持在线扩容、大部分性能参数可在线配置以及实时生效等优点为开展相关工作提供了非常大的帮助。

当前高能所 Lustre 的部署规模已经超过 17PB，拥有 70 多台存储服务器，1000 台以上的客户端，保存了 6 亿多个文件。客户端部署按照应用分成 10 余个挂载点，每个点一个 MDT。当前服务器版本为 2.12.5，客户端版本为 2.12.5/2.10.6，存储空间使用审计工具为 Robinhood，IT 基础设置包括 Ganglia、ELK、Nagios、Puppet 等。

## 3.5.2　EOS

EOS 是由 CERN 于 2010 年提出和研发的面向高能物理海量数据存储的 EB 级开源分布式文件系统[13]，它支持数万个远程并发 I/O 访问和多协议支持的客户端，包括 HTTP、WebDAV、CIFS、FUSE、XRootD、gridFTP 等。EOS 还提供多种认证方式，例如 KRB5、X509、Shared Secret、UNIX。EOS 支持从本地计算环境以及远程站点进行数据访问。CERN 目前使用 EOS 管理超过 500PB 的实验及用户数据。

### 1. EOS 特点

EOS 系统的核心特点包括：元数据存储于内存设备，访问延迟低；提供类 POSIX 文件访问（XRootD、FUSE 等）；强认证模式（Kerberos5、X509、SSS）；Quota 管理；支持 ACL（Access Control Lists）；支持副本和纠删码；支持存储节点内文件系统间负载均衡及调度组内节点间负载均衡；基于位置的远程站点数据调度，等等。

此外 EOS 拥有两项关键特性，分别是纠删码技术和 LRU 及负载均衡技术。

#### 1）EOS 纠删码技术

EOS 可使用廉价冗余节点阵列 RAIN 实现数据错误修复。RAIN 主要应用于云存储中，如 Amazon S3、Microsoft Azure。该特性的主要优势是：扩展性、可靠性、廉价，例如无需 RAID 控制器的 JBOD 磁盘。EOS 支持多种纠删码技术，例如：Replica 技术：每个文件保存 $M$ 个副本（$1 \leqslant M \leqslant 16$）；RAID-DP 技术：4+2 双重奇偶校验布局；RAID 6 技术：M+2RAIN 6Reed Solomon 布局；Archive 技术：M+3RAIN 6Reed Solomon 布局。

#### 2）LRU 及负载均衡技术

EOS 支持文件从一种文件布局转为另一种。比如将文件从 Replica-2 转为 Archive（6, 3）。LRU 策略引擎可以自主设置一些规则，比如删除超过 1 个星期的空目录或者将超过 6 个月的文件转成 Archive 模式。该技术的主要优势在于节约成本。举例来说如果使用 Replica-2，10PB 的数据需要 20PB 空间，如果使用 Archive（6,3），10PB 的数据需要 15PB 空间，节约 25%的成本。

### 2. EOS 架构

EOS 基于 XRootD 框架[14]实现服务器功能组件以及数据访问。元数据使用专有内存键值存储系统 QuarkDB 实现持久化保存[15]。数据存放在服务器的存储空间中,包括本地机械硬盘或者 SSD 上的 XFS、EXT4 文件系统,或者虚拟块存储设备 RADOS[16],或者其他分布式文件系统的挂载点(比如 Lustre 或 CephFS)等。

EOS 系统架构如图 3-31 所示,主要包括管理服务器(Management Server,MGM)、元数据内存数据库 QuarkDB(QDB)、数据存储服务器(File Storage Server,FST)以及客户端等几个部分。MGM 提供了一个层次化的树形命名空间。MGM 服务器提供无状态服务,基于主/从(Active/Passive)模式实现服务高可用。文件和目录的元数据条目缓存在主服务器的组件中。当主服务器故障时,从服务器接管成为新的主服务器并提供服务。MGM 提供了非常灵活的访问控制、配额和访问限制系统,以控制大型用户社区内存储资源的共享。

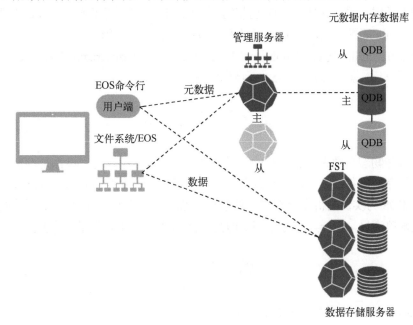

图 3-31　EOS 系统架构

EOS 的元数据信息保存在内存数据库(QuarkDB)集群中,主从服务器都与 QuarkDB 服务器连接。QuarkDB 使用 RAFT 一致性协议保证数据库集群的持久性和高可用。QuarkDB 的理想设置由三台具有足够 SSD 空间的 Linux 服务器组成,这三台服务器中有一台主服务器对外提供服务,其他两台作为数据复制。当主服务器故障时,通过 RAFT 协议选举新的主服务器,从而保证 MGM 能够连接数据库集群服务并访问到最新的数据。

数据存储服务器(FST)为文件布局和存储协议提供了一个插件式的框架。FST 主要的文件布局是副本和纠删码。基于副本的文件布局非常适合随机访问,基于纠删码的文件布局提供了经济高效的存储和高数据持久性。对于文件完整性,FST 提供可选的文件和块校验机制。FST 服务器支持的访问协议基于 XRootD 和 HTTP(s)。

EOS 提供命令行界面(EOS shell),可以与 EOS 命名空间交互。EOS 可以在基于 LINUX 和 Mac OSX 的平台上使用 FUSE 实现作为挂载的文件系统,同时也可以使用 SAMBA 网关提供 Windows 访问。

3. EOS 使用方式

EOS 一般有两种使用方式。在用户空间文件系统中通常使用 FUSE 本地挂载来实现，比如 LHAASO 实验的挂载目录为/eos，用户在登录节点和计算节点，可以通过访问/eos/访问存储的数据。

另一种为 XRootD 方式，该方法不需要本地挂载，而是通过使用 XRootD 协议访问数据。比如，这条表示通过 XRootD 协议列出节点 eos01.ihep.ac.cn 中/eos/user/file.txt 文件的信息：xrdfs root://eos01.ihep.ac.cn ls /eos/user/file.txt。

此外，通过 XRootD 协议可以使用 EOS 的一些内置指令，例如"eos ls""eos cp"等。由于高能物理领域常用的软件 ROOT 也使用了 XRootD 协议，所以通过 XRootD 模式可以使用 ROOT 中 TFile 等操作来访问 EOS 中存储的文件。例如，使用 TFile 打开文件：

TFile *file0 = TFile::Open（"root://eos01.ihep.ac.cn//eos/user/username/DAT.root"）

文件打开以后，就可以用 TFile 的函数来读写和操作。

## 3.6　本　章　小　结

存储是高能物理科学大数据系统的基础，稳定性、可靠性、可用性都是存储需要的关键特性。本章从存储设备以及存储系统两个方面介绍了存储软硬件的概念、发展以及特性，并以 Lustre 和 EOS 为实例剖析了分布式文件系统的结构和使用方式。现今存储系统的技术以及设备的种类琳琅满目，选择与实际应用最匹配的产品才能更好地发挥出其价值。

## 思　考　题

1. 磁盘、磁带、光盘等各种存储介质的特点及优缺点？
2. 影响磁盘数据访问性能的因素主要有哪些？有哪些方法可以加速磁盘文件访问。
3. 文件、数据库及键值数据模型各有什么优缺点？试采用 Key-Value 的数据结构来构造一个树形目录视图。
4. 请问衡量一个存储系统可靠性的指标有哪些，定义是什么？
5. 尝试在 Linux 操作系统下用系统自带的 lvm2 功能创建一个软件 RAID，理解 RAID 模式、strip size 等配置对性能、空间使用率和数据可靠性的影响，体会数据重建、卷扩容和缩容等操作。
6. 试解释 DAS、NAS、SAN 三种存储连接方式的区别和联系，分布式文件系统跟这些连接方式是什么关系。

### 参　考　文　献

[1]　Galvin P B, Gagne G. 操作系统参考操作系统概念(第六版)[M]. 北京: 高等教育出版社, 2002.

[2]　Patterson D. A case for redundant arrays of inexpensive disks[J]. SIGMOD Rec., 1988, 17(3): 109-116.

[3]　罗象宏, 舒继武. 存储系统中的纠删码研究综述[J]. 计算机研究与发展, 2012, 49(1):1-11.

[4]　El-Harake H N, Schoenemeyer T, Kluge M, et al. Evaluation of the NetApp E5560Storage System[R]. Swiss, CSCS, 2013.

[5]　Guruswami V, Wootters M. Repairing reed-solomon codes[J]. IEEE transactions on Information Theory, 2017, 63(9): 5684-5698.

[6]　Janakiram B, Chandra M G, Aravind K G, et al. SpreadStore: A LDPC erasure code scheme for distributed storage system[C]//2010 International Conference on DaTa Storage and Data Engineering, 2010: 154-158.

[7]　Pawlowski B, Juszczak C, Staubach P, et al. NFS Version 3: Design and Implementation[R]. USENIX Summer, 1994: 137-152.

[8]　Tanenbaum A S. 分布式操作系统[M]. 北京: 机械工业出版社，2006.

[9]　康德华, 杨学良. 分布式文件系统的透明性研究[J]. 计算机研究与发展, 1993, 30(2): 8.

[10]　Davis M C, Bahyl V, Cancio G, et al. CERN Tape Archive—From development to production deployment[C]//EPJ Web of Conferences on EDP Sciences, 2019, 214: 04015.

[11]　刘荣荣, 李淼, 王宇航, 等. ISC2019 公布 IO500 存储系统性能排名 [EB/OL]. [2019-06-20]. https://www.vi4io.org/io500/list/19-06/10node.

[12]　Lustre. Understanding Lustre Internals [EB/OL]. [2019-06-20]. https://wiki.lustre.org/Understanding_Lustre_ Internals. O'Reilly Media.

[13]　Peters A J, Sindrilaru E A, Adde G. EOS as the present and future solution for data storage at CERN[J]. Journal of Physics: Conference Series. IOP Publishing, 2015, 664(4): 042042.

[14]　Dorigo A, Elmer P, Furano F, et al. XROOTD-A Highly scalable architecture for data access[J]. WSEAS Transactions on Computers, 2005, 1(4.3): 348-353.

[15]　Bitzes G, Sindrilaru E A, Peters A J. Scaling the EOS namespace—New developments, and performance optimizations[C]//EPJ Web of Conferences on EDP Sciences, 2019, 214: 04019.

[16]　Weil S A, Leung A W, Brandt S A, et al. Rados: A scalable, reliable storage service for petabyte-scale storage clusters[C]//Proceedings of the 2nd International Workshop on Petascale Data Storage: Held in Conjunction with Supercomputing'07, 2007: 35-44.

# 第 4 章　事例与元数据管理

随着新一代的高能物理实验装置建成与运行，高能物理实验产生的数据逐年增长，一个大型的高能物理实验在几年中获取的数据可以达到 PB 甚至于 EB 量级，从而对数据管理技术提出了很高的要求，例如数据的获取、存储、共享、分析等。传统的以文件级管理实验数据面临一些问题，而基于事例的数据管理技术不仅提高了数据分析的速度，也解决了在实际应用中，数据预筛选服务可用性差、事例随机读取效率低等问题。本节主要分析高能物理数据结构和数据分析特征以及高能物理元数据组织，并介绍了基于事例的高能物理数据管理方法及实例剖析。

## 4.1　高能物理事例组织

### 4.1.1　高能物理事例定义

事例是指一次粒子对撞或者一次粒子间的相互作用产生的数据，由条件参数以及相关的物理量组成，如光子数、带电径迹数、电子数等，是基本的数据单元。目前，高能物理的实验数据以文件为单位进行管理，其中每个文件包含了若干事例。一个大型高能物理实验可以产生数十亿甚至万亿级别的事例。对于不同的实验装置，事例大小不一，从几 KB 到几 GB 不等。同时对于不同的实验装置，会收集大量数量的事例，其中北京谱仪 III（BESIII）等可达到千亿级事例，高海拔宇宙线观测站（LHAASO）、硬 X 射线调制望远镜卫星（HXMT）、大型强子对撞机（LHC）等可达到万亿级事例。

### 4.1.2　事例结构

高能物理数据处理可以分为数据存储和分析两部分，数据存储是通过 ROOT 框架提供的数据存储 I/O 实现的；数据分析通过 ROOT 框架的数据分析功能实现，而比较复杂的数据分析过程则根据各个高能物理实验的需求由相应的数据分析框架来实现，如 BESIII 数据分析框架 BEAN（BES3Analysis）和 BOSS[1]（BESIII Offline Software System）、LHC 实验数据分析框架 DaVinci[2]和 Gaudi[3]、大亚湾中微子实验数据分析框架女娲和 LAF 等。

20 世纪 90 年代初，高能物理界就开始不断地尝试应对大量实验数据的存储和访问的方法，甚至在物理实验中采用过面向对象数据库管理系统（Object-Oriented Database Management System，OODBMS），该方法在数据库中以对象的方式存储物理事例，这样就可以采用面向对象的方法进行处理。随着数据量的增多，面向对象数据库在性能和管理难度方面遇到了很多问题。到 2001 年，高能物理界对未来 10 年的数据存储和访问模式进行了重新讨论，随后采用了关系型数据库和文件相结合的模式，文件中写入事例，而文件的组织信息和文件级的元数据信息存储在关系型数据库中。

　　ROOT 框架作为数据存储框架的一种，是由 CERN 利用 C++开发的面向对象的大数据分析基础框架系统[4-6]，集数据获取、分析模拟等功能于一体，被广泛应用于高能物理数据存储和分析方面，目前 ROOT 包含 19 个模块和 60 个库，总共约 1200 个类。ROOT框架功能强大，除了图像绘制等数据分析框架功能，还提供了完善的 I/O 机制，便于数据的存储与分析。

　　ROOT 框架为用户提供了一套完善的数据存储及访问机制，它为所有继承于 TObject 的类(基本上是 ROOT 中的所有类)提供了序列化/反序列化处理工具(称为 Streamer)，使其能够实现内存对象与文本数据之间的相互转化，从而进一步实现事例的持久化保存。ROOT 的文件结构如图 4-1 所示，所有数据类的字段和方法说明在文件开始的 100 个字节中进行记录，主要包括压缩比、文件版本等信息。文件首个数据对象用 fBEIGIN 表示，文件末尾的偏移量由 fEND 表示，TKey 为每个对象在文件中的偏移量。ROOT 会将多个对象作为一个整体进行压缩。顺序访问 ROOT 文件中数据对象的方式对于大数据分析的场景是无法满足的，很多应用不需要访问全部数据对象，而只需要访问部分数据。

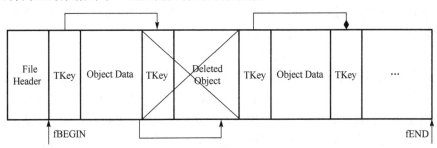

图 4-1　ROOT 文件结构

　　很多物理学家想快速访问某特定事例或者事例的某些属性，并不需要访问全部事例，为了满足这一需求，引入了 TTree 结构，这是一种更加灵活的数据结构。TTree 在内存中的结构如图 4-2 所示。

　　TTree 是一种面向列存储的存储结构，事例会作为一个复合型数据类型按一定的策略和规则写入其中。一个或多个 Branch 组成了一个 Tree 结构，Branch 由 Leaf 列表组成，Branch每个属性类由一个 Leaf 表示。Basket 是 TKey 的子类，提供了将 Branch 中的数据在 ROOT文件和内存对象中进行转换的缓存机制，每个 Basket 对象属于不同的 Branch。通过 Tree 结构，可以选择性访问事例的某些 Branch；另外，根据事例编号，可以选择性地将某个 Basket读到内存中，因为在 Branch 中对于事例号和 Basket 的对应关系进行了保存。数据成员在将符合数据对象写入 TTree 时会被分割，在文件中，作为分枝或叶子进行存储。分割的深度可以通过一个可配置的参数 split-level 来控制。ROOT 文件在存储数据时是面向列的，列的数目取决于 split-level 的值。Basket 中存储着各个数据成员，在检索事例时，会被读入内存中进行解压。但其中除了包含该条事例数据外还包含其后继事例的数据。如果数据分析对这些后继事例不关注的话，I/O 和 CPU 的资源便遭到了浪费。因此 Basket 的大小以及分割度直接影响着 I/O 及 CPU 利用率[7]。

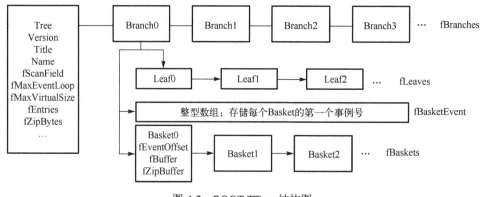

图 4-2　ROOT TTree 结构图

### 4.1.3　基于事例的高能物理数据分析

高能物理数据处理过程包括数据筛选、数据重建、物理模拟以及分析等。由于高能物理实验装置的规模及数据量巨大，通常一家单位难以处理全部的数据，数据由分布在全球的高能物理单位合作完成。这种分布式的、以文件为基础的存储方式，大大简化了数据管理的复杂度，在很长一段时间内促进了高能物理领域的发展。

然而，随着实验数据的飞速增长以及新技术的出现，这种传统的数据存储和处理方式也暴露出越来越多的弊端。首先，文件形式的数据虽然存储方便，但不利于数据的检索，而数据检索在高能物理的数据处理中占很大比重。因此，以文件为基础的存储，大大降低了数据处理的效率。其次，数据处理程序只能运行在存储数据的站点，所以需要提前将数据以文件的方式传输到指定的站点。这种方式难以实现计算资源的灵活调度，而文件传输到目标站点后只有其中少部分被使用，造成带宽的浪费。因此，提高数据处理效率和资源利用率是高能物理软件领域亟待解决的一个重要问题。

提高现有系统的处理效率并不是一个简单的任务，存在诸多挑战：①文件格式的存储方式未提供有效的属性查询功能，致使事例检索效率非常低下。当物理学家检索事例时，关心的属性只有少数几个，关心的事例也通常少于原始数据的 1/100，甚至 1/1000000。但针对文件进行检索，需要访问某一范围内的所有文件，并读取每个事例的所有属性值。大量的 I/O 操作都是无用的。②分站点存储空间不足且网络传输速度有限，这给计算任务在分站点运行提出挑战。由于分站点的规模往往远小于主站点，无法存储所有数据的完整拷贝，需要在计算时再临时复制数据到分站点。由于网络传输速度和数据量之间的矛盾，实时复制数据会造成很大的延迟以及文件系统的开销，甚至系统宕机。③数据格式在存储和处理上具有不一致性。数据存储的方式是文件，而数据处理的单位是事例，系统需要大量的转化操作，造成极大的开销。④已有系统极为复杂，新的处理方式难以兼容。高能物理领域针对每一个实验装置都会开发各自的离线数据处理软件系统，长期以来形成了独立的体系，系统的优化不能对这些应用软件造成太大的影响。

因此，在高能物理数据分析过程中，通过设置筛选条件，过滤掉不感兴趣的数据，既能节省 I/O 资源，又能提高 CPU 利用率，最终提高数据分析的效率。

## 4.2　事例特征索引

### 4.2.1　正向索引

正向索引也叫正排表索引，其正排表是以文档的 ID 为关键字，表中记录文档中每个字的位置信息，查找时扫描表中每个文档中字的信息直到找出所有包含查询关键字的文档。

正排表结构如图 4-3 所示，这种组织方法在建立索引的时候结构比较简单，建立比较方便且易于维护；因为索引是基于文档建立的，若是有新的文档加入，直接为该文档建立一个新的索引块，挂接在原来索引文件的后面。若是有文档删除，则直接找到该文档号文档对应的索引信息，将其直接删除。但是在查询的时候需对所有的文档进行扫描以确保没有遗漏，这样就使得检索时间大大延长，检索效率低下。图 4-4 为一个正向索引实例。

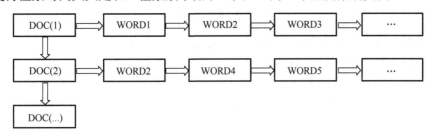

图 4-3　正排表结构

举例说明：

假设有文档一（id 为 doc_1）和文档二（id 为 doc_2）。

文档一：my name is zhangsan

文档二：my friend is lisi

文档一和文档二的正向索引为：

| 文档id | 关键词 |
| --- | --- |
| doc_1 | my, name, is, zhangsan |
| doc_2 | my, friend, is, lisi |

图 4-4　正向索引实例

假设使用正向索引，那么当搜索"name"的时候，搜索引擎必须检索文档中的每一个关键词。如果一个文档中包含成百上千个关键词，检索效率将会大大降低，于是倒排索引应运而生。

### 4.2.2　倒排索引

倒排索引，也称反向索引，其倒排表以字或词为关键字进行索引，表中关键字所对应的记录表项记录了出现这个字或词的所有文档，一个表项就是一个字表段，它记录该文档的 ID 和字符在该文档中出现的位置情况。

由于每个字或词对应的文档数量在动态变化，所以倒排表的建立和维护都较为复杂，但是在查询的时候由于可以一次得到查询关键字所对应的所有文档，所以效率高于正排表。在全文检索中，检索的快速响应是一个最为关键的性能，而索引建立由于在后台进行，尽管效率相对低一些，但不会影响整个搜索引擎的效率。

倒排表的结构图如图 4-5 所示。

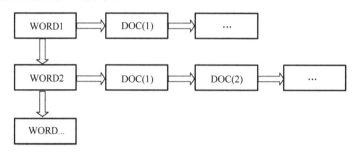

图 4-5　倒排表结构

举例说明：假设有文档一（id 为 doc_1）和文档二（id 为 doc_2）。

文档一：my name is zhangsan

文档二：my friend is lisi

文档一和文档二的倒排索引如图 4-6 所示。

| 关键词 | 文档id |
| --- | --- |
| my | doc_1, doc_2 |
| name | doc_1 |
| is | doc_1, doc_2 |
| zhangsan | doc_1 |
| friend | doc_2 |
| lisi | doc_2 |

图 4-6　倒排索引实例

### 1. 倒排索引基本概念

文档（Document）：一般搜索引擎的处理对象是互联网网页，而文档这个概念要更宽泛些，代表以文本形式存在的存储对象，相比网页来说，涵盖更多种形式，比如 Word、PDF、HTML、XML 等不同格式的文件都可以称之为文档。再比如一封邮件、一条短信、一条微博也可以称之为文档。

文档集合（Document Collection）：由若干文档构成的集合称之为文档集合。比如海量的互联网网页或者说大量的电子邮件都是文档集合的具体示例。

文档编号（Document ID）：在搜索引擎内部，会将文档集合内每个文档赋予一个唯一的内部编号，以此编号来作为这个文档的唯一标识，这样方便内部处理，每个文档的内部编号即称之为"文档编号"。

单词编号（Word ID）：与文档编号类似，搜索引擎内部以唯一的编号来表征某个单词，单词编号可以作为某个单词的唯一表征。

倒排索引（Inverted Index）：倒排索引是实现"单词-文档矩阵"的一种具体存储形式，通过倒排索引，可以根据单词快速获取包含这个单词的文档列表。倒排索引主要由两个部分组成，即"单词词典"和"倒排文件"。

单词词典（Lexicon）：搜索引擎通常的索引单位是单词，单词词典是由文档集合中出现过的所有单词构成的字符串集合，单词词典内每条索引项记载单词本身的一些信息以及指向"倒排列表"的指针。

倒排列表（PostingList）：倒排列表记载了出现过某个单词的所有文档的文档列表及单词在该文档中出现的位置信息，每条记录称为一个倒排项（Posting）。根据倒排列表，即可获知哪些文档包含某个单词。

倒排文件（Inverted File）：所有单词的倒排列表往往顺序地存储在磁盘的某个文件里，这个文件即被称为倒排文件，倒排文件是存储倒排索引的物理文件。

## 2. 单词词典

单词词典是倒排索引中非常重要的组成部分，它用来维护文档集合中出现过的所有单词的相关信息，同时用来记载某个单词对应的倒排列表在倒排文件中的位置信息。在支持搜索时，根据用户的查询词，去单词词典里查询，就能够获得相应的倒排列表，并以此作为后续排序的基础。

对于一个规模很大的文档集合来说，可能包含几十万甚至上百万的不同单词，能否快速定位某个单词，这直接影响搜索时的响应速度，所以需要高效的数据结构来对单词词典进行构建和查找，常用的数据结构包括哈希加链表结构和树形结构。

1）哈希加链表

图 4-7 是哈希加链表结构的示意图。这种词典结构主要由两个部分构成。

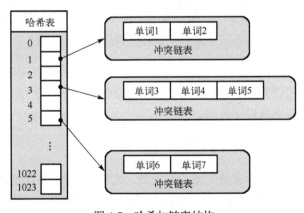

图 4-7　哈希加链表结构

主体部分是哈希表，每个哈希表项保存一个指针，指针指向冲突链表，在冲突链表里，相同哈希值的单词形成链表结构。之所以会有冲突链表，是因为两个不同单词获得相同的哈希值，如果是这样，在哈希方法里被称作是一次冲突，可以将相同哈希值的单词存储在链表里，以供后续查找。

在建立索引的过程中，词典结构也会相应地被构建出来。比如在解析一个新文档的时候，对于某个在文档中出现的单词，首先利用哈希函数获得其哈希值，之后根据哈希值对应的哈希表项读取其中保存的指针，就找到了对应的冲突链表。如果冲突链表里已经存在这个单词，说明单词在之前解析的文档里已经出现过。如果在冲突链表里没有发现这个单词，说明该单词是首次碰到，则将其加入冲突链表里。通过这种方式，当文档集合内所有文档解析完毕时，相应的词典结构也就建立起来了。

在响应用户查询请求时，其过程与建立词典类似，不同点在于即使词典里没出现过某个单词，也不会添加到词典内。以图 4-7 为例，假设用户输入的查询请求为单词 3，对这个单词进行哈希，定位到哈希表内的 3 号槽，从其保留的指针可以获得冲突链表，依次将单词 3 和冲突链表内的单词比较，发现单词 3 在冲突链表内，于是找到这个单词，之后可以读出这个单词对应的倒排列表来进行后续的工作，如果没有找到这个单词，说明文档集合内没有任何文档包含单词，则搜索结果为空。

2）树形结构

B 树（或者 B+树）是另外一种高效查找结构，图 4-8 是一个 B 树结构示意图。B 树与哈希方式查找不同，需要字典项能够按照大小排序（数字或者字符序），而哈希方式则无须数据满足此项要求。

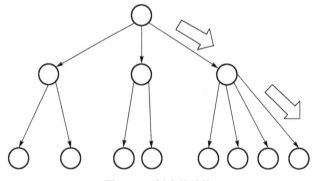

图 4-8　B 树查找结构

B 树形成了层级查找结构，中间节点用于指出一定顺序范围的词典项目存储在哪个子树中，起到根据词典项比较大小进行导航的作用，最底层的叶子节点存储单词的地址信息，根据这个地址就可以提取出单词字符串。

### 4.2.3　高能物理中的事例特征索引

为了能够快速得到物理学家感兴趣的数据集，比较容易想到的办法是把索引信息存储到高能物理领域中常用的 ROOT 文件中，成为索引文件。完整的事例数据仍在分布式文件系统中进行存储。这样，物理学家进行研究时，先读取索引文件，筛选出感兴趣的事例 ID，最终通过事例 ID 在数据文件中提取感兴趣的事例。中国科学院高能物理研究所的研究人员提出从事例数据中抽取一系列的特征量，即为 TAG，存储在单独的 ROOT 文件中，形成索引文件。在用户需要筛选时，先在索引文件中查找，减少遍历数据文件的次数。该方案在北京谱仪

BESIII 的实验中得以应用。澳大利亚墨尔本大学的研究人员将特定筛选条件选取的事例位置信息存储在 ROOT 文件中，应用到日本的 BELLE2 实验中。用户在分析时直接免去预筛选过程，但是这种方法只能适用于固定模式的筛选，不能满足用户个性化的需求。

在管理、共享和访问性能方面使用文件存储索引的方式难以满足更大规模的实验数据，因此在有些大型高能物理实验中采用关系型数据库来存储事例索引，物理学家在进行事例筛选时，通过数据库查询语句获得符合条件的事例 ID，最后从原始数据文件中获取出事例，例如，欧洲核子研究中心和美国阿贡国家实验室采用 Oracle 数据库存储 ATLAS 实验(超环面仪器)的索引信息，通过水平分区、纵向分区等数据库优化等技术手段实现了 10 亿级别的事例索引 TAGDB[8]。

随着事例数量的不断增多,近年来采用 NoSQL 数据库[9]来存储索引信息的方案被很多研究人员采用。ATLAS 实验的研究人员采用 HBase 构建了事例索引数据库 EventIndex[10]。中国科学院高能物理研究所的研究人员将完整的事例数据存储在 HBase 中并建立事例索引，以加快数据分析过程[11]。

在 21 世纪初的一段时间里，有很多工作人员将高能物理的全部实验数据存储到面向对象的数据库中。例如，美国斯坦福直线加速器中心(SLAC)的研究人员将 BaBar 的实验数据全部存入到 Objectivity/DB 中[12]。欧洲核子研究中心的研究人员也将 LHC 的海量数据存储到 Objectivity/DB 中[13]。但是，这些方案最终没有成功实施，目前高能物理的数据管理仍然采用文件管理的方式。

从中可以看出，在高能物理领域，将事例数据完全存储到关系型、面向对象或者 NoSQL 数据库中的方案，还没有得到广泛的应用。特征索引与数据存储相结合的存储方式是一个可行的方案，但是目前的工作都是针对某个试验或者个别具体问题展开，通用、可扩展和全面的解决方案仍然是缺乏的。

## 4.3　高能物理元数据组织

在存储系统中，元数据(Metadata)描述了文件系统的逻辑结构，如名字空间、目录和文件的属性及逻辑名与数据的映射信息。元数据占用存储空间相较于文件数据十分少，但在海量数据的访问操作中，50%以上的操作都来源于元数据操作，这也决定了大规模数据存储系统的性能在很大程度上受限于元数据管理技术。因此，元数据管理技术对于大规模数据存储系统有着重要的意义。

### 4.3.1　元数据的概念及意义

元数据传统的定义是"关于数据模式的描述信息"，也可以定义为"关于数据的数据"。元数据是一个十分宽泛的定义，不同领域的元数据信息有着不同的具体含义和具体功能。总体而言，元数据具有五种主要功能，如下所示。

(1)描述功能：对信息资源进行描述，供用户读取以判断所获信息是否是自己需要的。

(2)检索功能：将信息对象中的重要信息抽出并加以组织，通过赋予语义和建立关系，提供更加准确的检索结果。

（3）定位功能：提供信息资源的位置，进而实现资源的快速准确发现。

（4）选择功能：根据元数据提供的描述信息，供用户结合使用环境选择适合的资源。

（5）评估功能：元数据提供信息对象的各类基本属性，用户无需浏览信息对象本身就能对其建立基本的认识，进而对其进行评估，作为使用参考。

元数据管理技术在存储系统中有着重要应用，其核心功能包括：提供统一命名空间、记录文件属性和访问控制信息、记录数据逻辑名字与物理信息映射关系。

## 4.3.2 元数据的组织管理方式

元数据管理主要指元数据的组织管理方式，有效的元数据组织管理可以很大程度地提升存储系统性能。元数据主要有三种组织管理方式：无元数据管理、集中式元数据管理，以及分布式元数据管理。

无元数据管理模型摒弃了元数据服务，一般采用数据分布算法完成数据发现。常用的元数据分布算法有子树划分算法、哈希算法和 Lazy Hybrid 算法等。无元数据模式最大的优势是它屏蔽了单一元数据服务器的不足，如无单点故障、性能瓶颈问题，大大提升了系统的可扩展性、稳定性和可靠性。与之相对的是无元数据结构也产生了更加复杂的数据一致性问题，深层次路径遍历效率低下，缺乏全局的统一监控管理，同时也大大增加了客户端的计算负载，占用大量的 CPU 和内存资源。元数据管理模型适用于海量小文件的存储管理，目前主要应用于 GlusterFS、Dynamo、FastDFS、Farsite 等。

集中式元数据管理模型采用单一的元数据服务器实现元数据的管理和服务，其实现相对简单，无需考虑元数据在多服务器间的分布和定位问题。但是集中式元数据也存在着一定的问题，最重要的就是元数据服务器的单点故障问题，如果单一元数据服务器失效，整个存储系统将无法运行。另外，单一元数据管理模型存在很大的元数据性能瓶颈，大大影响了系统的可扩展性。例如当存储规模不断增大，系统元数据的服务和管理需求远大于单一服务器的负载能力时，系统整体性能无法随之提升反而开始大幅下降。因此这种情况下，系统的规模是无法实现有效扩展的。单一元数据管理模型适用于并发量可控的应用场景，目前采用集中式元数据管理模型的文件系统主要有 Lustre、GFS、BWFS、PVFS 等。

分布式元数据管理模型中使用多台服务器构建元数据服务集群，各元数据服务器协同工作，提供元数据服务。分布式元数据管理模型可以实现元数据存储的负载均衡，具有很好的可扩展性，提供高效的元数据访问性能。但是分布式元数据管理模型设计实现复杂，复杂性的增加增大了系统的开销。并且分布式元数据管理存在着严重的数据一致性问题，高并发访问往往对分布式元数据的一致性产生巨大冲击。目前采用分布式元数据管理模型的文件系统主要有 GPFS、Panasas 等，其中大多都是商业软件，不提供开源支持。

## 4.3.3 Bookkeeping 系统

高能物理实验每年要产生万亿级的事例和几十 PB 的科学数据，这些数据包含了原始数据、解码数据、刻度数据、重建数据、分析数据等。同时，与这些数据相关的元数据信息非常丰富，比如探测器类型、数据产生的时间、数据类型、探测器运行参数、模拟程序的版本及参数、重建程序的版本及参数、刻度常数、数据路径、RUN 号、校验值等。因此，需要专门的科学元数据管理系统保存海量的元数据信息，同时支持数据集创建、查询、修改、发布等功能。一个典型的元数据管理系统架构如图 4-9 所示，采用 MySQL 集群和多级数据库缓存技术的方式支持刻度数据、软件版本、参数的管理与发布，同时采用 Bookkeeping 进行离线数据元数据和数据集的管理与发布。通过元数据管理系统，管理员和用户能够快速查找和访问各类数据及其属性，从而高效地支持高能物理实验数据处理，包括模拟、标定、重建、分析等。

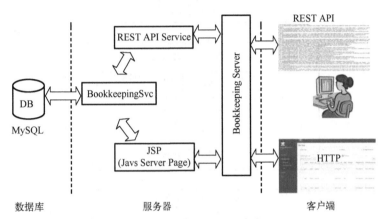

图 4-9　元数据管理系统技术架构

这些元数据保存在后台的数据库中，服务器基于 HTTP 协议发布数据，客户端使用 Web 网页或者 Restful API 进行查询。每个数据或者数据集赋予了一个唯一的标识符 ID，可以通过时间、RUN 号、数据类型等条件进行灵活检索。由于科学数据管理系统记录了从数据产生、传输、处理到分析的全过程，用户通过数据 ID 或者数据集 ID 就可以检索数据或者溯源整个数据的信息，从而支持数据发布、开放与共享。

元数据管理系统使用 B/S 模式，通过 Springboot 实现业务层及控制层的全注解自动装配，整合 MyBatis 持久层框架映射并操作数据库表数据，Beetl 模板和 Bootstrap 实现界面前端，Apache Shiro 安全框架进行身份验证、授权，EhCache 框架做缓存。

元数据管理系统对外提供 Restful API，包含数据插入以及查询等功能。用户可以通过数据集 ID 查询数据集内包含的文件信息，元数据管理系统获取请求后，查询数据库并筛选出符合条件的数据组合成 JSON 格式返回给用户。

## 4.4　实际系统剖析（EventDB）

EventDB 是一套新型的大规模半结构化数据管理系统，具有万亿级事例数据管理能力[14]。EventDB 通过事例数据特征抽取、多维度特征索引、算子库、缓存及查询优化等技术，实现高效率的事例筛选和高性能的数据访问，能够从海量事例数据中快速筛选和发现极少量特殊事例，提升高能物理等领域的科学发现能力。

EventDB 系统主要包括 4 个部分：事例特征抽取、事例索引数据库、面向事例的缓存、面向事例的传输，其架构如图 4-10 所示。在传统的高能物理计算环境中，高能物理数据处理软件，比如 BOSS（BESIII Offline Software System）、SNiPER（Software for Non-collider Physics Exeperiments）[15]、LoadStar（LHAASO Offline Data Processing Software Framework）[16]等，直接访问实验数据的存储系统，比如 Lustre、GPFS、EOS 等分布式文件系统。EventDB 系统位于高能物理数据处理软件与实验数据存储系统之间，提供事例级的海量数据管理。同时，数据处理软件仍然可以使用原有的方式，直接访问数据存储系统，从而保证了系统的兼容性。

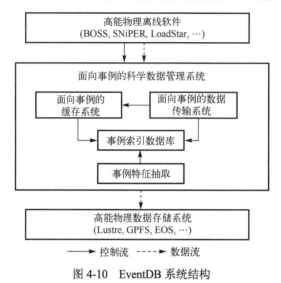

图 4-10　EventDB 系统结构

　　采用面向事例的科学数据管理系统以后，事例特征抽取模块会扫描实验数据存储系统，从中抽取出物理学家过滤事例的特征量，并保存到事例索引数据库中。事例特征数据库记录了事例的特征属性以及事例的存储位置和偏移量，并且将特征属性值编码至 NoSQL 数据库的主键中，同时提供事例查询接口。高能物理数据处理软件在做分析时，首先通过筛选条件查询事例索引数据库，得到感兴趣的事例集合。接着，调用事例缓存的接口。如果该事例已经在缓存系统中，就会直接给数据处理软件返回该事例数据。如果数据处理软件运行在远程站点，当需要某个事例时，系统还会触发面向事例的传输系统将事例数据从网络上实时传输给数据处理软件。

### 4.4.1　事例特征抽取

　　由于原有物理数据被封装在 ROOT 等高能物理处理框架的数据对象中，数据在相关物理软件外对用户是不可见。所以为了能够快速查找相关物理事例，需要预先提取事例粒度的相关特征数据，以供后续的查找。

　　事例特征抽取模块负责识别不同实验、不同格式的数据文件，并从中抽取出对数据处理有意义的特征变量，比如 BESIII（北京谱仪）实验中，包含了运行号、事例号、总径迹数、总带电径迹数、总不带电径迹数、好的光子数、好的正负带电径迹数、好的正负介子数、好的正负 k 介子数、好的正负质子数、可见光能量定义等 16 个特征属性。识别出这些特征属性后，事例抽取模块根据用户定义，将其中的特征存储到事例索引数据库中。

　　事例特征抽取模块基于 ROOT 框架实现，与具体的实验无关。为了保证系统的通用性，该模块定义了一个规范的接口。每个高能物理实验通过配置接口定义文件即可实现相应的事例特征抽取功能，可以指定需要将哪些特征属性存储到事例特征数据库中。高能物理中存在多种不同的文件格式，该模块会分类识别，主要包括：AOD（Analysis Object Data），重建数据摘要信息，用于物理分析；ESD（Event Summary Data），全部的重建输出数据；EVNT（Event），蒙特卡罗模拟产生的事例；RDO（Raw Data Object），原始数据及其产生原始数据的条件信息。一般情况下，不需要对原始数据（Raw Data）建立索引。原始数据是探测器产生的字节流，其中的事例信息可以从重建后的 AOD 或者 ESD 中获得。

## 4.4.2　事例索引数据库及查询条件归并

在提取了物理事例级别的特征后，还要能够有效地组织并索引千亿甚至万亿级别的事例数据，达到能够在现有文件中快速提出物理事例集合的目的。

高能物理实验中的事例数量庞大，单个大型实验可以达到百亿甚至万亿级别。事例的属性从几十到几百个不等。高能物理数据处理并发访问量非常高，大型集群和网格计算的并发任务量可达到十万级别。这要求事例索引数据库具有非常好的可扩展性和性能。基于以上的需求，EventDB 系统采用基于 HBase 集群来构建事例索引数据库。

首先，由于 HBase 中主键的构建采用了按字典序排序的索引结构，并且通常缓存在内存中，因而具备很好的查询效率。所以在 HBase 中将前一步中提取到的事例的属性名及其具体值编码到了 HBase 的 Rowkey 中，以支持使用在主键上进行二分查找。此外，利用提取后的事件特征数据进行查询条件的归并，满足相同查询条件的事例集合会被归并到 HBase 的一条记录中，使得满足同一条件的所有事例信息可以在一次查询中返回。HBase 的事例特征索引构建如图 4-11 所示。

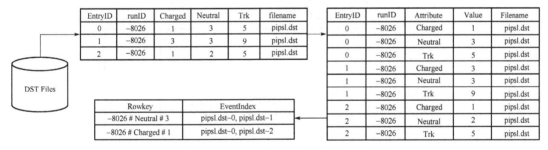

图 4-11　在 HBase 中构建事例特征索引示意图

## 4.4.3　面向事例的缓存

物理学者感兴趣的数据集通常会呈现出一定的访问模式。为了能够减少重复查询中消耗的 I/O 资源，系统需要将现有的查询热区缓存起来。

一次高能物理数据分析过程中，仅仅对某些稀有事例感兴趣，而这些稀有事例分布在不同的 ROOT 文件中。所以，物理分析过程中，仅仅读取文件的一小部分数据，针对文件的预读和缓存等存储系统优化方法难以发挥作用。中国科学院高能物理研究所的研究人员对 BESIII 实验数据分析过程的文件访问模式分析发现，大部分的文件读连续请求的大小分布在

256KB～4MB 之间，每两个连续请求之间都有偏移量(offset)，65%的 offset 绝对值分布在 1～4MB 之间，也就是说文件的读访问方式为大记录块的跳读。如果打开文件系统的预读选项，会读取大量无效数据，导致性能急剧下降。

为此，EventDB 系统引入了面向事例的缓存。系统记录事例数据的访问频次，将高访频度的事例数据缓存到 SSD 以及内存中，从而减少索引和事例数据文件之间的 I/O 开销。面向事例的缓存模块检测到需要缓存的事例后，将该事例进行序列化存储。当数据处理软件调用接口获取事例时，面向事例的缓存模块再将存储在 SSD 及内存的事例进行反序列化，以 ROOT 的对象直接返回，而不需要再从底层存储系统中读出。

1)缓存设计

事例缓存模块的结构如图 4-12 所示，其提供接口供数据传输模块的服务器端或者直接提供给高能物理数据处理软件访问。其主要由 HBase 事例缓存和数据访问列表组成，数据访问列表为内存中的数据结构，HBase 事例缓存存放在 SSD 上。

在访问数据时，每次都会将最近访问的事例对象数据保存在数据访问列表中，数据访问列表是一个双向链表，新的访问数据总会被放到链表的头部。链表的节点保存事例数据以及一些访问信息(目前保存了该节点对应的事例数据已经被访问的次数)。当链表中的事例访问信息满足要求时，就将其放到 HBase 中，并从链表中移除数据。

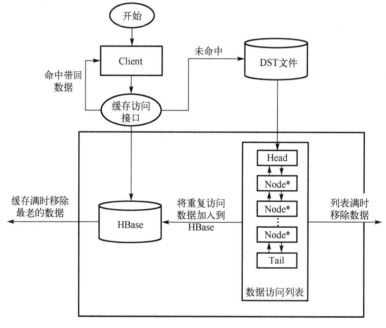

图 4-12　事例缓存设计

双向链表中的数据节点定义如下：

```
struct Node{
    int hits;                //对该节点的访问次数
    std::string key;
    void* data;
```

```
        Node *prev, *next;
    };
```

为了快速定位到某个节点，该缓存系统使用了如下的 hash_map 数据结构：

```
    hash_map<string, Node*> T_hashmap;
```

其中键即为 Node 节点的 key 值，value 值为数据节点。

数据流图如图 4-13 所示，当有数据来访问时：

如果 T_hashmap 中不存在该节点，则判断是否有多余的空间分配给新的节点，如果没有，则将双链表中尾部数据更换为新的数据，然后将新的数据移动到链表头部。同时更新 T_hashmap 中的数据。

如果 T_hashmap 中不存在该节点，但是有可用空间剩余，则直接分配空间并将新的数据节点移动到链表头部。如果 T_hashmap 存在该节点，更新节点的访问信息，判断是否满足缓存要求，决定是否移至 HBase。

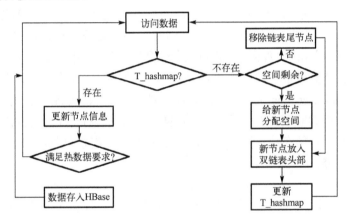

图 4-13　数据更新流程

并且将事例反序列化后的数据暂时定义如下：

```
    struct cache_Node{
            string m_EvtHeader;        //事例的一个信息类序列化后字符串
            Int_t l_EvtHeader;         //m_EvtHeader 的长度
            string m_DigiEvent;
            Int_t l_DigiEvent;
            string m_DstEvent ;
            Int_t l_DstEvent;
            string m_McEvent ;
            Int_t l_McEvent;
            string m_TrigEvent;
            Int_t l_TrigEvent;
            string m_HltEvent ;
            Int_t l_HltEvent;
            string m_EvtRecObject;
```

```
            Int_t l_EvtRecObject;
        // flag bits
            UInt_t        m_mask;     //位标记七个事例顶级对象是否存在
    };
```

HBase 表的结构如表 4-1 所示，以文件名和事例号作为 rowkey，列簇中存储的为序列化的事例对象。访问数据时，如果命中了 HBase 中的数据，则在访问数据时，将相应行数据的时间戳更新成当前时间，如果没有命中则从分布式文件系统存储的 ROOT 文件中提取数据，并更新数据访问的列表记录。如果 HBase 数据表达到了存储上限，根据时间戳选择最旧的数据移除，直到能够存储新的数据。

表 4-1  缓存 HBase 表结构

| 键值 | 列族 | | | | |
|---|---|---|---|---|---|
| Fname-Entry ID | m_mask | 偏移量数组 | 事例对象 1 | 事例对象 2 | … |

要根据物理学家的使用习惯来确定热点数据，利用相应的缓存策略，将热点数据换入 HBase，目前尝试了最近最少使用（Least Recently Used，LRU）策略进行实现。LRU 算法核心思想为"数据如果最近被访问过，将来则有极大的概率被访问"，其对数据的淘汰是依据历史数据进行的。将缓存中最长时间未使用的文件换出之后可能会对缓存策略进行进一步的研究和对比。

为了充分发挥平台性能，提供高效的数据随机读取性能，平台在设计数据表时，还利用 HBase 中 HColumnDescriptor 类的列属性为各个列族设置了行级布隆过滤器。通过设置布隆过滤器，平台在随机读取数据时可以对每个数据块的数据进行一个反向探测，以提前确定所请求的那行数据是否存储在该数据块中，这样便实现了以空间换时间，能够在一定程度上提高平台的随机读性能。

2）数据访问

面向事例的数据缓存系统对外提供的访问接口，针对本地访问和跨域访问两种访问场景，主要供高能物理数据处理软件和数据传输系统的服务器端访问。

在本地访问的模式下，高能物理数据处理软件如 BOSS 在处理分析作业时，首先在事例缓存中请求处理数据，若缓存命中，则返回事例给数据处理软件，否则数据处理软件在分布式文件系统中读取数据，事例缓存也进行数据的更新。

在跨域访问的模式下，高能物理数据处理软件通过数据传输客户端发送数据传输请求，数据传输服务器端接受响应后，在服务器端事例缓存中读取事例，若命中，则返回给数据传输服务器端。若未命中，则数据传输系统在服务器端的分布式文件系统中读取数据，然后返回数据给客户端。服务器端的事例缓存同步进行事例的更新。

针对两种应用场景，事例缓存系统提供的缓存访问接口是类似的，通过这些接口查询缓存中的数据并返回，同时更新缓存中的数据。

具体接口如表 4-2 所示。

3）事例序列化和反序列化

高能物理数据存储在 ROOT 文件中时，以 TFile 对象的形式保存，各个数据对象所对应的类的说明性信息在 ROOT 文件中仅存储在 TFile 的头部信息中，且仅保存一份，该信息记录了事例数据的序列化处理协议，当数据被读入内存后会根据这些信息进行反序列化处理。当数据存储在 HBase 数据库中时，每条数据都需要存储一遍该说明性信息，此时高能物理数据所占用的空间便会发生膨胀。若使用其他诸如 TBinaryProtocol、TCompactProtocol 的通用的数据序列化/反序列化协议来处理高能物理数据，在存储事例数据本身的同时，还需要存储事例对象内的字段信息，这样数据所占用的存储空间与原本的 ROOT 文件相比依然会发生膨胀。此外，与简单的文件相比，HBase 作为一个分布式的 NoSQL 数据库系统在存储数据时还需要存储一些相应的数据表模式信息，导致数据量进一步膨胀。因此，若使用既有的通用型数据序列化/反序列化协议来处理高能物理数据，其在 HBase 中所占用的空间与原 ROOT 文件相比势必要大许多。EventDB 对 ROOT 框架原有的数据序列化方法 TBuffer::ReadObject 和其继承类的 TMessage::WriteObject 方法进行相关改造，实现了高能物理数据的序列化和反序列化工作，从而实现了高能物理数据在 HBase 数据库中的持久化保存以及在内存中的使用这两种状态的相互转化。

表 4-2　缓存接口

| 接口名 | 解释 |
| --- | --- |
| HTree(const string& table, const string &family) | HTree 数据结构用模仿 TTree 的接口提供数据访问服务，参数是 hbase 的表名和列簇名 |
| init(const char *server, const char *port) | 初始化连接 thrift 服务，参数是 thrift 服务的 ip 及端口 |
| tree->setBranchAddress("TEvtRecObject", evtTecObj) | 参数类似 TTree->setBranchAddress()，第二个参数直接是 7 个类的指针，不再是二级指针 |
| getEntry(const string&rowKey) | 参数为 hbase 存储的键值即文件名-事例 ID，string 类型 |
| void allEventcopy(char *filename, char* startID, char* num) | 将指定 dst 文件中 entryID 为 startID 的 num 个事例存入 Hbase |

　　以事例缓存为例，其在数据库中的结构如表 4-3 所示，则其行值从列簇的第三部分开始构成一个完整的七个分支对象经序列化处理后获得的二进制字符串，第一部分文件名事例号为 rowkey(键值)，通过 rowkey 查找到该事例。然后从列簇的第二列的偏移量数组读取分支信息，偏移量数组记录了各个分支对象所对应的字符串在整个事例字符串的对象中的起始位置的偏移量。BESIII 实验的 BOSS 框架是基于 Gaudi 框架实现的，Gaudi 框架支持当数据被请求时再对其进行读取及反序列化处理，以避免资源和时间的浪费。在实际的数据分析过程中，并非各个事例的所有属性都会被访问，因为大多数情况下仅通过几个属性便可以确定对该事例的取舍。因此，在 BOSS 框架中事例的属性数据在被请求时才进行反序列化处理，创建相应的 Gaudi 框架可识别的 DataObject 对象。平台在对事例数据进行序列化时记录各个主分支对象序列化字符串的长度，并依次将其序列化，以形成行值头部的偏移量数组。当数据由 HBase 读取至内存后被分析之前，首先对头部信息做反序列化，取得偏移量数组。之后，将事例字符串根据偏移量数组进行分割，获得存储着各个分支数据的子字符串，最后将利用子字符串创建对象，并将其存放至 vector 中。当分支数据/属性被应用程序请求时，相应的子字符串才被反序列化为相应的 DataObject 对象。数据的访问要分为本地访问和远程访问两种情况，本地访问则直接由缓存提供接口转换为 DataObject 对象返回，远程访问则由数据传输的客户端进行数据转换，返回给 BOSS。

表 4-3　缓存 HBase 表

| 键值 | | 列簇 | | | | | | |
|---|---|---|---|---|---|---|---|---|
| Fname-EntryID | m_mask | 偏移量数组 | TEvtHeader | TDstEvent | TEvtRecObject | TMcEvent | TTrigEvent | TDigiEvent | THltEvent |

### 4.4.4　面向事例的数据传输

高能物理领域广泛采用分布式计算，将计算任务分布到全球合作站点上运行。欧洲大型强子对撞机产生的海量数据便是由 WLCG 负责存储和处理的。WLCG 采用了三级站点的网格形式，主要分为 Tier0，Tier1 和 Tier2。Tier0 主要负责获取并保存对撞机产生的原始数据，同将其发送给多个 Tier1 站点作为副本进行保存；Tier1 主要负责对原始数据进行重建以及一些后续的处理工作；Tier2 主要负责产生模拟数据和物理分析等工作。在 WLCG 的 Tier 结构中，数据并不是完全复制到所有的站点中，因此计算任务会被调度到存储数据的地方。如果某个站点需要分析感兴趣的数据，需要提前进行数据订阅，将数据预先传输到指定的站点。CMS（紧凑 μ 子线圈）实验使用 PhEDEx 系统实现 WLCG 站点之间传输数据。

不同于 WLCG 预先传输文件，面向事例的数据传输系统仅传输物理分析程序所感兴趣的事例，所需数据量大幅降低，随着网络带宽不断提升，将可以支持计算任务实时传输数据。数据传输系统的结构如图 4-14 所示。

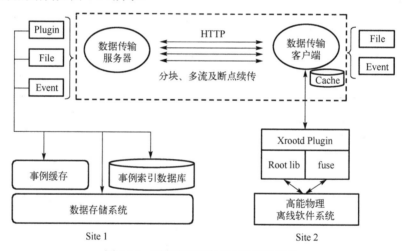

图 4-14　面向事例的数据传输系统结构

数据传输系统由数据传输服务器和数据传输客户端两部分构成，分别运行在本地站点（主站点）和远程站点（子站点）。运行在远程站点的高能物理数据处理软件在做物理分析时不用考虑数据是否在其所在的站点，它可以通过 ROOT 框架或者本地文件系统接口来访问所需要的事例数据。首先，数据处理软件调用时事例索引数据库获得事例索引信息，然后通过数据传输客户端向数据传输服务器发送事例请求。数据传输服务器从主站点的数据存储系统或者事例缓存中将事例数据序列化传输到客户端，然后客户端再将事例反序列化以 ROOT 对象的方式返回给数据处理软件。如果数据处理软件以文件系统接口调用，数据传输系统仅传输所需要的数据块，以减少传输量。为了提升数据访问性能，在数据传输客户端也设置了基于事例和数据块的缓存系统。数据传输基于 HTTP 协议，支持分块、多流及断点续传等功能。

## 4.4.5　EventDB 系统性能分析

为了分析 EventDB 的性能，建立了一套验证系统，采用 4 台服务器构建 Hadoop 集群，Hadoop 版本为 2.6.2，其中 1 台主节点，3 台数据节点。硬件选用曙光 A620 服务器，每台服务器配备 2 颗 AMD Operon 6320 CPU、64GB 内存、1 块 1TB 7200RPM SAS 硬盘。节点之间采用千兆以太网互联，操作系统为 Ubuntu14.04。

实验过程中选用了北京谱仪 BESIII 的真实运行数据，共包含 384 个 DST 文件、1400 万个事例。基于以上数据构建了事例索引数据库。事例索引中包含 7 个特征量，即：entry（事例文件内编号）、runNo（运行号）、eventID（事例实验全局编号）、totalCharged（总的带电粒子数）、totalNeutral（总的中性粒子数）、totalTrks（总的径迹数），以及原始的 DST 文件名。

为验证事例索引数据库的有效性，实验开展了如下工作：①模拟用户查询；②关系型数据库查询效率；③对比未归并查询条件与经过查询条件归并的 HBase 查询效率；④验证在不同试验中条件归并效果。

1）模拟用户查询

实验中，首先指定 RunNo，然后再选择属性值，模拟用户真实的事例查询模式，并使用蒙特卡罗方法随机数产生查询条件，用于模拟用户的查询。在测试的数据中，所有 DST 的文件中共包含了 1400 万个事例，查询返回理论上限为 1400 万条。实验中产生了 1000 条模拟查询条件，其中在 1400 万事例数据中有效的单值查询的条件和对应事例数量的累计分布图如图 4-17 所示，有 77%的查询返回低于 1 万条数据（少于千万分之一）。这说明了事例筛选是有效的，可以大大降低用户遍历原始数据文件的开销。

2）关系型数据库查询效率

关系型数据支持多个索引，能够灵活支持结构化数据查询，因此也是构建事例特征索引数据库的一个选项。本实验将事例索引存放到 MySQL 数据库中，做 1000 次模拟查询，查询时间大部分集中在 200～500ms 之间。实验结果如图 4-15 所示。

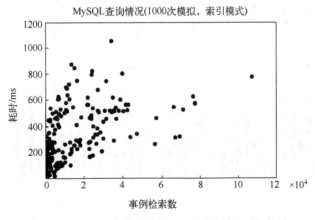

图 4-15　MySQL 上模拟筛选返回的事例数及所用时间

### 3）HBase 查询效率

上面的实验中对 MySQL 的各个字段都增加了索引，对比传统 RDBMS 的实验结果，查询时间有一定的降低，但是查询效率提升并不明显。此外，如果直接采用未优化的 HBase，由于 Schema 固定，难以支持灵活的半结构化数据查询，而且对于新增加的数据，需要更新相关的索引，对于大规模的应用及后期扩展仍然存在问题。

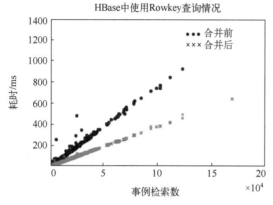

图 4-16　经过查询优化后 HBase 上模拟筛选返回的事例数

实验中采用了流式处理的 HBase 以及新的 Schema，归并了查询条件以及对应的事件结果。实验结果显示线性扩展性较好。而且，由于支持半结构化数据，也不用更新相关索引，容纳条目数多。对于查询优化，虽然不支持在重建或者模拟时直接加入数据，但是对于性能的提升极为明显。在实际应用中可以与重建或者模拟程序接口，实现数据的自动化增加与索引构建。实验结果如图 4-16 所示。

### 4）条件归并效果

由图 4-17 结果可以看出查询条件的归并对于性能带来了很大的提升，主要原因是条件归并使得 HBase 中的条目数量大大降低。整体范围内看，物理实验的 1400 万个事例数据，由

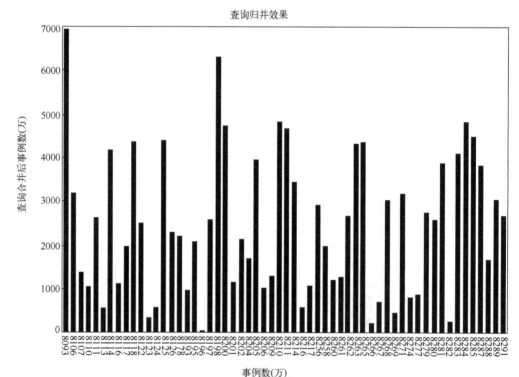

图 4-17　压缩比的效果与实验用例的关系

于一个属性需要切分成为单独的一个条目,所以在未归并查询条件前在 HBase 中共有 4200 万条。进行查询条件归并后,仅剩 5564 条。具体压缩比的效果与实验用例的关系如图 4-17 所示。其中,按照查询条件进行归并压缩的效果根据实验用例的不同而不同,归并压缩前的事例数与归并压缩后的事例数之比平均能够达到 2486,中位数为 2420,75%的实验用例达到 1048 以上。

### 4.4.6　基于 EventDB 的事例分析

事例数据属性抽取是通过高能物理数据分析软件 BOSS,将大规模的重建后产生的 ROOT 文件进行处理,生成 ROOT 文件后,再根据实验组提供的感兴趣的属性值集合,对 ROOT 文件进行特征信息提取;另一个是多维特征构建索引,对提取出来的特征信息进行重新整理归并,利用生成事例的运行号、属性名称及对应属性的值生成 rowkey,满足该条件对应的文件名以及对应的 entryID 生成 value,通过这种方式构建索引,并导入 HBase 中。用户可以通过命令行进行索引数据库的访问,用户在提出请求后,通过 rowkey 在 HBase 中查询,返回符合要求的所有 event 集合,并将结果传到事例封装模块打包返回给用户。

EventDB 返回给用户的 json 文件为满足用户要求的所有事例所在文件的文件名和事例号集合。基于 EventDB 的事例分析,就是对 BOSS 的相关服务进行改动,使用户能够以 json 文件为输入进行事例的分析,因为 json 文件为满足用户筛选条件的事例集合,一方面可以多次使用,另一方面也可以加速事例的分析。

Gaudi 的事例循环,主要流程如图 4-18 所示,首先进行事例循环管理器算法的初始化,设置好事例选择器和相关服务,然后进行事例的循环。事例循环处理的过程主要通过 ROOTEvtSelector 来读取事例号,控制事例的读取流程,然后通过 ROOTCnvSvc 进行事例数据的读取,转换为 BOSS 能够识别的 DataObject 对象,进行算法的处理。最后,算法运行结束,释放事例选择器和相关服务。

图 4-18　Gaudi 事例循环主要流程

基于 EventDB 的事例分析基于 TagFilterSvc 服务,根据其输入的 json 文件中的事例元数据进行事例的读取。原有的事例分析流程如图 4-19 所示。基于 EventDB 的事例分析流程如图 4-20 所示。

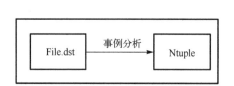

图 4-19　基于文件的事例分析流程

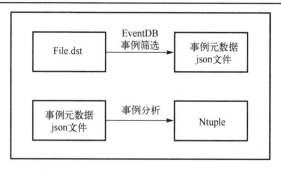

图 4-20　基于 EventDB 的事例分析流程

TagFilterSvc 通过实现 Service 接口，作为服务集成于 BOSS 框架中，通过 ROOTEvtSelector 来调用 TagFilterSvc 服务读取 json 文件，把事例号列表读取到内存中。然后调用 ROOTCnvSvc 进行事例的读取。基于 EventDB 的事例分析部分，主要是更改了事例的输入方式，通过 json 元数据的输入进行更高效的事例分析，具体事例存储的位置，针对不同的应用场景，在缓存还是分布式文件系统，或者需要从远程读取，是该系统进行实现的，但对于用户是透明的。

在使用 EventDB 进行事例分析时，用户在作业配置文件中指定 EventCnvSvc.selectFromTag 参数来选择启动事例筛选服务，如下所示，即从 TagFileSvc 中读取 json 文件，得到事例数据。然后通过 TagFilterSvc.tagFiles 来设置 json 文件列表。

```
#include "$ROOTIOROOT/share/jobOptions_ReadRec.txt"
#include "$VERTEXFITROOT/share/jobOptions_VertexDbSvc.t xt"
#include "$MAGNETICFIELDROOT/share/MagneticField.txt"
#include "$ABSCORROOT/share/jobOptions_AbsCor.txt"
#include "$RHOPIALGROOT/share/jobOptions_Rhopi.txt"


TagFilterSvc. tagFiles= {"./5 1315origin.json"};
EventCnvSvc.selectFromTag= 1;
// Set output level threshold(2 =DEBUG, 3=INFO, 4=WARNING, 5= E RROR,
6= F ATAL )
MessageSvc.OutputLevel = 3;
// Number of events to be processed(d efault is 10)
ApplicationMgr.EvtMax= -1;
ApplicationMgr.HistogramPersistency= "ROOT";
NTupleSvc.Output = { " FILE1 DATAFILE='rhopi_ana.root' OPT= 'NEW' TYP=
'ROOT'"};
```

## 4.5　本章小结

新一代高能物理实验装置的建成与运行，产生了 PB 乃至 EB 量级的数据，这对数据采集、存储、传输与共享、分析与处理等数据管理技术提出了巨大挑战。事例是高能物理实验的基本数据单元，一次大型实验即可产生万亿级的事例。传统高能物理数据处理以 ROOT 文件为基本存储和处理单位，每个 ROOT 文件可以包含数千至数亿个事例。这种基于文件的处理方式虽然降低了高能物理数据管理系统的开发难度，但物理分析仅对极少量的稀有事例感兴趣，这导致了数据传输量大、I/O 瓶颈以及数据处理效率低等问题。面向事例的高能物理数据管理方法，可以将物理学家感兴趣的事例的特征量抽取出来建立专门的索引，存储在 NoSQL 数据库中。为便于物理分析处理，事例的原始数据仍然存放在 ROOT 文件中。面向事例的数据管理系统可以提高数据处理效率，更好地支撑高能物理领域的科学发现活动。

# 思　考　题

1. 目前普遍采用 ROOT 文件存储事例数据，支持行列存储方式，配合 ROOT 分析工具方便操作，考虑在什么情况下适合使用行存储或者列存储？

2. 采用遍历文件和事例的方式实现事例筛选，开销较大，引入事例索引技术可以加速这一过程，但是需要修改物理分析软件并占用一定的存储空间。请设计一个方案来减少索引存储空间的占用。

3. 高能物理的事例数据一般存储在 ROOT 文件中，如何通过 HTTP 来传输指定的事例数据？

4. 事例索引除了在 NoSQL 数据库中保存之外，是否还有其他实现方案，优缺点是什么？

5. 大量客户端或者程序并发访问 Bookkeeping 系统时，会产生巨大的压力，试设计一个高并发的方案。

## 参 考 文 献

[1] Li W, Liu H, Deng Z, et al. The offline software for the BESIII experiment [C]// Proceedings of the 15th International Conference in High Energy and Nuclear Physics, Mumbai, India, 2006: 225-229.

[2] LHCb group. DaVinci is the OO-based（physics）analysis software for the LHCb experiment [EB/OL]. [2010-06-20]. https: //lhcb-comp.web.cern.ch/lhcb-comp/Analysis/.

[3] The Gaudi Project [EB/OL]. [2010-06-20]. http: //proj-gaudi.web.cern.ch/proj-gaudi/.

[4] Antcheva, Ballintijn, Bellenot , et al. ROOT —A C++ framework for petabyte data storage, statistical analysis and visualization[J]. Computer Physics Communications, 2009, 180（6）: 2499-2512.

[5] Brun R, Rademakers F. ROOT—An object oriented data analysis framework[J]. Nuclear Instruments and Methods in Physics Research Section A: Accelerators, Spectrometers, Detectors and Associated Equipment, 1997, 389（1）: 81-86.

[6] Kumar R, Tripathi A. ROOT: A data analysis and data mining tool from CERN[R]. Casualty Actuarial Society Forum, 2008.

[7] van Gemmeren P, Malon D. Persistent data layout and infrastructure for efficient selective retrieval of event data in ATLAS[J]. arXiv preprint arXiv: 1109.3119, 2011.

[8] Cranshaw J, Goosens L, Malon D, el al. Building a scalable event-level metadata service for ATLAS[C]//Proc of the 16th Int Conf on Computing in High Energy and Nuclear Physics, Victoria, Canada, 2008, 119: 072012.

[9] Han J, Haihong E, Le G, et al. Survey on NoSQL database[C]//2011 6th International Conference on Pervasive Computing and Applications, 2011: 363-366.

[10] Sanchez J, FernandezCasani A, Gonzalez de la Hoz S, et al. Distributed data collection for the ATLAS eventIndex[C]//Proc of the 21st Int Conf on Computing in High Energy and Nuclear Physics, 2015, 664: 042046.

[11] 雷晓凤, 李强, 孙功星. 基于 HBase 的高能物理数据存储及分析平台[J]. 计算机工程, 2015, 41(6): 49-55.

[12] Becla J. Improving performance of object oriented databases, BaBar case studies [C]//Proceedings of the 11th International Conference in High Energy and Nuclear Physicsm, Padova, Italy, 2001: 410-413.

[13] Dullmann D. Petabyte databases [C]// Proceedings of International Conference on Management of Data, New York, 1999: 506-507.

[14] 程耀东, 张潇, 王培建, 等. 高能物理大数据挑战与海量事例特征索引技术研究[J]. 计算机研究与发展, 2017, 54(2): 258-266.

[15] Zou J H, Huang X T, Li W D, et al. SNiPER: An offline software framework for non-collider physics experiments[C]//Journal of Physics: Conference Series, 2015, 664(7): 072053.

[16] 李腾, 黄性涛, 张学尧. SNiPER 在 LHAASO 实验中的应用: LodeStar[C]// 2016 高能物理计算和软件会议, 东莞, 2016.

# 第 5 章　高能物理大数据处理模式

高能物理实验数据在采集、存储之后，需要进行数据处理和分析来进行科学发现，仍然面临着一系列的挑战。高能物理实验数据处理过程包括物理模拟、数据刻度与重建、物理数据分析等。面对 PB 级甚至 EB 的科学数据，物理学家迫切需要高效的大数据处理模式进行数据分析和处理。由于庞大的实验数据量及地域分布性等特点，高能物理领域通常采用分布式计算技术，主要包括高通量计算和高性能计算两种模式。另外，交互式计算和流处理计算等新兴数据处理模式也逐渐活跃在高能物理领域，成为物理学家新型的数据处理工具。

## 5.1　高通量计算

在高能物理和天体物理科学领域，科学研究的质量往往取决于数据处理时间，未知的科学现象需要长时间的计算才能发现。科学计算通常需要一个能够在很长一段时间内提供大量计算能力的计算环境，这种环境称为高通量计算(High Throughput Computing，HTC)。相比之下，高性能计算(High Performance Computing，HPC)可以在短时间内提供巨大的计算能力。HPC 环境通常以每秒浮点操作数(Floating-Point Operations per Second，FLOPS)来衡量。高通量计算用户关心的不是每秒的操作数，而是每月或每年的任务量，即可以在某段时间内完成多少工作，而不是单个工作可以多快完成。高能物理科学研究，实际上是一个大科学、大需求、大数据、大计算、大发现的过程。海量的实验数据保存到存储介质，物理学家选取其关注的事例数据集或观测数据集进行离线分析，探索发现新的物理现象，这种以海量数据为基础、多个事例数据集并行分析的数据处理方式，使得高通量计算在高能物理、天文等科学研究领域广受欢迎。

高通量计算通过管理和控制底层的计算资源，屏蔽计算资源的不可靠性，为用户作业提供可靠的数据处理环境，适合松耦合、相对独立的分析作业，支持在多个跨管理域的计算资源上进行作业调度。目前高通量计算场景下，较为成熟的资源管理系统包括 PBS(portable batch system)[1]系统和 HTCondor[2]等。

### 5.1.1　PBS

PBS 是早期较为流行的一种集群资源管理和作业调度系统，由 NASA 开发，并应用于该机构内部的并行计算机。PBS 重要的一个开源版本是 Torque[3]，它具有良好的规模扩展性和较强的系统容错性，可以支持一定规模的 Linux 集群系统。Torque 通常搭配开源的 Maui 或商业版 Moab 外部调度器，实现作业调度功能。开源的 Torque/Maui 组合，曾在高能物理计算及相关集群计算领域被广泛使用。PBS 搭配 Maui 使用时，其整体架构如图 5-1 所示，用户通过 PBS 命令访问 PBS 作业服务器，完成作业提交、作业终止等操作请求。提交的 PBS 作业存放于 PBS 作业服务器负责管理的队列中。作业服务器向 Maui 调度器发送分发作业请求，

Maui 调度器向各个计算节点上的 pbs_mom 进程查询资源信息,同时查询 PBS 作业服务器排队作业的信息,根据预设的调度算法为作业选择合适的节点,将作业和节点匹配结果返回给 PBS 作业服务器,PBS 作业服务器将作业发送给 Maui 指定的计算节点,由节点上的 pbs_mom 启动作业。至此,PBS 服务器完成一个作业调度。

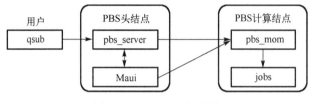

图 5-1　PBS/Maui 架构图

PBS 系统在资源管理和作业调度具体实现上,采用集中管理的方式获取每个计算节点的资源状态,采用调度算法与作业进行匹配。当集群中的节点数量到达一定规模后,PBS 中央管理服务器将承受极大的压力,容易引发单点故障,PBS 系统的设计框架限制了其支持的最大集群规模。在当今计算规模不断增加的背景下,PBS 系统逐渐退出大型作业管理系统的应用场景。

### 5.1.2　HTCondor

HTCondor 是一个创建高通量计算环境的软件系统,由威斯康星大学麦迪逊分校的高通量计算中心开发,并于 20 世纪 90 年代首次作为生产系统安装在该校计算机科学系,之后由 HTCondor 管理的计算资源池成为数千个大学、研究所甚至商业公司计算能力的主要来源。HTCondor 有效地利用网络连接机器的计算能力,包括单个集群,高校、研究机构或者国家超算中心的一组集群,独立或临时租用的互联网云端资源,国际网格计算资源等。

HTCondor 承担批处理作业的调度功能,提供了排队机制、调度策略、优先级方案和资源分类等功能。用户将他们的计算作业提交给 HTCondor,HTCondor 将作业放入队列中,通过资源匹配,将作业发送到计算节点运行,然后将作业信息呈现用户。HTCondor 在作业管理功能方面,拥有很高的可靠性。用户作业提交成功后,HTCondor 将持续跟踪用户作业,并运行作业直到完成。如果提交的机器或执行的机器崩溃,HTCondor 将重新匹配计算资源,在其他节点重新启动作业。HTCondor 在作业管理规模方面,拥有很好的可扩展性。HTCondor 资源池可水平扩展至数十万颗 CPU 核心来执行作业并对运行的作业进行管理,同时还能管理更多的排队作业。HTCondor 可以将单台机器上多颗 CPU 核心聚合成单一作业槽,或形成单台机器对应 CPU 核心数量的作业槽,并且可以在这两个极端之间进行多种扩展管理方式。HTCondor 在作业用户权限管理方面,拥有很好的安全性。默认情况下,HTCondor 在网络上使用强身份验证和加密方式。HTCondor 工作节点暂存目录可以加密,因此如果节点被盗或被入侵,暂存文件将无法读取。

用户无需重新实现或重新设计计算任务就可以在 HTCondor 的环境中运行。HTCondor 能够运行以任何编程语言(例如 C、Fortran、Python、Julia、Matlab、R 或其他语言)编写的应用程序,研究人员可以在笔记本电脑或台式机上运行大多数程序,而无需更改代码。HTCondor

实现了异构资源管理，可以在大多数 Linux 发行版和 Windows 上运行，单个 HTCondor 池可以支持不同操作系统的机器。在工作节点上，HTCondor 自动检测机器上可用的内存、CPU 内核、GPU 和其他机器资源，并且只运行与机器能力相匹配的作业。另外，HTCondor 资源池也是可以联合的，通过相关参数配置，可以把一个 HTCondor 资源池中的作业调度到另一个授权资源池上执行，被授权的资源池可以分布在世界各地的云计算平台、HPC 站点或者在网格计算系统中。

HTCondor 还支持可定制化的工作流管理功能，用户可以定制一组作业，其中一个或多个作业的输出成为一个或多个其他作业的输入，以便 HTCondor 以正确的顺序运行作业，并正确组织输入和输出。HTCondor 通过有向无环图实现作业的工作流管理，其中每个作业都是图中的一个节点。另外，HTCondor 面向计算需求方和资源所有方都提供灵活的策略管理方式。从作业提交层面，HTCondor 支持作业提交人员通过参数灵活配置不同批次作业或同一批次内不同作业的执行优先级。从资源调度层面，HTCondor 支持对用户粒度、用户组粒度配置作业调度优先级、最大可提交作业数、同时段最大运行作业数等调度功能的配置。在资源所有者管理层面，HTCondor 允许机器所有者制定非常灵活的作业接收策略，通过参数决定这些计算资源是否用于运行作业，以及用于运行哪些作业。

HTCondor 非常适合高通量计算，它将空闲机器提供的计算资源以及作业对资源的需求都抽象为 ClassAds，HTCondor 将资源供给和资源需求两类 ClassAds 进行匹配[4]。HTCondor 不仅支持大规模的专用计算集群的管理，还利用空闲的非专用计算资源，来处理更多的作业。HTCondor 也支持对用户和作业优先级的计算，使得多个用户能够较为公平地使用一个 HTCondor 环境。

HTCondor 的整体架构如图 5-2 所示，用户提交的批处理作业被暂存于 condor_schedd 进程所维护的作业队列，该进程为排队作业生成描述资源需求的 ClassAd。空闲计算节点上运行的 condor_startd 进程也会生成描述计算资源的 ClassAd。这两种 ClassAd 都会发送给头节点上的 condor_collector 进程。condor_negotiator 进程会定期访问 condor_collector，查找计算集群中的空闲资源，并计算每个用户的 Fair-share 值作为优先级，将空闲资源的 ClassAd 优先匹

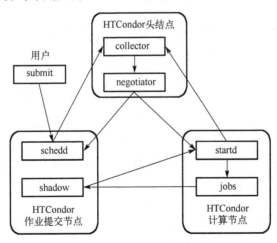

图 5-2　HTCondor 架构图

配到高级优先级用户的高优先级作业，并将匹配结果发给 condor_schedd 进程。之后，condor_schedd 根据匹配结果通知相应计算节点的 condor_startd 进程，并由其启动相应的作业。同时，condor_schedd 会为每个开始运行的作业系统开启一个 condor_shadow 进程，该进程负责响应该作业的远程系统调用（RemoteSystemCall）请求。

　　HTCondor 将计算集群内所有的计算资源视为一个资源池，其作业队列可以访问这一资源池内的所有可用资源，然后作业运行在有足够空闲资源的节点上。HTCondor 的 ClassAd 机制可以对只使用一个 CPU 核心的作业提供更快速的调度服务，特别适合高能物理领域以单核串行数据分析任务。HTCondor 的设计架构大幅降低了由于资源规模增大引发中心服务器负载上升的压力，同时其作业优先级计算策略对外提供了可配置接口，保证了高效作业分发过程中作业优先级的灵活可控。

　　HTCondor 不仅在单集群资源管理模式下具有优越的作业调度能力，而且在跨集群资源作业调度场景下也提供了相应的解决方案，在国际网格计算中被广泛使用。由于网格计算的分布式特点，期望调度程序将作业发送到某个远程站点上运行，即使该远程站点正在运行一个非 HTCondor 系统。HTCondor 提供了多种机制来实现跨域资源共享。一种叫作 Flocking 机制，在该模式下远程站点的计算资源都需要被 HTCondor 系统管理。本地集群会根据执行作业的机器可用性从一个资源池迁移到另一个资源池，当本地站点缺少计算资源无法运行作业时，作业会被调度到另一个远程站点中运行。该跨域资源整合模式，用户提交作业不需要附加其他属性，作业的描述文件和作业调度域等信息与 Flocking 机制无关。另外一种跨域调度的机制称作 Glidein 机制，在该模式下远程计算资源可以由其他非 HTCondor 系统管理。在实现上，HTCondor 将自身的 condor_startd 程序作为作业提交到一些远程站点上，然后 condor_startd 在远程站点上运行后主动连接本地 HTCondor 管理系统，将远程计算资源加入到本地的资源池中，从而完成资源统一管理[5]。Glidein 机制有效地实现了本地作业的跨集群调度，摆脱了异地集群的资源管理工具限制，满足了国际网格的应用需求，并取得了广泛的应用。

## 5.2　高性能计算

　　目前的高能物理数据处理主要以串行计算为主，基于拆分事例数据的机制同时运行大量的单核串行作业，以达到并行处理事例数据的效果。针对以上数据处理方式，高通量计算模式很好地契合了需求。但是，随着高能物理、天体物理等学科领域的数据分析对计算能力要求越来越高，单核 CPU 计算性能已无法满足需求，科研人员开始采用多核并行或者协处理器的模式，利用更高的算力加速解决更加复杂的科学问题。例如，加速器设计模拟、天体黑洞研究、理论物理格点 QCD 计算、粒子物理实验分波分析、基于深度学习的顶点重建算法等科学问题。这些应用通常采用多核并行计算的模式，计算作业的任务之间有逻辑或物理联系，每个任务可在一个或者多个 CPU 核甚至多台主机上运行，任务之间的通信可基于消息传递接口（Message Passing Interface，MPI）协议。在图形处理器（Graphics Processing Unit，GPU）强大的并行计算能力被挖掘后，计算任务也可以在一张或多张 GPU 卡上运行，进而获得更好的加速比和计算效率，提高科学发现和成果产出速率。因此，当今高能物理科学数据分析领域，专注于发展并行处理算法和并行处理系统的高性能计算应用也越来越广泛。

## 5.2.1 SLURM 介绍

SLURM（Simple Linux Utility for Resource Management）[6]是一款开源的 Linux 集群资源管理及作业调度系统，采用通用的插件设置方便地支持各种基础设施，具有良好的扩展性、可伸缩性以及丰富的作业调度功能。鉴于这些特性，SLURM 成为很多超级计算机上使用的资源管理器，在高性能计算领域被广泛使用。

SLURM 在作业调度和资源管理过程中，提供三个关键功能：①在一段时间内为用户分配独享或者非独享的计算资源，便于执行作业。②提供一个框架，用于在分配的节点集合启动和执行并行作业、监视作业状态等工作。③管理队列中挂起状态的作业，并合理分配计算资源。

SLURM 整体架构如图 5-3 所示，与上节中的 PBS 作业调度和资源管理系统类似，SLURM 采用非常传统的集群管理架构。SLURM 顶部由支持冗余配置的集群管理器组成，通过管理程序 slurmctld 进程实现对计算资源的监视完成用户作业和资源的映射。计算资源部分，每个计算节点上运行名为 slurmd 的守护进程，监视节点上运行的作业、接受来自集群管理器的用户作业，以及将作业映射到节点内部的计算资源。同时，持续监听集群管理器的请求信息，实现管理器对节点上处于运行状态的作业管控。

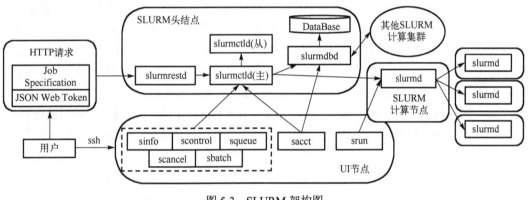

图 5-3 SLURM 架构图

## 5.2.2 SLURM 作业调度

在作业调度层面，SLURM 集群通常与记账服务（slurmdbd）搭配部署及使用，SLURM 的记账服务会借助一个 SQL 数据库或文本文件，记录用户作业的运行及完成情况，以及期间使用的计算资源类型及数量，综合计算用户的 Fair-share 值。SLURM 内置的调度器调度作业时，会综合作业长度、排队时间、作业 QoS、用户的 Fair-share 值等因素，为每个作业求出单一的优先级数值，按优先级顺序为各个作业分配合适的空闲计算资源。

SLURM 调度系统同样支持创建联合集群（Federation），并在集群之间以对等方式调度作业。提交到联合集群的作业将收到唯一的作业 ID，该 ID 在联合集群中的所有群集中都是唯一一的。作业提交到本地集群（在 slurm.conf 中定义的集群），然后基于 slurmdbd 组件实现跨联盟集群复制。然后，每个集群根据自己的调度策略独立地尝试调度作业，并与作业提交到的

"原始"集群进行协调。SLURM 使用 sacctmgr 命令在数据库中创建联合集群，将指定的集群添加到联合集群中。当作业提交给联合集群时，它会获得联合作业 ID。联合集群中的每个集群都独立地尝试调度每个作业，当集群确定它可以为作业分配资源时，它会与源集群通信以验证有没有其他集群同时尝试分配资源。如果没有其他集群尝试分配资源，则集群将尝试为作业分配资源。如果成功，它将通知"原始"集群它启动了该作业，并且"原始"集群将通知具有该作业副本作业的集群删除副本作业并将它们置于已撤销的状态。如果集群无法为作业分配资源，那么通知源集群相关信息，以便其他集群可以调度该作业。如果是主调度程序尝试分配资源，则主调度程序将停止查看作业分区中的其他作业。如果是回填调度程序尝试分配资源，则资源将保留给作业。如果"原始"集群关闭，则远程集群将与其他可行的远程集群协调以安排作业。当"原始"集群恢复时，它将与其他同级集群同步。当联合作业重新排队时，"原始"集群会收到通知，然后"原始"集群会将新的作业提交给联合集群。SLURM 利用联合作业调度特性，可以实现本地、异地、云端混合的 HPC 作业调度策略，提升本地已有 SLURM 集群的资源弹性和扩展。

### 5.2.3　SLURM 资源管理

在资源管理层面，SLURM 节点包含了处理器、内存、磁盘空间等丰富的资源信息，同时具有空闲中、分配中、故障中等状态信息，形成最为基础的资源管理对象。SLURM 作业调度和资源管理系统，为满足高性能计算作业对计算资源的差异性需求，提供了对资源分区 (partitioning) 功能的支持，分区是对节点逻辑分组的呈现方式，为管理员提供一种管理机器，可以设置资源限制、访问权限、优先级等。例如，系统管理员根据不同资源需求，将硬件和网络环境属性 (如普通单路 CPU 节点、双路 CPU 节点、多路多核 CPU 节点、GPU/MIC 节点、处于同一个低延迟 Infiniband 网络互连的节点等)、计算资源属主属性、作业运行时间长短等多种特征属性组合，把 SLURM 计算集群划分为一个或多个可以相互重叠的资源分区。用户提交的每个作业都只能属于一个分区，因此每类资源分区还可以视为某种特定类型的作业队列。

在异构资源管理方面，SLRUM 作业调度和资源管理系统不仅对 MPICH、Open MPI、BlueGene MPI 等多种不同实现的 MPI 提供良好支持，还可以将图形处理器 (GPU)、集成众核 (Many Integrated Core，MIC)、网络带宽甚至内存带宽等计算资源视为通用计算资源 (Generic Resources，GRES) 并分配给作业。基于其良好的资源管理、作业调度、作业提交和身份认证等特性，高能物理高性能计算领域逐渐采用该系统管理具有并行计算需求的实验数据处理平台。

### 5.2.4　SLURM 作业运行

在作业管理层面，SLURM 提供了 scontrol 命令可以通过集群管理器对整个集群进行集中管理，这为实际运行环境下对大规模集群的日常维护管理提供了便利。SLURM 面向用户提供了丰富的命令用于管理个人作业，这些命令包括：sacct 命令，用于查看历史作业信息；salloc 命令，用于分配资源；sbatch 命令，用于提交批处理作业；scancel 命令，用于取消作业；scontrol 命令，用于整体的系统控制；sinfo 命令，用于查看节点与分区的状态；squeue 命令，用于查看队列的状态；srun 命令，用于执行作业等。SLURM 作业管理过程中，每一个作业对应一次资源分配,单个作业只能属于一个分区,排队调度后,在分区内分配资源运行。另外,SLURM 还采用了作业步(Jobstep)的概念,一个作业可以包含多个作业步,在作业内通过作业步 ID 进行标识,作业步可以并发运行,但只可以使用作业中的部分节点。

SLURM 系统提供了三种作业运行模式,以 srun 命令执行作业的交互式运行模式,以 sbatch 命令执行作业的批处理模式,和以 salloc 命令执行作业的分配模式。在交互式运行模式中,用户从终端提交资源分配需求,并指定资源数量与限制,等待调度器分配资源,获取相匹配的资源后,加载计算任务,作业运行过程中,任务的 I/O 传递到终端,用户通过终端与任务进行交互,任务执行结束后,资源被释放。该模式运行过程中,通常结合 screen 方法,开启单独的终端窗口,作业长时间的执行过程中,可以随时重连该终端窗口,与计算任务进行交互。在批处理模式中,用户编写作业脚本,通过作业提交命令,提交至作业队列中等待资源分配,分配资源后执行作业,计算任务执行结束后,释放资源,运行结果输出到指定的文件中记录保存。在分配模式下,用户提交资源分配请求,等待分配资源,SLURM 在为该请求分配资源后会返回计算节点名称,然后用户直接登录到申请到的计算节点上运行命令,命令执行结束后释放资源,完成本次作业执行过程。

SLURM 提供了本地作业提交和 RESTful 作业提交两种接入方式,每种方式的用户身份认证各不相同。在本地作业提交模式下,用户提交作业的节点必须是 SLURM 系统管理的集群节点,用户提交作业的过程中,SLURM 通过本地操作系统获取用户 GID、UID 等身份信息,标定作业的用户身份属性。在 RESTful 作业提交模式下,SLURM 则采用 JSON Web Token(JWT)的安全认证方式,识别用户身份。JSON Web Token 是一个开放标准(RFC 7519),它定义了一种紧凑的、自包含的方式,用于作为 JSON 对象在各方之间安全地传输信息。该信息可以被验证和信任,因为它是数字签名的。这种认证方式避免了会话限制,实现了认证凭证保存在用户使用的客户端,用户可以在凭证有效期内,从任意地点对接 RESTful,发起新的会话,进行作业提交。正常的 JWT 申请需要通过以下流程:①用户携带用户名和密码请求访问服务器;②服务器校验用户凭据;③应用提供一个 token 给客户端;④客户端存储 token,并且在随后的每一次请求中都带着该 token;⑤服务器校验 token,校验通过后返回数据。SLURM 由于其自身认证特点,在 JWT 申请过程中略有不同,SLURM 的用户身份认证是基于本地集群的,因此 SLURM 只会对已登录本地集群节点的用户分发 JWT 凭证。SLURM 用户先登录集群某个节点,使用命令申请 JWT 凭证,同时设置凭证有效期等信息,用户保存 JWT 凭证,在集群外提交 SLURM 作业的时候,携带该凭证和 SLURM 进行交互,以当前用户身份接入 SLURM 集群。

## 5.3　流 式 计 算

根据数据分析的特征,高能物理计算可以分为后台批处理计算和实时交互式计算两类。后台批处理计算的分析过程不要求实时性,即不需要下发计算任务后,立刻进行计算并立即返回结果。实时交互式计算则强调计算过程快、请求响应快,即下发计算任务后,需要快速获取分析结果。

在传统的计算模式中,数据已经保存在存储系统上,用户作为需求方主动发起计算请求,然后从存储系统加载数据，再进行数据处理，最后输出结果。因此，这是计算驱动数据的过程。而流式计算提供了一种截然不同的处理方式，无需先存储数据，直接对随时进入系统的数据进行计算，因此这是一种数据驱动计算的过程。相比传统计算模式，数据驱动计算的模式更加契合实时计算的需求。这种模式通常称为流式计算或者流计算，即由用户将数据处理过程作为一个流式作业提交到计算系统。流式计算框架监听数据源，新的一条数据出现，立即触发一次作业运行，快速获取分析结果。流式计算是持续的、数据驱动的，只要有数据输入就会持续计算，提供低延迟的结果输出。

### 5.3.1　实时数据集成工具

流式计算中，通常包含实时数据集成工具、流式数据存储和实时数据计算框架三部分。实时数据集成工具，通常在数据采集模块进行部署，负责将需要分析的实验数据实时传输到流式数据存储模块。较为常见的集成方式是在数据产生后，由数据采集程序进行控制，将内存存放过程中直接推送至后端流式数据存储模块，避免数据落盘持久化过程引发的时间损耗。除了专用数据探测器软件对接数据源和后端流式数据存储模块，在互联网大数据实时分析领域，也存在很多使用不同应用场景的数据集成工具。当前较为流行的工具包括 rsyslog、syslog-ng、Flume、Logstash、Filebeat 等。

rsyslog 是绝大多数 Linux 发布版本默认的 syslog 守护进程，rsyslog 可以做的不仅仅是将日志从 syslog socket 读取并写入 /var/log/messages。它可以提取文件、解析、缓冲(磁盘和内存)以及将它们传输到多个目的地。rsyslog 适合那些非常轻量级的应用(占用少量资源的虚拟机、Docker 容器等)。如果需要在其他后端分析模块中进行处理，可以直接通过 TCP 转发 JSON，或者连接 Kafka、Redis 等流数据存储模块。

syslog-ng 可以看作 rsyslog 的替代工具[7]，是一个模块化的 syslog 守护进程，功能更丰富。syslog-ng 可以部署在资源受限的环境中，在处理转发数据时有着良好的性能。和 rsyslog 相比，支持更便捷的配置方式。

Apache Flume[8]是 Cloudera 提供的一个高可用、高可靠、分布式的海量日志采集、聚合和传输的系统。Flume 支持在日志系统中定制各类数据源，把从许多不同来源的数据收集到一个集中的数据存储中。同时，Flume 提供对数据进行简单处理，并支持写到各种类型的数据存储中。Flume 有两个版本，分别是 Flume OG 和 Flume NG，目前大部分使用的都是 Flume NG。Flume 基于流式数据的处理方式，借助简单的配置文件实现数据采集和转发，具有健壮性、容错性等优势。Flume 的数据流模型采用类似管道的设计方式，定义为代理(agent)。Flume 的数据处理单元被称为事件(event)，包含一段数据流信息及相关属性，任何数据流都将以 event 的形式从源头传到目的地。具体的数据流模型如图 5-4 所示，数据产生器(generator)(如 Facebook，Twitter)产生的数据被服务器上的 agent 所收集，之后数据采集模块(collector)从各个 agent 上汇集数据，最后存放到 HDFS 或者文件中。对于每一个 agent 来说，它就是一个独立的守护进程，包含源(source)、通道(channel)、接收器(sink)三个部分，分别负责从数据源接收或收集数据，然后迅速将获取的数据传给下一个目的节点 sink 或者 agent。Flume source 接收外部数据源推送的事件，外部数据源发送 event 给 source，这些外部数据源可以是本地的日志文件，或者本地的网络 socket 接口，甚至可以是另一个 agent 的 sink。source 模块收到

event 后,将其存储在一个或者多个 channel 中,channel 是一个流式管道,这些 event 在 channel 中等待 sink 模块来接收。channel 可以选择内存、文件或者其他一些方式来处理。使用内存作为 channel,处理会比较快,但是并不安全。当 agent 进程意外退出时会丢失数据,所以这种处理方式通常用于测试情形。正式环境可以使用文件作为 channel,这样数据可恢复。sink 可以将 event 挪到外部存储(例如 HDFS)或者传给另一个 agent 的 source。同一个 agent 中的 source 和 sink 异步处理 channel 中的 event。

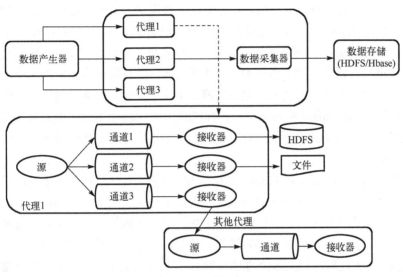

图 5-4　Flume 数据流模型

　　除了使用 source 和 sink 分别控制数据来源和数据目的地等信息,Flume 模型还有拦截器 (interceptor),支持插件式组件模式,由 filter 配置插件,实现 event 拦截处理功能。该拦截器设置在 source 和 channel 之间。source 接收到的事件,在写入 channel 之前,拦截器可以进行转换或者删除这些事件。每个拦截器处理一个 source 接收到的事件,预定义的拦截器根据主要负责的功能,分为时间戳拦截器、主机拦截器、静态拦截器、正则过滤拦截器。以上的这些预定义拦截器,不能改变原有日志数据的内容或者对日志信息添加一定的处理逻辑。当一条日志信息有几十个甚至上百个字段的时候,预定义的拦截器不能减少字段数量,因此难以对用户关注的字段进行对应的处理。根据实际业务的需求,为了更好地满足数据在应用层的处理,Flume 提供通过自定义拦截器的方式,过滤掉不需要的字段,并对指定字段加密处理,将源数据进行预处理,从而减少数据的传输量,降低后端存储开销。

　　Logstash 是一款开源的数据收集引擎,具备实时管道处理能力[9],能够同时对来自多个数据源的数据进行采集,通过编写相应的规则,对采集到的数据进行转换与处理,并存储到相应的后端数据存储模块。早期的 Logstash 收集对象为日志文件,随着 Logstash 社区活跃度不断提升,当前开源社区已有超过两百多款 Logstash 扩展插件,Logstash 可以接受各种各样的数据,包括日志、网络请求、关系型数据库、传感器或物联网等。Logstash 与 Flume 数据处理模型相似,其数据处理过程主要包括输入(input)、过滤器(filter)、输出(output)三部分。另外在 input 和 output 中可以使用编解码器(codec)对数据格式进行处理。这几个部分均以插件形式存在，用户通过定义流水线(pipeline)配置文件，分别设置 input、filter、output、codec 四个过程中需要使用的插件，以实现面向不同数据源和数据格式的数据采集、数据处理、数据输出等功能。input 过程部分，主要用于从数据源获取数据，常见的插件如 file、syslog、redis、beats 等，可以支持从文件、日志、数据库、网络端口或其他数据收集工具获取数据。filter 过程部分，用于处理 input 接收的数据，常见的插件如 grok、mutate、drop、clone、geoip 等，可以实现数据转换、数据复制、数据字段增减、数据丢弃、丰富数据网络信息属性、特殊规则匹配等功能，同时该部分还支持用户根据数据处理需求，采用 Ruby 语言自定义处理规则，实现定制化的数据处理。output 过程部分，用于已处理数据的对外输出，常见的插件如 elasticsearch、file、graphite、statsd、kafka 等，可以实现数据输出到文件、数据仓库、关系型或时间序列数据库、消息队列或者远端的网络端口等，在远端网络传输需求中，还支持数据压缩及 X.509 证书加密传输等功能，在节省网络带宽的同时，保障网络传输过程中的数据安全。Logstash 支持多种标准格式 input 数据的自动解码和 output 数据的自动编码功能，同时可以方便实现基于特定规则的多行数据合并效果，帮助用户使用更便捷的配置方式，完成复杂的数据预处理效果。

如图 5-5 所示，Logstash 和 Flume 作为互联网较为流行的数据集成工具，采用基本相同的数据处理流程模型，同时拥有各自特性。在数据采集转发功能上，Logstash 比较偏重于字段的预处理，在异常情况下可能会出现数据丢失，只是在运维日志这种特定场景下，一般可以接受个别数据的丢失；而 Flume 偏重数据的传输，几乎没有数据的预处理，仅仅是数据的产生，封装成 event 然后传输；传输的时候 Flume 比 Logstash 多考虑了一些可靠性。因为数据会持久化在 channel 中，数据只有存储在下一个存储位置(可能是消息队列，如 kafka；可能是最终的存储位置，如 HDFS；也可能是下一个 Flume 节点的 channel)，才会从当前的 channel 中删除。这个过程是通过事务来控制的，这样就保证了数据的可靠性。在数据分析功能实现上，Logstash 有数十个分析插件，可以灵活组合插件配置参数，灵活实现数据分析，Flume 强调用户自定义开发，默认提供的拦截器过滤功能受限，很多功能实现需要定制化开发，实现流程十分烦琐。在数据安全层面，Logstash 的 input 和 filter 还有 output 之间都存在缓存；Flume 直接使用 channel 做持久化，都提供了相应的数据安全措施。在资源占用层面，Logstash 插件多使用 Ruby 编写，灵活性高，但是运行过程中会占用较多的 JVM，资源消耗严重。

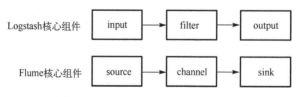

图 5-5　Logstash 和 Flume 数据流模型

针对 Logstash 数据采集过程中资源消耗严重的问题，Elastic 社区推出了使用 Golang 实现 Filebeat 轻量型日志采集器[10]，更关注于实现 Logstash 的数据采集功能。Filebeat 基于 Go 语言开发，它最大的特点是性能稳定、配置简单、占用系统资源很少，安装使用也非常简单，且比 Logstash 更轻量。Filebeat 的可靠性很强，可以保证日志至少一次上报，同时也考虑了日志搜集中的各类问题，例如日志断点续读、文件名更改、日志删减等。Filebeat 并不依赖于

ElasticSearch，可以单独存在。用户可以单独使用 Filebeat 进行日志的上报和搜集。filebeat
内置了常用的 output 组件，例如 kafka、ElasticSearch、redis 等，出于调试考虑，也可以输出
到 console 和 file。用户可以利用现有的 output 组件将日志上报，也可以自定义 output 组件，
让 Filebeat 将日志转发到用户指定的位置。

　　Filebeat 由两个主要组件组成：采集器(harvester)和查找器(prospector)。采集器的主要职
责是读取单个文件的内容。读取每个文件，并将内容发送到输出端。每个文件启动一个采集
器，采集器负责打开和关闭文件，这意味着在运行时文件描述符保持打开状态。如果文件在
读取时被删除或重命名，Filebeat 将继续读取文件。查找器的主要职责是管理采集器并找到所
有要读取的文件来源。如果输入类型为日志，则查找器将查找路径匹配的所有文件，并为每
个文件启动一个采集器。每个查找器都在自己的 Go 协程中运行。由以上两个组件一起工作
来读取文件并将事件数据发送到指定的输出。

　　图 5-6 展示了 Filebeat 架构，其工作流程如下：当启动 Filebeat 程序时，它会启动一个或
多个查找器去检测指定的日志目录或文件。对于查找器所在的每个日志文件，Filebeat 会启动
采集器进程。每个采集器都会为新内容读取单个日志文件，并将新日志数据发送到后台处理
程序，后台处理程序会集合这些事件，最后发送集合的数据到输出指定的目的地。

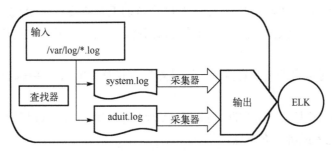

图 5-6　Filebeat 数据流模型

## 5.3.2　消息队列模型

　　消息队列在数据流转过程中，需要实现数据冗余和数据安全、性能扩展、服务过载保护、
数据顺序保证等功能的支持。特殊情况下，处理数据的过程会失败，服务器存在宕机风险。
消息队列对数据进行多副本存储，并把数据进行持久化直到它们已经被完全处理，可以规避
数据丢失风险。许多消息队列采用"插入-获取-删除"处理标准，在把一个消息从队列中删
除之前，需要确认处理系统明确地指出该消息已经被处理完毕，从而确保消息数据被安全地
保存直到消费完毕。流转的消息数据量可能根据应用需求不断增大，消息队列需要拥有便捷
的横向扩展能力，以面对不断增加的数据流转需求。在访问量剧增的情况下，消息队列仍然
需要保障服务的稳定性，但是这样的突发流量无法提取预知；如果以为了能处理这类瞬间峰
值访问为标准来投入资源随时待命无疑是巨大的浪费。消息队列需要合理机制或组件顶住突
发的访问压力，而不会因为突发的超负荷的请求而完全崩溃。在大多数消息处理场景下，数
据处理的顺序都很重要。消息队列本来需要提供手段对接收数据进行排序，并且能保证数据
会按照特定的顺序来处理。

常见的消息队列包含 ActiveMQ、RabbitMQ、RocketMQ、ZeroMQ、Kafka 等，通常应用在异步处理、应用解耦、流量削峰、消息通信、日志处理等场景。本节将重点介绍 ZeroMQ 和 Kafka。

ZeroMQ 是一个非常轻量级的消息系统[11]，专门为高吞吐量、低延迟的场景开发，ZeroMQ 不仅仅是"消息队列或消息中间件"，它还是一个传输层 API 库，比较关注消息的传输。ZeroMQ 以嵌入式网络编程库的形式实现了一个并行开发框架，能够提供进程内、进程间、网络和广播方式的消息信道，并支持扇出、发布-订阅、任务分发、请求/应答(request-reply)等通信模式。其异步 I/O 模型能够为多核应用程序提供足够的扩展性支持，完成异步消息处理任务。ZeroMQ 支持 30 多种语言的 API，可以用于绝大多数操作系统。ZeroMQ 的 API 提供了对于传统网络套接字 socket API 的封装，对于套接字类型、连接处理、帧，甚至路由的底层细节都进行了抽象，使得一套 API 可以用于进程内通信，进程间、网络和广播等多种消息信道，其作用介于网络层和应用层之间，类似智能传输层。与 socket 相比，ZeroMQ API 的智能传输体现在以下几个方面：

(1)在后台线程中异步处理 IO。后台线程使用无锁(lock-free)的数据结构与应用线程通信，所以 ZeroMQ 应用程序不需要锁、信号量，或者其他等待状态。

(2)组件可以动态地加入和退出，ZeroMQ 会自动重新连接。ZeroMQ 消息系统可以以任何次序启动组件，可以创建面向服务的消息系统架构，且其中的服务可以在任何时候加入或者退出网络。

(3)在需要的时候自动对消息排队。这种处理方式是智能的，在排队前会尽量让消息靠近接收者。

(4)使用"高水位标记"处理队列溢出。队列满的时候，ZeroMQ 根据使用的消息传递模式，自动阻塞发送者或者丢弃消息。

(5)ZeroMQ 以统一接口支持多种底层通信方式，不管是线程间通信，进程间通信还是跨主机通信，ZeroMQ 都使用同一套 API 进行调用。应用程序使用不同的传输端点相互交流时只需要更改通信协议名称，不用修改代码。

(6)ZeroMQ 根据消息传递模式的不同，使用不同的策略来安全地处理处于慢速或者阻塞状态的接收者。

(7)用户可以创建网络拓扑结构，使用请求-应答、发布-订阅等多种模式来路由消息。

(8)需要降低互联的各部分间的复杂性的应用场景中，可以在网络中放置模式扩展的"设备"模块(小的代理)。

(9)通过在线路中使用简单的帧，可以精确地传递整个消息，比如发送 10KB 的消息，则会收到 10KB 的消息。

(10)不对消息格式做任何假定，消息可以是从数 Bytes 到数 GB 的块。需要接收方在上层使用其他产品来表示数据，如 Google 的 Protocol Buffers，XDR 等。

(11)智能处理网络错误。针对典型错误智能执行重试或反馈上层操作失败信息。

(12)在消息通信的实现过程中，尽量降低能耗。使用较少的 CPU 时间来实现更多传输操作，较老的设备可以使用。

在互联网大数据领域的实时计算、日志采集等场景，Kafka[12]几乎是该领域消息队列的事实性规范，应用范围广，社区活跃度高。Kafka 是 Apache 下的子项目，是一个高性能跨语言分布式发布/订阅消息队列系统，具有以下特性：

(1)快速持久化，可以在 $O(1)$ 的系统开销下进行消息持久化；高吞吐，在一台普通的服务器上可以达到每秒 10 万条的吞吐速率。

(2)Kafka 支持的消息处理框架支持完全的分布式系统，消息代理(Broker)、消息生产者(Producer)、消息消费者(Consumer)都原生自动支持分布式，自动实现负载均衡。数据从 Producer 发送至 Broker，Kafka 通过配置 request.required.acks 属性来确认消息的生产，保证消息生产环境的可靠性。Kafka 的 Broker 接收消息、立即刷入磁盘持久化存储，同时支持主备模式，采用多副本机制保障数据的完备性，保证数据中转过程的可靠性。数据消费过程中，以 Consumer 为中心，消息的消费信息保存在客户端 Consumer 上，Consumer 根据当前记录的消费数据偏移量，从 Broker 上批量拉取数据。

(3)通过 zookeeper 的协调机制，Producer 保存对应 topic 的 Broker 信息，可以随机或者轮询发送到 Broker 上，并且 Producer 可以基于语义指定分片，消息发送到 Broker 的某分片上。

由以上特性可以看出，Kafka 提供超高的吞吐量、毫秒级的延迟，具有极高的可用性以及可靠性，且分布式可以任意扩展。Kafka 默认的机制可能会导致消息重复消费，从而对数据准确性会造成极其轻微的影响，但是在日志采集等应用场景中，这个轻微的影响可以忽略。因此，Kafka 很适合大数据实时计算以及日志收集。

### 5.3.3　流式计算过程

流式计算采用数据驱动计算的模式，有向无环图(Directed Acyclic Graph，DAG)较好地描述了数据流的计算过程，如图 5-7 所示。图中圆形表示数据的计算单元，箭头表示数据的流动方向。在流式计算环境中，为了实现高吞吐、低延迟的处理能力，需要系统地优化有向无环图及其到物理计算节点的映射方式。

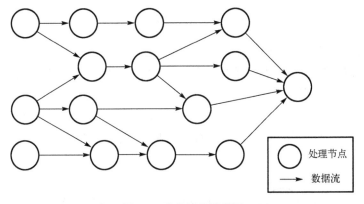

图 5-7　流式计算过程图

实际的实时数据计算系统中，数据的传输方式分为主动推送(基于 push 的方式)和被动拉取(基于 pull 的方式)两种。主动推送方式下，上游节点产生或计算完数据后，主动将数据发送到相应的下游节点，当下游节点报告发生故障或负载过重时，将后续数据流推送到其他相应节点。主动推送方式的优势在于数据计算的主动性和及时性，但往往不会过多地考虑到下游节点的负载状态、工作状态等因素，可能会导致下游部分节点负载不够均衡。被动拉取方式下，下游节点显式向上游节点发送数据请求，然后上游节点将数据传输到下游节点。被动拉取方式的优势在于下游节点可以根据自身的负载状态、工作状态适时地进行数据请求，但上游节点的数据可能未必得到及时的计算。根据不同应用场景将两者相互融合，将实现更好的数据处理效果。

流式计算系统中，除了获取数据的方式外，还需要考虑异常状态下数据和计算任务的恢复问题。批处理计算模式，将数据事先存储到持久设备上，节点失效后容易实现数据重放；而数据流式计算对数据不进行持久化存储。因此，批处理计算中的高可用技术不完全适用于流式计算环境，需要根据流式计算新特征及其新的高可用要求，有针对性地研究更加轻量、高效的高可用技术和方法。流式计算系统高可用通过状态备份和故障恢复策略实现。当故障发生后，系统根据预先定义的策略进行数据的重放和恢复。按照实现策略，可以细分为被动等待、主动等待和上游备份这几种策略。

被动等待策略如图 5-8 所示，主节点 B 进行数据计算，副本节点 B′处于待命状态，系统会定期地将主节点 B 上的最新的状态备份到副本节点 B′上。出现故障时，系统从备份数据中进行状态恢复，被动等待策略支持数据负载较高、吞吐量较大的场景，但故障恢复时间较长，可以通过对备份数据的分布式存储缩短恢复时间。该方式更适合于精确式数据恢复，可以很好地支持不确定性计算应用，在当前流式数据计算中应用最为广泛。

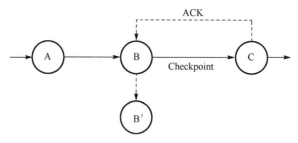

图 5-8　被动等待策略

主动等待策略如图 5-9 所示，系统在为主节点 B 传输数据的同时，也为副本节点 B′传输一份数据副本，以主节点 B 为主进行数据计算。当主节点 B 出现故障时，副本节点 B′完全接管主节点 B 的工作，主副节点需要分配同样的系统资源。该种方式故障恢复时间最短，但数据吞吐量较小，也浪费了较多的系统资源。在广域网环境中，系统负载不是太大时，主动等待策略是一个比较好的选择，可以在较短的时间内实现系统恢复。

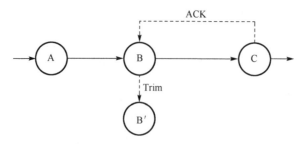

图 5-9　主动等待策略

　　上游备份策略如图 5-10 所示，每个主节点均记录其自身的状态和输出数据到日志文件。当某个主节点 B 出现故障后，上游主节点会重放日志文件中的数据到相应副本节点 B′中，进行数据的重新计算。上游备份策略所占用的系统资源最小。在无故障期间，由于副本节点 B′保持空闲状态，数据的执行效率很高。恢复状态的重构时间较长，故障的恢复时间也较长。对于系统资源比较稀缺、算子状态较少的情况，上游备份策略是一个比较好的选择方案。

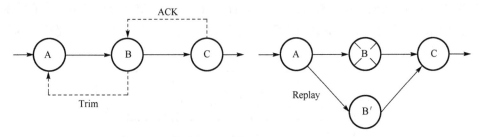

图 5-10　上游备份策略数据流

　　基于前面介绍的数据处理流程，可以理解当前主要有两种方法实现数据流计算框架。一种是原生数据流处理过程，这意味着每条到达的记录都会在到达后立即处理，而无需等待其他记录。根据数据处理需求，定义一些连续运行的过程，这些过程将永远运行，每条记录都将通过这些过程进行处理，实现数据流快速分析。另一种是微批处理模式，也称为快速批处理方式。该处理流程，计算框架每隔几秒钟就会将传入的记录分批处理，然后以单个小批处理的方式处理，延迟在数秒以内。

　　这两种方法都有其优点和缺点。原生流传输很自然，因为每条记录都会在到达记录后立即进行处理，从而使框架能够实现最小的延迟。但这也意味着在不影响吞吐量的情况下很难实现容错，因为对于每条记录都需要在处理后跟踪和检查点，而且状态管理很容易，因为有长时间运行的进程可以轻松维护所需的状态。另一方面，微批处理则完全相反。容错是免费提供的，因为它本质上是一个批处理，吞吐量也很高，因为处理和检查点将在一组记录中一次性完成，但这会花费一定的等待时间。高效的状态管理也将是需要应对的挑战。

### 5.3.4　流式计算系统

　　常见的开源分布式流式计算系统包括 Storm、Spark Streaming、Flink 等，它们具备低延迟、可扩展和容错性诸多优势。通常的流程是将任务分配到一系列具有容错能力的计算机上并行运算，通过提供简单的 API 来简化底层实现的复杂程度。

　　Storm 是一个流计算处理框架，对流式数据按顺序逐个处理，具有低延时的特性，属于较早实现流处理的计算框架[13]。如图 5-11 所示，在 Storm 中，先要设计一个用于实时计算的图状结构，称之为拓扑(topology)。这个拓扑将会被提交给集群，由集群中的主控节点(master node)分

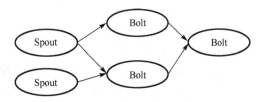

图 5-11　Storm 数据流处理模型

发代码，将任务分配给工作节点(worker node)执行。一个拓扑中包括发射器(Spout)和处理器(Bolt)两种角色，其中 Spout 发送消息，负责将数据流以元组(Tuple)的形式发送出去；而 Bolt

则负责转换这些数据流，在 Bolt 中能够完成计算、过滤等操作，Bolt 自身也能够随机将数据发送给其余 Bolt。由 Spout 发射出的 Tuple 是不可变数组，对应着固定的键值对。

Spark Streaming 是核心 Spark API 的一个扩展[14]，该计算框架则是处理前按时间间隔预先将其切分为一段一段的批处理作业，属于微批处理（micro-batching），在保证数据处理时效的前提下，极大地提升了数据吞吐能力。如图 5-12 所示，Spark 针对持续性数据流的抽象称为离散流（DiscretizedStream，DStream），一个 DStream 是一个微批处理的弹性分布式数据集（RDD）；而 RDD 则是一种分布式数据集，可以以两种方式并行运作，分别是任意函数和滑动窗口数据的转换。

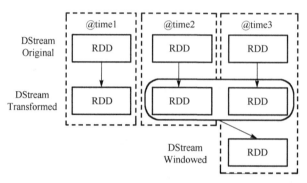

图 5-12　Spark 数据流处理模型

Flink 是一个针对流数据和批数据的分布式处理引擎[15]，主要由 Java 代码实现。Flink 的主要场景是流数据，批数据仅是流数据的一个特例。Flink 采用"有状态的流计算"思想，将逐项输入的数据作为真实的流处理，将批处理任务当作一种特殊的流来处理，因此可以同时支持流处理和批处理。Flink 能够支持本地的快速迭代，以及一些环形的迭代任务，而且 Flink 能够定制化内存管理，更容易高效合理地使用内存。就技术框架与应用场景来讲，Flink 更类似于 Storm，在互联网大数据领域得到越来越广泛的应用。

# 5.4　交互式计算

在高能物理计算领域，实验数据分析人员通常根据分析需求修改和调试代码，本地环境调试的代码无法和计算环境完全一致，缺乏经验的用户只有在批处理作业执行报错后才能得到反馈，进而调整代码，造成数据分析效率低下。交互式计算模式下，代码执行环境即批处理作业运行环境，实现了代码编辑环境和运行环境的无缝衔接。另外，交互式计算环境下用户文件存储在分布式存储系统上，可以通过权限控制，轻松实现多用户协同编辑文件的功能。在光子科学和中子科学等领域，数据分析过程极大依赖人机交互。软件开发者针对该领域不同数据分析环境，开发相应的数据分析软件，植入交互式计算平台，数据分析人员不需要关心分析环境的具体代码实现，通过交互式界面载入相应分析场景的计算环境，选取感兴趣的数据集合，点击分析按钮，触发后台计算资源快速分析结果。在交互式窗口获取分析结果后，通过鼠标对结果中感兴趣的区域进行标定，输入特定参数后，快速触发二次或更深层次的数据分析。

## 5.4.1　JupyterLab

JupyterLab 提供一种在 Web 端的交互式开发环境[16]，支持编写 Notebook、操作终端、编辑 Markdown 文本、打开交互模式、查看表格文件及图片等功能。该工具在 Python 交互式模式下，可以直接输入代码，然后执行并立刻得到结果，便于调试 Python 代码。其内核支持丰富的文档格式，用户可以在 Jupyter 内核中运行任何文本文件，并在 Markdown、Python、R 中启用代码。Jupyterlab 可以在同一个窗口同时打开好几个 Notebook 或文件（HTML、TXT、Markdown 等），都以标签的形式展示，提供类似 IDE 的环境。其同一文档多视图功能，使操作人员能够实时同步编辑文档并查看结果，支持分析结果丰富的可视化输出或者 Markdown 形式输出。JupyterLab 丰富的功能特性很好地满足了高能物理和中子科学领域的交互式计算需求。

如图 5-13 所示，Jupyter 应用是一个 Web 服务，Jupyter 架构包含 JupyterHub、JupyterLab、Notebook 服务器和 IPython 四个模块。整个 Jupyter 项目的模块化和扩展性设计的很好，JupyterLab、Notebook 服务器、IPython、JupyterHub 各个模块均可扩展。

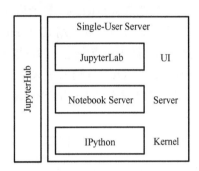

图 5-13　Jupyter 框架功能模块示意图

（1）JupyterLab 扩展。JupyterLab 是 Jupyter 全新的前端项目，这个项目有非常明确的扩展规范以及丰富的扩展方式，用 TypeScript 或 JavaScript 编写，并运行在浏览器中。通过开发 JupyterLab 扩展，可以为前端界面增加新功能，或者更改接口行为的几乎任何方面。例如新的文件类型打开/编辑支持、Notebook 工具栏增加新的按钮、菜单栏增加新的菜单项等。JupyterLab 上的前端模块具有非常清楚的定义和文档，每个模块都可以通过插件获取，进行方法调用，获取必要的信息以及执行必要的动作。用户可以根据分析需求，开发分享功能、调度功能等 JupyterLab 扩展。

（2）Notebook 服务器扩展。Notebook 服务器是用 Python 写的一个基于 Tornado 的 Web 服务。与 JupyterLab 扩展不同，Notebook 服务器扩展是用 Python 编写的，以添加一些服务器端功能。通过 Notebook 服务器扩展，可以为这个 Web 服务增加新的处理功能。

（3）IPython 扩展。Jupyter 用于执行代码的模块叫作 Kernel，除了默认的 IPyKernel 以外，还可以有其他的 Kernel 用于支持其他编程语言，例如支持 Scala 语言的 Almond、支持 R 语言的 IRkernel。IPython Magics 作为 IPyKernel 支持的功能，在简化代码方面非常有效，用户可以根据需求开发代码用于创建 Spark 会话以及 SQL 查询。另外很多第三方的 Magics 可以用来提高用户的开发效率，例如在 Word2Vec 可以实现 Cython 和 Python 混合编程，省去编译加载模块的工作。IPython Widgets 是一种基于 Jupyter Notebook 和 IPython 的交互式 GUI 控件。它允许用户使用 GUI 元素来探索代码中的各种选项，而不必修改代码。IPython Widgets 在提供工具类型的功能增强上非常有用，基于它可以实现用户通过页面拖拽按钮实现图片缩放或信息变化等功能。开发者也可以构建自己的自定义控件来提供特定于域的交互可视化。例如，可以使用 ipyleaflet 来交互式地可视化地图，使用 itk-jupyter-widget 交互式地探索图像分割、配准问题，或者使用 pythreejs 建模 3D 对象。

（4）JupyterHub 扩展。JupyterHub 是一个多用户系统，Authenticators 是其中的登录类，该类可替换，通过实现新的 Authenticator 类并在配置文件中指定即可。通过这个扩展点，用户可以根据认证需求实现使用第三方认证系统登录 JupyterHub，这些认证系统可以是 LDAP、OAUTH2.0、普通用户名和密码、Linux 用户或大多数带有 LTI 的 LMS、SAML、JWT 等。当用户登录时，JupyterHub 需要为用户启动一个用户专用 Notebook 服务器。启动这个 Notebook 服务器有多种方式，包括本机新的 Notebook 服务器进程、本机启动 Docker 实例、K8s 系统中启动新的 Pod 以及 YARN 中启动新的实例等。每一种启动方式都对应一个衍生程序（Spawner），官方提供了多种衍生程序的实现，这些实现本身是可配置的，如果不符合需求，用户也可以自己开发全新的衍生程序。

用户通过 JupyterHub 登录启动并进入单用户服务器后，即可拥有一个交互式数据分析环境，通过 Web 页面和调用 IPyKernel 执行分析任务。具体的执行流程如图 5-14 所示。用户在浏览器里写代码，点击运行后，代码从浏览器 JupyterLab 发送给 Jupyter Server，接着从 Jupyter Server 使用 ZeroMQ 通信协议发送消息到 Kernel 执行代码，在 Kernel 中执行代码产生的输出/错误会被发送给 Jupyter Server，然后基于 Websocket 协议主动推送给浏览器，用户看到输出信息。

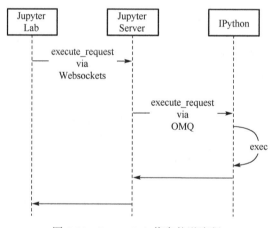

图 5-14　JupyterLab 信息传递流程

## 5.4.2　Kubernetes

近年来，以 Kubernetes[17]为代表的容器编排工具，将资源虚拟化调配和应用服务容器化部署等功能实现，变得更加便捷和稳定。JupyterLab 和 Kubernetes 相结合，完美地解决了 JupyterLab 丰富服务功能底层的资源快速调配问题，而 Jupyer 另一个工程 JupyterHub，提供了置于 JupyterLab 前的用户鉴权、启动 JuypterLab 实例、分发请求（代理）的功能。如图 5-15 所示，结合 JupyterHub、JupyterLab、Kubernetes 等工具，将资源池化、用户鉴权、资源分配、应用部署等功能相融合，面向粒子天体物理和光子科学领域的搭建并提供了基于 Web 的交互式计算平台，极大地提升了生产能力。

另外，交互式计算平台和本地计算集群环境保持同步，随着新应用的开发和部署，交互式计算环境未来可以和高通量计算、高性能计算和流式计算打通，数据分析人员在交互式计算平台编辑分析代码的同时，直接将代码块提交至后台作业调度系统，快速计算并获取分析结果。使交互式计算得到更加广泛的应用场景。

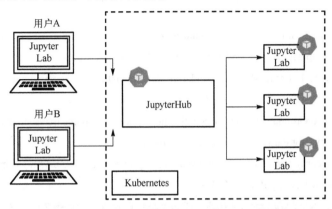

图 5-15 结合认证授权的 Jupyter 交互式计算平台

## 5.5 本章小结

本章结合高能物理数据处理流程，介绍了当前高能物理计算领域涉及的高通量计算、高性能计算的概念、功能以及实现原理。结合当今互联网大数据处理流程，介绍了实时计算场景下的不同类型消息缓存工具、数据流转过程中的可靠性安全性保障机制以及多种流行的数据流处理框架工具等，并分别进行了详细的对比。另外，为满足光源学科领域、天体物理学科领域等交互式数据分析需求，本章结合 JupyterLab 数据科学生产工具，详细介绍了交互式计算的相关知识以及实现流程。

## 思 考 题

1. 高能物理计算模式分为哪几种，各有什么特点，常用的系统有哪些？
2. 高性能并行计算一般通过哪些方式来实现，加速比的定义是什么？
3. 大数据流计算中对称式架构与主从式架构各有什么特点，分别适合于什么样的应用场景？
4. 流计算高可用技术包括哪几种策略？
5. Storm 系统如何保证每条数据都被正确处理？
6. ELK 系统包含哪些组件，分别有哪些功能？

## 参 考 文 献

[1] Bode B, Halstead D M, Kendall R, et al. The portable batch scheduler and the maui scheduler on linux clusters[C]//4th Annual Linux Showcase & Conference, Georgia, 2000.

[2] Fajardo E M, Dost J M, Holzman B, et al. How much higher can HTCondor fly?[J]. Journal of Physics:

Conference Series, 2015, 664(6): 062014.

[3] Staples G. Torque resource manager[C]//Proceedings of the 2006ACM/IEEE Conference on Supercomputing, 2006: 8.

[4] Liu C, Zhao Z, Liu F. An insight into the architecture of condor-a distributed scheduler[C]//2009 International Symposium on Computer Network and Multimedia Technology, 2009: 1-4.

[5] Frey J, Tannenbaum T, Livny M, et al. Condor-G: A computation management agent for multi-institutional grids[J]. Cluster Computing, 2002, 5(3): 237-246.

[6] Yoo A B, Jette M A, Grondona M. Slurm: Simple linux utility for resource management[C]//Workshop on Job Scheduling Strategies for Parallel Processing, Heidelberg, 2003: 44-60.

[7] Nawyn K E. A security analysis of system event logging with syslog[R]. SANS Institute, no. As part of the Information Security Reading Room, 2003.

[8] Vohra D. Apache Flume[M]//Practical Hadoop Ecosystem. Berkeley: Apress, 2016: 287-300.

[9] Sanjappa S, Ahmed M. Analysis of logs by using logstash[C]//Proceedings of the 5th International Conference on Frontiers in Intelligent Computing: Theory and Applications, Singapore, 2017: 579-585.

[10] Elasticsearch B V. Filebeat-lightweight shipper for logs (2022)[EB/OL]. [2022-06-02]. https://www.elastic.co/cn/beats/ filebeat.

[11] Lauener J, Sliwinski W, CERN G. How to design & implement a modern communication middleware based on ZeroMQ[C]//Proceedings of ICALEPCS, 2017, 17: 45-51.

[12] Kreps J, Narkhede N, Rao J. Kafka: A distributed messaging system for log processing[C]//Proceedings of the NetDB, 2011, 11: 1-7.

[13] Iqbal M H, Soomro T R. Big data analysis: Apache storm perspective[J]. International Journal of Computer Trends and Technology, 2015, 19(1): 9-14.

[14] Spark Structured Streaming[EB/OL]. [2020-06-01]. https://spark.apache.org/streaming.

[15] Carbone P, Katsifodimos A, Ewen S, et al. Apache flink: Stream and batch processing in a single engine[J]. Bulletin of the IEEE Computer Society Technical Committee on Data Engineering, 2015, 36(4): 28.

[16] Granger B, Grout J. Jupyterlab: Building blocks for interactive computing[R]. Slides of Presentation Made at Scipy, Austin, 2016.

[17] Bernstein D. Containers and cloud: From lxc to docker to kubernetes[J]. IEEE Cloud Computing, 2014, 1(3): 81-84.

# 第6章 高能物理大数据分析工具

在高能物理研究中,对实验数据的分析是非常重要的,而合适、高效的数据处理分析工具能够极大地提高数据分析的效率,加快物理成果的产出。在本章中,我们将介绍一些高能物理研究中常用的数据处理与可视化软件,如 ROOT、Python、Octave、gnuplot、Mathematica 等,简要介绍它们的部署、使用方法。这些软件功能非常丰富,本章节无法进行全面的介绍,因此会在各小节最后给出部分学习资料,感兴趣的读者可以进行更加深入的了解。

## 6.1 数学与统计工具

常用的数学与统计工具很多,且各有特色。商业软件比如三大数学软件:MATLAB、Maple、 Mathematica 和三大统计软件:Spass、Stata、SAS,这些商业软件功能强大、应用领域广、技术支持好。开源的有 Octave、Scilab、Maxima、SageMath 及前面提及的 ROOT 和 Julia、Python、R 等开源的编程语言等,社区开发活跃、功能迭代快。受限于编者水平及篇幅,本小节只简单介绍一下部分软件的功能特点及简单应用。

### 6.1.1 Python 简介

在数据处理分析领域,Python 是近年来非常流行的编程语言。Python 最初发布于 1991 年,它是一种任务型编程语言,可以利用 Python 来构建树莓派应用程序、程序脚本或配置服务器等。同时 Python 也是一种非常通用的语言,因为易于阅读和编写,常常被称为实用主义。Python 还非常简单,设计者不太强调惯用的语法,这使得 Python 更加易于使用,甚至非程序员或开发人员也很容易上手。此外,Python 还能够满足各种开发需求,被广泛地用于系统操作、网页开发、服务器和管理工具、科学建模等几乎所有的常见领域。

Python 的学习教程已经非常多,感兴趣的读者可以自行搜索 Python 教程进行学习。

### 6.1.2 Julia 简介

Julia 是一门灵活的动态语言[1],适合用于科学计算和数值计算,并且性能可与传统的静态类型语言媲美,语法与其他科学计算语言相似。尽管目前相对来说还是比较小众,Julia 语言已然成为编程界的新宠,尤其在科学计算和人工智能领域炙手可热。相比于其他语言,Julia 具有很多的优势,比如 Julia 具有丰富的数据类型描述,可以使程序更加清晰;通过使用多重派发范式,可以很容易表达面向对象和函数式编程模式;具有像 Shell 一样的管理其他进程的能力,又有像 Lisp 一样的宏和编程工具;无需特意编写向量化代码,专门为并行计算和分布式计算进行了设计。Julia 语言虽然是一个非常年轻的开发语言,但由于其易用性和强大的计算能力,已经在高性能计算、机器学习等方面有了非常多的应用,开发生态也在快速地发展中。

Julia 官方提供了 Windows、macOS、Linux 等安装包,可以直接访问 Julia 下载页面

https://julialang.org/downloads/ 并按照说明进行操作,安装完毕后,便可以在终端中运行 Julia 的解释器。在 Linux 下,打开终端直接运行 Julia 命令;在 Windows 系统下,在开始菜单中选择并点击 Julia 进入 Julia 交互式计算环境,如下所示,其中 "julia> " 是其命令提示符。

```
$ julia
……
julia>
```

如果习惯了 Jupyter 这种交互式的使用方式,可以使用 IJulia 包来使用 Jupyter。在 Julia 环境下,按 "]" 进入包管理环境,运行 add IJulia 来安装 IJulia 包,然后按 ";" 退出包管理环境;或者使用 using Pkg 或 import Pkg 命令导入 Pkg 包来安装 IJulia 包,这在批处理模式下更方便:

```
# 使用 using 命令来导入 Pkg 包
julia> using Pkg
# Pkg.add 来安装 IJulia 包
julia> Pkg.add("IJulia")
```

在 Julia 交互界面下,运行如下命令来打开 Julia 版的 Jupyter 环境:

```
# 引入 IJulia 包
julia> using IJulia
# 或者
julia> import IJulia
# 打开 Jupyter 界面
julia> notebook()
```

如果系统中没有安装 Python 和 Jupyter 包,Julia 会自动使用 conda 来安装。安装好后,Julia 会在浏览器中打开一个 Jupyter 页面,在新建 Notebook 处可以选择 Julia 或 Python 作为 Notebook 解释器后端,如图 6-1 所示。

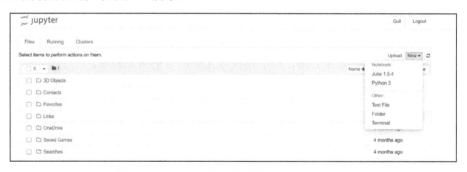

图 6-1　在 Jupyter 中创建使用 Julia 版 Notebook

## 6.1.3　Maxima 简介

跟 Mathematica 类似,Maxima[2]也是一套"用于操纵符号和数值表达式的系统,包括微积分、泰勒级数、拉普拉斯变换、常微分方程、线性方程组、多项式、矩阵和张量等。Maxima 通过使用精确分数、任意精度整数和可变精度浮点数来产生高精度数值结果,并可以在二维和三维空间中绘制函数和数据"。

要获取 Maxima 很简单，Linux 和 macOS 下可以很方便地通过命令行安装 Maxima 及其图形客户端 wxMaxima。

```
# Fedora
$ sudo dnf install -y maxima wxmaxima
# Ubuntu/Debian
$ sudo apt install maxima wxmaxima
# openSUSE Leap
$ sudo zypper addrepo
https://download.opensuse.org/repositories/Education/openSUSE_Leap_
15.2/Education.repo
$ sudo zypper refresh
$ sudo zypper install wxMaxima
# macOS
$ brew tap homebrew/science
$ brew install maxima
$ brew install wxmaxima
```

官方提供了 Windows 的安装包，可以直接下载安装 Maxima，wxMaxima 客户端也会一并安装好。

Maxima 是命令行程序，在终端下运行对用户操作不是很友好。在 Windows 下运行 maxima.bat，Linux 下直接终端运行 maxima，便进入到了 Maxima 交互式运行环境：

```
Maxima 5.45.1https://maxima.sourceforge.io
using Lisp SBCL 2.0.0
Distributed under the GNU Public License. See the file COPYING.
Dedicated to the memory of William Schelter.
The function bug_report() provides bug reporting information.
(%i1)
```

wxMaxima 则具有很丰富的扩展功能，对用户特别是新手用户十分友好。Windows 下搜索并运行 wxMaxima，Linux 下直接终端运行 wxmaixma，可以看到一个类似图 6-2 的图形化界面，左边栏分别是希腊字母、数学符号及常用的绘图命令，右边则是历史记录及文件浏览器。

图 6-2　wxMaxima-Maxima 的图形化客户端

## 6.2　数据可视化软件

本节将简单介绍一些高能物理领域中常用的数据可视化工具。

### 6.2.1　ROOT

ROOT[3,4]是一个用于科学数据存储、分析和可视化的框架软件[5]，拥有丰富的可视化功能。每当 ROOT 绘制一个对象时，就把它放到一个画布(TCanvas) 实例中，代表了一个映射到窗口的区域，直接由显示管理器控制。用户可以将 TCanvas 保存为多种格式。如需要高质量的图像，可以通过矢量图形的方式获得，如 PostScript 或 PDF 等。而在网页中可能更适合使用光栅图像(也叫位图、点阵图、像素图)，这些图像一般由固定的像素组成，比如 BMP、GIF、JPG 等。用户可以把图像存储为一个 C++宏，其中 C++语句重现 TCanvas 的状态及其内容，支持从 ROOT 中完全复制。

当然，如果用户想显示不同的东西，可以打开多个 TCanvas。但通常情况下，把所有东西都组织到一个 TCanvas 中会更好。因此，一个 TCanvas 实例可以被细分为独立的图形区域，称为“pads”。缺省情况下，一个 TCanvas 包含一个 pad，占据了整个空间，如图 6-3 所示。

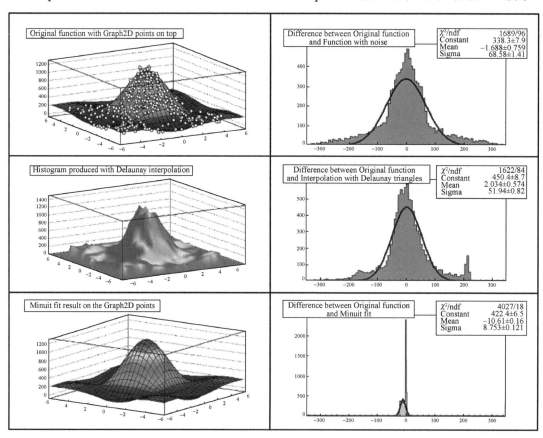

图 6-3　ROOT 图形示例(该 TCanvas 包含 6 个 Pad)

所有继承自 TObject 的 ROOT 类都可以用 Draw() 方法在 pad 上显示。图形对象的大小通常用用户坐标表示。例如，在绘制直方图或图形后，用户坐标与绘图轴所定义的坐标相吻合。Pad 在其父 Pad 中的位置用归一化坐标表示。TCanvas 需要以像素为单位的尺寸在桌面上进行定位。

在 ROOT 中，Draw() 方法并不实际绘制对象本身。相反，它将该对象添加到 Pad 的显示列表中，并调用 Paint() 方法，以绘制实际的图形。当对象被更新或操作系统要求时，ROOT 会自动管理 TCanvas 的重绘。当然，每次重新绘制 Pad 时，在它显示列表中的图形也都会被绘制。

每个画在 Pad 上的 ROOT 对象都可以被交互式地编辑。除了弹出式编辑器（即从右键点击任何对象得到的菜单中打开），每个画布也可以发起一个编辑器（即从窗口提供的"视图"菜单中选择"编辑器"打开）。要修改画布显示的任何对象，只需打开后一个编辑器并点击该对象。

### 1. 直方图

直方图能够表示数值数据的分布，在物理分析中起着基础性作用。直方图可以用来可视化数据，近似于底层数据密度分布，也可以用作数据缩减的一种形式。ROOT 提供了丰富的功能来处理直方图。它们可以用于一维或多维的连续数据，可以表示整型数据，也可以用于显示分类数据，如条形图。此外，ROOT 支持从加权数据集构建直方图，这在高能物理领域中非常常见，它提供了从直方图输入数据计算汇总统计信息的功能，例如样本平均值、标准偏差和更高动量。

ROOT 还提供了对直方图执行操作（如加法、除法和乘法）或转换（如重新装订、缩放，包括归一化）的功能，或从多维直方图到低维直方图的投影。根直方图库还提供从多维数据生成剖面图的功能。构造直方图的第一步是为输入数据定义一个范围，然后按间隔对该范围的值划分区间。直方图将统计每个间隔中有多少个值，从而构建输入数据的频率分布。ROOT 支持具有大小相等或大小可变的区间的直方图。

ROOT 各种直方图的类从基类 TH1 派生而来，TH1 类是与 ROOT 直方图交互的公共接口。派生类取决于维度、1D、2D 和 3D 以及用于表示区间内容的类型：

- 每个通道一个字节 (byte)：TH1C、TH2C 或 TH3C。最大区间容量=127。
- 每个通道一个短整型数 (short)：TH1S、TH2S 或 TH3S。最大区间容量=32767。
- 每个通道一个整型数 (int)：TH1I、TH2I 或 TH3I。最大区间容量=2147483647。
- 每个通道一个浮点型数 (float)：TH1F、TH2F 或 TH3F。最大精度为 7 位，即最大区间内容约为 1E7。
- 每个通道一个双精度浮点数：TH1D、TH2D 或 TH3D。最大精度为 15 位，对应的最大区间内容为 5E15 左右。

如果不需要限制直方图使用的内存数量，在绘图时建议使用双精度版本，即一维直方图使用 TH1D，二维使用 TH2D，三维使用 TH3D。

对于维度大于 3 的情况，ROOT 为多维直方图提供了基类 THn 及其派生类 THnD、THnF、THnL、THnI、THnS 和 THnC 等，它们是通用模板 THnT 的不同类型的实例化。当大部分区间都填满时，应使用 THn 类。考虑到 THn 使用的大量内存，对于多维和大量区间的用例，ROOT 提供了稀疏多维直方图类。稀疏直方图的基类是 THnSparse 及其派生的实例化 THnSparse<type>。请注意，THn 和 THnSparse 都不是从 TH1 继承的，因此具有稍微不同的接口。

除了标准柱状图外，ROOT 还提供了用于生成剖面图的类，即从多维输入数据(如 X 和 Y)获得的图，其中一个维度(Y)未包含在区间中，但会显示样本平均值和相应的误差。与使用散点图等标准多维直方图相比，剖面图可以更好地显示多维数据中的依赖关系。

- TProfile 是(X，Y)数据的剖面直方图，用于显示 Y 的平均值及其在 X 区间中的误差。
- TProfile2D 是(X，Y，Z)数据的剖面直方图，用于 Z 平均值集群在 X，Y 单元中的误差。
- TProfile3D 是(X，Y，Z，T)数据的剖面直方图，用于显示 X，Y，Z 中每个单元的 T 平均值及其误差。

例如，ROOT 安装好以后，执行 root 进入到交互式界面，创建一个 2D 的直方图，并显示。

```
----------------------------------------------------------------
| Welcome to ROOT 6.20/06          https://root.cern           |
| (c) 1995-2020, The ROOT Team; conception: R. Brun, F. Rademakers |
| Built for linuxx8664gcc on Jun 10 2020, 06:10:57             |
| From tags/v6-20-06@v6-20-06                                  |
| Try '.help', '.demo', '.license', '.credits', '.quit'/'.q'   |
----------------------------------------------------------------
root [0]    TH1D *h = new TH1D("h","a trial histogram", 100, -1.5, 1.5);
root [1]    for (Int_t i = 0; i < 10000; i++) h->Fill(gRandom->Gaus(0, 1));
root [2]    h->Draw();
Info in <TCanvas::MakeDefCanvas>:  created default TCanvas with name c1
```

该段示例代码在−1.5 到 1.5 的 1000 个区间(bin)内用高斯分布填充 10000 个数值，纵坐标是在某个区间内的数值数量，显示的图形如图 6-4 所示。

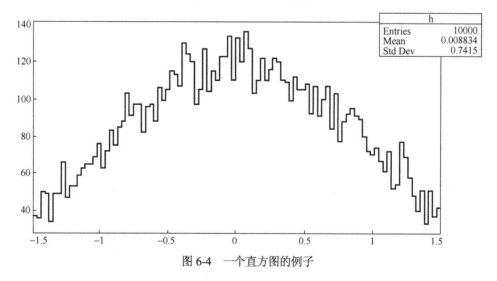

图 6-4　一个直方图的例子

再比如，用下段代码创建一个 2D 直方图，X 轴是−4 到 4，Y 轴−20 到 20，分为 20 个区间，然后用随机数填充 25000 个数值。然后，用两种模式画出该图形，即 LEGO（图 6-6 左）和 COLOR（图 6-5 右）。

```
root [0]    TH2D h2("h2","Histogram filled with random numbers",40,
-4,4,40,-20,20);
root [1]    float px, py;
root [2]    for (int i = 0; i < 25000; i++) {
root [3]      gRandom->Rannor(px,py);
root [4]      h2.Fill(px,5*py);
root [5]    }
root [6]    h2.Draw("LEGO");
root [7]    h2.Draw("COLOR");
```

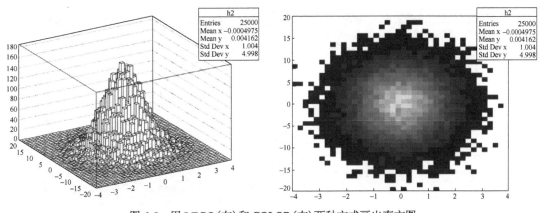

图 6-5　用 LEGO（左）和 COLOR（右）两种方式画出直方图

### 2. 探测器几何和事例显示

在 ROOT 中，三维空间中的几何结构通过基本实体进行描述，这些实体可以连接、相交或相减以创建更复杂的形状[5]。三维对象的可视化非常重要，因此 ROOT 实现了自己的场景图管理库和渲染引擎，提供高级可视化功能和实时动画。OpenGL 库用于实际渲染。比如，在 ROOT 交互式命令行界面中，执行如下这段代码就可以生成一个简单立方体图形，并可以在图形用户界面中执行左右和上下旋转等操作。生成的图形如图 6-6 所示。

```
cmsgSystem->Load("libGeom");
new TGeoManager("world", "the simplest geometry");
TGeoMaterial *mat = new TGeoMaterial("Vacuum",0,0,0);
TGeoMedium  *med = new TGeoMedium("Vacuum",1,mat);
TGeoVolume *top=gGeoManager->MakeBox("Top",med,10.,10.,10.);
gGeoManager->SetTopVolume(top);
gGeoManager->CloseGeometry();
top->SetLineColor(kMagenta);
gGeoManager->SetTopVisible();
top->Draw();
```

事例显示（Event Display）程序是三维可视化的一个重要应用。ROOT 事例可视化环境

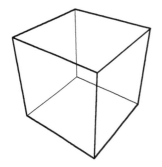

图 6-6　简单的几何结构可视化示例

（Event Visualization Environment，EVE）[6]使用其数据处理、GUI 和 OpenGL 界面。EVE 可以作为对象管理的框架，通过 GUI 和 OpenGL 表示实现层次化数据组织、对象交互和可视化，以及自动创建 2D 投影视图。另一方面，它可以作为满足大多数高能物理要求的工具包，允许可视化几何图形、模拟和重建数据，如击中、聚类、轨迹和量能器等。特殊的类还可用于原始数据和探测器响应的可视化。EVE 在 ALICE 实验中用作标准可视化工具 AliEVE（图 6-7）。在 CMS 实验中，EVE 被用作面向 cmsShow 物理分析的事例显示的底层工具包。AliEVE 和 cmsShow 也用于在线数据质量监控。

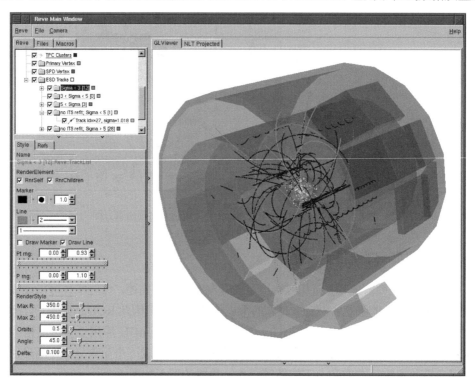

图 6-7　一个模拟的 ALICE pp@14TeV 事例

## 6.2.2　gnuplot

gnuplot 是一款开源的功能丰富的命令行驱动的科学绘图工具数据可视化软件，适用于 Linux、Windows、macOS 等主流平台，支持包括 canvas、latex、gif、png、jpeg、qt、tikzsvg 等非常多的输出终端。相比于 MATLAB、Mathematica、Scilab 等软件，gnuplot 更加小巧灵活，遵循了 UNIX 哲学设计、能够非常方便地与其他 UNIX/Linux 工具协同工作，既支持命令行交互模式，也支持脚本模式，还支持通过 C/++等开发语言集成进个人开发的程序中，甚至 Octave 等三方应用程序都用 gnuplot 作为其绘图引擎。

gnuplot 最初是为了让科学家和学生能够交互式地可视化数学函数和数据而创建的，自 1986 年发布以来，一直受到欢迎，并仍在积极开发中，目前最新版本为 5.4.2。

本小节以 GNU/Linux 下的 gnuplot 5.2.8/5.4.2 版本为例，操作系统为 Fedora 34 和 Windows10，结合实际研究和学习中几种常见的需求场景，简单介绍一下 gnuplot 的基本绘图功能，部分示例来自 gnuplot 的示例程序，其他版本的操作系统下 gnuplot 版本可能不同，命令输出也会有一定差异，个别操作细节也可能不同，读者需要注意并进行调整。

### 1. 获取 gnuplot

一般的 Linux 发行版的软件仓库中都有 gnuplot 安装包，可以通过软件管理命令进行安装，但版本一般比较旧。

```
#### Fedora/CentOS
$ sudo yum install -y gnuplot
#### Debian/Ubuntu
$ sudo apt install -y gnuplot
```

在 macOS 系统下，可以通过 home brew 进行安装：

```
$ brew install gnuplot --with-aquaterm --with-x11
```

官方有编译好的 Windows 二进制安装包如 gp542-win64-mingw.exe，可以访问官方的下载网页 http://www.gnuplot.info/ 进行下载并安装。

### 2. 初识 gnuplot

在终端输入并执行 gnuplot，便进入了 gnuplot 交互界面，然后看到 gnuplot 的欢迎信息，包括版本号、版权信息、作者、网站地址等，最后显示的是当前的终端类型，这里默认为 qt。'gnuplot> ' 是 gnuplot 命令行指示符，所有的 gnuplot 命令都在这个指示符下输入并执行。

```
$ gnuplot
…
Terminal type set to 'qt'
gnuplot>
```

运行 test 命令，可以看到当前终端下不同颜色、点线、填充类型代码，字体格式等（图 6-8），然后可以在绘图中选择合适的类型来美化图像。

```
gnuplot> test
```

### 3. 简单函数绘制

举例来说，绘制三个三角函数，并设置横纵坐标范围，每个函数设置线条颜色和宽度，不同函数中间用","隔开，可以通过"\"进行跨行输入命令。其中 "w[ith] l[ine]" 表示使用线条绘图，"l[ine]c[olor] 7" 表示采用第 7 种颜色-红色，"l[ine]w[idth] 2" 表示线条宽度为 2，其他命令含义见代码中说明。生成的图形如图 6-9 所示。

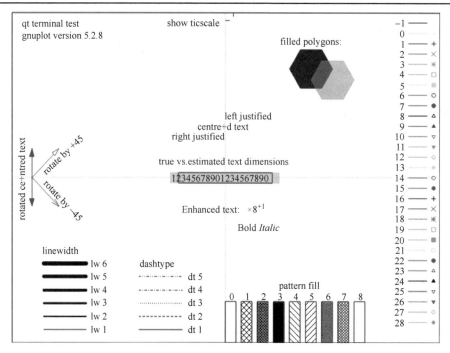

图 6-8　gnuplot qt 终端下不同颜色、点线风格、填充类型、字体格式以及对应的代码等

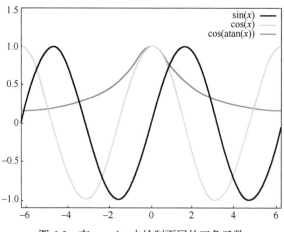

图 6-9　在 gnuplot 中绘制不同的三角函数

```
# 设置采样点数
gnuplot> set samples 100
# 设置横轴范围
gnuplot> set xrange [-2*pi:2*pi]
# 设置纵轴范围
gnuplot> set yrange [-1.1:1.5]
# 用不同颜色绘制 sin(x), cos(x)及 cos(atan(x)) 三个函数
gnuplot> plot sin(x) w l lc 61w 2,\
              cos(x) w l lc 71w 2,\
              cos(atan(x)) w l lc 81w 2
```

上面绘图采用的是纯线条的方式，也可以采用 "线+点"或"点"的绘图方式，"w[ith] l[ine]" 改为 "w[ith] l[ines]p[points]" 或 "w[ith] p[oints]"，并用"p[oint]t[ype]"指令设置点的不同风格，绘制命令如下，生成的图形如图 6-10 所示。

```
gnuplot> plot sin(x) w l pt 4lc 6lw 2,\
            cos(x) w p pt 14lc 7lw 2,\
            cos(atan(x)) w lp pt 6lc 8lw 2
```

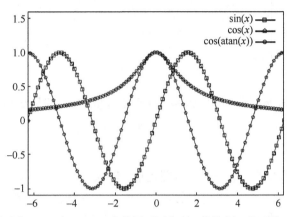

图 6-10　在 gnuplot 中使用不同线条风格绘制三角函数

进一步，对横纵坐标设置更细致的刻度，设置横纵轴名称，加入函数标题和标签说明等，用来修饰图像。

```
gnuplot> set title "Simple Trigonometric Functions"
# 设置 x 轴大刻度为 2
gnuplot> set xtics 2
# 设置 x 轴大刻度分为 4 份，即每小刻度为 0.5
gnuplot> set mxtics 5
gnuplot> set ytics 0.5
gnuplot> set mytics 5
# 设置 x 轴和 y 轴名称及相对位移
gnuplot> set xlabel "x" offset 0,0.5
gnuplot> set ylabel "$F(x)$ offset 2,0
# 设置单独的标签
gnuplot> set label center at -2,1.2 "$\\sin(x=0)=0$"
gnuplot> replot
```

更新的图像如图 6-11 所示。

为了后续修改方便，还可以将 gnuplot 的绘图命令保存到一个文件中，例如命名为 sinx.gp，并在文件开头加上 "#!/usr/bin/env gnuplot"，然后赋予可执行权限，就可以直接点击运行了。

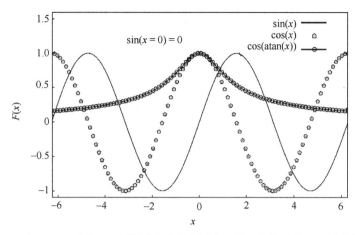

图 6-11　在 gnuplot 中使用不同线条风格绘制三角函数，并设置坐标系刻度和标签

### 4. 误差及函数拟合

在很多情况下，数据是带误差的，可能包括 $x$ 轴误差，或 $y$ 轴误差，或者两种误差都有，gnuplot 就非常适合这种带误差的绘图场景。同时 gnuplot 还提供了数据拟合功能，可以用指定的函数对带误差的数据进行拟合，简单方便。下面将介绍一下 gnuplot 中的这两个功能。以文本文件"data.w.err.txt" 为例，数据分为三列：

```
##X        ##Y        ## ERR
2.6312     0.9287     0.0146
3.3252     0.9262     0.0130
3.8553     0.9214     0.0123
4.7034     0.9117     0.0114
5.1275     0.9071     0.0113
5.8311     0.9001     0.0109
6.3323     0.8952     0.0108
7.2961     0.8875     0.0105
```

为了拟合这些数据，需要定义一个函数，这里为一次函数 f(x)=a*x+b, 同时给 a 和 b 赋予一个初值。fit 指令的格式为：

fit [beg:end] f(x) "data.txt" u[sing] <x>:<y>:<yerr> via params。其中，[beg:end]是拟合范围，<x>:<y>:<yerr> 是数据列号，这里为 1:2:3，via 后面是函数的参数，并需要给定初值，在这里是 a 和 b。如果数据拟合有结果，最后会给出拟合的参数值、误差及参数关联矩阵。数据拟合结果如下：

```
f(x)=a*x+b
a=-0.001
b=1
fit [2:8] f(x) "data.w.err.txt" via a,b
……
Final set of parameters            Asymptotic Standard Error
```

```
========================          ==========================
a               = -0.00945717      +/- 0.0003636   (3.845%)
b               = 0.955962         +/- 0.001857    (0.1942%)

correlation matrix of the fit parameters:
                a       b
a               1.000
b               -0.957  1.000
```

可以看到，数据直线拟合的结果还是很不错的。加上拟合结果，带误差的 gnuplot 绘图指令如下，生成的图形如图 6-12 所示。

```
set xlabel "x" offset 0,0.5
set ylabel "y" offset 1,0
set label center at 5,0.88 "$y_{x=0}=0.9560(19)$"
set xrange [2:8]
set yrange [0.86:0.96]
set ytics 0.02
set format y "%1.2f"
set mytics 4
set mxtics 5
plot "data.w.err.txt" u 1:2:3w err pt 4lw 2lc 7t "y",\
    -0.009457*x+0.9560w l lw 4lc 8t "f(x)=a*x+b"
```

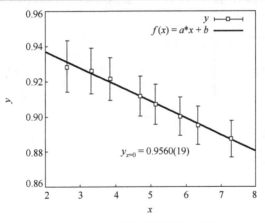

图 6-12　gnuplot 带误差绘图及函数拟合

其中，"w[ith] err[orbars]"表示使用误差条来绘制数据图像，也可以用"w[ith] err[orlines]"来绘制，gnuplot 会用折线将所有数据点依次连接起来。

fit 命令和误差绘制命令功能很多，比如还可以对 errorlines 进行平滑过渡处理等，更详细的介绍可以通过"help fit"和"help errorbars"或者"help errorlines"查阅使用手册。

5. 多图绘制

很多情况下，需要在一张图中绘制几幅图像，或者在大图中叠加几个小图，以方便进行对比或展示更多信息，这种功能在 gnuplot 中可以很方便地实现，使用的绘图指是 multiplot。

多图绘制一般有两种方式：一种是指定 layout 的方式，一种是自由绘制的方式。对于第一种，我们给一个简单的例子：

```
set multiplot layout 2,2
set mxtics 5
set mytics 4
set format y "%1.1f"
#### subfigure (0,0)
set yrange [-1:4.5]
plot real(sin(x)**besj0(x)) w l lc 6lw 4
#### subfigure (0,1)
set yrange [-1.5:1.7]
plot sin(x)*atan(x) w lp pt 4lc 7lw 4
#### subfigure (1,0)
set yrange [0:1.1]
plot cos(atan(x)) w p pt 6lc 8lw 4
#### subfigure (1,1)
set yrange [-1:1.2]
plot sin(x/2)*cos(x+1) w l lc 17lw 4
unset multiplot
```

这里，set multiplot layout 2,2 表示进入多图绘制环境， layout 为 2,2，表示我们要将终端十字形地平分为四份，各画一幅图像。最后需要执行 unset multiplot 以退出多图绘制环境。最终绘制的图像如图 6-13 所示。

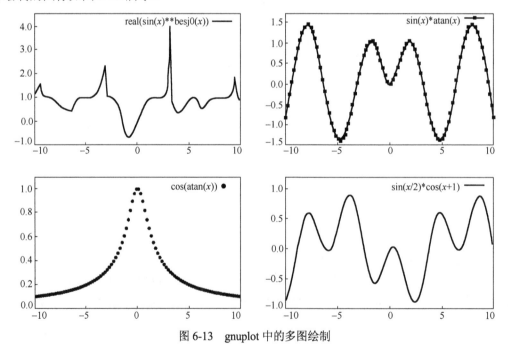

图 6-13　gnuplot 中的多图绘制

对于自由式的多图绘制方式，不用在 multiplot 中指定 layout，但需要手动指定每幅图的大小和位置。同样地，下面来看一个例子，代码如下。绘制的图像如图 6-14 所示。

```
set multiplot
# The big
set size 1,1
set origin 0,0
set xrange [-2*pi:2*pi]
set yrange [-1:1.2]
set mxtics 4
set mytics 5
plot sin(x/2)*cos(x+1) w lp pt 4lw 2lc 7t "sin(x/2)*cos(x+1)"
# The small
set size 0.54,0.4
set origin 0.30,0.5
set xrange [0:pi/3]
set yrange [-0.3:0.1]
set samples 25
set format xy "%1.1f"
set xtics 0.2
set ytics 0.1
set mxtics 4
set mytics 5
unset key
plot sin(x/2)*cos(x+1) w lp pt 4lw 2lc 7
unset multiplot
```

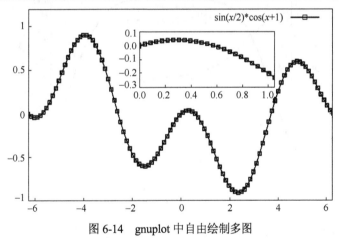

图 6-14　gnuplot 中自由绘制多图

在这种自由绘图的环境中，每幅图的关键在于原点（origin）的位置和画幅的相对大小
（size）。如果希望放大某些细节时，这种绘图方式就非常有用。

6. 横纵坐标系

gnuplot 对坐标轴设置有很好的支持，可以实现很多不同的组合设计。除了前面提到的大
小刻度外，还支持对数坐标，上下、左右各两套坐标系等功能。下面仍旧以一个示例来说明
坐标轴相关的设置，绘图代码如下。

```
A(x) = ({0,1}*x/({0,1}*x+10)) * (1/(1+{0,1}*x/1e4))
set grid x y2
set key center top title " "
set logscale xy
set log x2
set xlabel "x (radians)"
set xrange [1.1:9e4]
set x2range [1.1:9e4]
set ylabel "magnitude of A(x)"
set y2label "Phase of A(x) (degrees)"
set ytics nomirror
set y2tics
set autoscale y
set autoscale y2
plot abs(A(x)) axes x1y1w l lc 61w 4t "abs(A(x))",\
     180./pi*arg(A(x)) axes x2y2w l lc 71w 4t "$\\frac{180}{\\pi}*
$arg(A(x))"
```

其中，"set grid x y2" 表示在 x 轴和 y2 轴绘制网格；"set logscale xy" 表示 x 轴和 y 轴采用对数坐标；"set ytics nomirror" 表示 y 轴刻度不在 y2 轴（右边纵轴）上显示；"set log x2" 表示 x2 轴也采用对数坐标；"set y2tics" 表示要绘制 y2 轴刻度。绘制好的图像如图 6-15 所示。

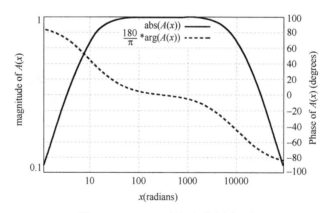

图 6-15　gnuplot 下显示不同坐标系

更详细的使用说明请查阅 "help xtics" "help logscale" "help mxtics" 等。

### 7. 3D 绘图

在某些情况下，变量是二维的，数据是三维的，为了更好地呈现数据关系，需要以更立体的方式将数据绘制出来。而 gnuplot 拥有相当强大的 3D 绘图功能，绝大部分情况下能够满足这些需求。下面仍以 gnuplot 中的一个示例来介绍一下如何绘制 3D 图像，gnuplot 绘图代码如下：

```
# 边界属性
set border 4095front lt black lw 1.000dashtype solid
# 取样值
```

```
set samples 100, 100
set isosamples 50, 50
# 3d 绘图属性
set hidden3d back offset 1trianglepattern 3undefined 1altdiagonal
bentover
# 函数或数据呈现形式
set style data lines
set ztics norangelimit -1.00000,0.5,1.00000
# 三维视角
set view 70, 45, 1, 1
set xrange [ -3.00000 : 3.00000 ]
set yrange [ -3.00000 : 3.00000 ]
# 设置基本等高线
set contour base
splot sin(x)*cos(y) t "sin(x)*cos(y)"
```

大部分的绘图指令含义已在代码中有说明。绘制的 3D 图像如图 6-16 所示。

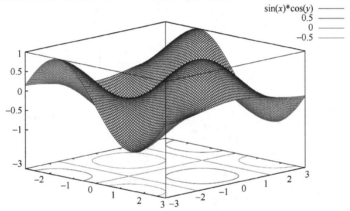

图 6-16　gnuplot hidden3d 绘图

另外，可以根据函数值的不同来填充不同的颜色以示区分，即调色板映射功能(pm3d)，如图 6-17 所示，绘图命令为：

```
splot sin(x)*cos(y) t "sin(x)*cos(y)" w pm3d
```

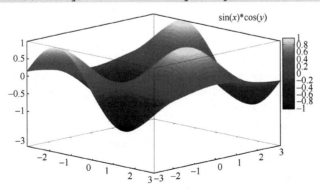

图 6-17　在 3D 绘图中启用调色板映射功能

开启该功能后，我们可以很清晰地看出函数值域的分布情况，快速地找到极值所在区域。常用的终端大都支持该功能，如 x11、qt、wxt、aquaterm 、epslatex、png、jpeg 等。更多的选项可以通过 "help pm3d" 查看使用手册。

### 8. 统计图

绘制折线图、直方图等统计图也是日常工作学习中常见的绘图场景，gnuplot 能比较方便地绘制不同风格的统计图。下面的几幅统计图和其使用的数据文件 "immigration.dat" 均来自官方示例库(图 6-18)，绘制的是过去一段时期欧洲各国移民美国的人口统计。

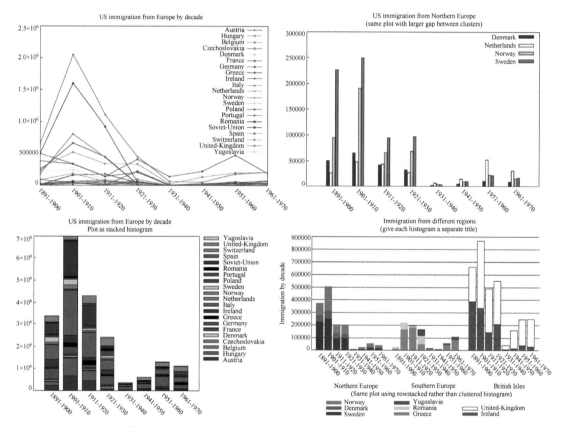

图 6-18　在 gnuplot 中绘制不同风格的折线图、直方图等统计图

```
set boxwidth 0.9absolute
set style fill solid 1.00border lt -1
set key vertical Right noreverse noenhanced autotitle nobox
set style histogram clustered gap 5title textcolor lt -1
set datafile missing '-'
set style data histograms
set xtics border in scale 0,0nomirror rotate by -45  autojustify
set xtics norangelimit
set xtics ()
set title "US immigration from Northern Europe"
```

```
        set xrange [ * : * ] noreverse writeback
        set yrange [ 0.00000 : 300000. ] noreverse writeback
        set zrange [ * : * ] noreverse writeback
        plot 'immigration.dat' using 6:xtic(1) ti col, '' u 12ti col, '' u 13ti
col, '' u 14ti col
```

其中，"set boxwidth" 代表直方图中 box 的大小及其属性；"set style fill"设置了绘图的风格，如是否填充，边界线类型等；"set style histogram" 设置了 box 间隔，字体风格，边界线类型，是否分组显示等；绘制直方图时选用了第 6 列、12 列、13 列和 14 列，按照年份进行了分组。

gnuplot 中的统计图选项和风格很多，我们还可以实现饼状图，扇形图等统计图，这里无法一一进行演示，读者可以到 gnuplot 的示例库中进行查阅学习相关示例。

9. 输出终端

前面提到，gnuplot 可以支持很多种输出终端，除了默认的终端如"qt"或"wxt" 外，可以输出为某些格式的图像文件，如保存为 png、gif、jpeg、tiff 等，也可以输出为 latex 格式，然后通过 latex 命令生成 pdf、eps 或 ps 格式的文件，嵌入到 latex 文件中。若要修改终端类型，需要用"set term"指令，几个常用的输出终端设置如下：

```
        # png 终端常见选项；jpeg 类似，但没有 transparent 选项
        set term png [[no]enhanced] [[no]transparent] [size <x>,<y>] [[no]crop]
        # gif 终端常见选项
        set term gif [[no]enhanced] [[no]transparent] [size <x>,<y>] [[no]crop]
[loop <n>] [animate [delay <n>]]
        # epslatex 终端常见选项
        set term epslatex [standalone|input] [oldstyle|newstyle] [color|
colour|monocolor] [rounded|butt] [size <x>{unit},<y>{unit}] [noheader|header
<header>]
        # cairolatex 终端常见选项
        set term cairolatex [eps|pdf] [standalone|input] [mono|color]
[rounded|butt|square] [[no]crop] [size <x>{Unit},<y>{Unit}] [noheader|header
<header>]
```

enhanced 选项指终端可以支持更多的功能；更详细的选项介绍可以在 gnuplot 中运行 help term 查看。设置特定的终端后，需要使用 set output "output.file"指定输出文件，并在最后绘制图像完成后，加上"set output"指定以结束终端输出。一个简单的例子如下：

```
        # 设置终端及输出文件
        set term cairolatex pdf standalone color rounded crop size 4,3header
"\\usepackage{mathptmx}\n\\usepackage{helvet}\n\\usepackage{amsmath}\n\\usepackage
{grffile}\n"
        set output "test.tex"
        # 这里输入 gnuplot 命令
        set output
        # 编译生成的 tex 文件，并转换成 latex 常用的 eps 格式
```

```
!latexmk -xelatex test.tex
!pdftops -eps test.pdf
!latexmk -xelatex -c test.tex
```

cairolatex/epslatex 终端中的 standalone 选项模式表示生成一个完整独立的 tex 文件，可以编译成 pdf 文件并转换成 eps 格式；input 模式表示生成的 tex 文件可以嵌入到另外的 tex 文件中，但其本身并不能编译；"header"选项表示可以添加一些额外需要的 latex 库。使用 cairolatex/epslatex 等 latex 终端不需要安装 TeX 套装，但最后编译 latex 文件是需要的。

### 6.2.3 Maxima

在前面对 Maxima 做了简单的介绍，这一小节将简单介绍一下如何在 Maxima 中绘制函数和数据图像。Maxima 绘制图像使用的引擎也是 gnuplot，绘图风格十分相似。

Maxima 下一般有两种绘图方式，使用 plot 命令和 draw 命令。在 Maxima 终端或 wxMaxima 下面，可以输入如下命令来绘制二维和三维图像：

```
(%i1) plot2d(sin(x^2),[x,-2,2]);
(%i2) plot3d(sin(x^2)*cos(y^2),[x,-2,2],[y,-2,2]);
```

其中 [x,-2,2] 和 [y,-2,2] 是 x 和 y 的绘图范围，会弹出如图 6-19 所示的两个函数图像。

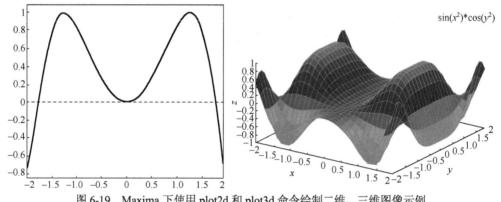

图 6-19　Maxima 下使用 plot2d 和 plot3d 命令绘制二维、三维图像示例

在 wxMaxima 下，还可以使用 wxplot2d 和 wxplot3d 两个命令来绘制，绘制的图像会嵌入到当前的 wxMaxima 工作簿文件中，类似于 Python 的 Juypter notebook，显示结果如图 6-20 所示。
'[wx]plot2d'的命令格式如下：

```
(%1) [wx]plot2d(fun(x), x_range[, y_range, options])
(%2) [wx]plot2d([fun1(x),fun2(x)]), x_range[, y_range, options])
```

其中，绘图函数可以是参数化的，也可以是离散化的数据，多个函数需要放在一个数组里。一个简单的绘图例子如下：

```
plot2d([sin(x), [parametric,sin(t^2/3),t^(1/3)*cos(t/2),[t,-5,5]],
[discrete, [[0,0.4],[1, .6], [2, .9], [3, 1.0],[4, 1.1], [5, 1.2]]]],
[x,-5,5], [style,[lines,3,7],[lines,3,8],[linespoints,3,5,5,2]],
[y,-1.6,1.6], [legend, "function","parametric","discrete"]);
```

(%i2)wxplot3d(sin(x^2).cos(y^2), [x, −|2, 2], [y, −2, 2])$

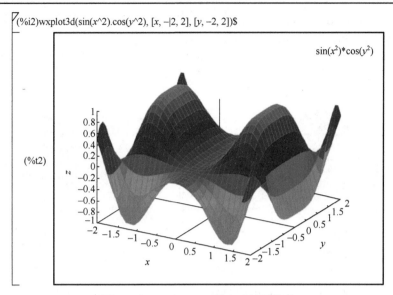

图 6-20　wxMaxima 下嵌入式绘图模式

绘制的图像如图 6-21 所示。

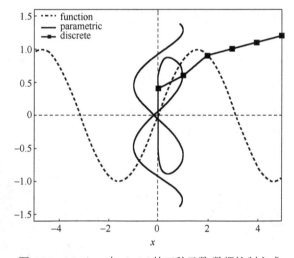

图 6-21　Maxima 中 plot2d 的三种函数/数据绘制方式

　　上面例子中使用了一些绘图选项，如 legend − 每个绘图的名称，style − 绘图风格，包括颜色、宽度、风格等，跟 gnuplot 一样。因为我们绘制了三个图像，因而各选项也都是一个数组，与绘制的函数是一一对应的。[wx]plot2d 还有其他选项，如 logy − 对数坐标，label − 绘制标签，grid − 网格，以及绘图终端，保存文件等，更详细的使用方式读者可以查阅相关的使用说明。

　　[wx]plot3d 的绘图命令与 [wx]plot2d 类似，我们在这里再给一个简单的例子。在 Maxima 中支持对坐标系进行变换，如直角转换为球坐标，下面是一个坐标系变换前后的图像对比（图 6-22），相应的绘图代码如下：

```
(%1) plot3d (sin(2*theta)*cos(phi), [theta,0,%pi], [phi,0,2*%pi],
     [grid, 30, 60], nolegend);
(%2) plot3d (sin(2*theta)*cos(phi), [theta,0,%pi], [phi,0,2*%pi],
[transform_xy, spherical_to_xyz], [grid, 30, 60], nolegend);
```

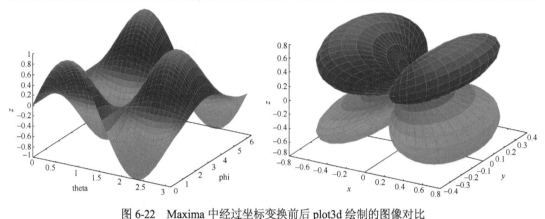

图 6-22　Maxima 中经过坐标变换前后 plot3d 绘制的图像对比

　　另外比较有趣的是绘制分形图的两个绘图命令：julia 和 mandelbrot ，两个分形图的数据集都是 $F(z)=z^2+c$ 不同条件下迭代的结果，Mandelbrot 集合可以看作是 Julia 分形的集合，下面是两个分形图例子，通过调整不同参数，会得到非常不同的分形图（图 6-23）。

```
# Julia
(%i1) julia (-0.55, 0.6, [iterations, 36], [x, -0.3, 0.2],
      [y, 0.3, 0.9], [grid, 400, 400], [color_bar_tics, 0, 6, 36])$
# Mandelbrot
(%i2) mandelbrot ([iterations, 36], [x, -2, 1], [y, -1.2, 1.2],
      [grid,400,400])$
```

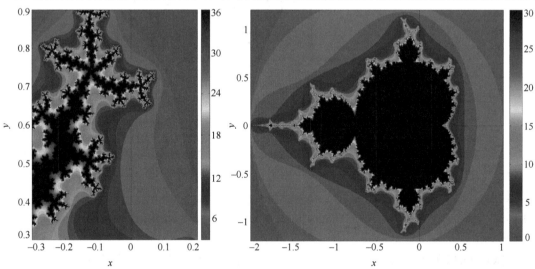

图 6-23　Maxima 中绘制的 Julia（左）和 Mandelbrot（右）分形图

　　除了 plot 的绘图方式外，另一种便是使用 draw 模块，包括 draw、draw2d、draw3d 等命令，这是 Maxima 实现的对 gnuplot 命令的包装，功能更加强大，用户可以更方便地进行复杂函数的绘图。同样地，wxMaxima 提供了嵌入工作薄下的 Maxima 对应命令如 wxdraw、wxdraw2d、wxdraw3d 等。

draw 及其他命令主要有 4 种绘图方式。

（1）explicit：绘制函数。

（2）implicit：绘制使给定等式成立的所有点。

（3）points：绘制点，可以指定 points_joined 为 true 来用线连接点。

（4）parametric：使用参数化的表达式来绘图。

此外还有其他一些绘图函数如 polygon, eclipse 等，下面用几个例子来介绍一下 draw 模块的使用方式。

### 1. 简单的 2D 和 3D 绘图

下面这个例子使用 explicit 的方式绘制了正、余弦函数，指定了标题(title)，线条颜色 (color)、类型(line_type)等（图 6-24）。

```
(%1) draw2d(
title="Two simple plots", xlabel="x",ylabel="y",grid=true,
color=red,key="A sinus", explicit(sin(x),x,1,10),
color=blue,line_type=dots,key="A cosinus", explicit(cos(x),x,1,10));
```

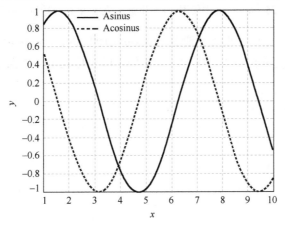

图 6-24　在 Maxima 中，使用 draw2d 绘制正、余弦函数

### 2. 多图绘制

gnuplot 是可以支持两种方式来绘制多图的，在 Maxima 中也可以实现这个功能。在 Maxima 中，可以使用 draw 命令配合 gr2d 和 gr3d 命令完成 gnuplot 中的多图绘制功能，下面是一个简单的例子（图 6-25）。

```
(%1) scene1: gr2d(title="Ellipse",nticks=300, label_alignment = 'left,
label(["Left alignment (default)",0.8,0.2]),
parametric(2*cos(t),5*sin(t),t,0,2*%pi),xrange=[-5,5])$
```

```
(%2) scene2: gr2d(title="Triangle",
polygon([4,5,7,2],[7,6,2,6]),xrange=[2,7], yrange=[2,7])$
(%3) scene3: gr3d(title="Spherical",enhanced3d=true,axis_3d=true,
explicit(sin(x^2+y^2),x,-2,2,y,-2,2))$
(%4) draw(scene1, scene2, scene3, columns = 3)$
```

首先定义了三个 Scene，每个 Scene 都是通过 gr2d 或 gr3d 命令来绘制的图像，这个命令与 draw2d 和 draw3d 类似。第一个 Scene 使用 parametric 方式来绘图，第二个 Scene 使用 polygon 函数，第三个 Scene 则使用了 explicit 方式。最后使用 draw 命令在同一个屏幕上绘制出定义好的三个 Scene。columns 选项告诉 Maxima 要将屏幕分三列，如果指定 columns 为 2，则屏幕则会分为 2×2 的四个部分，最后一个则因没有绘图而显示为空白。

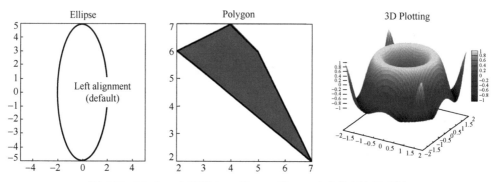

图 6-25　Maxima 中使用 draw 和 gr2d 及 gr3d 命令绘制多图示例

除了通过 columns 选项，也可以通过 gr2d（gr3d）的 allocation 选项实现 gnuplot 中的自由多图绘制。allocation 选项指定了新图像在旧图像中的坐标范围，下面是一个简单的例子。

```
(%1) draw(
gr2d(explicit(x^2,x,-1,1)),
gr2d(allocation = [[1/4, 3/7],[1/2, 1/2]],
grid = true, explicit(x^3,x,-1,1)))$
```

绘制的函数图像如图 6-26 所示。

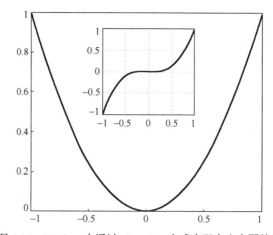

图 6-26　Maxima 中通过 allocation 方式实现自由多图绘制

以上的绘图示例大部分来自 Maxima 和帮助文档, 且只涵盖了部分绘图指令和选项。Maxima 中还有非常多的绘图功能, 感兴趣的读者可以查阅 Maxima 帮助文档以学习相关的绘图功能。

## 6.2.4　Julia

以科学计算见长的 Julia, 在数据可视化方面也是非常强大的。和 Python 类似, Julia 中也有各种可视化包来满足不同的需求, Plots.jl[ref:julia_plots.jl] 就是其中一个数据可视化接口和工具集。Plots.jl 集成了不同的后端例如: GR.jl、 PyPlot.jl、PlotlyJS.jl、Gaston、HDF5 等, 并提供统一的 API 接口给用户使用。UnicodePlots.jl 包则给了用户在纯终端下进行可视化的能力。下面以 Plots.jl 为例, 简单介绍如何在 Julia 下进行数据可视化, 部分示例来自 Julia 官方文档。

1. 获取 Plots.jl

Julia 默认没有安装 Plots.js, 使用之前要先安装:

```
import Pkg
Pkg.add("Plots")
# GR, PlotlyJS, PyPlot, PGFPlotsX, UnicodePlots
Pkg.add("GR"); Pkg.add("PGFPlotsX")
Pkg.add("PlotlyJS"); Pkg.add("PlotlyBase")
Pkg.add("PyPlot"); Pkg.add("UnicodePlots")
# some extensions
Pkg.add("StatsPlots"); Pkg.add("GraphRecipes")
```

然后通过加载 Plots 及其他包来进行使用, Plots 默认使用 GR 作为后端, 用户可以修改默认设置或者通过调用 backend_name(option) 来显示指定后端:

```
using Plots
#GR
gr(size = (300, 300), legend = false) # provide optional defaults
# PGFPlotsX
pgfplotsx()
# PlotlyJS
plotly(ticks=:native)
# PyPlot
pyplot()
```

如果指定的后端如 pyplot 还没有安装, 在指定后端后, Julia 会自动安装依赖包如 matplotlib 等。

2. 基础

根据数据点绘制折线图。plot 命令会新开一个画布进行绘图, plot! 命令则会在当前画布上进行绘制(图 6-27)。

```
# Line
x = 1:20; y = rand(20, 2);
plot(x,y)
z=rand(20);
plot!(x,z)
# Plot with lables
plot(x,y, title="Two lines", label=["Line 1" "Line 2"], lw=2)
```

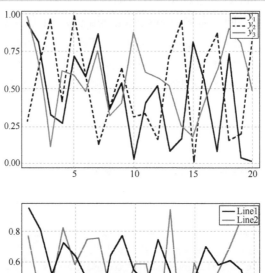

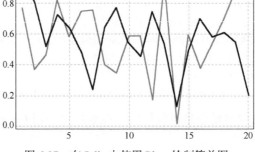

图 6-27 在 Julia 中使用 Plots 绘制简单图

(1)绘制散点图。可以使用 plot 命令加 seriestype 或专门的 scatter 命令来绘制，如图 6-28 所示。

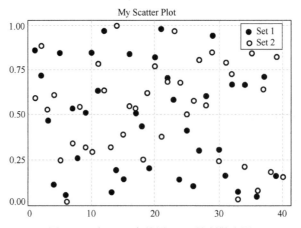

图 6-28 在 Julia 中使用 Plots 绘制散点图

```
plot(x,y, seriestype=:scatter, title = "My Scatter Plot",label = ["Set
1" "Set 2"], lw=2)
# or
scatter(x,y, title = "My Scatter Plot", label = ["Set 1" "Set 2"], lw=2)
```

（2）多图绘制。这一绘图场景中，主要是使用 layout 指令，对画布进行分割。下面一个简单的例子将画布分成了 2×2 形式的 4 个子画布。绘制效果如图 6-29 所示。

```
# Simple: (2,2)
p1 = plot(rand(20,2)); p2 = scatter(x, y); p3 = histogram(x, y);
p4 = plot(x, y, xlabel = "Labelled", lw = 3, title = "Subtitle");
plot(p1, p2, p3, p4, layout = (2, 2))
```

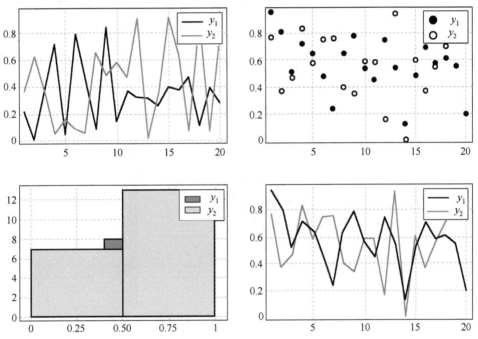

图 6-29　在 Julia 中使用 Plots 在一幅图中绘制多幅子图

### 3. 进阶

1）输出到文件

Plots 支持两种不同版本的保存命令。savefig 命令会根据文件名后缀自动选择文件格式。另外，Plots 还提供了各种支持文件格式的简化命令，比如 png（fn）等。

```
# Savefig
savefig("a.png"); # 保存最近的 plot 到 a.png
savefig(plot1, "b.eps"); # 保存 plot1 到 b.eps
# Format
pdf("c"); # 保存最近的 plot 到 c.pdf
eps(plot2, "b"); # 保存 plot2 到 b.eps
```

Plots 支持多种文件格式，如 eps、pdf、png、ps、svg、json 等，不同的绘图后端支持的文件格式不同，其中 pdf、png 和 svg 是三种支持最广的文件格式，常用的 eps 格式目前只有 inspectdr、plotlyjs 和 pyplot 三种后端支持。

2）3D 绘图

除了上面的 2D 绘图外，3D 绘图也是经常使用的功能。下面是一个简单的例子，绘制效果如图 6-30 所示。

```
n = 100;
ts = range(0, stop = 8π, length = n);
x = ts .* map(cos, ts);
y = (0.1ts) .* map(sin, ts);
z = 1:n;
plot(x, y, z, zcolor = reverse(z), m = (10, 0.8, :blues, Plots.stroke(0)),
leg = false, cbar = true, w = 5);
plot!(zeros(n), zeros(n), 1:n, w = 10);
savefig("./plot3d.png")
```

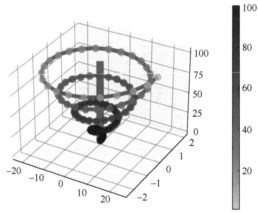

图 6-30　使用 Plots 绘制 3D 图像

3）误差

在高能物理数据分析中，数据一般是带误差的，因此绘制误差也是数据分析与展示的基本功能。用 gnuplot、python 等绘制误差是非常方便的，而在 Julia 中绘制误差也是非常方便的。下面是一个简单的例子。

```
xs = range(1,stop=100);
μs = log.(xs);
σs = rand(length(xs));
plot(xs,μs,grid=false,yerror=σs)
```

除了上面这种误差条，还可以设置误差的呈现形式，如误差带，只需要将 yerror 改为 ribbon。此外，每个数据点的误差上下界也可以单独设置。下面是一个简单绘制误差带的例子。绘制效果如图 6-31 所示。

```
xs = range(1,stop=100);
μs = log.(xs);
```

```
σs = rand(length(xs),length(xs));
plot(xs,ys,grid=false, ribbon=σs, fillalpha=0.5)
σs1 = rand(length(xs));
σs2 = rand(length(xs));
plot!(xs,ys,grid=false, ribbon=(σs1,σs2), fillalpha=0.5)
```

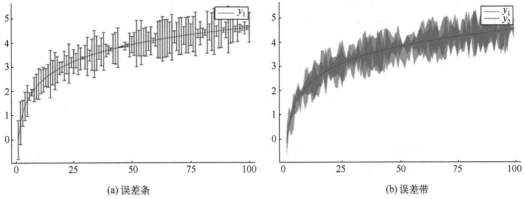

(a) 误差条　　　　　　　　　　　　　　　　　(b) 误差带

图 6-31　使用 Plots 绘制误差条和误差带

4）主题

Plots 通过 PlotThemes 包提供了几种不同风格的绘图主题，可以调整背景颜色、线条颜色等，需要手动安装。要修改主题，可以使用如下命令：

```
using Plots
theme(thm::Symbol; kwargs...)
```

图 6-32 是 Plots 的默认主题和 ggplot2 主题，更多的主题可以参考 Julia Plots 文档 [ref:julia_plots_theme]。

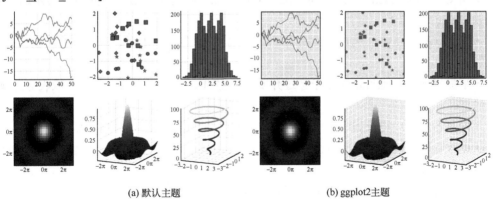

(a) 默认主题　　　　　　　　　　　　　　(b) ggplot2 主题

图 6-32　Plots 中的不同绘图风格主题

## 6.2.5　学习资源

1）gnuplot

• 官方文档：http://www.gnuplot.info/documentation.html。

- 官方 demo 库：http://gnuplot.info/demos/。
- 官方学习资料：http://www.gnuplot.info/help.html。
- 部分 gnuplot 书籍：http://www.gnuplot.info/books.html。

2）matplotlib
- 官方教程：https://matplotlib.org/stable/tutorials/index.html。
- 其他资源：https://matplotlib.org/stable/resources/index.html。

3）Octave
- 官方教程：https://octave.org/doc/v7.1.0/。

# 6.3　粒子物理模拟工具

粒子模拟是高能物理实验研究中非常重要的一环，本小节将介绍常用的粒子物理模拟软件包 Geant4（geometry and Tracking，几何结构与寻迹）。

## 6.3.1　Geant4 简介

Geant4 是由 CERN 开发的用于粒子在物质中输运的物理过程的蒙特卡罗模拟应用软件包[7]，主要使用 C++语言进行开发。与其他类似的商业软件如 EGS、MCNP 相比，主要的优点之一是完全开源，用户可以根据需要自由修改源代码。由于采用面向对象的程序设计开发方式，Geant4 有非常好的模型抽象和模块化设计，这使得 Geant4 具有良好的通用性和扩展能力，在高能物理、空间应用、辐射医学、微电子学等很多领域得到了广泛的应用。

Geant4 实现了对几何结构、射线粒子、物理过程等的抽象，为研究人员提供了一套比较完善的基础库文件，并没有提供具体的模拟程序。Geant4 采用模块化设计，各模块分别负责处理几何与跟踪、探测器响应、运行管理、可视化和用户界面等。具体地，这些模块功能有：

- 几何（Geometry）：是对实验的物理布局的定义，包括探测器，吸收体的形状、大小、材料等。
- 跟踪（Track）：通过追踪粒子穿过介质时发生的物理过程（碰撞、反应、吸收等），确定粒子的路径和状态。
- 探测器响应：记录到达探测器的粒子的信息，预测真实探测器将会做出何种反应。
- 运行管理：记录每一次运行（由一系列事件组成）中的信息，在多次运行之间可以对运行参数进行设置。
- 可视化：Geant4 提供包括 OpenGL 在内的一系列可视化接口。
- 用户界面：Geant4 提供一套基于 Tcsh 的交互界面。

基于 Geant4，研究人员可以很方便地针对自己感兴趣的物理过程、探测器结构等，开发自己的 Geant4 模拟程序。Geant4 在源码中附带了一些示例模拟程序源码，且都有良好的代码注释，开发人员可以通过这些例子学习如何进行 Geant4 模拟程序的开发。

国际上很多的高能物理实验使用了 Geant4 来进行粒子物理过程的模拟，包括中国的北京正负电子对撞机 BEPCII 的 BESIII 实验、高海拔宇宙线观测站实验（LHAASO）及江门中微子实验(JUNO)，以及欧洲大型强子对撞机(LHC)的 ATLAS、CMS、LHCb 等实验。Geant4 极大地促进了高能物理实验的发展。

## 6.3.2 安装与配置

Geant4 支持安装在 x86_64 和 ARM 等 CPU 架构平台上，支持 Windows、Linux、macOS 等操作系统，但在 Linux、macOS 下运行得更好，同时支持多种可视化驱动输出如 OpenGL、QT、OpenInventro、WT、XML 和 VRML 等。Geant4 的安装与配置过程并不复杂，这里我们以 RHEL/CentOS 7 系统为例，简单介绍一下编译、安装与测试过程，其他系统下的安装过程与之类似。

### 1. 安装准备

在开始之前，需要安装 Geant4 需要的一些第三方依赖库。

```
$ sudo yum install -y make cmake3automake gcc gcc-c++ gcc-gfortran
binutils-devel  centos-release-scl  expat-devel  openssl-devel  pcre-devel
mysql-devel centos-release-scl fftw3-devel gsl-devel python-devel python36-devel
graphviz-devel openldap-devel libXmu-devel
$ sudo yum install -y devtoolset-7xerces-c-devel tbb-devel krb5-devel
motif-devel xcb-util-devel xcb-util-wm-devel qt5-qtbase-devel qt5-qt3d-devel
qt5-qtwayland-devel qt5-qtx11extras-devel
```

### 2. 获取安装包

从 Geant4 官方网站[8]或 github 上下载 Geant4 安装包，数据可以在编译时指定下载及下载目录，如果需要离线安装，可以提前下载好并解压到指定目录。

```
### from geant4website
$ mkdir -p ~/tmp; cd ~/tmp
$ wget https://geant4-data.web.cern.ch/releases/geant4.10.07.p02.tar.gz
$ tar xf geant4.10.07.p02.tar.gz && mv geant4.10.07.p02geant4
### from github
$ cd ~/tmp; git clone https://github.com/Geant4/geant4 && cd geant4
$ git checkout -b v10.7.2 && git submodule update --init --recurisve
```

Geant4 自带了 CLHEP 库，我们也可以从官网下载最新版的 CLHEP 并安装到指定目录。

```
$ cd ~/tmp; wget https://proj-clhep.web.cern.ch/proj-clhep/dist1/clhep-2.4.5.1.tgz
$ tar xf clhep-2.4.5.1.tgz && mv 2.4.5.1/CLHEP . && rm -rf 2.4.5.1
```

如果要提前下载数据文件，需要下载以下数据文件(注意，数据版本可能会有变化)。

```
G4ABLA.3.1.tar.gz
G4EMLOW.7.13.tar.gz
G4ENSDFSTATE.2.3.tar.gz
G4INCL.1.0.tar.gz
G4NDL.4.6.tar.gz
```

```
G4PARTICLEXS.3.1.1.tar.gz
G4PhotonEvaporation.5.7.tar.gz
G4PII.1.3.tar.gz
G4RadioactiveDecay.5.6.tar.gz
G4SAIDDATA.2.0.tar.gz
RealSurface.2.2.tar.gz
```

并解压到某个文件夹如/opt/geant4/10.7.2/share/Geant4-10.7.2/data 下。

3. 编译安装

一般在计算集群中，我们可以选择将 Geant4 安装到共享文件目录，以便可以在多节点调用 Geant 程序，这里我们只是本地使用，就安装到本机的 /opt/geant4/10.7.2/下面，使用 gcc7 编译。如果要使用最新的 CLHEP 包，我们需要在编译 Geant4 之前先编译安装 CLHEP。

```
$ g4home=/opt/geant4/10.7.2
$ source /opt/rh/devtoolset-7/enable
### 编译 CLHEP
$ mkdir -p ~/tmp/CLHEP_build && cd ~/tmp/CLHEP_build
$ cmakd3 ../CLHEP -L -DCMAKE_INSTALL_PREFIX=$g4home
$ make -j16 && sudo make install
$ export C_INCLUDE_PATH=$C_INCLUDE_PATH:$g4home/include
$ export LD_LIBRARY_PATH=$LD_LIBRARY_PATH:$g4home/lib:$g4home/lib64
### 编译 Geant4
$ mkdir -p ~/tmp/geant4_build && cd ~/tmp/geant4_build
$ cmake3 -DCMAKE_INSTALL_PREFIX=$g4home -DGEANT4_USE_GDML=ON -DGEANT4_
USE_QT=ON-DGEANT4_USE_XM=ON -DGEANT4_INSTALL_DATA=ON -DGEANT4_USE_TBB=ON -DGEANT4_
USE_OPENGL_X11=ON-DGEANT4_USE_SYTEM_CLHEP=ON-DGEANT4_BUILD_MULTITHREADED=ON-L ~ /
tmp/geant4
$ sudo make -j 16
$ sudo make install
```

这里我们开启了 OpenGL、QT 等可视化驱动输出，和多线程支持、英特尔 TBB 库支持等，并在编译时自动下载数据文件。如果我们已下载好数据并解压到某文件夹如/opt/geant4/10.7.2/share/Geant4-10.7.2/data 下面，可以去掉 -DGEANT4_INSTALL_DATA=ON 选项，并指定-DGEANT4_INSTALL_DATADIR=/opt/geant4/10.7.2/share/Geant4-10.7.2/data 选项，就可以使用已下载的数据文件进行编译了。如果要使用 Geant4 内置的 CLHEP 库，把 GEANT4_USE_SYTEM_CLHEP 选项设置为 OFF 即可。

4. 应用测试

Geant4 源码自带部分测试用例，位于 examples 目录下，为了测试刚编译好的 Geant4，我们可以编译并测试一下示例程序 B5（目录为 examples/basic/B5）。为了使用 Geant4，我们需要先引用 Geant4 的使用环境，再进行编译：

```
$ source /opt/geant4/10.7.2/bin/geant4.sh
$ source /opt/rh/devtoolset-7/enable
$ cd ~/geant4/examples/basic/
$ mkdir build && cd build
$ cmake3 ../B5 && make -j4
```

　　如果程序编译没有问题，当前目录下会生成一个名为 exampleB5 的可执行程序。我们直接运行 exampleB5，会看到如下的一些输出信息：

```
$ source /opt/geant4/10.7.2/bin/geant4.sh
$ ./exampleB5
Available UI session types: [ Qt, Xm, GAG, tcsh, csh ]
QStandardPaths: XDG_RUNTIME_DIR not set, defaulting to '/tmp/runtime-root'
......
***** Table : Nb of materials = 5 *****

 Material:   G4_AIR   density:  1.205mg/cm3 RadL: 303.921m    Nucl.Int.
Length: 710.095m
......
```

　　运行到最后会出现一个可视化界面，如图 6-33 所示。

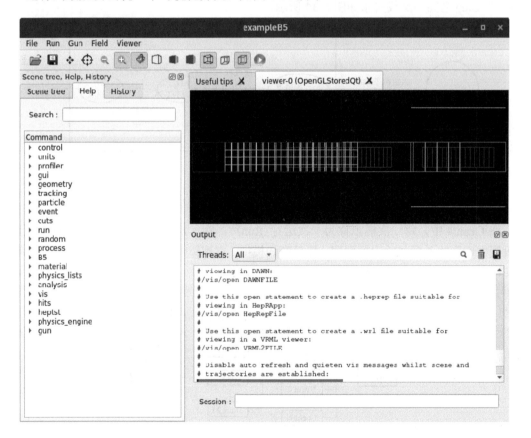

图 6-33　Geant4 示例程序 exampleB5 可视化界面

### 6.3.3 Geant4 编程简介

在介绍 Geant4 程序开发之前，先介绍一下 Geant4 的一些基本概念和流程。基于 Geant4 开发的程序，一般都包括输入项与输出项，输入项包括入射的粒子源、粒子数、与粒子作用的探测器材料、探测器形状等，输出项则包括粒子与材料相互作用的各种信息，如反应时间、粒子轨迹、沉积能量等。Geant4 程序会根据输入项来进行初始化，然后进行相互作用模拟。

在 Geant4 模拟实验或真实粒子物理探测中，粒子源发射粒子进入探测器中，入射粒子与探测器材料发生相互作用或飞离探测器，在模拟中是否发生相互作用、相互作用类型、相互作用时间等则由蒙特卡罗模拟重点抽样决定，抽样概率则由实验或理论确定。

一个粒子从发射进入探测器中发生相互作用到变成次级粒子最后进入稳定态或飞离探测器范围便是这个粒子的生命周期，也称为一个事例(Event)，粒子因发生相互作用产生次级粒子及其后续次级粒子在探测器中产生的轨迹，则称为径迹(Track)。一个事例可能有若干次级粒子，每个次级粒子也可能有次级粒子，因此一个事例一般会包含很多个径迹。一般地，每个径迹上发生的相互作用称为节点，它把每个径迹分成了若干部分，每一部分则称为一步(Step)，代表着粒子与材料发生了相互作用。在 Geant4 中，输出项中的大部分信息一般以 Step 作为单位被记录下来，包括相互作用发生的位置、时间、粒子的能量转移(沉积能量)等。Event、Track 与 Step 之间的层级关系如图 6-34 所示。

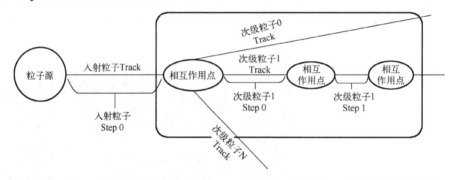

图 6-34　Geant4 模拟或探测器中事例 Event、轨迹 Track 与步 Step 的层级关系示意图

在 Geant4 中，每一次模拟称为一次运行(Run)。在一次 Run 中，Geant4 程序会从用户的设置中读取输入项与输出项配置，然后开始模拟，直到模拟结束，中间不会接受用户输入。每一个 Run 可以设置模拟的粒子数量，即事例数。Geant4 中一个 Run 的组织结构可以用图 6-35 来表示。

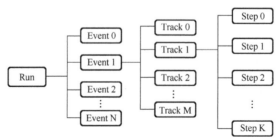

图 6-35　Geant4 中一个 Run 的组织结构示意图

在了解了 Geant4 的基本信息后，下面将简单介绍如何基于 Geant4 开发模拟程序。需要说明的是，本小节不是专门介绍如何基于 Geant4 进行模拟程序开发的，详细的教程请参考 Geant4 官方网站及相关书籍。本小节仅以 basic/B5 这一示例程序为例，简单介绍一下 Geant4 程序的开发过程。

B5 的源码文件组织十分清晰，main 文件为 exampleB5.cc，头文件在 include 文件夹下，源码文件在 src 目录下，配置文件则是在当前目录下，具体的组织结构如图 6-36 所示。

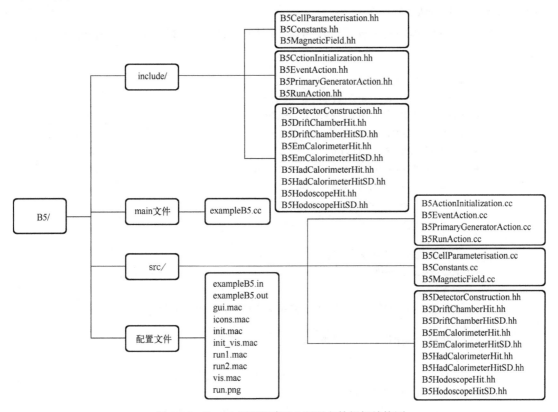

图 6-36　Geant4 示例程序 B5 源码文件组织结构图

下面简单说明这些文件的作用：

· 5ActionInitialization.hh/cc："G4VUserActionInitialization" 的派生类，与多线程有关的初始化设置，包括下面的 RunAction、PrimaryGeneratorAction、EventAction 等。

· B5RunAction.hh/cc："G4UserRunAction" 派生类，指定在本次 Run 过程中，Run 的初始化、开始和结束的所有操作。

· B5EventAction.hh/cc："G4UserEventAction" 的派生类，指定本次 Run 中，每个 Event 初始化、开始和结束的所有操作。

· B5PrimaryGeneratorAction.hh/cc："G4VUserPrimaryGeneratorAction" 的派生类，指定本次 Run 中的入射粒子源。

· B5DetectorConstruction.hh/cc："G4VUserDetectorConstruction" 的派生类，指定本次 Run 中使用的探测器材料。

· B5MagneticField.hh/cc：“G4MagneticField”的派生类，指定了本次 Run 中的磁场信息。

其他 Geant4 程序中还可能有：

· SteppingAction.hh/cc：“G4UserSteppingAction”的派生类，指定了本次 Run 中，每个 Step 初始化、开始和结束的所有操作。

一个 Geant4 程序一般都会包括上面这些头文件和源码文件，根据实际需要，我们可以增加相应的头文件和源码文件，例如 B5 中的 B5DriftChamberHit.hh/cc 等文件，实现特殊相互作用的 PhysicsList.hh/cc 文件等。

一般地，Geant4 程序的主程序比较简单，结构比较明晰。B5 主程序 exampleB5.cc 的主体部分如下：

```cpp
#include "B5DetectorConstruction.hh"
#include "B5ActionInitialization.hh"
#include "G4RunManagerFactory.hh"
#include "G4UImanager.hh"
#include "FTFP_BERT.hh"
#include "G4StepLimiterPhysics.hh"
#include "G4VisExecutive.hh"
#include "G4UIExecutive.hh"
int main(int argc,char** argv)
{
  // 判断是否是交互模式并定义 UI 实例
  G4UIExecutive* ui = 0;
  if ( argc == 1 ) {
    ui = new G4UIExecutive(argc, argv);
  }
  // 创建并初始化 RUN 管理器
  auto* runManager =
    G4RunManagerFactory::CreateRunManager(G4RunManagerType::Default);
  // 强制用户信息初始化
  runManager->SetUserInitialization(new B5DetectorConstruction);
    // 定义并注册相互作用列表
  auto physicsList = new FTFP_BERT;
  physicsList->RegisterPhysics(new G4StepLimiterPhysics());
  runManager->SetUserInitialization(physicsList);
  // 初始化用户操作
  runManager->SetUserInitialization(new B5ActionInitialization());
  // 创建并初始化可视化管理器，可接收一个信息级别参数
  auto visManager = new G4VisExecutive;
  // G4VisManager* visManager = new G4VisExecutive("Quiet");
  visManager->Initialize();
  // 获取 UI 管理器
  auto UImanager = G4UImanager::GetUIpointer();
  // 交互式或者批处理式运行模拟
  if ( !ui ) {
    // execute an argument macro file if exist
```

```
    G4String command = "/control/execute ";
    G4String fileName = argv[1];
    UImanager->ApplyCommand(command+fileName);
}
else {
    UImanager->ApplyCommand("/control/execute init_vis.mac");
    if (ui->IsGUI()) {
        UImanager->ApplyCommand("/control/execute gui.mac");
    }
    // start interactive session
    ui->SessionStart();
    delete ui;
}
// 结束运行并清理除用户 action，相互作用列表、探测器类型等之外的内存
delete visManager;
delete runManager;
}
```

通过上面的源代码，可以看到 B5 的组织结构和程序执行顺序十分清晰，一般的 Geant4 模拟程序也都类似。整个模拟过程，大致分为如下几部分：

(1)判断模拟程序执行模式：交互式或者批处理式。

(2)创建并初始化一个模拟管理器 RunManager。

(3)设定需要的所有材料(B5DetectorConstruction)。

(4)指定并注册相互作用列表(FTFP_BERT)。

(5)初始化相互作用(B5ActionInitialization)，这一过程包括：粒子源(B5PrimaryGenerator-Action)；模拟初始化、开始、结束操作(B5RunAction)；Event 初始化、开始、结束操作(B5EventAction)；Step 初始化、开始、结束操作(一般在多线程程序中有，如 B4a-SteppingAction)。

(6)创建并初始化图形交互界面 visManager。

(7)创建并初始化交互界面管理器 UImanager。

(8)执行用户输入的命令。

(9)释放内存并结束模拟。

下面就其中需要用户实现的几个部分进行简单介绍，若想要了解更加详细的编程实现，感兴趣的读者可以查看 B5 及其他示例的源码及相应的说明文档。

1)粒子源/ PrimaryGenerator

要模拟粒子与材料发生的相互作用，首先需要生成我们感兴趣的粒子，那么如何在 Geant4 中生成需要的粒子呢？我们知道，在真实的物理世界中，确定一个粒子需要知道它的物理信息如粒子种类、能量、自旋等和几何信息如位置、动量等，同时这些信息也就确定了产生此种粒子的源的信息，即定义了一个粒子(产生)源。在 Geant4 中，一般也是通过确定粒子的物理信息和几何信息来定义一个粒子源的。粒子源的定义和实现一般放在 **XXXPrimaryGeneratorAction.hh/cc** 两个文件中，PrimaryGenerator 即初始产生者，指的就是在

初始阶段生成粒子。

Geant4 抽象实现了几乎所有种类的微观粒子，大致可分为轻子 lepton、介子 meson、重子 baryon、玻色子 boson、短寿命粒子 shotlived、离子 ion，此外 Geant4 还引入了一种自然界不存在的粒子 – geantion，主要用于程序 debug。

Gean4 中的粒子一般从 G4ParticleTable 数据库类实例中查找并实例化，并由一个名为 G4ParticleGun 粒子枪的类实例来产生并发射出来。G4ParticleGun 实例可以很方便地设定生成粒子数、粒子能量、粒子动量分布及粒子生成的位置等。

2）物理过程/PhysicsList

根据真实物理世界中粒子间的物理反应类型，Geant4 抽象并实现了 7 大类的物理过程，包括电磁过程、强子过程、输运过程、衰变过程、光学过程、光子-轻子-强子过程、自定义参数化过程，具体的使用方法读者可以阅读 Geant4 的 PhysicsList 指南[8]。

现实世界中粒子与探测器发生的反应可能很复杂，涉及很多物理过程。如果要模拟所有的物理过程，需要大量的模拟时间、存储大量的模拟数据，而用户可能只关心其中一种或几种物理过程，这就有些得不偿失，因此在 Geant4 中用户可以指定要模拟的物理过程。值得注意的是，只模拟部分物理过程会导致与真实的物理过程有差异，模拟的结果也会与真实探测器的探测结果有一定差别。

用户物理过程相关的信息及接口的定义和实现一般是由"XXXPhysicsList.hh/cc 两个文件完成，物理过程 PhysicsList 一般只需在主函数中声明并调用。

3）材料与探测器/Detector

与确定粒子源所需要的信息类似，确定构成探测器的材料或屏蔽材料也需要知道材料的种类或物理信息和几何信息。在 Geant4 模拟实现中，一般也是确定这两种信息来进行，在实际应用中，这些信息一般是与探测器定义在"XXDetectorConstruction.hh/cc"两个文件中。

材料种类的定义可以从最基本的原子层面开始定义，需要使用 G4Element 类来实现；Geant4 本身定义了海量的材料类型，所以也可以直接根据名称来定义需要的材料种类，需要使用 G4Material 类来实现。G4Element 类定义了原子相关的属性，如原子序数、核子数、质量等，G4Material 类则定义了物体的宏观属性，如密度、温度、物态等，最终可以用于模拟的材料必须是 G4Material 类。

按照对现实材料的抽象，Gean4 中的材料是由若干几何体按照一定的相对位置组合而成的。Gean4 中的几何体有不同的层次，其中相当于真实物理空间的几何体称为世界（World），是最大的几何体，其他几何体均要包含在 World 中。

Geant4 中的几何体，除了 World 以外，均要依附在另外的几何体上，被依附的几何体称为母几何体，要依附的几何体则被称为子几何体。几何体的坐标系是相对的，描述子几何体在母几何体上的位置的坐标系是母几何体坐标系统，而子几何体本身的几何结构是由自身的坐标系描述的。这种坐标系的处理方式使得在放置几何体时非常简单方便。不同几何体可以有几种逻辑操作（图 6-37）：合并（Union）、相减（Subtraction）和相交（Interaction）。通过逻辑操作，可以使用简单的几何体创建构造复杂的几何体，这些通过逻辑操作生成的几何体称为布尔几何体（Bool）。

在 Geant4 中，按照抽象层次的不同，几何体分为三种：①实体（Solid），只有形状和尺寸；②逻辑几何体（LogicalVolume），加入了材料种类的实体；③物理几何体（PhysicalVolume），

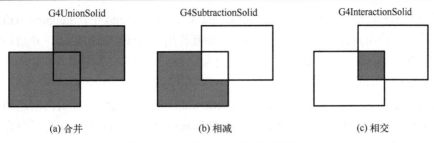

图 6-37　Geant4 中几何体的逻辑操作

指定了位置的逻辑几何体。逻辑几何体和物理几何体一般由 G4LogicalVolume 和 G4PVPlacement 类创建，且只能在实体和逻辑几何体基础上进行创建，因此几何体必须按照实体->逻辑几何体->物理几何体的顺序依次开始定义。物理几何体是已经放置好了的几何体，是最高层级的几何体，已经包含了现实世界中几何体的所有几何属性，是可以用在模拟中的几何体。一个典型的几何体如图 6-38 所示。其中大的长方体是 World，小的长方体是 Environment。小长方体在长方体中，依附于大长方体。

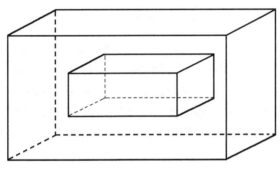

图 6-38　Geant4 中一个简单的几何体

在 DetectorConstruction.hh/cc 中定义的材料，需要在主函数中创建并初始化，相关的信息和接口定义需要在 ActionInitialization/RunAction/EventAction/SteppingAction 等定义和实现中进行合理地调用。

4）相互作用 Action

Geant4 中的一次 Run 模拟相当于真实世界中的一次实验，而 RunAction 则类似于真实物理实验的完整操作过程。在 Geant4 中，RunAction 用于控制一次 Run 模拟的探测器、粒子源、物理过程等的初始化，相互作用开始和结束时的所有操作，整个模拟过程中的信息记录等。RunAction 的相关信息及接口的具体定义和实现一般是由 XXXRunAction.hh/cc 两个文件完成，与 EventAction 和 SteppingAction 是紧密相关的，其中定义的变量与接口一般也需要在后两者的代码实现中合理地进行调用才能完成正常的 Geant4 模拟。

Geant4 中的每一次 Run 模拟，会包含若干次的粒子产生，即包含若干个 Event，每次生成进入探测器的粒子数量或每个 Event 的粒子数可根据需要由用户设置。EventAction 中定义了每个 Event 的初始化、相互作用开始与结束的所有操作和对模拟信息的记录，具体实现一般是由 XXXEventAction.hh/cc 两个文件完成。

前面我们提到，Geant4 模拟中的每一个 Event 中会有若干个 Track，每个 Track 上有若干相互作用点即 Step。与 RunAction 和 EventAction 类似，在 Geant4 中，SteppingAction 是用于控制和总结相互作用点模拟的类，一般指定了相互作用点处模拟的初始化、开始与结束时的各种操作和对每个 Step 模拟信息的记录，这些操作的定义和实现一般是由 XXXSteppingAction.hh/cc 两个文件完成。

　　一般地，以上这三个 Action 类需要在 ActionInitialization 类中进行实例创建和初始化。而 SteppingAction 需要合理地调用 RunAction 和 EventAction，EventAction 则需要合理地调用 RunAction。这四个 Action 的关系大致如图 6-39 所示。

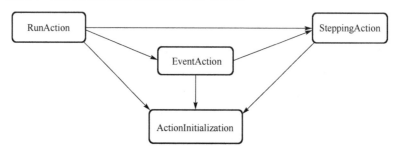

图 6-39　Geant4 中 ActionInitialization、RunAction、EventAction 和 SteppingAction 的调用关系

　　Geant 4 在 10.0 版本后引入了多线程， ActionInitilaization.hh/cc 便是负责线程管理的部分。如果要在 Geant4 中使用多线程，则必须要引入 ActionInitialization。正如上面四种 Action 类的关系图所示，一般地，只需要在主函数中创建 ActionInitialization 并进行初始化即可。

　　本小节简单介绍了 Geant4 的基本概念和程序的结构框架，并没有深入地介绍如何进行 Geant4 编程。要开发完整的 Geant4 模拟程序，读者需要参考 Geant4 示例代码、使用手册或其他的编程教程。

### 6.3.4　学习资源

- Geant4 官方网站：https://geant4.web.cern.ch/。
- Geant4 中国用户群：https://geant4cn.livejournal.com/。
- workshops 列表：https://geant4.web.cern.ch/collaboration/workshops/users2002/tutorial。
- Geant4 训练课程：https://geant4.web.cern.ch/support/training_courses。
- Geant4 高级课程：https://indico.cern.ch/event/1019834/。

## 6.4　本 章 小 结

　　本章主要介绍了高能物理大数据分析工具，包括数学与统计工具、数据可视化工具以及粒子物理模拟工具。ROOT 是高能物理数据存储、分析以及可视化最常用的工具之一，本节对其进行了较为详细的介绍。此外，还对 gnuplot、Maxima、Julia 等数据可视化的工具进行介绍。Geant4 是目前最常使用的粒子物理模拟工具之一，还在医学、航空航天等工业领域得到广泛的应用，本节也对其使用进行了初步介绍。值得说明的是，高能物理数据分析可以使用的工具非常丰富，远远超过本章所介绍这些软件，即使是本节涉及的这些软件，也没有进行深入的介绍。因此，希望本章起到抛砖引玉的效果，为读者提供数据分析的基础入门知识。同时，在每个小节的后面还列举了部分学习资源，以供感兴趣的读者进行深入的学习。

# 思 考 题

1. 高能物理大数据分析的目标是完成哪些功能，分别有哪些常用的工具？
2. Julia 语言在数据分析和人工智能应用方面有什么优势，它是编译型还是解释型语言？
3. Maxima 与 Mathematica 有什么区别，各有什么特点？
4. ROOT 的画布的构成及可视化机制是什么，支持哪些类型的可视化功能？
5. 三维的事例可视化环境包括哪几部分，请思考要显示一个事例需要哪些数据？
6. 粒子在物质中输运的物理过程的蒙特卡罗模拟非常重要，常用的 Geant4 软件主要包括哪些功能模块？

# 参 考 文 献

[1] Bezanson J, Karpinski S, Shah V B, et al. Julia: A fast dynamic language for technical computing[J]. arXiv preprint. arXiv:1209.5145, 2012.

[2] Maxima website[EB/OL]. [2022-06-08]. https://maxima.sourceforge.io/zh/index.html.

[3] Antcheva I, Ballintijn M, Bellenot B, et al. ROOT—A C++ framework for petabyte data storage, statistical analysis and visualization[J]. Computer Physics Communications, 2009, 180(12): 2499-2512.

[4] ROOT Geometry[EB/OL]. [2022-06-10]. https://root.cern.ch/root/htmldoc/guides/users-guide/Geometry.html.

[5] Brun R, Rademakers F. ROOT—An object oriented data analysis framework[J]. Nuclear Instruments and Methods in Physics Research Section A: Accelerators, Spectrometers, Detectors and Associated Equipment, 1997, 389(1-2): 81-86.

[6] ROOT Event Display[EB/OL]. [2022-06-10]. https://root.cern/doc/master/group_TEve.html.

[7] Agostinelli S, Allison J, Amako K, et al. GEANT4—a simulation toolkit[J]. Nuclear instruments and methods in physics research section A: Accelerators, Spectrometers, Detectors and Associated Equipment, 2003, 506(3): 250-303.

[8] Geant4 website[EB/OL]. [2022-06-10]. https://geant4.web.cern.ch/support/download.

# 第7章 高能物理云计算

高能物理一直是计算技术发展强有力的推动者，在国际互联网、Web 技术及网格计算的发展中都做出了积极的贡献。在新的云计算时代，国际各大高能物理实验室分别启动了多个项目，对云计算技术及应用进行研究。本节主要介绍云计算的概念及高能物理云计算集群系统、弹性计算资源管理方法，以及最新的容器技术在高能物理中的应用。

## 7.1 云计算介绍

### 7.1.1 云计算概念

云计算这个概念首次在 2006 年 8 月的搜索引擎会议上提出，被称为互联网的第三次革命[1]。关于云计算的定义，众说纷纭。根据美国国家标准和技术研究所(National Institute of Standards and Technology，NIST) 的定义：云计算是一种按照使用量付费的模式，它提供可利用的、方便的、随需应变的网络访问，接入一个可配置的计算资源共享池(资源包括网络、服务器、存储、应用软件、服务等)，只需要很少的管理工作，就可以迅速地提供这些资源。

云计算具有 5 个基本特征：

(1) 自助服务。消费者不需要或很少需要云服务提供商的协助，就可以单方面按需获取云端的计算资源。

(2) 广泛的网络访问。消费者可以随时随地使用任何云终端设备接入网络并使用云端的计算资源。常见的云终端设备包括手机、平板电脑、笔记本电脑和台式机等。

(3) 资源池化。云端计算资源需要被池化，以便通过多租户形式共享给多个消费者，也只有池化才能根据消费者的需求动态分配或再分配各种物理的和虚拟的资源。消费者通常不知道自己正在使用的计算资源的确切位置，但是在自助申请时允许指定大概的区域范围(比如在哪个国家、哪个省或者哪个数据中心)。

(4) 快速弹性。消费者能方便、快捷地按需获取和释放计算资源，也就是说，需要时能快速获取资源从而扩展计算能力，不需要时能迅速释放资源以便降低计算能力，从而减少资源的使用费用。对于消费者来说，云端的计算资源是无限的，可以随时申请并获取任何数量的计算资源。

(5) 计费服务。消费者使用云端计算资源是要付费的，付费的计量方法有很多，比如根据某类资源(如存储、CPU、内存、网络带宽等)的使用量和时间长短计费，也可以按照每使用一次来计费。但不管如何计费，对消费者来说，价格要清楚，计量方法要明确，而云服务提供商需要监视和控制资源的使用情况，并及时输出各种资源的使用报表，做到供/需双方费用结算清清楚楚、明明白白。

云计算通常有如下四种部署模型：

(1)私有云。云端资源只给一个单位组织内的用户使用，这是私有云的核心特征。而云端的所有权、日程管理和操作的主体到底属于谁并没有严格的规定，可能是本单位，也可能是第三方机构，还可能是二者的联合。云端可能位于本单位内部，也可能托管在其他地方。

(2)社区云。云端资源专门给固定的几个单位内的用户使用，而这些单位对云端具有相同的诉求(如安全要求、云端使命、规章制度、合规性要求等)。云端的所有权、日常管理的操作的主体可能是本社区内的一个或多个单位，也可能是社区外的第三方机构，还可能是二者的联合。云端可能部署在本地，也可能部署于他处。

(3)公共云。云端资源开发给社会公众使用。云端的所有权、日常管理和操作的主体可以是一个商业组织、学术机构、政府部门或者它们其中的几个联合。云端可能部署在本地，也可能部署于其他地方，比如中山市民公共云的云端可能就建在中山，也可能建在深圳。

(4)混合云。混合云由两个或两个以上不同类型的云(私有云、社区云、公共云)组成，它们各自独立，但用标准的或专有的技术将它们组合起点，而这些技术能实现云之间的数据和应用程序的平滑流转。由多个相同类型的云组合在一起，混合云属于多云的一种。私有云和公共云构成的混合云是目前最流行的——当私有云资源短暂性需求过大(称为云爆发，Cloud Bursting)时，自动租赁公共云资源来平抑私有云资源的需求峰值。例如，网店在节假日期间点击量巨大，这时就会临时使用公共云资源的应急。

云计算主要提供如下三种基本的服务模式：

(1)软件即服务(Software as a Service，SaaS)。云服务提供商把 IT 系统中的应用软件层作为服务租出去，消费者不用自己安装应用软件，直接使用即可，这进一步降低了云服务消费者的技术门槛。

(2)平台即服务(Platform as a Service，PaaS)。云服务提供商把 IT 系统中的平台软件层作为服务租出去，消费者自己开发或者安装程序，并运行程序。

(3)基础设施及服务(Infrastructure as a Service，IaaS)。云服务提供商把 IT 系统的基础设施层作为服务租出去，由消费者自己安装操作系统、中间件、数据库和应用程序。

## 7.1.2　虚拟化技术

虚拟化技术是云计算的基础，它将物理计算资源转化为便于切分的资源池，可以把硬件、操作系统和应用程序一同封装在一个可迁移的虚拟机档案文件中[2]。通过虚拟化技术，可以在一台物理机上，运行多台"虚拟服务器"，这种虚拟服务器，也叫虚拟机(Virtual Machine，VM)。从表面来看，这些虚拟机都是独立的服务器，但实际上，它们共享物理服务器的 CPU、内存、硬件、网卡等资源。物理机，通常称为"宿主机(Host)"。虚拟机，则称为"客户机(Guest)"。

通常来说，CPU 具有 Ring0、Ring1、Ring2 以及 Ring3 等不同的特权级别，用于实现操作系统的安全性和稳定性。这些特权级别是从最高的 RING0 到最低的 RING3。RING0 是最高的特权级别，通常被操作系统的核心部分(内核)使用。在这个级别上，代码可以直接访问所有的硬件资源和执行所有的 CPU 指令。操作系统的核心组件在这个级别上运行，以便能够有效地管理硬件和执行关键的系统任务。RING1 和 RING2 这两个级别在现代的操作系统中很少使用，它们被设计为给操作系统中的某些特定的、需要较高特权但不需要 RING0 级别特权的组件使用。然而，大多数现代操作系统主要使用 RING0 和 RING3，而不是 RING1 或 RING2。RING3 是最低的特权级别，通常被用户程序使用。在这个级别上，代码受到严格的限制，不能直接访问硬件或执行某些敏感的 CPU 指令。这有助于保护系统的安全和稳定，因为即使用户程序或者第三方软件有缺陷或恶意，它们也不能直接影响到系统的核心部分。

根据 CPU 保护级别的不同，X86 平台主要有三种技术来实现 CPU 指令的虚拟化：

(1)全虚拟化。客户操作系统运行在 CPU 的 Ring 1 级，虚拟机监控器(Virtual Machine Monitor，VMM)运行在 Ring 0 级，对于不能虚拟化的特权指令，通过二进制转换方式转换为同等效果的指令序列运行，而用户级指令可直接运行。全虚拟化的方式不需要修改操作系统，虚拟机具有较好的隔离性和安全性。

(2)半虚拟化。与全虚拟化技术类似，客户操作系统位于 CPU 的 Ring 1 级，VMM 位于 Ring 0 级。但是，半虚拟化的方式需要修改客户操作系统内核，以知晓它们正在虚拟化环境中运行，同时将不能虚拟化的指令替换为超级调用(Hypercall)。Hypercall 直接与 VMM 通信，显著减少了虚拟化开销，性能较高，但是由于需要修改操作系统内核，对于非开放的操作系统，如 Windows 2000/XP，则无法支持。

(3)硬件辅助虚拟化。在硬件辅助的虚拟化(如 Intel VT-x 和 AMD-V 技术)中，CPU 在 Ring 0 级之下还提供了一个 Root Mode，VMM 运行在 Root Mode 下，而客户操作系统实际运行在 Ring 0 级别，但是处于 Non-Root Mode。这意味着，客户操作系统在其自身的上下文中具有最高的特权级别，特权指令不需要进行二进制转换或调用 Hypercall，效率较高，且几乎无需修改客户操作系统。而实际上客户操作系统是在一个由 VMM 控制的受限环境中运行。VMM 具有比客户操作系统更高的权限，能够完全控制硬件资源和虚拟化环境，包括对客户操作系统的管理，同时也能处理虚拟化中必要的各种陷入(trap)和模拟操作。

KVM(kernel-based virtual machine)是一种支持硬件辅助虚拟化的技术，它是 Linux 内核的一部分，允许 Linux 将自身作为一个虚拟机(VM)运行，从而在一个物理服务器上运行多个隔离的 VM。

OpenStack 是由 Rackspace 和 NASA(美国宇航局)共同开发的云计算管理平台，是云计算中 IAAS 的开源实现[3]。通过 Apache 许可证授权开放源码，它可以帮助服务商和企业实现类似于 Amazon EC2 和 S3 的云基础架构服务。OpenStack 是一个可以管理整个数据中心里大量资源池的云操作系统，包括计算、存储及网络资源。管理员可以通过管理台管理整个系统，并可以通过 Web 接口为用户划定资源。OpenStack 的主要目标是管理数据中心的资源，简化资源分派。它管理三部分资源，分别是：

(1)计算资源。OpenStack 可以规划并管理大量云主机，从而允许企业或服务提供商按需提供计算资源，如 CPU、GPU 等。开发者可以通过 API 访问计算资源从而创建云主机，管理员与用户则可以通过 Web 访问或者管理这些资源。

(2)存储资源。OpenStack 可以为云主机提供所需的对象存储或块存储资源。因对性能及价格有需求，很多组织已经不能满足于传统的企业级存储技术，因此 OpenStack 可以根据用户需要提供可配置的对象存储或块存储功能。

(3)网络资源。如今的数据中心存在大量的设备，如服务器、网络设备、存储设备、安全设备等，而它们还将被划分成更多的虚拟设备或虚拟网络，这会导致 IP 地址的数量、路由配置、安全规则爆炸式增长。传统的网络管理技术无法真正地高扩展、高自动化地管理下一代网络，因而 OpenStack 提供了插件式、可扩展、API 驱动型的网络及 IP 管理。OpenStack 通过整合相关的一组服务，提供了基础设施即服务(IaaS)的解决方案。每个服务提供了一组应用程序接口(API)来促进它们之间的整合。

### 7.1.3　云计算与网格计算

相对于网格计算和分布式计算，云计算具有明显的特点：第一是低成本[4]。第二是广泛的网络访问，云服务通常通过互联网提供，这意味着服务可以从任何地方、通过任何标准设备访问，确保了高度的可用性和便利性。第三是镜像部署，能够使得过去很难处理的异构的程序执行变得比较容易。第四是强调按需服务，用户可以根据需要自行获取计算资源，如服务器时间和网络存储，而无需人工干预。这种自助服务模式提高了资源获取的灵活性和效率。

网格计算的特点是跨地区的，甚至跨国家、跨洲的这样一种独立管理的资源结合。资源由提供者独立管理，并不是进行统一布置、统一安排的形态。网格这些资源都是异构的，不强调有什么统一的安排。另外，网格的使用通常是让分布的用户构成虚拟组织(Virtual Organization，VO)，在这样统一的网格基础平台上用虚拟组织形态访问不同的自治域的资源。此外，网格一般由所在地区、国家、国际公共组织资助，支持的数据模型很广，从海量数据到专用数据以及到大小各异的临时数据集合，这是网格目前的基本形态。

可以看出，网格计算和云计算有相似之处，特别是计算的并行与合作的特点。但它们的区别也是明显的。主要有以下几点：

第一，网格计算的思路是聚合分布资源，支持虚拟组织，提供高层次的服务，例如分布协同科学研究等。而云计算的资源相对集中，主要以数据中心的形式提供底层资源的使用，并不强调虚拟组织(VO)的概念。

第二，网格计算用聚合资源来支持挑战性的应用，这是初衷，因为高性能计算的资源不够用，要把分散的资源聚合起来；后来到了 2004 年以后，逐渐强调适应普遍的信息化应用，特别在中国，做的网格跟国外不太一样，就是强调支持信息化的应用。但云计算从一开始就支持广泛企业计算、Web 应用，普适性更强。

第三，在对待异构性方面，二者理念上有所不同。网格计算用中间件屏蔽异构系统，力图使用户面向同样的环境，把困难留在中间件，让中间件完成任务。而云计算实际上承认异构，用镜像执行，或者提供服务的机制来解决异构性的问题。当然不同的云计算系统还不太一样，像 Google 一般用比较专用的自己的内部的平台来支持。

第四，网格计算用执行作业形式使用，在一个阶段内完成作业并产生数据。而云计算支持持久服务，用户可以利用云计算作为其部分 IT 基础设施，实现业务的托管和外包。

第五，网格计算更多地面向科研应用，商业模型不清晰。而云计算从诞生开始就是针对企业商业应用，商业模型比较清晰。

总之，云计算是以相对集中的资源，运行分散的应用(大量分散的应用在若干大的中心执行)；而网格计算则是聚合分散的资源，支持大型集中式应用(一个大的应用分到多处执行)。但从根本上来说，它们的目标是一致的，都是使应用和资源更好地匹配，解决异构性、资源共享等问题。

### 7.1.4　高能物理与云计算

随着人类探索宇宙起源以及基本物质组成的脚步不断前进，高能物理实验的规模也在不断扩大，其计算资源的需求越来越庞大[5]。科学家们不断寻求多种技术手段整合资源以满足高能物理实验的计算需求。

云计算作为一种新兴的计算思想和模式，在提高资源利用率、灵活的可伸缩性以及可管理性方面表现出了巨大的优势，吸引了包括高能物理在内的多个领域进行广泛的应用。欧洲核子研究中心(CERN)启动了虚拟机项目 CernVM[6,7]，并在此基础上发起 LHC 云计算项目[8]，为 LHC 提供虚拟化的应用环境。同时，CERN 还启动了 Lxcloud 项目[9]，支持批处理计算服务，以提高资源利用率并简化管理。DESY、Fermilab 等其他国际高能物理实验室也使用了云计算技术。这里对其中一些项目简要介绍如下。

1) CernVM

2008 年，欧洲核子研究中心启动了 CernVM 项目，用于解决大型强子对撞机物理计算中的虚拟机管理问题。CernVM 的基本思想是将操作系统与应用程序打包，做成轻量级的虚拟机映像文件，从而实现在全球网格系统上的调度或是用户桌面级的数据分析。CernVM 并不是将所有的应用程序与依赖库文件都打包在一起(通常是 10GB 量级)，而是初始装入 100MB 左右的"瘦应用"，与应用相关的程序以及数据通过 CVMFS(CernVM 文件系统)从远程软件仓库按需下载、更新和缓存，通常情况下一个应用保持在 1GB 以下。图 7-1 是 CernVM 的示意图。

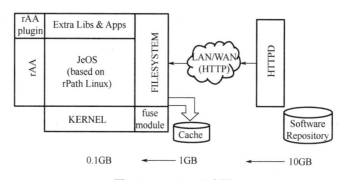

图 7-1　CernVM 示意图

CernVM 不仅解决了虚拟机映像文件尺寸与更新的问题，而且最大限度地保持了用户的使用习惯。CernVM 支持 VMWare、VirtualBox、Xen、KVM 等大部分主流虚拟机，可以运行在 Windows、Linux 或者 MacOS 等操作系统上。

2) LHC 云计算

LHC 计算的主要基础设施是 WLCG 网格[10]，但是网格的使用方式不如云计算便捷与灵活。LHC 云计算(LHC Cloud Computing)项目可以通过 CernVM 将现有 WLCG 上的资源虚拟化，或者结合志愿计算(Volunteer Computing)技术将用户的桌面机资源整合起来，用于 LHC 数据处理与分析，其基本架构如图 7-2 所示。为实现与云资源的接口，LHC 云计算开发了 Co-Pilot 技术[11,12]，即用户仍然用以前的方式提交作业，而这些作业并不是直接发到网格上运行，而是进入 Co-Pilot 服务器排队。在网格计算节点上都安装有 CernVM，在 CernVM 上运行有 Co-Pilot 代理，主动到 Co-Pilot 上去获取作业任务。事实上，通过 Co-Pilot 与 CernVM技术，再结合 WLCG 已有的资源调度器，使得 LHC 的数据处理环境完全变成一朵可以动态配置的"云"，可以使用商业的云计算资源 EC2 等，也可以使用 WLCG 中的 Tier1/Tier2/Tier3上的资源，甚至通过与志愿计算中间件 Boinc 的结合，使用全球志愿者机器。

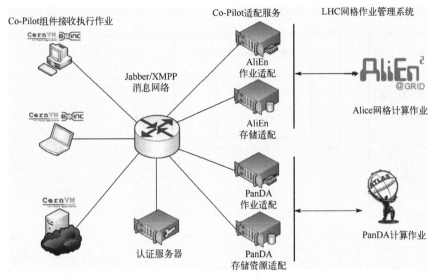

图 7-2　LHC 云计算基本架构

3) LxCloud

当前，高能物理领域内本地计算资源一般通过 Torque、Condor、LSF 等批处理调度系统直接将作业调度到物理机器上运行。但是，随着硬件的不断发展，CPU 的计算能力越来越强，直接运行往往导致 CPU 利用率不足。另外，操作系统与应用程序在不断升级，在多应用情况下，要保证操作系统与应用的匹配，是一个非常大的挑战，因此十分有必要进行计算节点的虚拟化。LxCloud[13]就是 CERN 发起的一个计算节点虚拟化的项目。通过 LxCloud 实现对上层完全屏蔽底层硬件的更新换代，而应用和用户的使用方式不需要修改。LxCloud 主要解决两个问题：一个是选用开源的 OpenNebula 和商业的 Platform ISF 来完成大规模虚拟机镜像的管理，主要任务包括接受和处理虚拟机创建请求、选择一个适合虚拟机运行的物理机器、在目标物理机器上启动虚拟机并进行监控。另外一个是选用 BT 技术实现虚拟机的分发和快速部署。LxCloud 的基本框架如图 7-3 所示。

4) FermiCloud

FermiCloud[14]是美国费米国家实验室发起的一个私有云项目，是典型的 IaaS 类服务，也就是基础设施即服务，仅面向费米实验室的员工与用户。FermiCloud 内部通过 OpenNebula或者 Nimbus 来管理多台虚拟机，向外提供虚拟机服务，包括动态公网 IP 虚拟机、静态公网IP 虚拟机、内部 IP 虚拟机、公网与内部 IP 混合虚拟机，以及虚拟机集群等。

5) IHEPCloud

IHEPCloud 是高能所计算中心基于 Openstack 虚拟化开源软件研发的一个自助服务云计

算平台，给高能所个人用户以及科学计算提供便捷的虚拟计算环境[15]。IHEPCloud 旨在实现

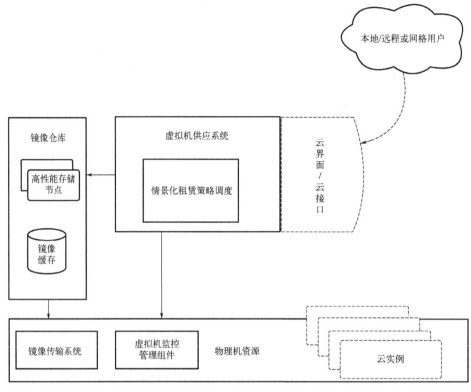

图 7-3　LxCloud 基本框架

物理计算资源的虚拟化，实现用户自助申请、使用、注销虚拟机的社区管理模式，一方面方便用户使用，另一方面最大限度地提高资源利用率，为各个高能物理大科学工程项目提供新型的计算服务。IHEPCloud 的基本框架如图 7-4 所示。

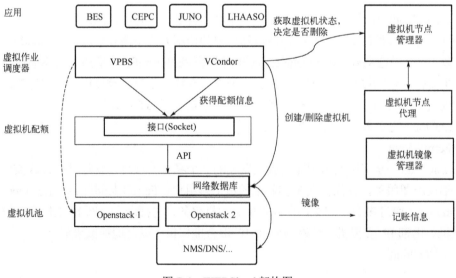

图 7-4　IHEPCloud 架构图

# 7.2　高能物理云计算集群系统

高能物理计算是典型的数据密集型高性能计算的应用,运行时需要大量的 CPU 计算资源。如果系统的 CPU 资源利用率不高,会使得计算效率大大下降。因此,如何高效率、高精度地分析海量数据是高能物理计算环境中面临的一个巨大挑战。传统的高能物理计算环境通主要通过 Torque PBS[16]、HTCondor[17]、LSF[18]等资源管理和作业调度系统基于系统负载状态和作业信息将作业调度到物理机器上运行。但是,这种资源管理是静态的,很难同时满足突发、批处理、CPU 密集型、数据密集型等不同类型的作业对于不同的物理资源(内存、CPU、IO、网络、磁盘空间等)的需求。通常分配给某些作业队列的资源处于空闲的状态,而需要资源的作业却因为得不到资源无法被执行,导致资源难以充分利用。随着我国新一代高能物理实验的展开,对海量数据的高效处理提出了更高的要求,其中最为重要及关键的就是最大化现有计算集群资源的利用率。因此,十分有必要将高能物理计算环境移植到虚拟化集群上,借助 Openstack[19]、KVM 虚拟机[20]等技术,降低应用与基础设施的耦合程度,灵活调度各种类型的作业,实现不同应用需求对资源进行高度共享的目标,从而充分利用资源,提高资源利用率。

## 7.2.1　KVM 虚拟机的性能测试与优化

在虚拟化的平台中,虚拟机的性能一定程度影响着实际应用在云计算平台上的性能。虚拟机性能主要由 CPU 计算能力、磁盘 IO 和网络 IO 来进行综合评估。作者及所在单位主要是在高能物理计算环境下,用各种基准测试工具对 KVM 虚拟机从 CPU 计算能力、磁盘 IO 和网络 IO 等参数进行测试,给出虚拟机和物理机的性能差异和定量分析。同时从 KVM 虚拟机架构上分析影响 KVM 性能的各种因素,从硬件级、内核级对影响性能的因素展开研究,包括扩展页表 EPT(Extented Page Table)、CPU 的亲和性(CPU affinity)对 KVM 进行性能优化。优化结果显示,在客户机操作系统的 VCPU 与物理 CPU 绑定和关闭扩展页表选项时,KVM 虚拟机的 CPU 性能最好,损失率约为 3%,CPU 计算能力与优化前相比,提高了 6%~8%,而磁盘 IO 性能的提升不大,这与 KVM 虚拟机的 IO 虚拟化有关,需要进一步从 KVM 客户机操作系统源码分析与优化。因此,优化后的 KVM 虚拟机比较适合 CPU 密集型和网络 IO 密集型的应用[21]。

## 7.2.2　高能物理作业在虚拟机上的性能测试

高能物理计算分为蒙特卡罗模拟计算、重建计算、分析计算三种,主要表现为 CPU 密集型和网络 IO 密集型,为了验证高能物理作业在 KVM 虚拟机上的运行效率,我们进行了如下测试。

测试环境中物理机的配置为:24 个 CPU 核,16GB 内存,虚拟机配置为:1 个 CPU 核,2GB 内存。

测试方法:在物理机上运行 24 个虚拟机,每个虚拟机分配 1 个 CPU,2GB 内存,相同数量的高能物理作业运行在物理机和虚拟机上,每个虚拟机运行一个作业。限于篇幅关系,本节仅介绍模拟作业的分析情况。

在表 7-1 中，作业类型以"核数-物理机/虚拟机"的形式列出，比如 1-pm 就是 1 核心物理机，1-vm 就是 1 核心虚拟机。该表给出了分别将 1 个、12 个、24 个高能物理模拟作业运行在相同数量的物理机和虚拟机上的测试结果。表中记录了作业运行的 Walltime、CPUtime 以及 CPU 效率，并通过物理机和虚拟机上作业运行的 CPU 效率，计算得出虚拟机上作业运行的性能损失率(Penalty)。

表 7-1　模拟作业在物理机与虚拟机的运行性能比较

| 核数-物理机/虚拟机 | 总体时间/s | CPU 时间/s | CPU 效率 | 性能损失率 |
| :---: | :---: | :---: | :---: | :---: |
| 1-pm | 3318.51 | 3303.13 | 99.5% | / |
| 1-vm | 3427.12 | 3391.56 | 98.9% | 3.3% |
| 12-pm | 3761.75 | 3740.76 | 99.5% | / |
| 12-vm | 3862.58 | 3828.31 | 99.1% | 2.7% |
| 24-pm | 3786.45 | 3750.01 | 99.5% | / |
| 24-vm | 3870.08 | 3829.19 | 98.9% | 2.2% |

由表 7-1 可知，高能物理的模拟作业在虚拟机上的性能损失率在 3%左右，当同时运行 24 个作业时，损失率低至 2.2%。在资源高度共享和高利用率的前提下，2%~3%左右的性能损失，对用户体验影响不大。

### 7.2.3　高能物理虚拟集群资源管理平台

为满足高能物理云计算的需求，作者所在的单位建立了高能物理虚拟集群资源管理平台，该平台主要提供虚拟资源分配与调度以及作业拉取运行机制。设计目标是为上层队列调度系统(如 Torque，Condor 等)提供调用 Openstack 的虚拟计算接口，根据用户提交作业的类型不同，启动不同操作系统的虚拟机，完成对作业的运行，并将结果返回。系统具有两个特点：一是为用户提供透明的使用方式。用户不必关心后台作业是如何运行的，只需要在提交任务时指定任务类型即可，对用户提交作业的习惯没有任何影响。二是虚拟资源管理控制平台与队列调度系统之间是松耦合的方式，可以支持多种队列调度系统，因此可扩展性强。

系统总体框架如图 7-5 所示，整个系统由三部分组成：顶层是虚拟作业表，是整个系统的输入源；中间层是虚拟机资源管理层，负责虚拟机的启动和停止等任务；最下面一层是虚拟平台层，负责作业的运行及返回等任务。

1)虚拟作业表

虚拟作业表是由 Torque 或 Condor 等队列调度系统生成，供虚拟平台拉取作业使用，本部分的实现并不在本节讨论范围内，这里只介绍下虚拟作业表的结构。虚拟作业表中包含用户提交的作业的基本信息，如作业名、用户名、用户属组等信息，同时增加了一些虚拟作业的属性信息，比如虚拟作业队列名称、虚拟机地址、虚拟机心跳时间等字段。具体字段如表 7-2 所示。

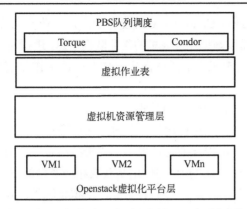

图 7-5　高能物理虚拟集群资源管理平台系统框架

**表 7-2　虚拟作业表**

| 字段值 | 说明 | 字段值 | 说明 |
|---|---|---|---|
| job_hashname | 作业 id | egroup | 用户所属组 |
| job_name | 作业名字 | status | 作业运行状态 |
| init_workdir | 提交作业目录 | exit_status | 作业退出状态 |
| output_path | 标准文件输出路径 | vm_ipaddr | 虚拟机地址 |
| error_path | 错误文件输出路径 | vm_procid | 虚拟作业 id |
| shell | 作业运行 shell 环境 | last_heartbeat | 虚拟机心跳时间 |
| varlist | 环境变量列表 | queue_name | 虚拟作业队列名称 |
| mom_exec_host | PBS 作业执行节点 | to_be_deleted | 作业是否删除 |
| euser | 用户名 | others1others2 | 预留字段 |

**2）虚拟机资源管理层**

虚拟机资源管理层是整个系统的重点，负责虚拟机资源的控制策略，包括虚拟机的启动、删除、停止等。注意不同的作业需要启动的虚拟机并不相同，因此虚拟资源管理层必须能够区分作业的类型，从而启动不同的虚拟机。

**3）虚拟平台层**

虚拟机启动后获取任务、执行任务，以及虚拟机状态控制等都需要在虚拟平台层完成。

虚拟集群作业运行采用推拉结合的作业运行方式，通过 Openstack API 动态启动及关闭虚拟机。整个系统的工作流程如图 7-6 所示。

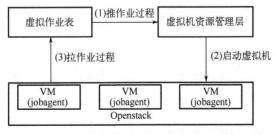

图 7-6　运行流程图

（1）用户通过 Torque 或者 Condor 方式提交作业后，作业信息被推送到虚拟作业表里。

（2）虚拟资源管理层通过虚拟作业表里的作业队列信息，进行相应队列类型的虚拟机启动。

（3）虚拟机启动后，虚拟机上的进程向虚拟作业表请求作业信息，取到对应类型的作业后执行此作业。

（4）作业执行结束后，虚拟机上的进程将作业输出写回，并再次执行拉取作业过程，同时监控虚拟机的作业状态，在虚拟机运行作业时，保证虚拟机不会被删除。

从上述流程可以看出，虚拟作业运行采用了"推拉结合"的方式。"推"的作用是实现相应队列类型的虚拟机启动，而"拉"的作用是获取相应类型的作业，最终实现作业的运行。

为了实现上述"推拉结合"的作业运行方式，虚拟资源管理系统设置以下模块：

（1）Openstack API 包接口。系统底层 Openstack 虚拟化平台已经提供了一些 API，这些 API 包括虚拟机的启动、运行、停止、删除以及平台上虚拟机的运行状态等信息。这些接口每次调用时会面临一些初始化问题，以及 tokens 失效等问题，为了提高 API 便利性，该系统中将 Openstack API 重新打包，实现简单调用。

（2）虚拟机上的 jobagent。为了实现虚拟机能够实现"拉"的功能，在虚拟机上内置 jobagent 进程，此进程跟随系统开机启动。jobagent 的设计是本系统中的关键之处。高能物理作业由于其特殊性，对运行环境的要求很高，因此作业在虚拟机上运行时，首先要初始化作业运行环境，包括用户身份的转换、shell 的设置、作业运行环境变量设置等，这些在设计 jobagent 时都需要格外注意。另外，虚拟机上还要监控作业运行状态，以便虚拟资源管理层准确获知节点状态。

# 7.3　弹性计算资源管理调度

"弹性扩展"的概念最早由亚马逊提出，弹性扩展是针对云应用的运行资源的一种动态扩展，实现支撑云应用在运行期间的虚拟机实例数量的动态增加或减少[22]。在当前 IT 产业界中典型的弹性公有云服务有 Amazon EC2 等。它采用了基于应用负载的虚拟机动态调度方法。当应用负载超出一定阈值后，自动增加一个或多个虚拟机以缓解负载压力。负载降低到一定阈值后，关闭部分虚拟机以节省系统资源和节约用户成本。但是 Amazon EC2 的这种方式不适用于高能物理领域中高吞吐的集群计算环境。Cloud Scheduler 是加拿大维多利亚大学为高能物理应用开发的一个云计算环境下分布式资源管理器，支持 OpenStack, Google Compute Engine 和 Amazon EC2 等云平台虚拟机的动态管理。用户自主配置安装有 HTCondor 和 Cloud Scheduler 客户端的虚拟机镜像并提交作业，虚拟机自动创建并接收用户作业运行，作业完成后虚拟机自动销毁以释放资源。然而，在 Cloud Scheduler 中并未对每个应用的资源可用额度进行管理。ROCED 是德国 KIT 实验核物理所开发的计算资源按需管理系统，可根据实际作业需要在多个云站点或 HPC 站点内动态启停虚拟机，但同样不支持对多个高能物理应用的资源可用额度进行管理。

## 7.3.1　面向多个高能物理应用的弹性资源管理算法

弹性资源管理算法的主要思想是定期检查队列资源池规模、队列中排队作业的数目，并与设定的资源阈值上限 $\mu_{\text{high}}$ 和阈值下限 $\mu_{\text{low}}$ 比较，计算资源池伸缩幅度，批量增加或减少虚拟机。当队列中有排队作业时，说明当前队列的资源池已经不能满足作业的需要，需进行扩展，系统首先计算增加多少资源，然后使用预先设定的虚拟机镜像模板，启动相应数目的虚拟机并加入 HTCondor 资源池中。当队列中没有作业排队时，系统尝试进行集群收缩，删除空闲虚拟机，并释放资源返还给集群。周期性重复此过程以完成资源池弹性伸缩。在第 i 次调度时，算法的具体步骤如下：

Step1：统计给定队列资源池的规模 $\zeta_i$ 以及排队作业的数目 $\gamma_i$。

Step2：获取队列资源阈值上限 $\mu_{\text{high}}$ 和阈值下限 $\mu_{\text{low}}$。

Step3：将资源池规模 $\zeta_i$ 和 $\mu_{\text{high}}$ 以及 $\mu_{\text{low}}$ 比较，若高于 $\mu_{\text{high}}$ 则生成退出集群的虚拟机列表，然后转向 Step8，减少的资源数目为

$$\theta_1 = \zeta_i - \mu_{\text{high}}$$

Step4：资源池规模若低于 $\mu_{\text{low}}$ 则转向 Step7，增加的资源数目为

$$\theta_2 = \mu_{\text{low}} - \zeta_i$$

Step5：若队列中作业没有排队且资源池中有 $\delta_i$ 虚拟机空闲，队列可以释放部分计算资源，参考资源阈值下限 $\mu_{\text{low}}$ 确定可以减少的计算资源数量 $\theta_1$，生成虚拟机删除列表，然后转向 Step8。

$$\theta_1 = \begin{cases} \delta_i, & \zeta_i - \delta_i \geqslant \mu_{\text{low}} \\ \zeta_i - \mu_{\text{low}}, & \zeta_i - \delta_i < \mu_{\text{low}} \end{cases}$$

Step6：若排队作业数目 $\gamma_i$ 大于 0 且资源池没有空闲的虚拟机，队列需要更多计算资源，参考资源阈值上限 $\mu_{\text{high}}$ 确定可以增加的计算资源数量 $\theta_2$，生成虚拟机扩展列表，然后转向 Step7。

$$\theta_2 = \begin{cases} \gamma_i, & \zeta_i + \gamma_i \leqslant \mu_{\text{high}} \\ \mu_{\text{high}} - \zeta_i, & \zeta_i + \gamma_i < \mu_{\text{high}} \end{cases}$$

Step7：根据已生成的虚拟机扩展列表，成功启动虚拟机后将表中的虚拟机加入 HTCondor 资源池，然后转向 Step9。

Step8：根据已生成的虚拟机删除列表，将表中的虚拟机退出 HTCondor 资源池，随后删除并将资源返还给集群，然后转向 Step9。

Step9：系统休眠等待下一个调度周期到来。

弹性资源管理算法定期执行，保证资源池定期的扩展或收缩。HTCondor 不断将用户作业调度到资源池内的虚拟机中运行。

## 7.3.2 面向高能物理应用的弹性资源管理框架

框架的前端使用作业批处理系统 HTCondor 调度作业运行，面向用户提供了提交作业和管理作业的接口。在高能物理领域的使用经验中，与其他作业调度器如 Torque PBS 等相比，HTCondor 表现出了支持多种平台、高吞吐以及支持更大规模集群的优势。框架的中间

层为自主设计的弹性集群调度器。框架的后端为运行用户作业的计算节点和提供计算资源的物理机。系统基本框架图如图7-7所示。

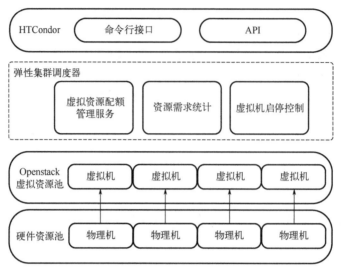

图7-7　弹性资源管理系统架构

弹性集群调度器是本系统的核心，主要由以下模块构成：

(1)资源需求统计：周期性获取各物理实验队列中排队作业的属性，统计作业运行时对CPU核数目的最小需求，从而确定各个作业队列对于计算资源的需求。

(2)虚拟机启停控制：借助Openstack云平台的控制器Nova来实现虚拟机启动和删除，随后完成虚拟机加入或退出HTCondor计算资源池等操作。

(3)虚拟资源配额管理服务：根据集群计算资源使用情况限制各物理实验的队列可使用的资源数目，确保公平的资源分配策略。弹性集群调度器以XML格式存储系统的配置信息，例如调度周期Schedule_interval等。在每一个调度周期中，弹性集群调度器依次完成以下操作：①通过API的方式调用资源需求统计模块，获取不同队列用户作业对于计算资源的需求。②通过Socket的方式向虚拟资源配额服务VMQuota请求某个指定队列的资源上下阈值和可用配额。③确定系统扩展时，可占用的计算资源数、启动的虚拟机数，或者系统收缩时，可释放的计算资源数、删除的虚拟机数。④虚拟机启停控制模块通过Web API的方式调用Openstack云平台的控制器nova，创建虚拟机，加入计算资源池或删除虚拟机，退出计算资源池。弹性集群调度器各模块之间的交互关系如图7-8所示。

弹性集群调度器的调度周期$T_0$决定了系统的控制粒度，是影响系统性能的重要因素。调度周期设置过长，集群扩张和收缩的频率较低，无法及时响应队列中作业需求的动态变化；调度周期设置过短，则控制频率过高，增大了调度器的运行开销。同时，调度周期设定也需要参考特定应用环境、作业执行时间以及云平台Openstack负载情况。若云平台Openstack负载较重，一个周期将要结束时，弹性集群调度器无法完成资源池的伸缩，系统则以固定的增量$k$逐步延长调度周期的时间，直至资源池伸缩完成。

下面依次介绍弹性集群调度器各模块的设计与具体实现机制。

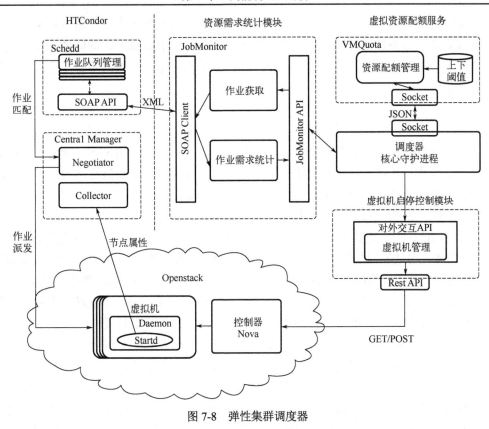

图 7-8　弹性集群调度器

## 1．资源需求统计模块

资源需求统计模块周期性查询并统计各高能物理实验队列中作业的数目，可并发支持多个 HTCondor pool 的查询。该模块通过基于 XML 协议的 SOAP API 在 HTCondor 的队列服务器 Schedd 上执行远程过程调用，如图 7-9 中所示，以获取各队列用户作业的属性，并计算各队列作业对于计算资源，主要是 CPU 核数目的需求。

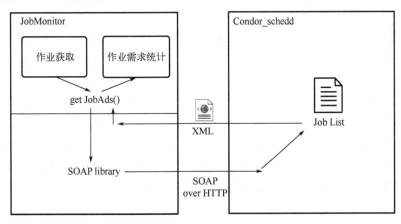

图 7-9　资源需求统计模块（JobMonitor）获取作业需求

资源需求统计模块中，这种通过 SOAP API 的方式进行作业查询与通过系统调用直接使用 HTCondor 命令行工具的方式相比，降低了模块和 HTCondor 之间的耦合度，能够支持多种语言编写的应用程序，且不受平台、操作系统和网络防火墙的限制，提高了系统的通用性和安全性，易于部署。

### 2. 虚拟资源配额管理服务

由于系统按照作业排队数目分配计算资源，考虑到多个队列情况下，即使一个队列内有大量作业排队，其资源池也并非越大越好，而是应控制在一定阈值范围内，使其他队列仍然可以保有部分计算资源使用。因此，为使计算资源得到最大化合理利用的同时，兼顾分配的公平性，通过双阈值的方式来限定每个队列资源池的大小。

双阈值的设计主要是出于两个不同方面的考虑，其中上限阈值是为了防止某个物理实验的计算队列资源占用过多，防止用户提交大量作业以抢占资源和恶意竞争，下限阈值是虚拟计算集群为各物理实验提供的最小资源保证。因此上限阈值的设定需要考虑计算队列的优先级、平均队列长度、集群总可用计算资源数目等，下限阈值的设定需要考虑集群能耗、资源利用率等。

虚拟资源配额服务启动后，开始不间断地监听来自弹性集群调度器的请求。当收到请求后，基于弹性资源管理算法，返回各队列计算资源的上下阈值和可用额度。

弹性集群调度器和虚拟资源配额服务的通信采用了面向连接、提供可靠传输的 TCP 协议。使用 Socket 机制发送网络请求和提供应答，并采用 JSON 作为数据传输的格式。JSON格式具有易于阅读和理解、易于机器合成或解析的特点，以防止在拥塞或者网络环境较差的情况下解析不到完整的数据包。在解析收到的 JSON 字符串时，首先检查其关键字/值对格式的合法性。非法的 JSON 字符串会被丢弃，要求虚拟资源配额服务重新发送，并且在系统的运行日志文件中做相应的记录。

由于在高能物理应用的特定环境下，虚拟计算集群中硬件资源由各高能物理实验分别提供，因此物理资源，主要是 CPU 核的分配，需要考虑各高能物理实验在集群硬件资源池建设中的贡献。

### 3. 虚拟机启停控制模块

虚拟机启停控制组件部署在各 Openstack 云平台的控制节点上，接收弹性集群调度器的请求，基于 HTTP 协议通过 Web API 的方式与底层 Openstack 的控制器 Nova 通信，启动虚拟机，将其加入 HTCondor 资源池或删除虚拟机，从 HTCondor 资源池中退出。虚拟机创建完成后，虚拟机内部的自检程序对作业运行相关软件、分布式文件系统和网络环境等进行检查，确认正常后虚拟机加入 HTCondor 资源池，准备接收用户作业运行。根据统计，虚拟机的创建时间在 300 秒左右。云平台负载较重时，创建时间可能延长。为缩短集群扩展用时，提升调度效率，设计两级缓冲池以应对作业瞬时峰值对弹性集群扩展的压力。其中各作业队列缓冲池的大小需要对队列优先级、平均队列长度、作业平均逗留时间以及集群能耗变化情况等评估后确定。

（1）一级缓冲池：由已开启但未加入 HTCondor 资源池的虚拟机组成。一级缓冲池的虚拟机占用计算资源，可在需要时快速加入 HTCondor 资源池，接收用户作业运行。

(2)二级缓冲池：由虚拟计算、网络和存储资源组成。

资源池进行扩展时，由弹性集群调度器确定扩展多少虚拟 CPU 核，优先选择一级缓冲池中的虚拟机加入 HTCondor 资源池。一级缓冲池内虚拟机数量不足时，立即从二级缓冲池内临时创建虚拟机对一级缓冲池进行补充。

为保证系统及时应对排队作业数目的上升，可增加一级缓冲池内虚拟机的数量。当队列中无作业排队时，资源池进行收缩，空闲的虚拟机将被禁止接收新作业，随后退出 HTCondor 资源池，直接加入到一级缓冲池中。系统定期检查一级缓冲池内虚拟机规模，发现超过阈值时删除多余的虚拟机并释放计算资源，以减少消耗，提升资源利用率。

## 7.4　容器与调度

### 7.4.1　容器技术概述

容器是一种轻量级、可移植、自包含的系统打包技术，使应用程序可以在几乎任何地方以相同的方式运行。容器无需任何修改就能够在生产系统的物理服务器、虚拟机或公有云主机上运行，抛弃传统虚拟化试图模拟完整机器的思路，以应用为单元进行封装隔离，是应用级的虚拟化技术。

容器主要特点如下：

(1)跨环境、可移植、资源和应用隔离性、安全性。

(2)容器直接运行在内核上。

(3)容器启动快、高性能和低延迟。

(4)虚拟机可以虚拟硬件不依赖内核、隔离更加彻底。

Docker 容器是一种主流的用于管理和部署软件容器的引擎工具，在使用公共内核时可将进程或进程组彼此隔离开来，这种隔离涉及进程空间的分离、进程间通信机制、网络资源使用、文件系统访问和资源利用与分配等。

Docker 包括三个基本概念，镜像(Image)、容器(Container)、仓库(Repository)。

Docker 镜像是一个特殊的文件系统，除了提供容器运行时所需的程序、库、资源、配置等文件外，还包含了一些为运行时准备的配置参数(如匿名卷、环境变量、用户等)，镜像不包含任何动态数据，其内容在构建之后也不会被改变。

Docker 利用容器来执行应用，容器是从镜像建立的实例。它可以被启动、开始、停止、删除，每个容器都是相互隔离的，保证平台的安全，不同 Linux 发行版的区别主要就是 rootfs。当容器启动时，一个新的可写层被加载到镜像的顶部。这一层通常被称作"容器层"，"容器层"之下的都叫"镜像层"。所有对容器的改动，无论添加、删除、还是修改文件都只会发生在容器层中。只有容器层是可写的，容器层下面的所有镜像层都是只读的。

仓库是集中存放镜像的地方，仓库分为公开仓库(Public)、私有仓库(Private)。目前最大的公开仓库是 Docker Hub (https://hub.docker.com/)。

Singularity 是劳伦斯伯克利国家实验室专门为大规模、跨节点 HPC 和 DL 工作负载而开发的容器化技术，具备轻量级、快速部署、方便迁移等诸多优势，且支持从 Docker 镜像格式转换为 Singularity 镜像格式。有以下优点：

（1）同时支持 Root 用户和非 Root 用户启动，且容器启动前后，用户上下文保持不变，这使得用户权限在容器内部和外部都是相同的。

（2）内核 namespace 更少，性能损失更小。

（3）更加轻松的环境打包迁徙。Singularity 所依赖的东西都在镜像文件中，不需要再单独打包或者导入，直接拷贝走镜像即可，也没有复杂的缓存机制。

（4）和现有系统无缝整合：系统用户权限、网络等均直接继承宿主机配置，并且无需进入某个镜像后再执行命令，可以直接在外部调用镜像内的指令，就像执行一个本地安装的指令一样。

（5）无需运行后台守护进程：Singularity 提供的完全是一个运行时的环境，在不使用时不需要单独的进程，不占用任何资源。不由后台守护进程代为执行指令，资源限制和权限问题也得以解决。

### 7.4.2　容器与虚拟机

轻量级的"容器虚拟化技术"具有接近于物理机实际计算性能的特点，其更加灵活、轻便的使用方式也在越来越多的领域受到青睐。G. Banga 等早在 1999 年提出了容器的概念[23]，目的是更好地隔离不同应用程序，提高程序对系统资源的控制能力。容器作为应用于操作系统层面的虚拟化技术，在单一 Linux 主机上提供多套相互隔离的 Linux 环境。与虚拟机的运行方式不同，容器并不模拟计算机的硬件层次，也不运行于特定的操作系统，而是与宿主主机共享同一套操作系统内核，使用内核的 cgroup 和 namespace 等技术实现虚拟操作系统环境。

图 7-10 是虚拟机和容器的运行层次对比图。容器之间相互隔离，且无客户操作系统层，这使得容器快照、镜像的尺寸更小，更易快速部署和动态迁移。容器无需中间的虚拟硬件层，也不必借助于专门的操作系统，其运行性能与物理机接近（几乎与物理机没有差别），容器的启动速度与启动进程速度类似（秒级启动）。

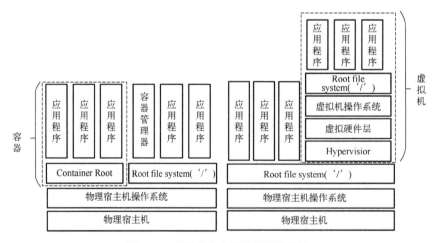

图 7-10　虚拟机和容器运行层次比较

与虚拟机比较，容器有几个明显优势：

（1）容器启动速度快，相互之间安全隔离。容器的启动速度快，与进程启动速度类似，一台物理机在一秒钟内可启动运行几十、上百个容器。部署高能物理计算环境的一般过程包括：安装、配置、升级、运行。如果使用容器作为计算的载体，则部署只需要简化为复制、运行。这不仅可使计算规模更快速弹性扩展/收缩，还可使原有的老旧服务器支持更多种类型的高能物理应用，提高整体资源利用率。

（2）容器有接近物理机的机器性能，更适用于高能物理计算。一个或多个容器共用宿主机操作系统内核，无需模拟硬件运行，具有接近物理机的实际性能。HEPSPEC 是用于高能物理计算的基准测试程序（benchmark），运行得到的测评分数表示机器应用于高能物理计算的能力高低。根据文献[24]对物理机、虚拟机和容器运行 HEPSPEC 的分数对比，虚拟机的 HEPSPEC 分值比物理机低 11%，而容器与物理机分值基本相同。

（3）容器可以应用于高能物理前沿研究的物理计算。伴随着高能物理实验规模不断加大，高能物理计算正在向高性能、并行化方向发展。容器具有接近于物理机硬件性能特点，与物理机共享 Linux 内核，可用于 CPU 密集型计算。文献[25]的研究表明基于容器的系统在 CPU、内存、磁盘和网络等方面都与物理机的实际性能接近，可以适用于高能物理中的高性能计算。

高性能 LINPACK 基准测试（High Performance LINPACK Benchmark，HPL）[26] 是国际通用的用于测试高性能计算机系统浮点性能的基准测试标准。在测试过程中，将同样规模的测试计算任务分别提交到物理机、虚拟机以及容器运行，以了解虚拟化层和 Docker 容器层对计算性能的额外开销。测试结果如图 7-11 所示，其中 N 表示求解的矩阵数量与规模，NB 表示求解矩阵过程中矩阵分块的大小。可以看到 Docker 容器与物理机的性能差距在 1%以内，虚拟机与物理机的性能差距在 3%～11%不等。因此容器虚拟化技术完全可以应用于高能物理并行计算。

（4）容器的镜像尺寸小，单机可支持容器数量大，更易实现资源弹性扩展。虚拟机镜像尺寸则大都为 GB 级别。作者所在的单位用于 BES 计算的虚拟机镜像大小为 8GB。由于不需要模拟计算机硬件以及操作系统，容器的镜像文件尺寸一般为 MB 级别，利用容器自身的分层镜像架构，还可进一步降低容器镜像文件尺寸。高能物理计算中每台宿主机运行的虚拟机数量一般不会超过该机器的 CPU 核数量。而容器属于进程级别虚拟化，一台宿主机可以轻松运行几十甚至上百个容器。

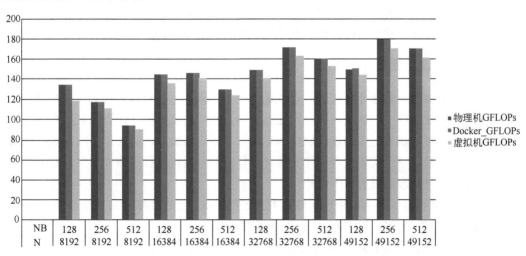

图 7-11　物理机、Docker 容器、虚拟机 HPL 测试结果

较之于虚拟机，容器大都要求宿主机操作系统为 Linux 且对系统内核版本有规定[27]。当今的高能物理的绝大部分计算是基于 Linux 操作系统，运行环境的内核版本也基本符合容器要求。

## 7.4.3 容器技术在国内外的应用

容器技术已经成熟，正逐渐成为虚拟机的替代品。目前对容器的使用与管理有以下几类方式。

(1)基于原有的虚拟机资源管理平台实现对容器的管理。容器出现后，原有的虚拟机资源管理平台也进行扩展以管理容器，包括 Red Hat 的 OpenShift Container Platform[28]、Amazon ECS（Web Services has its Amazon Elastic Container Service）、Google GCE（Container Engine），以及 OpenStack Magnum、Kolla、Zun Kata 等[29]。这种借用原有的虚拟机管理平台管理容器，降低了开发成本，保证了虚拟化的灵活特点，但 Openstack 作为中间层并不是针对容器特点而设计，不能提供最高效的容器管理。

(2)使用 Google Kubernetes[30]容器编排系统管理容器资源。Google 宣称所有应用都运行于容器，每周启动超过 20 亿个容器。它采用自己开发的容器管理系统 Kubernetes，提供丰富的资源管理功能。Kubernetes 使用 Label 和 Pod 的概念将容器划分为逻辑单元，Pod 是同地协作(Co-located)容器的集合，是 Kubernetes 中可以创建和管理的最小部署单元，通常包含一个或多个容器，被共同部署和调度。标签(Label)是附加到 Kubernetes 对象上的键值对，用于组织和选择一组对象。例如，可以给多个 Pod 添加同样的标签，以便可以通过该标签快速选择和管理这些 Pod。Kubernetes 具有负载均衡、弹性扩展收缩应用规模的能力，但提供与容器完全不同的命令与 API，配置管理较为复杂。

(3)使用容器软件提供的 API 或工具，自行开发容器管理程序实现管理功能。意大利 INFN 的 CMS Pisa Tier-2 是意大利最大的科学计算中心之一，已将 CMS 的网格计算服务迁移到 Docker 容器集群，通过 Docker 容器软件提供的命令批量启动容器。然后，在容器上运行集群作业调度器 LSF 的客户端，将容器作为 LSF 的普通计算节点使用，接收和运行作业[31]。不过，这里的容器仅作为一个静态的计算节点运行，容器虚拟化的优势并没有被充分发挥。此外这种模式会过于依赖容器软件提供的功能，不易扩展开发新的功能。

## 7.4.4 高能物理容器技术应用

高能物理计算集群规模不断扩大，产生的数据量不断累加，计算需求逐渐变得多样化。传统计算集群系统面临一些问题，如应用迁移复杂，多应用支持困难，资源利用率低等。而且在高能物理领域，越来越多的物理软件和应用发布了容器版本，越来越多的高能物理站点使用容器运行作业，甚至实现全容器作业运行，作业的容器化运行逐渐成为主流的趋势。高能物理实验作业使用容器具有以下优点：

(1)通过容器可以保存老的物理软件版本的运行环境，运行环境容易重现。

(2)物理作业在容器中调度执行可以保证系统环境的一致性。

(3)跨节点、跨地域的容器作业能够保证运行环境，提高资源利用率。

(4)通过容器编排技术，可以实现重要服务的高可用、高扩展。

**1. 高能物理计算的容器镜像定制和分发技术**

分层镜像是 Docker 的重要核心技术之一,它简化了容器镜像分发与存储过程。利用 Union FS 技术,Docker 镜像被设计为分层存储架构。每个镜像由多层文件系统联合组成。镜像构建时,会根据每层镜像定义逐层构建,前一层是后一层的基础。不同高能物理实验的离线处理软件不同,关联软件库各异,同一离线计算软件使用时也会发布多个版本。如果提供统一容器镜像,则镜像尺寸过大,影响部署更新效率,不易实现动态计算规模扩展。

为此,作者所在单位通过如下步骤定制容器镜像。首先,结合不同高能物理实验需求以及数据处理软件的架构与组成,按"系统软件包与配置""公共库软件依赖包与配置"和"专用软件包与配置"对数据处理软件中的程序包和软件库逐一分类标签。然后,归纳综合多个高能物理软件构成,定义容器镜像层,包括系统容器镜像层、基础软件镜像层和应用软件镜像层。最后,以不同容器镜像层为基础,为不同高能物理实验定制专用数据处理的 Docker 容器镜像。

容器镜像定制方案如图 7-12 所示。Private Docker Hub 存储的操作系统库镜像可供大部分容器镜像复用。根据高能物理实验合作单位和计算资源特点,高能物理领域建立了专用的私有 Docker Hub,用于注册、存储、快速分发经过认证的高能物理实验镜像。Private Docker Hub 存放两类镜像:一类是从 Public Docker Hub 上筛选并验证的操作系统镜像,另一类是经过分类整理的不同高能物理实验软件镜像。只有被授权的用户才能向专用 Docker Hub 注册新镜像。所有高能物理实验 Docker 镜像均由多层组合而成,对各个分站点的 Docker 集群部署只需部署站点所支持实验的软件外层镜像即可。

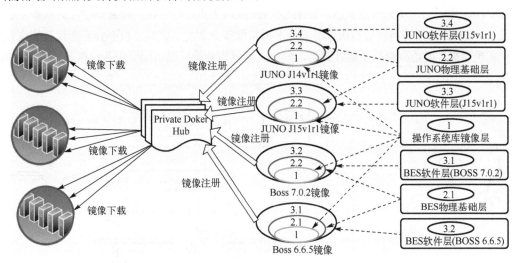

图 7-12　高能物理离线处理 Docker 容器定制与分发流程图

**2. Docker 资源分配与规模弹性扩展**

HTCondor 是美国威斯康星大学开发的开源作业调度系统,针对高通量计算有非常好的支持。HTCondor 设计了类似"广告板"的信息匹配模式,作业和资源将自己状态发布到广告板,经系统匹配后将作业分发给合适的资源,这使作业分配资源高效快速。由于高能物理事例是以文件保存，事例之间没有关联，通用的做法是运行大量作业对不同事例文件分析处理，即以文件粒度的并行提高数据处理速度。HTCondor 非常适用于这类作业量大、调度策略简单的高能物理计算。SLURM 是近年发展强劲的开源作业管理软件，为并行计算作业管理提供多种调度算法，被用于天河 II 号等超级计算机的资源管理。高能物理近几年开始了对进程以及线程并行计算的探索与研究，通过事例级别并行提升数据处理效率。SLURM 的优势是为不同规模并行计算分配最适合的资源。这两种作业调度系统在高能物理计算领域应用比较广泛。

　　因此，高能物理领域针对上述两款作业调度系统，实现可弹性扩展的 Docker 容器集群方案，实现计算资源弹性动态分配，主要的特点包括：

　　(1) 具有强大的批量容器操作功能，并可根据作业类型自动选择经定制的容器镜像。

　　(2) 满足不同高能物理计算需求，实时快速分配 Docker 容器资源，集群规模弹性扩展。

　　(3) 为调度器提供标准接口，可扩展应用于多种作业管理软件。

　　针对容器的特点研究设计的资源管理系统架构如图 7-13 所示。Docker Manager 负责根据作业情况、集群忙闲状态决定 Docker 资源分配数量和规模。它查询 SLURM 和 HTCondor 的集群状态，收集各个集群分配可用资源，这些信息被写入中心数据库。中心数据库用于存放所有节点及其支持的作业类型。Docker Operator 根据中心数据库发布的信息，为集群提供适合数量的 Docker 容器，并在作业结束后负责 Docker 容器资源回收。Docker 进程级别的启动停止保证了规模调整的实时准确。每个启动的 Docker 容器中都会运行中心站点作业调度器的计算节点守护进程，对于 HTCondor 和 SLURM 服务器来说，看到的并不是容器，而是计算节点，服务器会将作业按已有调度策略分发。所有 Docker 镜像由 Puppet 和 Private Docker Hub 预先部署到计算节点。Watch Dog 用于监视所有节点状态，如果 Docker 或宿主机运行错误，则通知中心数据库，这会触发 Docker 操作器将问题节点快速剔除，不再与批作业调度器联系，也不会再接收新的作业。整个系统根据实时监视结果了解计算需求变化，提供作业调度器可用资源并动态调整资源规模。

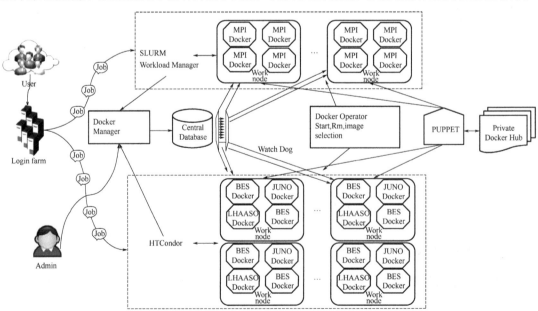

图 7-13　Docker 集群资源管理与规模弹性扩展结构图

系统的工作流程如下:

(1)用户作业从 Login farm 被提交到作业系统。作业系统按常规方式接收作业,并为作业分配适合的资源运行。

(2)Docker Manager 和 Docker Operator 相互配合,使用 Docker API 或 Docker 工具 Docker Swarm 开发容器资源管理器,根据当前高能物理作业数量修改中央数据库,提供批量容器部署、启动、停止等操作。

(3)中央数据库(Central Database)保存了所有镜像信息和启动的容器信息。为了保证节点信息快速更新,在中央数据库前端配置 httpd 服务,各个节点周期性通过 http 服务获取自己的配置信息,如与当前配置不同,则节点会自动更新,以保证按中央数据库的要求提供指定实验计算服务。

(4)Watch Dog 用于对各个节点以及节点上容器状态进行监视,如果发现错误,则根据预先定义的错误分类报警。Docker Operator 根据收到的警报内容,确定故障或错误会影响的实验的计算任务,并修改中央数据库相关节点配置内容,节点上运行的容器自动更新配置,不再接收由于故障无法支持的实验作业类型。

### 3. 基于 Docker 的"本地提交、异地运行"模式

Docker 小而轻、启动快、性能损耗低的特点较之于虚拟机更适用于远程异地站点的资源整合、降低站点运维难度。实现基于 Docker 的远程站点资源管理与作业运行模式,整合多个站点资源,建立统一虚拟资源池,由中心资源管理器根据各站点运行状态,快速将作业分发到不同站点的 Docker 容器执行。作业结束后计算资源回归原站点。各个分站点还用于运行本地作业。这要求:①无缝集成异地站点集群,适用于不同异地站点批作业管理系统。②异地站点资源管理的策略灵活易调整,根据其忙闲状态分发适合的计算任务。③作业运行的调度过程对于用户透明,用户无需关心作业是在本地站点还是异地站点被执行,保证异地站点原有运行作业管理方式不变。

整合异地站点计算资源的方法,在保证远程站点自身集群作业正常运行的情况下,收集利用空闲资源。针对一些小型站点运行状态不稳定的情况,使用 Docker 这种轻量级、负载轻、损耗小的容器运行作业,不影响物理机上其他作业的运行。Docker 快速启动的特点保证了资源分配的实时性更好。

为了降低系统复杂性,并考虑到小站点的用户和计算需求较小,目前高能物理领域普遍采用将大中心站点的作业分发到远程站点空闲资源运行的可行性方案。在该方案中,一旦中心站点排队作业过多、资源不足时,全局资源管理器便向远程站点提交一个容器作业。此作业被远程站点调度执行后,将运行启动一个 Docker 容器,容器中运行着中心站点 HTCondor 集群的计算节点守护进程 Startd,相当于在远程站点通过运行作业的方式启动了中心站点集群作业槽。随后,中心站点会把作业调度到在远程站点的 Startd 上。

图 7-14 为异地站点整合方案,其中 Site 1 为中心站点,运行着一个大规模的 Docker 容器计算集群,作业在 Docker 容器中运行;Site 2 为异地远程站点,运行着 HTCondor 物理机集群。Site 2 配有中心站点专用 Docker Hub 的缓冲服务。异地资源整合步骤具体描述如下:

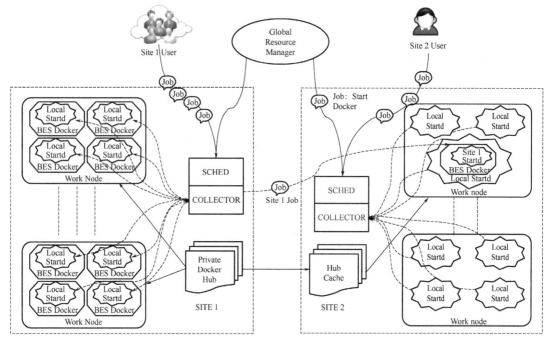

图 7-14　异地站点计算资源整合方案

(1) Site 1 接收 Site 1 用户提交的作业，由 Site 1 的 HTCondor 负责这些作业的资源分配。所有 Site 1 作业都被调度到本地站点的 Docker 容器中运行。Site 2 接收 Site 2 用户提交作业，由 Site 2 的 HTCondor 调度管理，所有 Site 2 作业都被调度到 Site 2 的物理机上执行。

(2) 当 Site 1 上出现过多作业排队，资源不足时，Global Resource Manager 发现 Site 2 还有空闲资源。根据 Site 1 的排队数量以及 Site 2 的空闲资源，由 Global Resource Manager 向 Site 2 提交作业。作业脚本格式与普通作业相同，执行命令为启动指定的 Docker 容器，该容器镜像是包含了 Site 1 HTCondor 服务器的计算节点 Startd 进程。

(3) 当 Global Resource Manager 提交的作业在 Site 2 被调度执行后，Site 2 的计算节点会启动容器进程，此容器进程中的 Startd 守护进程将主动向 Site 1 的 HTCondor 服务器汇报自己状态以及可以接收的作业类型。

(4) Site 1 的 HTCondor 收到汇报后，并不知道这是在远程站点的容器中运行的 Startd，而是将其作为普通计算节点加入资源池，按照调度策略向其分发作业。至此 Site 1 的作业将在 Site 2 计算节点运行的容器中运行。

(5) 作业在 Site 2 运行结束后，容器还可以继续接收新的作业。如果一段时间内没有新作业到来，Docker 的程序将退出。资源被释放回 Site 2，可以用来继续执行 Site 2 的本地作业。

## 7.5　案例介绍

### 1. CERNCloud

CERNCloud 自 2013 年夏季开始投入生产。在最初的两年中，这个 OpenStack 云已经发展到在 Meyrin 和 Wigner 数据中心运行超过 12000 个虚拟机，托管在 5500 个计算节点上，平均每天创建和删除 3000 台虚拟机。此外，CERNCloud 提供卷服务，允许其用户在其虚拟机上创建和挂载卷。这些卷由 Ceph 和 NetApp 存储服务提供。CERNCloud 被上万个注册用户使用，并为 200 个实验社区和服务提供商的共享项目提供资源。虚拟机为其所有者提供大量服务，包括计算密集型数据处理、WLCG 和 CERN 服务的服务节点、开发服务器等。

### 2. IHEPCloud

IHEPCloud 是中国科学院高能物理研究所公共服务云，于 2014 年 11 月上线使用，面向高能所的所有用户及实验合作组人员，给科学计算和各类应用测试提供便携的虚拟计算环境。IHEPCloud 利用虚拟化管理软件 Openstack 实现物理计算资源的虚拟化，通过虚拟化网络、虚拟机调度技术，将虚拟化环境与现有的计算环境无缝衔接。IHEPCloud 的资源使用分为三部分：①提供面向用户的自主服务，实现用户自主申请，自主销毁的管理模式；②用于虚拟计算集群，实现资源的动态调度，最大限度地提高资源利用率；③为 DIRAC 分布式计算系统提供计算资源。IHEPCloud 平台的计算资源由自动化部署软件 Puppet 统一部署，使用 Openstack 实现资源的管理，提供 Web 界面及可编程接口实现虚拟机的远程控制访问，以及实现高能所邮箱地址的统一认证。为了保证平台的稳定运行，使用各种监控软件对平台实现实时监控，第一时间发现问题并解决。

## 7.6　本 章 小 结

云计算在提高资源利用率、灵活的可伸缩性以及可管理性方面表现出了巨大的优势，高能物理领域多个单位和项目使用了云计算技术，包括 CERN 的 LHC 云计算、中国科学院高能物理研究所的弹性云计算等。高能物理与云计算技术的结合，既可以进一步拓展高能物理数据处理技术，同时结合高能物理应用的需求又可以推动云计算技术的发展，实现双赢。虚拟化是云计算的基石，近年来从虚拟机技术发展到容器技术，虚拟机的封装性和隔离性更好，容器的计算性能更好，两者互相结合，满足不同的应用场景。

## 思 考 题

1. 云计算的定义是什么，什么样的应用属于云计算并举例说明。
2. 虚拟化技术有哪几种实现方式，从操作系统内核角度来看它们有什么区别，并说明各自的优缺点。
3. 思考云计算与虚拟化的区别和联系。
4. 容器和虚拟机是两种虚拟化技术，它们的区别是什么？
5. Singularity 与 Docker 都是容器技术，它们的优缺点是什么？各有什么应用场景。
6. 动手安装 Docker 和 Singularity 等容器工具，掌握镜像制作、容器管理等基本操作，并体验、总结它们的特点。

# 参 考 文 献

[1] 陈康, 郑纬民. 云计算: 系统实例与研究现状[J]. 软件学报, 2009, 20 (5): 1337-1348.

[2] Kumar R, Charu S. An importance of using virtualization technology in cloud computing[J]. Global Journal of Computers & Technology, 2015, 1 (2): 56-60.

[3] Openstack website[EB/OL]. [2022-06-11]. https: //www. openstack. org.

[4] Foster I, Zhao Y, Raicu I, et al. Cloud Computing and Grid Computing 360-Degree Compared[J]. Grid Computing Environments Workshop Gce, 2009, 5: 1-10.

[5] 程耀东, 石京燕, 陈刚. 高能物理计算环境概述[J]. 科研信息化技术与应用, 2014, 5 (3): 3-10.

[6] Buncic P. CernVM[EB/OL]. [2022-06-11]. http: //cernvm. cern. ch/cernvm.

[7] Buncic P, Sanchez C A, Blomer J, et al. CernVM -a virtual appliance for LHC applications[C]//Proceedings of Science, 2009, 12: 1-14.

[8] Segal B, Buncic P, Quintas D G, et al. LHC cloud computing with CernVM[C]//PoS ACAT2010, Jaipur, 2010.

[9] Cass T, Goasguen S, Roche E, et al. The batch virtualization project at CERN[C]//EGEE09 Conference, Barcelona, 2009.

[10] Bonacorsi D, Ferrari T. WLCG service challenges and tiered architecture in the LHC era[C]//IFAE 2006, 2007, Spinger: 365-368.

[11] Harutyunyan A, Buncic P, Freeman T, et al. Dynamic virtual AliEn grid sites on nimbus with CernVM[J]. Journal of Physics: Conference Series, IOP Publishing, 2010, 219 (7): 072036.

[12] Buncic P, Harutyunyan A. Co-pilot: The distributed job execution framework[R]. Portable Anal. Environ. using Virtualization Technol. (WP9), CERN, Geneva, Switzerland, 2011.

[13] Goasguen S, Guijarro M, Moreira B. Integration of virtual machines in the batch system at CERN[C] //CHEP2010 Conference, Taibei, 2010.

[14] Timm S, Chadwick K, Garzoglio G, et al. Grids, virtualization, and clouds at Fermilab[J]. Journal of Physics: Conference Series, IOP Publishing, 2014, 513 (3): 032037.

[15] Li H, Cheng Y, Huang Q, et al. Integration of Openstack cloud resources in BES III computing cluster[J]. Journal of Physics: Conference Series, IOP Publishing, 2017, 898 (6): 062033.

[16] Staples G. TORQUE resource manager[C]//Proceedings of the 2006 ACM/IEEE Conference on Supercomputing, Tampa, 2006.

[17] Fajardo E M, Dost J M, Holzman B, et al. How much higher can HTCondor fly[J]. Journal of Physics: Conference Series, IOP Publishing, 2015, 664 (6): 062014.

[18] Schwickerath U, Lefebure V. Usage of LSF for batch farms at CERN[J]. Journal of Physics: Conference Series, IOP Publishing, 2008, 119 (4): 042025.

[19] Rosado T, Bernardino J. An overview of openstack architecture[C]//Proceedings of the 18th International Database Engineering & Applications Symposium, 2014: 366-367.

[20] Kivity A, Kamay Y, Laor D, et al. kvm: The Linux virtual machine monitor[C]// Proceedings of the Linux Symposium, 2007, 1 (8): 225-230.

[21] 黄秋兰, 李莎, 程耀东, 等. 高能物理计算中的 KVM 虚拟机性能优化与应用[J]. 计算机科学, 2015, 42(1): 67-71.

[22] 李佳鑫. 云计算环境下的资源弹性调度技术研究[D]. 长沙: 国防科技大学, 2013.

[23] Banga G, Druschel P, Mogul J C, et al. Resource containers: A new facility for resource management in server systems[J]. Operating Systems Design and Implementation, 1999, 1(1): 45-58.

[24] Long R. Use of containerisation as an alternative to full virtualisation in grid environments[J]. Journal of Physics: Conference Series, IOP Publishing, 2015, 664(2): 022027.

[25] Roy G, Washbrook A, Crooks D et al. Evaluation of containers as a virtualization alternative for HEP workloads[J]. Journal of Physics: Conference Series 664, (2015): 022034.

[26] Petitet A, Whaley R C, Dongarra J, et al. HPL website [EB/OL]. [2022-06-11]. http://www. netlib. org/benchmark/hpl/.

[27] Rosen R. Linux containers and the future cloud[J]. Linux Journal, 2014(240): 86-95.

[28] Red hat openshift container platform. https://www. redhat. com/en/technologies/cloud-computing/openshift/container-platform.

[29] Lingayat A, Badre R R, Gupta A K. Integration of linux containers in openstack: An introspection[J]. Indonesian Journal of Electrical Engineering and Computer Science, 2018, 12(3): 1094-1105.

[30] Burns B, Grant B, Oppenheimer D, et al. Borg, Omega, and Kubernetes[J]. Communications of The ACM, 2016, 59(5): 50-57.

[31] Mazzoni E. Arezzini S, Boccali T, et al. Docker experience at INFN-Pisa Grid Data Center[J]. Journal of Physics: Conference Series 664, (2015): 022029.

# 第8章　跨地域数据管理技术

高能物理实验具有全球合作的特点，世界各地的高能物理学家共同参与大型实验并分享实验数据。同时，高能物理实验包含多种探测器及模拟程序，实验数据可能在不同的地理位置产生，因此高能物理数据需要分布在多个数据中心进行存储和处理。而且高能物理实验产生的数据量极为庞大，少量单位和研究所无法满足实验数据分析所需要的存储和计算资源，因此，全球高能物理研究单位相互合作，各自贡献出计算和存储资源，建立统一的分布式计算平台。在分布式计算平台中，跨地域数据管理是一个需要解决的关键问题，从而保证多个站点中存储资源和数据的统一管理和使用。本章将对高能物理科学大数据中跨地域数据管理技术进行介绍。

## 8.1　网格数据管理

### 8.1.1　数据管理的目标

网格计算是高能物理领域中常用的一种分布式计算平台。网格计算[1]就是将世界各地的计算和存储资源统一管理起来，向物理学家提供数据处理和存储的服务，其中每一台参与计算的机器可以被看作一个节点，成千上万个节点就可以视为组成了一张计算网络。作为一种跨地域的数据管理方法，网格计算需要对大量的、异构的、不同地域分布的存储资源进行整合，其目标是将动态变化、异构的、全球分布的存储资源虚拟成一个稳定的、单一的存储系统。这样一个分布式计算平台具有两个优势：一是具备超强的数据处理能力，另一个是能够充分利用不同地域的计算和存储资源。其中，跨地域数据管理的目标主要包括透明性、全局命名、可访问性和访问性能四个方面。

(1)透明性包括位置透明、迁移透明以及副本透明。位置透明是客户端不需要知道文件存放在哪一个站点哪一台服务器，即无法判断资源在系统中的物理位置，用户可以像使用自己本地电脑上的文件一样使用远程存储系统中的文件；迁移透明即分布式系统中的资源移动不会影响该资源的访问方式，用户在使用数据时中察觉不到数据移动的过程；副本透明即一个文件可以存在多个副本，而系统对这一事实进行隐藏，当用户在访问资源的时候就像在使用同一个文件一样。

(2)全局命名分为唯一标识符和分级的文件名字空间等方式。唯一标识符即使用哈希或者消息摘要算法对对象生成一个固定长度的标识符，用于文件数据的一致性以及重复数据的检测。

通用唯一标识符(Universally Unique Identifier, UUID)是一种常见的标识符，长度为 128 比特，理论上总数为 $2^{128}$。按照开放软件基金会(OSF)制定的标准计算，UUID 用到了以太网卡地址、纳秒级时间、芯片 ID 码等，能够在时间和空间上确保其唯一性。在形式上，UUID

通常由 4 个 '-' 连接 32 个 16 进制数字转换的字符构成，比如 c2eabfcf-2ab2-4836-8851-a89072ac0cd7。

消息摘要算法可以保证结果一致性、唯一性以及不可逆性。即对于相同的输入，算法会产生相同的结果，不同的输入得到的结果应该不同。同时，在已知算法的生成过程和产生结果的前提下，无法推断出输入值。消息摘要算法应用非常广泛，其本质是对数据进行摘要计算以得到一个固定长度的 hash 值，常见的有 MD5 和 SHA1 等。

分级的文件名字空间类似常见的目录，但是需要保证在分布式系统之间文件路径不重复，通过分级的命名保证每一个文件路径的全局唯一性，从而使得文件能够准确无误地存储在分布式文件系统中并且提供正常的文件访问和存储服务。不同站点的目录可以聚合成一个大的全局目录，目录的构建主要分为两种方式：一是静态的目录构建，二是动态的目录构建。前者通过将分布式站点目录集中存储在中央数据库中，从而聚集成一个全局目录，后者在用户访问时再动态聚合不同站点的文件目录。

(3)可访问性即支持多种访问协议或文件系统接口，比如 XRootD、http、WebDAV、S3、POSIX 等。该目标可以保证分布式文件系统能够聚合具有不同访问协议的存储系统，并向用户提供统一的访问协议，从而简化用户操作，屏蔽底层存储类型的多样性。

(4)访问性能涉及多个方面，比如延迟管理、性能优化、缓存、安全保证等。对于用户来说，本地文件系统与分布式文件系统在使用上的一大区别在于数据获取的速度。对于分布式文件系统来说，由于文件存储在与用户所在位置不同的站点，数据获取会有延迟，因此用户直观上的感受就是打开文件或者目录速度变慢，所以，访问延迟是分布式文件系统一个比较重要的性能指标。性能优化包括多个方面，比如元数据访问速度优化、数据传输优化等。而缓存技术可以被看作是复制的一种特殊形式，能够减少数据访问时与远程存储的交互次数，是一种提升访问性能的重要技术，但是由于资源存在多个副本，修改其中一个会导致它与其他副本内容不相同，从而可能会出现数据不一致性的问题。

## 8.1.2 网格数据管理架构

跨地域科学数据管理的需求主要包括：合理的数据组织形式，高效的数据访问服务，合理的元数据管理，数据可靠性和可用性，高效的数据传输，方便统一的数据访问接口等。按照层次化的分析方法，一个完整的科学数据管理系统包括如所图 8-1 所示的组件和层次[2]。

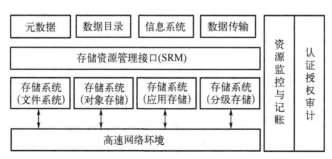

图 8-1 跨地域科学数据管理的结构

### 1. 高速网络环境

良好的网络环境是实现大规模分布式存储的基石,以满足海量数据在不同类型、不同位置的存储系统之间的移动需求。比如全球高能网格(WLCG)建立了一个虚拟专用网络环境(LHC Open Network Environment),由全球多个国家和地区的高能物理研究机构以及全球科研教育网络运营商共同参与,旨在支持海量科研数据的传输。该项目采用虚拟专用网络技术和灵活的网络调度技术,为欧洲大型强子对撞机实验数据的全球交换和共享提供更加优质、高效、稳定的网络环境。

### 2. 存储系统

存储系统是科学数据的载体,基本的功能是管理磁盘、磁带、网络等硬件设备,为科学数据提供存储空间和访问接口。面对数据爆炸式的增长,存储系统需要解决的问题包括:高效的数据 I/O 接口、可扩展性、高性价比、数据可靠性和可用性以及数据长期保存等。按照不同的数据特性,比如重要性、访问频率、并发访问度、数据尺寸等,数据存储往往采用不同的架构和硬件。常见的数据存储接口包括:文件系统接口、对象存储接口、应用级存储系统接口(包括 API 级)以及分级存储系统等。存储技术与系统已经在第 3 章进行了介绍。

### 3. 存储资源管理接口

存储资源管理接口用于向更上层的数据管理服务提供统一的存储访问接口,包括上传、下载、删除、预留、存储信息查询等最基本的存储管理功能,从而屏蔽底层设施的差异性。常见的存储资源接口协议包括 WLCG 网格的存储资源管理(Storage Resource Manager,SRM)接口、开放网格论坛(OGF)的开放云计算接口(Open Cloud Computing Interface,OCCI)等。本节将在后面介绍 SRM 接口的相关技术与规范。

### 4. 元数据服务

与本地文件系统的元数据不同,在科学数据管理中的元数据服务主要记录科学数据的学科特性,包括采集特性(探测器参数、数据模型、测量单位等)、分类特性(数据质量、相互关系等)。相同元数据特征的科学数据文件通常会被打包成一个大的数据集,以方便查找。元数据特性对科学成果的产出有重要意义,元数据信息可以是科学工作流的输入参数,也可以是科学数据流的输出参数。元数据服务需要给科学工作流以及科学数据管理的其他组件(比如数据传输、数据查询等)提供接口。

### 5. 数据目录

数据目录类似于本地文件系统的名字空间服务,科学数据管理的目录中记录了数据的逻辑文件名和物理存放位置之间的映射。由于同一份文件可能有多个不同的逻辑名,也可能存在多个副本,因此逻辑文件名和物理文件名之间的映射可能是多对多的关系。每个文件在创建第一个副本时会产生一个全局唯一的 UUID,这个 UUID 是该文件在数据目录中的主键。

6. 传输服务

传输服务为站点之间提供可靠的、可管理的数据传输。传输服务在专用网络链路上提供故障重传、传输作业调度、传输监控等功能，以提高数据传输的效率和可管理性。数据传输服务器一般包括：一个数据库，记录传输请求、传输状态和链路状态；一个 Web 接口，提供监控和查询以及数据预定功能；一个传输 Agent，发起实际的数据传输；一个监控调度模块，根据链路状态调度数据传输。

7. 其他组件

网格计算系统还包括认证授权审计、资源监控与记账等模块。网格数据管理系统的各个模块，需要通过用户的证书信息、密码等来认证用户，同时与安全认证授权审计（Authentication Authorization Accounting，AAA）模块进行交互。网格计算环境中，用户可以从信息系统自动获得相关存储服务、目录服务的地址和配置信息。此外，数据资源的使用还需要在计费系统中记录，以保证资源使用的公平性和可溯性。

# 8.2　全局数据管理

## 8.2.1　统一命名空间

在跨地域数据管理系统中，数据分布在不同物理位置的异构存储系统中，当用户发出数据访问请求或者数据迁移时，首先要定位数据位置。日常人们在看书时可以通过目录确定不同章节内容的位置，在使用本地环境时可以通过本地文件目录获取文件的访问路径。而在跨地域数据管理系统中，文件数据全局可访问，而实现数据定位的方式是构建统一命名空间，获取"数据标识符（Data Identifier）"，即在全球任何地方，均可通过"数据标识符"定位和访问数据。数据标识符是数据的唯一标识，构造方式包括统一资源定位符（Uniform Resource Locator，URL）、通用唯一识别码（Universally Unique Identifier，UUID）[3]和 Hash 值等。

1. URL

URL 描述了一个给定的资源在 Web 上的地址。理论上说，每个有效的 URL 都指向一个唯一的资源。这个资源可以是一个 HTML 页面、一个 CSS 文档或一幅图像等。URL 的格式为：协议://主机名:端口号/路径。在浏览器的地址栏中，网址没有任何上下文，因此需要提供一个完整的（或绝对的）URL 来访问资源。由于在浏览器中协议缺省使用 http/https，端口缺省使用 80/443，所以用户输入只输入机器名和路径即可，比如：www.ihep.cas.cn/gkjj/index.html。

2. UUID

UUID 的目的是让分布式系统可以不借助中心节点，就可以生成 UUID 来标识一些唯一的信息，重复 UUID 的概率接近零，可以忽略不计；一个 UUID 的长度为 16 个字节，每个字节用两个十六进制转换的字符表示，16 个字节共 32 个字符，然后通过 4 个"-"连字符被分为五个小部分，形式为 8-4-4-4-12，比如：24decf93-ba61-4577-bc8f-2093b653cbe0。通常表示为这样的格式：xxxxxxxx-xxxx-Mxxx-Nxxx-xxxxxxxxxxxx。其中，N 只能是 8、9、a、b，M 代表版本号，代表了 UUID 的标准实现版本。目前 UUID 的标准实现版本有五个，具体如下：①版本 1，根据 60bit 的时间戳和节点 ID（通常是 48bit MAC 地址）生成 UUID；②版本 2，根据标识符（通常是组或用户 ID）、时间和节点 ID 生成 UUID；③版本 3、版本 5，通过散列（hashing）名字空间（namespace）标识符和名称生成确定性 UUID；④版本 4，使用随机性或伪随机性生成 UUID。

在 Linux 系统上，可以使用 uuidgen 命令产生 UUID 或者在程序中调用 libuuid 库来产生所需要的 UUID。

### 3. Hash

使用哈希（Hash）算法为数据生成唯一标识符是数据存储领域的一种常见做法。哈希算法能够接受任意长度的输入数据，并产生一个固定长度的输出结果，这个输出通常被称为哈希值或哈希码。采用哈希算法标识数据具有唯一性、不可逆性以及一致性等特点，还能够用于数据完整性校验、去重存储、快速检索等场景。尽管哈希算法提供了数据唯一性标识的强大工具，但在设计系统时需要考虑到哈希碰撞的可能性，选择合适的哈希算法和足够长的哈希值以减少碰撞的风险。在任何操作系统下都会遇到这样一个问题，即每个目录下所能容纳的文件数目是有限的。当文件数目过大时，会影响文件检索的速度，因此需要在不同目录间衡量文件的均衡存储。当保存大批量文件时，采用 Hash 的方法能够将文件比较均匀地分配到不同的目录下，从而提高每一级目录的索引速度。

根据以上的介绍，URL、UUID、HASH 等不同方式构造的数据标识符示例如下：

URL：http://cloudx.ihep.ac.cn/data/1.dst。

UUID: 55b8315f-cadc-4573-a092-a3b8d552c11f。

Hash 值：QmbjmLvya5QgvTCiJx3Nyb8TBJcJtVfAHyzL6BQXsYys8y。

同时，数据标识符也具有不同的呈现方式，分为树形目录、数据集和对象方式，不同呈现方式示例如下：

树形目录：/grid/atlas/run01/1.dst。

数据集：file→collections→container。

对象：bucket→Object。

在跨地域数据管理系统中，不同站点拥有相互独立的数据目录，为了提供统一命名空间，需要将不同站点的目录整合成一个全局命名空间，目前主要有集中注册、动态联合以及内容寻址等方法实现该功能。

1）集中注册

类似于文件系统中的元数据服务器，在集中注册的模式中由中央服务器提供元数据服务。当每个站点中有新数据产生时，由该站点主动将站点中的文件注册到中央服务器中，生成唯一的标识符，文件信息一般存储在数据库中，因此数据位置改变情况对应数据库的增删改操作。当用户访问全局命名空间时，该请求被发送到中央服务器上，中央服务器将数据库中存储的所有站点的目录聚合起来返回给用户，最终完成多站点目录聚合的目的，分布在全球的站点都可以看到统一的命名空间。这种方式用户获取全局目录的速度较快，模型简单，也易于实现，但是由于对于不同站点数据的更新不是实时跟踪的，因此本身具有性能瓶颈。如果新文件没有及时注册，那么在网格上就看不到这些文件，实时性较差。

2）动态联合

在动态联合的模式中没有提供额外的中央服务器作为元数据服务器，每个站点之间相互独立，通过位置来识别内容。当用户发出目录请求时，会指定聚合哪些站点，以达到按需构建的目的，然后该请求被广播到多个站点，此时启动动态聚合服务，即每个站点将符合查询条件的目录返回至用户本地进行动态聚合，因此用户得到的全局视图是不完的。整个过程需要全局协调和发布，构建过程复杂，同时站点信息需要被全局存储，但是由于每次目录构建均会广播到指定站点，因此目录的实时性得到了保障。

3）内容寻址

不同于 HTTP 等协议通过位置来识别内容，内容寻址方法在识别数据时，通过使用内容的加密哈希来对数据进行定位。由于一段数据的加密哈希永远不会改变，因此内容寻址方法可以保证链接永久指向准确的内容，即该链接每次返回的内容都是相同的，与发出检索请求的位置、内容添加的用户和时间都没有关系，同时保证了数据的完整性，使得存储数据更难被攻击，更容易被恢复。

分布式哈希表（Distributed Hash Table，DHT）[4]是在不需要中央服务器的情况下，每个客户端负责一个小范围的路由，并负责存储一小部分数据，从而实现整个 DHT 网络的寻址和存储 Hash 表，利用散列函数，比如：Hash$(A) = f(A) \% N$，这样就把 A 这个值映射到了[0~N-1]的范围之中。通过把哈希表存储在多个节点上，每个节点存储一部分的文件和路由信息，实现整个系统的寻址和存储功能，并且能容忍新增节点、删除节点以及节点故障。该方法已经被广泛用于分布式文件系统、分布式缓存、区块链等各个方面。

## 8.2.2 Kademlia 算法

Kademlia 是一种基于异或距离算法的分布式散列表，由 Petar Maymounkov 和 David Mazières 在 2002 年设计[5]。该算法实现了一个去中心化的信息存储与查询系统，参与搜索的所有节点形成一张虚拟网络，通过节点 ID 进行身份标识和定位，该网络被设计成一个具有 160 层的二叉树，每个叶子代表一个节点，因此每一个节点都拥有一个 160 位的 ID，每一位取值为 0 或 1，代表当前节点在路径中往左还是往右查找，所以每个节点 ID 都对应一个唯一确定的位置。

构建完毕后，节点间的距离通过异或距离算法来计算，这种方式具有单向性，即给定一个节点和一个距离，必定存在唯一一个相对应的节点，而节点间的距离表征的是节点 ID 中比特位的差异情况，位置越靠前，比特位的权重越大，对应到树中，这个距离表示的是节点在树中间隔了多少个分支，寻找共同祖先节点时需要向上回溯多少个树节点。

试想，一所 10000 人的学校，现在学校决定拆除图书馆(不设立中央服务器，即去中心化)，将图书馆里的所有的书都分发到每位学生手里(分散存储在各个节点上)。即所有的学生共同组成一个分布式的图书馆。该问题的算法基本思路如下：

(1)首先给每个同学(节点)分配属性：学号(NodeId，2 进制，160 位)；手机号码(节点 IP 地址及端口)。

(2)每个同学都会维护的内容：从图书馆发下来的书本(被分配需要存储的内容，比如文件)，每本书当然都有书名和书本内容(内容以<key，value>对的形式存储，即文件名和文件内容)；一个通讯录，包含一小部分其他同学的学号和手机号，通讯录按照学号分层(这个通讯录就是一个路由表)。

(3)简单查找过程：假设《操作系统》这本书的书名 hash 值是 00010000，那么这本书就会被要求存在学号为 00010000 的同学手上。如果该同学缺勤(比如节点离线)，查找学号最相近 00010000 的 $k$ 位同学手上，即 00010001、00010010、00010011 等同学手上都会有这本书，即只要找到这几位同学的手机号码即可。

由于采用 XOR 计算距离，保证对于任意 $N$ 个学生，最多只需要查询 $\log_2 N$ 次。

## 8.2.3　IPFS

星际文件系统(InterPlanetary File System，IPFS)[6]是一个面向全球的、点对点的分布式版本文件系统，目标是为了补充(甚至是取代)目前统治互联网的超文本传输协议 HTTP，将所有具有相同文件系统的计算设备连接在一起。IPFS 提供了一个高吞吐量的数据存储模块，其中数据都是带有地址的，通过超链接地址可以查询到存储的数据。这就构成了一个广义的默克尔有向无环图(Merkle Directed Acyclic Graph，Merkle DAG)数据结构。基于这个数据结构，IPFS 可以创建一个版本文件系统或区块链，甚至一个永久存在的网页。IPFS 结合了分布式哈希表、去中心化的数据交换、自我认证的命名空间三个方面的技术。IPFS 不存在单节点故障系统瘫痪的问题，节点之间也不需要相互信任。

IPFS 结合了之前点对点系统的成功技术，包括分布式哈希表 DHT)、点对点文件共享协议(BitTorrent)[7]、分布式版本控制系统(Git)和自验证文件系统(Self-certifying File System，SFS)[8]等连接起来形成一个独立的系统，并且效果要大于它组成部分的总和。IPFS 提供了编写和部署应用程序的新平台，以及一个分发和管理大数据的新系统，甚至可以改进网络本身。

IPFS 是点对点系统，没有节点拥有特权。IPFS 节点在本地存储 IPFS 对象，节点之间互相连接并传输对象。这些对象表现为文件和其他数据结构。IPFS 协议可细分为一系列负责不同功能的子协议：

(1)身份(Identifies)，用来管理节点的身份生成和验证。IPFS 的节点由 NodeId 进行标识。通过 Kademlia 等静态加密算法产生一个公钥，公钥进行加密哈希运算得到的值就是 NodeId。节点存储它们的公钥和私钥。用户可以在每次启动时自由地设置一个"新"节点身份，当然这样做会损失积累的网络利益。

(2)网络(Network)：用来管理其他对等节点的连接，使用各种底层网络协议。IPFS 节点在网络中与数以百计的其他节点进行定期通信，可能跨越广域网络。IPFS 网络堆栈的特性包括：①传输层：IPFS 可以使用任何传输协议，包括适合网页的即时通信(Web Real-Time

Communication，WebRTC)或点对点文件共享协议(uTorrent Transport Protocol，uTP)。②可靠性：如果底层网络不提供可靠性，IPFS 可使用 uTP 或流控制传输协议(Stream Control Transmission Protocol，SCTP) 来提供可靠性。③可连接性：IPFS 还可以使用 ICE NAT(Interactive Connectivity Establishment Network Address Translation)防火墙穿透技术实现节点间连接。④完整性：可以使用哈希校验和来检查消息的完整性。⑤可验证性：可以使用发送者私钥签名的消息验证其真实性。

(3)路由：用来维护信息以定位具体的节点和对象。IPFS 节点维护一个路由系统，它可以找到其他节点的网络地址，并可以服务特定对象的对等节点。IPFS 基于分布式哈希表(DHT)等技术来实现该路由系统。在对象大小和使用类型方面，根据其大小对存储的值进行区分。对于比较小的值(等于或小于 1KB)直接存储在 DHT 上。对于更大的值，DHT 只存储值索引，这个索引就是一个可以提供区块的对等节点的 NodeId。

(4)交换：IPFS 采用一种新的区块交换协议(BitSwap)来负责管理有效区块的分发。IPFS 对等节点使用 BitSwap 协议通过交换区块实现数据的分发。BitSwap 可以当作一个永久的市场，在这个市场内，不管数据区块属于哪个文件的哪个部分，节点均可以获取它们想要的数据区块。在文件系统中，这些块可能来自一些完全不相关的文件。根据市场机制，仅当不同节点中数据块互补时，也就是在彼此各取所需的时候，节点才会工作得很好。在一些情况下，节点们必须为它们自己的块工作。假如一个节点并没有其他节点需求的任何数据，它会拥有比需求节点本身更低的优先级去寻求该数据。这种机制会鼓励节点在网络中共享和传播数据，即使它们可能并不立即需要这些数据。

(5)对象：一个基于内容寻址的只读对象的默克尔有向无环图(Merkle Directed Acyclic Graph，Merkle DAG)，用于表示任意类型的数据结构，例如文件层次或通信系统。DHT 和 BitSwap 允许 IPFS 构造一个庞大的点对点系统，用来快速稳定地分发和存储数据区块。最主要的是，IPFS 建造了一个庞大的 Merkle DAG，对象之间的链接是目标的加密哈希值。Merkle DAG 给 IPFS 提供了很多有用的功能，包括：①内容可寻址，所有内容都是被多重 hash 校验和来唯一识别的；②防止篡改，所有的内容都用它的校验和来验证，如果数据被篡改或损坏，IPFS 就会检测到；③重复数据删除，相同内容的所有对象仅存储一次。这对于索引对象非常有用，比如 Git 的 Tree 和 Commit，或者数据的公共部分。

(6)文件：基于 Git 的版本文件系统。IPFS 在 Merkle DAG 上为版本文件系统定义了一组对象。这个对象模型与 Git 比较相似，包括：区块(Block)，代表一个可变大小的数据块；列表(List)，是块或者其他链表的集合；树(Tree)，代表块、链表，或者其他树的集合；快照(Commit)，代表树在版本历史记录中的一个快照。

在两个不同的快照中比较对象及其子对象可以发现两个不同版本文件系统的区别。只要一个快照和它所有引用的子对象是可以被访问的，那么所有以前的版本都是可获取的，文件系统改变的全部历史也就是可访问的。

(7)命名：一个自验证的可变的命名系统。目前为止，IPFS 栈形成了一个对等块交换组成一个内容可寻址的 DAG 对象，这提供了发布和获取不可改变的对象甚至可以跟踪这些对象的版本历史记录的功能。但是，可变的命名是非常重要的。IPFS 使用自验证的文件名以及传统的树形目录来构建命名系统。

以上这些子系统并不是独立的，它们集成在一起，并利混合特性达到杠杆的效应。IPFS的原理是用基于内容的地址替代基于域名的地址，也就是用户寻找的不是某个地址而是储存在某个地方的内容，有助于建立关系之间的共享机制。由此，不同节点能够分享准确的副本，并且无法自行修改数据内容，所以数据是可靠的。在此基础上，进一步使用数据重复删除技术可以节省更多的存储空间。

高能物理实验数据一旦产生就不能修改，这一点与 IPFS 设计理念非常相似。并且，多个实验的数据要共享到全球的多家合作单位，而 IPFS 分布式存储技术在构建全局统一文件视图的同时还能保证数据的分布式存储，因此在未来可以考虑采用 IPFS 来构建分布式全局的数据存储系统，同时还要在数据查找速度、副本管理、命名空间以及应用访问协议方面进行深入的探讨和研究。

## 8.3　存储资源管理

### 8.3.1　存储资源管理简介

网格的一个宏伟目标就是让运行作业所需要的计算和存储资源对网格客户端看起来本地化，即客户端只需要登录、认证一次，就可以多次如同访问本地资源一样地使用远程的计算和存储资源。网格的最初目标是实现计算资源的共享，一般称为计算网格。然后，随着众多运行在网格上的应用程序涉及处理大规模的输入与输出数据(对于某些数据密集型的应用程序，其单个作业就需要处理几百 GB 到几个 TB 的数据)，数据网格的概念被提出并受到重视。其中，存储资源管理(Storage Resource Manager，SRM)[9]成为网格体系中的重要组件。

SRM 是网格数据管理体系中的核心组件，负责动态的存储空间分配和文件管理，为网格作业的运行准备好所需的输入文件和存储输出文件的空间。从内容上看，SRM 管理两种类型的资源：文件和存储空间。管理存储空间时，SRM 与请求的客户端进行协商，根据预先设置的配额给客户端分配合适的存储空间并响应该请求。管理文件时，SRM 为需要写入存储系统的文件分配存储空间，触发底层存储系统所支持的文件传输协议，比如http、https、XRootD、GridFTP、FTP、DCAP、RFIO 等，将文件从存储系统移动到空间里，并且将文件"钉"(即 PIN 操作，与锁不同)在空间里一段时间，以便后续的请求共享。此外当存储空间紧缺的时候，SRM 动态释放"钉"在空间的已经过期的文件。SRM屏蔽了底层存储系统的异构性，提供了一个标准的网格数据访问接口。因此其他网格服务通过遵守 SRM 协议的客户端可以透明地访问(上传/下载)存储在各类存储系统、文件系统上的数据。换而言之，任何一个存储系统(比如 EOS、dCache、DPM、Castor、Amazon S3等)，或者文件系统(Lustre、GPFS、EXT4、XFS、ZFS 等)，只要在其顶层实现 SRM 协议层，便被包装成一个标准的网格存储单元(Storage Element，SE)。因此，使用 SRM 标准接口可以管理异构存储资源，如图 8-2 所示。

从使用存储介质的差别看，存储系统一般分为磁盘存储系统、磁带存储系统、分级存储系统(磁盘和磁带的组合)。根据所管理存储空间的存储介质的不同，SRM 可分为磁盘资源管理(Disk Resource Manager，DRM)、磁带资源管理(Tape Resource Manager，TRM)、分级存储资源管理(Hierarchy Resource Manager，HRM)。

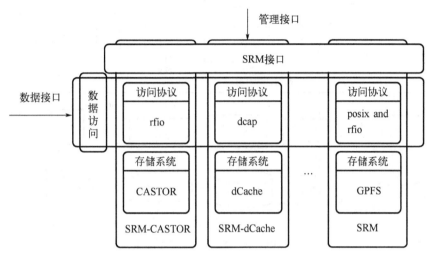

图 8-2　使用 SRM 标准接口来管理异构存储资源

## 8.3.2　SRM 的定位

网格服务通常分为五个层次：基础层、连接层、资源层、汇聚层、应用层。基础层包括计算资源、存储资源、网络资源、目录服务、应用程序的代码库等。连接层包括通信、认证、委托等服务。资源层包括管理各项资源的组件和协议，如计算资源、存储资源、网络资源、目录资源、请求等。汇聚层包括副本复制、副本选择、请求规划、请求执行等服务。应用层包含与具体应用相关的服务，如元数据查询，即通过查询特定的元数据的属性获得用户感兴趣的数据。

通常，位于应用层的一个应用程序会发送一个运行作业的请求，该请求被传送到位于汇集层的"请求管理器"。这个"请求管理器"通常包含一个"请求规划器"，能根据从元数据服务器、文件目录服务、文件副本服务以及网络监控服务等获得的信息做出最优"计划"。然后这个"计划"被提交给"请求执行器"，"请求执行器"将按照计划联系相应的计算和存储资源，从而实现作业的运行。计算和存储资源可以位于任何位置，计算的结果将被反馈给发送作业请求的客户端。在图 8-3 中可以看出，SRM 属于资源层。网格组件如"请求执行器"需要依赖 SRM 进行缓存空间分配和文件管理。不单是客户端或者客户程序，其他的网格组件也同样需要使用 SRM 服务，因此 SRM 服务需要一种机制报告自己是否处于繁忙状态(是否已经有多个文件请求在排队)，以及支持何种配额策略。同样地，SRM 还需要能提供它所管理的缓存区中的已有的文件的信息。

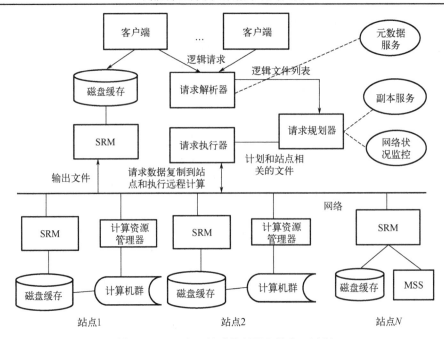

图 8-3　SRM 与"请求执行器"的交互过程

### 8.3.3　SRM 文件和空间管理

　　SRM 将文件分成临时文件、永久文件以及持久文件等类型。在网格系统中，临时文件具有更多的限制条件。不同于普通的存储系统，网格中的临时文件不能被任意删除，SRM 必须保障临时文件在缓存区中保留一段时间，因此临时文件存在生命周期。一个文件的生命周期是与访问这个文件的用户相关联的。当用户访问一个文件的时候，该文件被赋予了一个生命周期，如果此后还有其他用户访问这个文件，那么这个文件的生命周期会跟新的用户关联起来，并获得一个新的生命周期。因此，一个文件原本是临时的，但当文件被赋予生命周期的时候，该文件就变为稳定临时的了。在 SRM 的协调下，稳定临时文件能被各个客户端共享，因此从某种意义上，可以认为 SRM 是这些稳定临时文件的属主，然后从用户角度来看，这些文件还是临时的，只有当 SRM 授权用户访问这些文件并赋予一定生命周期的时候，用户才有权访问这些文件。

　　与之相反，永久文件具有很长的生命周期，一般被存储在归档存储系统中，不一定能被客户端共享。与文件系统类似，永久型文件只能由其属主删除。

　　在网格应用程序中，还存在另外一种性质的文件，这类文件综合了永久文件和稳定临时文件的双重特性，被称为持久文件。类似于稳定临时文件，持久文件也具有生命周期，但是当超过文件的生命周期时，该文件又类似于永久文件，存储空间不会被自动回收。反之，SRM 会给客户端或者管理员发送一条通知，告知文件的生命周期已经到期，需要采取相关的措施。比如，数据模拟任务会产生大量的文件，先保存在磁盘缓冲区上，之后，在这些文件的生命周期结束之前将文件转移到归档存储系统中。与稳定临时文件类似，当确认文件已经被迁移到归档存储系统后，客户端可立即从磁盘缓存里释放持久文件。

跟文件类型相似，在 SRM 中被预留的存储空间也被分为三种类型：永久存储空间、持久存储空间和稳定临时存储空间。永久存储空间被赋予给一个用户，具有无限期的生命周期，因此这类空间一旦被授予出去，就不能被回收了；持久存储空间的所有权也归用户所有，但是具有有限的生命周期，一旦达到该生命周期，未被使用的存储空间将被系统自动回收。如果空间内存在持久文件，SRM 则通知用户该存储空间内的文件已经过期，需要采取相关的措施。稳定临时存储空间依然具有生命周期，但是一旦达到该生命周期，该空间内的所有文件将被自动删除，所有的空间也被自动回收。

### 8.3.4　SRM 的应用示例

在网格环境中，多个客户端共享一个存储系统或存储缓存的应用场景非常常见，特别是在多 CPU 核的计算节点上，通常每个 CPU 核上独立运行一个作业，每个作业都需要处理大量的数据，而这些数据都被缓存在一个公用的区域中，如/tmp 目录下。这种模式的一个优点是，客户端之间可以在公用区域内共享文件，从而节省了从远端存储系统重复上下载文件的开销。这种模式如图 8-4 所示。

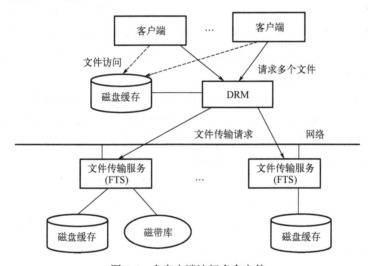

图 8-4　多客户端访问多个文件

在这个应用场景中，有一个重要的概念："钉文件"。"钉"就是像曲别针去钉住几页纸一样，英文称为"PIN"。当一个文件被写入磁盘缓存后，并不能保证这个文件会被一直保留在磁盘缓存区中，因为 SRM 需要不断通过清除旧文件腾出空间来容纳新文件。因此，为了保证某个文件能在一段时间内被保留在磁盘缓存区内，需要将这个文件"钉"在缓存区中。同时，也有必要给客户端提供一个"拔出"（即 UNPIN）的调用，这样当客户端不再需要这个文件的时候，就可以通过这个调用从缓存区中"拔出"这个文件，于是这个文件就不会再被区别对待了。另外的一个相关概念是文件的"钉生命周期"，即一个文件可以被"钉"在缓存区的最长时间。当文件被"钉"在缓存区的时间超过其"钉生命周期"时，则会被自动从缓存区"拔出"，这个过程被称为垃圾回收。"钉生命周期"可以避免由于客户端由于各种原因（非正常终结，忘记"拔出"等）而无法"拔出"被"钉"的文件导致共享空间无法正常释放。

### 8.3.5　存储资源记账

SRM 主要负责存储资源管理，但是在网格中资源记账也非常重要，因此在高能物理网格 WLCG 中专门开发了一个存储资源记账系统(Storage Resource Reporting，SRR)[10]。SRR 主要包括两个方面的信息，即存储拓扑描述和记账数据。

存储拓扑描述包括存储份额和访问协议的信息。存储份额指提供一个独特的存储区域，专门用于某个实验，该术语相当于 SRM 中的空间配额。存储份额与存储空间分开记账，与存储空间没有重叠。客户端可以通过各种协议访问存储系统，前提是存储服务支持并开启这些协议。因此，为了访问某个存储服务，其所提供的存储拓扑描述中必须要包括相关协议信息，例如访问协议等。存储拓扑描述是静态信息。SRR 以 JSON 格式来提供存储拓扑描述，可以通过 HTTP 协议访问。存储拓扑描述的 JSON 文件地址记录在网格配置数据库(Grid Configuration Database，GOCDB)。可以预见，网格的其他服务，比如计算资源信息目录 (Computing Resource Information Catalogue，CRIC)会定期读取这个存储拓扑文件。

不同于存储拓扑描述，记账数据是动态信息。记账信息定义了已用空间以及某个实验的可用空间。这些信息会在数十分钟之内定期进行更新，记账数据的精度在 GB 级别。信息更新操作对存储系统的影响要降低到最新，不会带来额外的负载。有两种方式来得到记账信息：①使用 HTTP 或者 XRootD 协议来查询空闲和已使用空间；②扩展存储拓扑描述的 JSON 文件，在其中增加记账信息，然后进行发布。

SRR 作为 WLCG 存储空间记账服务(WLCG Storage Space Accounting Service，WSSA)的一部分，提供存储拓扑信息和记账信息。不同的网格存储系统，比如 dCache、DPM、EOS 或者 CASTOR 等均按照 SRR 的规范提供了存储拓扑描述 JSON 文件，CRIC 定期获取保存在自己的数据库中。动态的记账信息可以从 SRM 存储接口或者实验的监控系统中进行获取，未来比较理想的方式是随着拓扑描述文件发布到 JSON 中。WSSA 的实现如图 8-5 所示，从 CRIC 中和各个存储系统中采集各类静态和动态信息，并保存到 MONIT 系统中。MONIT 由 CERN 建立，使用了 HDFS、Elasticsearch、InfluxDB 和 Grafana 等先进的技术。WSSA 面板基于 Grafana 实现，可以直接从 MONIT 的存储中读取数据并进行可视化。

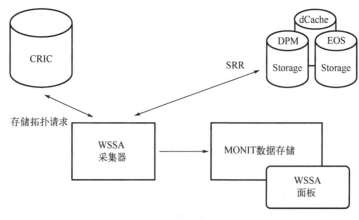

图 8-5　WSSA 的实现结构

# 8.4　数据联盟与数据湖

## 8.4.1　数据联盟

数据联盟可以看作是数据虚拟化的一种形式，意味着将多个自治数据存储系统组合成一个大型数据存储系统。通过按需集成数据，用户能够以统一的接口访问存储在异构自治数据存储系统中的数据。数据联盟中的存储系统具有不同的存储结构、访问接口、访问语言等，当用户访问数据联盟中的数据时，能够访问具有不同格式、不同类型的文件和数据，无论数据联盟中的数据的存储方式如何，也无论数据存储的地理位置在哪里，它们都会被看作一个集成的数据集，因此数据联盟中的数据非常丰富。

当前高能物理数据联盟大多数基于 XRootD 系统及其重定向器（Redirector）组件实现[11]，如图 8-6 所示。该访问模式能够提供透明的统一命名空间，可以访问多个、独立的存储系统，并且不需要复杂的数据传输服务（File Tranfer Service，FTS）和网格存储单元（Storage Element，SE）。数据联盟允许用户从一个虚拟访问端点提供对所有磁盘数据的访问。其中，重定向器发现数据的实际位置，并将客户端重定向到适当的站点，而且 XRootD 客户端可以方便地内置到高能物理学家的分析工具中。

在这个系统中，客户端与中心数据访问点（即一个 XRootD 服务器）联系，请求打开文件。这个 XRootD 服务器称为重定向器，它没有存储，但是会连接到一个本地守护进程，即 XRootD 集群管理服务守护进程 cmsd（cluster management services daemon）。重定向器的 XRootD 守护进程首先查询 cmsd 文件的位置，如果本地内存缓存中不知道该位置，则 cmsd 随后将查询转发到该重定向器的所有站点。在元数据方面，应用程序请求访问全局文件名，并且不需要知道文件的位置。此外，数据直接从源站点传输到应用程序，应用程序只需支持 XRootD 协议即可。

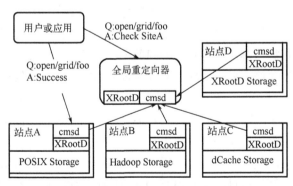

图 8-6　基于 XRootD 的数据联盟结构

如果站点不是本地的 XRootD 文件系统，站点上的 XRootD 服务器将充当存储系统和客户端之间的代理。XRootD 服务器有一个插件架构，允许系统在内部、特定于站点的协议和 XRootD 协议之间进行转换。例如，插件可以作为 DCAP 协议、Hadoop 分布式文件系统和 XRootD 本身的代理。该系统为每一种存储接口都开发了一个插件，这些插件通常只需要一个线程安全的应用程序接口来与站点的存储进行通信。考虑到 WLCG 中使用的存储系统的多样性，利用现有的站点存储系统是数据联盟的一个要求。如果在源站点的存储服务器上使用了 XRootD 协议，用户应用程序可以被直接重定向到该服务器，而不需要通过代理。此外，在数据联盟中也可以构建全局命名空间，需要在站点和联盟间边界上的 XRootD 服务器中执行从全局到本地的转换。在这个过程中，XRootD 提供了一个全局到本地命名空间映射的插件，称为命名空间到命名空间(Name2Name，N2N)，该插件对于用户的文件位置透明性至关重要。在不同的高能物理实验中，分别实现了不同的自定义插件，导致数据联盟中的命名空间组织可能存在一致性问题，这些问题在各个实验的内部存储系统中处理，而不是在 XRootD 中处理。

但是，这种方法缺乏一个权威的机构来决定谁可以加入联盟以及审核加入的内容，且缺乏全局的系统来管理跨站点的数据移动和复制，因此这种方式更适合具有密切关系的"私有"数据联盟。

使用数据联盟的实例包括 CMS 实验的 AAA 项目(Any Data, Anytime, Anywhere)[12]，ATLAS 实验的 FAX 项目(Federated ATLAS storage systems using XRootD)[13]、美国开放科学网格(Open Science Grid，OSG)的 Stashcache 项目[14]等。

### 8.4.2　数据湖

作为分布式存储的进一步发展，数据湖技术扩展了存储系统联合的方式，能够将分布式存储作为单个实体进行操作和访问，它的目标是优化存储使用率以降低存储数据的成本。在计算机领域，数据湖通常是指多源异构数据的统一存储，而传统的网格存储是一个站点配置一个或多个存储单元(SE)。高能物理领域的数据湖与前两者不同，它特指仅仅拥有一个单一的逻辑 SE，具有足够大的存储容量和访问性能，同时在数据湖之外的站点没有可持久化的存储，即只能是缓存或者流存储。数据湖一般用来存储实验的公共数据，非实验的私有数据直接存储到用户所在的边缘站点。

在高亮度大型强子对撞机(HL-LHC)的计算规划中，存储被确定为十年后面临的主要挑战之一。基于当今的计算模型假设，ATLAS 和 CMS 实验需要的存储资源将比如今的存储资源多出一个数量级。在如何解决资源短缺的问题上，计算设施的发展、存储的组织和整合方式都是需要深入研究的关键方向。因此，需要探索分布式存储来降低存储和运维的总成本，比如相关的命名空间、交互性、服务质量(QoS)、地理位置感知、文件路径映射规则、灵活的文件布局以及数据冗余策略等方面，这些目标可以通过多种存储技术实现。其次，还需要探索分布式副本的冗余管理，比如实验要求每个文件需要三个副本，这三个副本分配到不同的存储中，如果存储的结构不同，那么相应的副本策略也会有不同之处，比如副本分别被分配到一个异构站点，这个站点的存储由 EOS、CEPH 和 dCache 构建组成，从实验用户角度看来存储中存放了三个副本，但是 EOS 本身的存储策略会导致其实际存储了两个文件副本。同样地，在不同的存储副本策略下，CEPH 中可能会存储三个文件副本，dCache 中副本数量也会随着自身策略不同而不同，所以异构环境下的副本统一冗余管理也是一个挑战。另外，数据湖可以通过文件热度等制定文件放置策略，通过合适的放置策略达到提高存储资源利用率以及加速数据访问速度的目的。同时，数据湖还面临着一些新的问题，比如动态存储对性能、可靠性等方面的影响，开发新的安全模式以减小开销以及保证数据的安全性，存储系统之间的操作性以及湖内和湖间的文件转换、缓存使用和数据保留的问题等。

目前数据湖的实现模型有如下几种，包括：①所有数据都存储在单一的大型站点；②几个大型站点联合组成一个数据湖；③有些大型实验，比如 HL-LHC 具有少量的数据湖。实际上，高能物理领域数据湖是一个概念，具体的实现与实验的需求相关。一般来说，一个或几个大型站点联合组成一个逻辑的数据湖，其他站点均作为边缘站点，临时缓存数据，不需要长期存储，如图 8-7 所示。

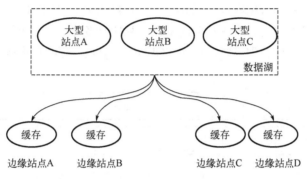

图 8-7　一种数据湖的实现形式

## 8.5　实际系统剖析

高能物理跨地域数据管理系统有很多种不同的实现，其中全局统一命名空间是最关键的技术之一，目前存在集中注册、动态联合、内容寻址等方式。实际上，内容寻址在高能物理中的应用目前还处于研究之中，这里将不展开介绍。本节选取 Rucio[15]和 Dynafed[16]两个系统，分别作为集中注册和动态联合的实例进行详细介绍。

### 8.5.1　Rucio 分布式数据管理系统

#### 1. Rucio 产生的背景

随着数据量的增长，ATLAS 实验原有分布式数据管理系统在可扩展性方面已经达到极限，如果继续使用原有系统，就需要在系统运维上投入大量的人员成本，同时也会有新技术难以应用的问题。在这样的背景下，受益于云计算和大数据技术的进步，新的分布式数据管理系统 Rucio 应运而生，该系统依赖于概念数据模型（Conceptual Data Model，CDM）来确保系统稳定性，并且以数据自治为关键设计原则。概念数据模型是 Rucio 系统用来组织、管理和存储数据的基本结构和关系的高级抽象。同时，为了减少技术人员的投入数量，Rucio 采用了自动化框架，并且也考虑了 LHC Run2 及后续实验的需求。

Rucio 提供了一个全面的解决方案，用于科学数据的组织、管理和访问。目前该系统用于数据存储，比如探测器数据、模拟数据以及用户数据等，也可用于异构网络和存储基础设施统一接口，以插件的方式支持存储和网络中的新协议，并且支持数据恢复等功能。

## 2. 技术架构

Rucio 采用分布式系统架构，主要由四个部分组成：客户端、服务器、核心层以及守护进程，如图 8-8 所示。客户端包括命令行客户端、Python 客户端以及基于 JavaScript 的 Web 用户界面等组件；服务器用于用户身份验证，并且提供通用 API 与客户端或其他外部应用以及 Web UI 进行交互；核心层包含所有 Rucio 相关的概念，核心层中的守护进程负责后台的所有工作流。除此之外，Rucio 还包括存储、传输工具和持久化层（位于框架图最底部的队列、关系数据库以及非关系型数据库）。存储层负责不同网格中间件工具与存储系统的各种交互。传输层负责传输任务的提交、查询和取消操作，并且能够进行动态和集中配置。持久化层支持多种不同类型的数据库管理系统，比如 SQLite、MySQL 等，负责保存所有守护进程的数据和应用程序状态。

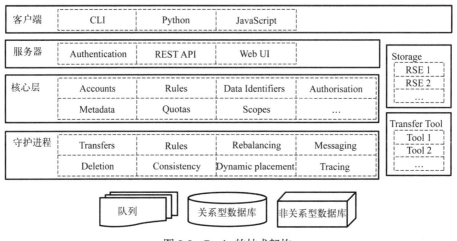

图 8-8　Rucio 的技术架构

## 3. 命名空间

Rucio 中的数据使用数据标识符（Data Identifier，DID）进行组织。DID 的粒度分为三个级别：文件、数据集和容器。Rucio 中最小的操作单元是文件，它对应于存储系统中的实际文件。数据集是一个逻辑单元，用于对文件集进行分组以加速对它们的批量操作，例如传输和删除，但也用于实现数据组织的目的。数据集中的文件不一定都需要存放在同一个存储位置，可以分布在多个数据中心。容器用于对数据集进行分组，例如年度探测器数据输出或具有相似属性的模拟数据集合。数据集和容器被称为集合。如图 8-9 所示，因为 DID 可以重叠，所以这种粒度的设计允许 DID 构建层次结构。在这个例子中，一个质子物理实验被分成模拟数据、探测器数据以及用户数据，创建了一个名为"爱丽丝的分析"的数据集，其中包含 F7 和来自检测器的 F6 数据。

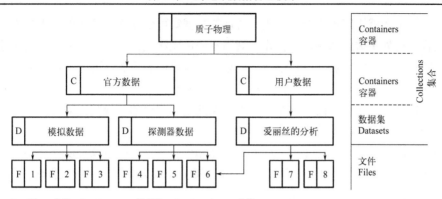

F：Files，文件；D：Datasets，数据集；C：Containers，容器

图 8-9  Rucio 命名空间的组织示意图

所有 DID 都遵循相同的命名方案，该方案由两个元组构成：作用域和名称。作用域和名称的组合必须是唯一的，并通过冒号表示，例如，DID "data2018:mysusysearch01"表示 mysusysearch01 是作用域 data2018 的一部分，组合起来是唯一的。因此，作用域的作用是划分全局命名空间，系统中必须至少存在一个作用域；同时，使用多个作用域也有利于数据组织，比如可以轻松地将实验探测器数据、模拟数据与用户创建的数据分开，或者允许细粒度的权限控制。

DID 的另一个特点是会被永久识别。这意味着 DID 一旦被使用，即使它引用的数据已从系统中删除，也永远不能再用于引用其他任何东西。这是科学数据处理的特点决定的，否则，就有可能在没有警告的情况下修改或交换先前分析中使用的数据。但是，这并不意味着科学数据是一定不可变的，只是当数据发生更改时，Rucio 会强制用户为新的数据设置新的标识符。

此外，Rucio 还支持 DID 的标准化命名约定，并且可以使用模式(schema)来强制执行此约定。模式可以指定对整体标识符长度的限制，同时可以引用其他元数据的字段，例如文件格式和处理版本标识符，以及其他有助于分析的元数据或者带有实验操作的标识。例如，在 ATLAS 真实事例数据的 DID 中包含数据获取的年份和运行的编号等，模拟事例的 DID 中则包含了模拟计算时对应的基本物理过程相关的某些特定标识符。需要注意的是，文件校验和(CheckSum)是 Rucio 中的一个重要元数据，每当访问或传输任何文件时，Rucio 都会严格执行文件校验和算法。目前，Rucio 支持两种校验和算法：MD5 和 Adler32。同时，Rucio 也可以强制实验内部元数据遵循某种模式或唯一性，例如 ATLAS 使用的全局唯一标识符（GUID）。所有元数据都存储在 Rucio 目录中，用户可以通过 Rucio 的通用元数据来添加新的元数据信息。

文件从创建之时起，就一直具有可用性状态的属性，即可用状态(available)、丢失状态 (lost)或删除状态(deleted)。如果文件在存储系统中至少存在一个副本，则文件处于可用状态；如果存储系统中没有副本，意味着该文件从未被成功复制到存储系统中，此时文件处于丢失状态；如果存储系统中记录有副本，但是在物理存储上找不到该副本，意味着存储系统中曾经有副本存在，但是现在已经没有该文件的任何副本了，此时文件处于删除状态。Rucio 写入新文件的流程通常是先注册文件，然后注册副本，再将文件实际上传到存储，最后在文件上放置复制规则以保护副本。因此，文件的可用性属性是基于 Rucio 副本状态派生的属性。

集合状态由一组属性反映，最重要的是 open(打开)、monotonic(单调)和 complete(完成)。如果集合的状态是打开，则可以向其中添加内容。需要注意的是，当集合被创建时，其状态为打开，一旦关闭就不能再次打开。丢失文件的数据集可以在其替换文件可用时进行修复，无论该集合是否处于关闭状态，该操作常规用户通常无法执行。如果设置了单调属性，则无法从打开的集合中删除内容。默认情况下，集合是非单调创建的，而一旦设置为单调，就无法逆转，这对于遵循定时过程的数据集特别有用。所有文件都有可用副本的集合被视为"完成"状态，而任何包含没有副本的文件的数据集都是不完整的，数据集的完整性同文件的可用性属性一样，都是从副本状态派生的属性。

最后，Rucio 还支持存档格式，例如压缩的 ZIP 文件。某些协议可以支持存档内容的透明使用，例如带有 ZIP 文件的 ROOT，在使用 ROOT 读取 ZIP 压缩后的文件时，Rucio 会自动将相应的调用转换为特定的直接访问格式。

### 4. 存储管理

Rucio 将 DID 的实际位置与 Rucio 存储单元（Rucio Storage Element，RSE）相关联，单个 RSE 表示全局可寻址存储的最小单元，并保存访问存储空间所需的所有属性的描述，例如主机名、端口、协议和本地文件系统路径。RSE 可以使用任意键值对进行扩展，以帮助创建虚拟空间，在这个过程中允许使用基于规则定义的值，比如"亚洲所有磁带存储"。Rucio 允许为非 RSE 账户设置权限和配额，这使得存储系统的使用方式变得更为灵活。因为 RSE 的相关配置在 Rucio 中进行定义，所以提供存储的数据中心不再需要额外的软件服务。

文件 DID 最终指向副本的位置，即文件的物理存储路径。对于存储中的现有文件，这些文件可以按原样直接注册到 Rucio 目录中，并将保留客户端提供的完整路径信息。上传新数据时，有两种可能性：①将存储路径的决定留给 Rucio 作为自动管理的存储命名空间，也称为确定性 RSE；②继续提供存储到文件的完整路径，也称为非确定性 RSE。自动管理的存储命名空间是程序化的并且基于函数的，例如，使用可定制的散列或正则表达式。确定性 RSE 通过计算来提供访问路径，其优势是无需联系 Rucio 文件目录。另一方面，非确定性 RSE 在上传文件时提供了更大的灵活性。

Rucio 与传输协议无关，这意味着 RSE 可以通过多种协议接受传输。由于 RSE 是独立配置的，协议的分布可能是异构的，甚至取决于访问数据的客户端的位置。例如，数据中心内部客户端可以使用 ROOT 协议来访问本地的 RSE，而来自数据中心外部的客户端可以通过 HTTP/WebDAV 来访问数据。

RSE 还有距离的概念。距离不是完全基于地理位置的，但可以由一些值来定义，例如在 ATLAS 实验中，更高的网络吞吐量代表更近的距离，并且会定期自动更新。距离是一个非零的整数值，零距离表示 RSE 之间没有网络连接。最重要的是，在考虑传输源时，距离会影响文件的排序。实际上，定期重新评估 RSE 之间文件传输的平均吞吐量有助于动态调整和更新距离以反映网络的全局状态，并可用于最终改进所有数据中心的源选择。

某些 RSE 可能允许在 Rucio 控制之外进行数据传输、副本创建和副本删除，此类 RSE 在 Rucio 中被认为是不稳定的，比如缓存服务，它根据高水位和低水位自动删除文件。此类 RSE 不能保证访问时 Rucio 的数据可用性。如果缓存服务未能正确更新命名空间，导致客户端无法下载或传输所需的副本，则该副本将被标记为可疑，并将从命名空间中删除。

5. 副本管理

Rucio 通过用户定义的复制规则(replica rule)来管理数据副本。复制规则与数据标识符(即文件、数据集或容器)相关联，定义了最小副本数等策略，由 RSE 表达式进行表示。RSE 表达式由一个或多个术语组成。一个术语可以是单个 RSE 名称或 RSE 属性上的一个条件。RSE 表达式解析器将每个术语解析为一组 RSE。术语可以通过运算符连接以形成更复杂的表达式。Rucio 允许用户设置多条复制规则，规则可以选择具有有限的生命周期，也可以随时添加、删除或修改。下面给出了复制规则的示例：

prod：1x 副本@ CERN，无生命周期。

barisits：1x 副本@ US-T2，直到 2019-01-01。

vgaronne：2x 副本@ T1，无生命周期。

复制规则引擎验证规则并创建传输原语来满足所有规则，例如将文件从 RSE A 传输到 RSE B。当在现有数据标识符上定义新规则，或者将文件添加到已有复制规则的数据集时，规则引擎会被触发。

删除副本的服务支持两种不同的模式：贪婪模式和非贪婪模式。贪婪模式意味着该服务尝试立即删除所有不受复制规则保护的副本。非贪婪模式在存储策略规定必须释放空间时触发，它首先查找不违反任何复制规则的所有副本，然后使用最近最少使用算法(Least Recently Used，LRU)来选择要删除的副本，同时会删除任何声明为过时的文件的所有副本。

6. 数据一致性和恢复

Rucio 中提供了不同的工具来检测 Rucio 目录中记录的文件信息与物理存储上的文件内容是否一致。一个守护进程专门用于识别丢失文件(lost file)和暗数据(dark data)。丢失文件是在 Rucio 目录中注册但不在物理存储中的文件。暗数据是指存在于物理存储中但未在目录中注册的文件。通过比较底层存储系统的文件列表和 Rucio 目录中的文件列表，可以找出丢失文件和暗数据。物理存储系统的文件列表由存储管理员定期提供，并且可以在预定义的位置作为纯文本文件进行访问。给定时间戳 $T$ 的存储列表，需要与较早时间 $T-D$ 与稍后时间 $T+D$ 两个时间段的 Rucio 元数据目录内容进行比较。

图 8-10 描述了可以使用三个列表检测到的不同类别的不一致。在所有三个列表中都可以找到的文件是正常文件，说明其在物理存储与 Rucio 目录上的信息是一致的。在 $T-D$ 和 $T+D$ 两个目录列表中能够找到但不在物理存储列表中的文件是丢失的文件。在存储列表中找到但不在目录中的那些是暗文件。所有其他组合都是临时的，即新的或已删除的文件尚未在其各自的工作流程中注册。

Rucio 还具备在数据丢失或数据损坏的情况

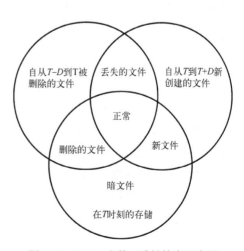

图 8-10　Rucio 文件一致性检查示意图

下自动恢复数据的功能。副本可以由特权账户或 Rucio 本身标记为已损坏。例如，当某个副本被下载后发现下载的文件与 Rucio 元数据记录的校验和不匹配，说明该副本异常，会被标记为已损坏。守护进程识别所有坏副本，并在可能的情况下通过注入传输请求从另一个副本恢复数据。在损坏或丢失的副本是文件的最后一个可用副本的情况下，守护进程负责从数据集中删除文件、更新元数据、通知外部服务并通知数据集的所有者有关丢失数据的信息。

### 8.5.2 Dynafed

#### 1. 简介

Dynafed 设计的初衷是为了匹配现有的以及未来的与网格相关的数据管理架构，该系统能够动态地将不同的 SE 上的数据，形成全局统一视图，构建透明、高性能的大型松散耦合存储联盟。通过使用的数据访问协议支持的重定向机制，用户能够有效地访问通过不同站点传播的数据，数据访问的标准协议可以是 HTTP、WebDav、S3 等。但是无论实际使用的协议是什么，该系统的体系结构和组件都与之分离。

联盟中的站点可能在地理位置上距离很远，在重定向操作时需要考虑地理位置对于数据传输效率的影响，而非根据地理位置将联盟划分为更小的联盟或者划分命名空间，因此 Dynafed 基于 GeoIP 计算距离。另外，用户需要以一种可靠快速的方式列出目录的内容，该系统在目录构建上应该是高效的，不能影响整个系统的性能。因此 Dynafed 的目的是能够以标准协议聚合异地和异构的存储，支持重定向和广域网数据访问，并形成独立的统一命名空间。

#### 2. 命名空间

在 Dynafed 联盟中的站点必须提供存储空间和接口，以保证用户可以通过特定的协议来访问这些站点上的数据，同时该联盟中存储的每一个文件都有一个唯一的字符串标识，这样的字符串标识被称作 path/name，如果有两个文件的 path/name 相同，那么这两个文件会被看作是同一个文件的两个副本，其中文件路径转换主要是通过站点之间基于前缀的路径转换算法，为数据管理模型提供最大的灵活性，具有非常快的用户交互性和高性能，同时 Dynafed 也支持自定义的文件名转换算法。Dynafed 作为一个注重高性能和可伸缩性的动态联盟系统，允许通过缓存从多个远程站点快速构建动态命名空间，并支持从远程站点以透明的方式访问数据而无需在客户端上进行显式复制。

在图 8-11 中，Dynafed 聚合了三个分布式存储系统，这几个存储系统向外提供了该系统上的文件和目录的视图。在虚线的上方，显示了整合后的目录结构。整合的规则是：只要一个文件或者目录在分布式存储系统 1、2 或 3 上存在，它就会被包含在联盟的视图中。并且，联盟视图不需要持久保存底层所有分布式存储系统的内容，客户端根据需要时再查询，查询的结果缓存在内存数据库中。

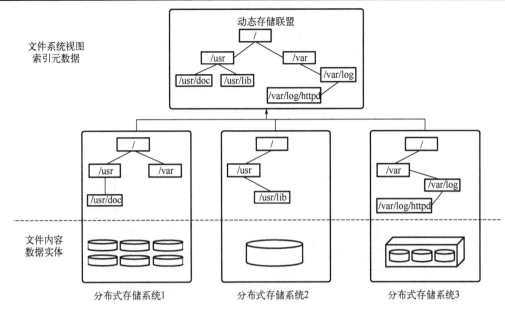

图 8-11　Dynafed 命名空间联盟示意图

### 3. 技术架构

Dynafed 使用统一通用重定向器(Uniform Generic Redirector，UGR)组件实现动态联盟。在 Dynafed 技术架构中(图 8-12)，UGR 是各种插件的装载器，与外部存储系统进行连接。每个插件可以与一个或多个外部的存储系统进行交互。目前，Dynafed 已经支持如下这些组件。

(1)WebDAV/HTTP 客户端插件，可以与外部的 WebDAV 或者 HTTP 服务器交互。该插件基于 DAVIX 实现。DAVIX 是一个 WebDAV 客户端工具和 API 库，由 CERN 开发，目标是简化通过基于 HTTP 的协议来管理文件的任务。虽然该项目的目的是在网格上使用，但其提供的功能是通用的。

(2)DMLite 客户端插件，可以把外部的 DMLite 实例作为元数据的来源，因而支持基于 DMLite 实现的所有系统，比如连接到 LFC(LCG File Catalogue)数据库或者 HDFS 集群。

所有的插件可以并行执行 $N$ 个任务，这里的 $N$ 需要根据系统的总体能力以及访问的负载进行调优。这些插件由 UGR 根据配置文件进行加载，并且每个插件可以使用不同的参数和文件命名翻译规则加载多次。插件加载以后，UGR 可以并行处理元数据信息的请求，主要的查询过程如下：如果请求可以由本地的内存名字空间缓存满足，就使用缓存来计算结果。否则：触发所有插件发出请求，然后等待插件返回；根据每个插件的技术实现，UGR 触发的查询请求可能会被分解成多个子请求，然后并行执行；每个插件独立执行，然后把查询结果保存到缓存中；当各个插件收集的信息足够客户端得到结果时，就给客户端发一个信号，以便它得到期望的信息；如果某些插件没有完成查询，可以继续进行直到它们获取到信息或者超时，只要获取到信息，可以随时更新缓存。

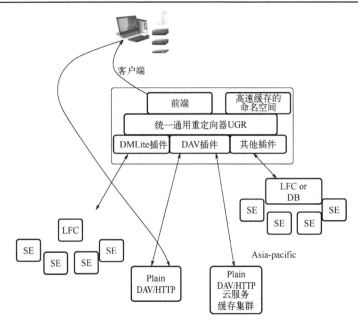

图 8-12　Dynafed 技术架构

### 4. 应用场景

Dynafed 是一个大型的松耦合的联盟系统,将客户端的请求重定向到一个外部存储,首先要求该存储系统是可用的。其次,一些其他的因素也要考虑,包括地理位置、存储系统的负载等。比如,在瑞士的一个客户端请求不应该重定向到北京站点,除非该数据只存在于北京站点。目前 Dynafed 已经应用到了在 Atlas、Belle II 等实验中,用来构建用于 WLCG 的网格存储系统。下面来具体介绍 Dynafed 的一些应用场景。

(1)通过 WebDAV 访问 DPM 和 dCache。假设 DPM 和 dCache 部署了大量的 WebDAV 代理入口,那么完全透明的联盟是有可能的。在动态联盟项目中部署了两个存储系统实例,德国 DESY 的 dCache 和中国台北 ASGC 的 DPM,用户无需建立集中式名字服务器即可访问两个系统上的文件,并且性能也很不错。

(2)支持第三方存储。假设某单位买了 10PB 的高性能存储,位于远程的站点,并且只允许通过 S3/WebDAV/HTTP 进行访问。这个场景在商业云计算中很常见,Dynafed 系统能够很好地满足这个需求,并且通过德国的 T-Mobile 提供的云存储服务进行验证。

(3)临近站点构建小型共享存储系统。Dynafed 可以帮助临近的网格站点构建小型站点联盟,这个联盟内部共享存储,对外只有一个统一的网格存储单元 SE。另外,高能物理领域常用的条件数据库也可以通过这个方式来构建,这些数据库通过 Frontier/HTTP 对外提供统一的服务,可以将实际上是分布在不同的合作站点聚合成一个小型共享存储系统。

(4)一个或多个文件目录联盟。假设有两个或多个 LFC 管理的全局网格文件目录,每个 LFC 都是独立的,文件副本存放在相应的 SE 上。这样就导致有多个网格文件视图,通过 Dynafed 构建一个存储联盟引擎,可以将各个 LFC 隐藏,从而实现一个单一网格文件视图。

(5)文件缓存联盟。文件缓存在高能物理全球数据管理中应用越来越广泛,不同于持久化的网格存储，缓存文件变化很快，随时都可以消失。采用 Dynafed 动态联盟后，不仅仅是本站点，而且其他站点的客户端也可以来查询和访问文件缓存，并考虑到地理位置等因素，从而实现一种网格感知的智能数据代理服务。

## 8.6　本章小结

本章介绍了高能物理跨地域数据管理技术，首先介绍了网格数据管理的目标及架构，然后详细阐述了全局数据管理的相关技术，特别是全局统一命名空间的构建。接着，介绍了存储资源管理 SRM 的概念、技术及应用，以及从 SRM 中独立发展出来的存储资源记账 SRR。数据联盟和数据湖是未来高能物理跨地域数据管理的技术方案，本章对这两项技术进行了分析和说明。最后，本章选取 Rucio 和 Dynafed 这两个系统作为集中注册式和动态联盟式数据管理的实际案例进行剖析。

## 思 考 题

1. 在跨地域数据管理中，全局统一命名和动态查找有哪些方式，各有什么优缺点？
2. 思考假设本地已经有大量数据，如何实现在网格站点可发现可访问？有哪些方案，各有什么优缺点？
3. 在云计算等动态计算环境中，试设计一个按需访问的数据管理方案，描述其关键技术。
4. 高能物理数据湖的主要思想是什么，与传统的网格数据管理相比有哪些好处？试设计一个数据湖架构。
5. Rucio 作为全局数据管理系统，有哪些特点？思考如何通过 Rucio 访问已有数据。

## 参 考 文 献

[1] Foster I, Kesselman C. 网格计算(第二版): Blueprint for a New Computing Infrastructure[M]. 北京: 电子工业出版社, 2004.

[2] 程耀东, 单志广, 姜进磊. 网络计算环:数据管理[M]. 北京: 科学出版社, 2014.

[3] Memo S . A Universally Unique IDentifier (UUID) URN Namespace[J]. Request for Comments, 2005(1):156.

[4] Zhang H, Wen Y, Xie H, et al. Distributed Hash Table: Theory, Platforms and Applications[M]. New York: Springer, 2013.

[5] Maymounkov P, Mazieres D. Kademlia: A peer-to-peer information system based on the xor metric[C] //International Workshop on Peer-to-Peer Systems, Heidelberg, 2002: 53-65.

[6] Benet J. Ipfs-content addressed, versioned, p2p file system[J]. arXiv preprint arXiv:1407.3561, 2014.

[7] Pouwelse J, Garbacki P, Epema D, et al. The Bittorrent P2P File-Sharing System: Measurements and Analysis[C]// International Workshop on Peer-to-Peer Systems, Heidelberg, 2005.

[8] Mazières D D F. Self-certifying File System[D]. Cambridge: Massachusetts Institute of Technology, 2000.

[9]  Donno F, Abadie L, Badino P, et al. Storage resource manager version 2.2: Design, implementation, and testing experience[J]. Journal of Physics: Conference Series, IOP Publishing, 2008, 119(6): 062028.

[10] Andreeva J, Christidis D, Di Girolamo A, et al. WLCG space accounting in the SRM-less world[C]//EPJ Web of Conferences, EDP Sciences, 2019, 214: 04021.

[11] Bauerdick L, Benjamin D, Bloom K, et al. Using xrootd to federate regional storage[J]//Journal of Physics: Conference Series, 2012, 396(4): 042009.

[12] Bloom K, Boccali T, Bockelman B, et al. Any data, any time, anywhere: Global data access for science[C]//IEEE/ACM International Symposium on Big Data Computing, 2015.

[13] Gardner R, Campana S, Duckeck G, et al. Data federation strategies for ATLAS using XRootD[J]. Journal of Physics: Conference Series, 2014, 513(4): 042049.

[14] Weitzel D, Zvada M, Vukotic I, et al. StashCache: A distributed caching federation for the open science grid[C]//Proceedings of the Practice and Experience in Advanced Research Computing on Rise of the Machines (learning), 2019: 1-7.

[15] Barisits M, Beermann T, Berghaus F, et al. Rucio: Scientific data management[J]. Computing and Software for Big Science, 2019, 3(1): 1-19.

[16] Ebert M, Berghaus F, Casteels K, et al. The Dynafed data federator as a grid site storage element[C]//EPJ Web of Conferences, EDP Sciences, 2020, 245: 04003.

# 第9章 高能物理数据长期保存与开放

高能物理研究处于物质科学的最前沿,大科学装置往往是物理基础研究和满足国家战略需求的国之重器,为基础及应用研究提供了重要的平台。大科学装置产生的数据是一座极为重要的科学金矿,而科学数据的开放与共享是科学数据效益最大化的必要条件。前沿物理大科学装置包括面向特定学科的专用研究类装置和服务于多学科交叉前沿的公共服务平台类装置,两类装置科学数据构成大体一致,均包括实验数据、模拟数据以及文档、成果和专利等数据,但在数据主权和共享机制上则存在较大差别。本章将针对高能物理领域数据长期保存和开放共享进行介绍。

## 9.1 概　　述

自从对撞机实验的出现后,可用的能量和强度范围已经扩大了许多个数量级。然而,对撞机和实验探测器等装置的开发、建造和调试需要相当大的人力、技术和资金投入。大多数大科学装置在能量范围、过程动力学或实验技术方面都是独一无二的。"大科学"项目往往有许多特点,使它们有别于其他研究学科,其中主要包括:

(1)这些项目是大型合作项目,涉及来自许多机构的数百或数千名研究人员,而他们通常是在不同的国家;

(2)这些项目持续多年,规划和设置周期长,实验运行、数据收集和分析寿命长;

(3)这些项目的资金来自长期预算,通常有多种来源,因此需要就资源提供和所有权达成复杂的法律协议;

(4)这些项目通常建立专门的实验设施,有自己的结构和专门的技术人员,包括计算支持;

(5)这些项目通常会产生大量复杂的和基于仪器的数据。

从这些实验装置中收集到的数据对我们理解物理学至关重要,这些数据的范围可以涵盖从精确测量到寻找标准模型之外的新特征。除了有待完成的分析之外,这些数据还可能为未来的科学研究提供重要的依据。此外,这些实验的数据通常是独一无二的,不太可能在短期内被取代。因此高能物理实验产生的数据往往需要被长期公开发布,以使更多人共享,提高数据的使用效率,并尽可能减少重复工作带来的巨大开销。

大型科学装置产生的数据集在实验条件等方面是独一无二的,具有稀缺性的特点,应加以保护,以确保其可以被重复使用且可以长期保存。因此,设想以某种形式保存各实验组的数据集是必要的。数据的长期保存和支持访问应该成为实验的计划、软件设计或预算的一部分。数据保存工作旨在确保这些数据在实验合作结束后的长期可用性。

数据的长期保存有其确定的目标和遵循的原则,国际上通常采用 FAIR 模式,要求被保存的数据具有可发现性(Findable)、可访问性(Accessible)、可操作性(Interoperable)和可重复利用性(Reusable)[1]。2009 年,一项高能物理数据长期保存的国际倡议(Data Preservation in

High Energy Physics，DPHEP）形成并制定了标准、技术细节和管理政策，以保护和重新利用最新和当前大规模高能物理实验的数据[2]。数据长期保存的目的之一也是提供数据的开放共享。文档和出版物等数据的长期保存是面向宣传、培训目的的开放共享，实验原始数据的长期保存面向的是实验结束后、数据封闭期结束后，对整个科学研究社区的开放共享。

然而数据开放共享不是免费的，而且可能会有很大的成本，其中许多成本来自数据保存。放弃保存原始或低级数据可以降低成本，但这些数据是否有价值，如何甄别需要更细节的专业知识。有时候发布原始数据等低级数据可能会有负面影响，因为不具备专业知识的用户很难理解数据本身，可能产生不必要的误会。因此，数据开放共享实际上与数据保存问题重叠。一般来说，文档和出版物的长期保存和数据开放共享的工作内容基本一致，而高能物理实验产出的原始数据级别的数据保存需要解决计算环境的适应和迁移问题，开放共享同样也需要解决这个问题。虚拟化技术、全局文件系统、数据标识、检索和管理等技术在长期保存与开放共享问题上同样可以采用。

本章将详细介绍数据长期保存中比较突出的位级数据、计算环境、分析过程的长期保存，以及数据开放共享中的数字检索问题，并介绍一些解决方案的实例。

## 9.2　高能物理数据分类

### 9.2.1　数据保存级别

数据保存策略的一个关键问题是："保存的目标到底是什么？"决定将所有的东西都无限期地保存下去是不合理的，因为这样所花费的代价太昂贵了。数据保存的类型受学科需求的影响。比如，天文学作为一门观测科学，有些数据通常是可重复的，但一些最珍贵的天文数据记录的是不可预测的，它们通常是短暂的事件或某块区域的长期的变化。天文学数据的潜在用途几乎是无限的，它也几乎都是对后续研究有着持续性意义的，所以保存时间更长是合理的。高能物理数据有些不同，一项研究可能连续建设好几代同类型的大科学装置。其结果是，首先随着每一代技术的发展，前一代实验设备要停止运行，其次设备的复杂性使其难以在未来充分理解过去的数据以重用。在使用实验仪器的过程中，人们通常会更好地了解它，因此，在实验早期收集的数据将定期重新分析，以提高准确性。然而，这种理解通常不会被正式记录下来，而是通过网页、研讨会和其他非正式的方式进行沟通。在这种情况下，即使所有的记录都被完全保真地保存下来，数据档案仍然可能会丢失研究人员曾经获得的全部信息。由于无法在成本可控的条件下完全记录所有数据，所以在数据归档前对其进行分类来制定不同的存放策略是符合数据长期保存的需求的[3]。不同的数据层级可以按照复杂程度的不同进行组织。每个级别都与一个或多个用例相关联。实验的保存模型应该反映将来要启用的用例的级别，以及保存操作的整个目标的属性。为了有效地维护软件和数据分析基础设施，数据层级的分类理论上应当是依赖于维护和迁移相关的成本，然而这些实际上很难估计。

2012 年，DPHEP 发布高能物理数据长期保存蓝图[4]，阐述了高能物理数据长期保存的使用场景、模型、技术及具体的建议等。该白皮书还定义了高能物理数据共享的四个等级，包括：第一级（Level-1，L1）公开文档或者论文数据；第二级（Level-2，L2）是以简化格式保存的数据，通常用于教育或科普；第三级(Level-3，L3)是分析级别的软件和数据，用于完整的科学分析；(Level-4，L4)第四级所有原始数据及相关条件和软件等，如表 9-1 所示。2015 年，DPHEP 又发布了扩展蓝皮书[5]，更加详细地描述了高能物理数据长期保存的愿景、案例及项目等。

表 9-1　高能物理数据保存级别

| 数据保存级别 | 用途 |
| --- | --- |
| L1，公开文档或者论文数据 | 用于文献信息的检索 |
| L2，简化格式的数据 | 用于公共教育和科普 |
| L3，分析级别的软件和数据 | 基于现有重建数据开展完全的物理研究 |
| L4，重建和模拟软件以及原始数据 | 进一步发挥实验数据的潜能，寻找新的物理课题 |

L1 是公开文档或者论文数据，通常用来追溯已出版物的相关信息和分析过程，可能包括：与出版物相关或嵌入的信息(额外的数据表、高级分析代码等)；内部协作笔记与运行条件相关的元数据；技术图纸；一般性实验研究(如系统相关性)；专家信息数据库(如会议纪要、幻灯片、新闻)；对纸质文件进行数字化并以电子格式存储的数据。在保存时需去除或标记在分析过程中经常出现的冗余或噪声信息，例如中间的、未经验证的假设或可能出现在日常交流中的不成熟不合适的技术解决方案，这些与最终的分析配置无关但可能会被记录在档案中。

在文件准备的过程中，社区的协助工具以及实验合作有利于数据长期保存。比如，INSPIRE 是一个高能物理最具影响力的国际学术信息交流平台[6]，将文档保存到这样的信息系统将是实现 L1 数据长期保存的一种方法。高能物理广泛采用 ROOT 格式保存数据，因此应该最大限度地使用那些包含在 ROOT 中的自动文档工具以保存相关文档。协作中的日常文档也可以存储在多人协同写作的系统中(比如 Twiki)。与了解高能物理领域的专业档案人员进行咨询对实验是有益的，比如与图书馆合作，建立标准的元数据格式，并把纸质文件存档并使之尽可能数字化。对于一个新的实验来说，如果从一开始就应用一个更一致的、集中的和以保存为导向的文档策略，其成本将是最小的，而对于未来使用的好处将是显著的。

L2 是简化格式的数据，一般用于公共教育或者科普，比如简化过的重建和模拟数据。只保存描述探测到的粒子的少量基本信息，可以使得用户不需要任何实验专用软件就可以访问这些数据，这是 L2 数据保存常用的方法。这应该在尽可能简单的结构中完成，以便于将来解释和重用这些数据，可以保存为 ROOT 文件、Excel 文件甚至文本文件。一个简单数据格式对于科普和教育目的的模型非常有用。然而，这种格式一般不足以进行完整的物理分析，可能在每次工作中都需要确定其物理内容。就所需的人力而言，这一方案需要物理学家们在前期进行数据整理和输出，数据格式简单，数据量小，对长期维护要求不高。

L3 是分析级别的软件和数据，可以进行全面的物理分析，主要内容一般包括通用软件库、实验特有的软件框架、分析代码、计算环境和所有重建以后的数据以及元数据系统。该选项包括保存分析级软件，以及非实验专用软件，比如 ROOT。相较于 L2 级，引入了所需的实验专用软件，并且需要对计算环境进行彻底的研究。如果数据分析采用了商业软件(通常是比较脆弱的或者难以获取的)，或采用具有有限生命周期的领域特定软件(例如，科学软件库 CERNLIB 已经超过十年没有维护了，但仍然被广泛使用)，或者基于特定的硬件或者指令集开发，就会导致数据分析的运行环境依赖。因此，准备和维护 L3 数据集的工作量比第 L2 级大很多，尤其是在出现向后软硬件兼容性问题时。当然，L3 数据级别的好处是能够全面开展物理研究。当现有的探测器和模拟数据集足以实现所追求的目标时，该选项足以执行完整的分析。

L4 是重建和模拟软件以及原始数据，用于充分开发实验的所有数据价值潜力，必要时可以重新生成模拟信号，重建所有原始数据。某些分析可能需要产生新的模拟信号，甚至需要重新构建真实或模拟数据。为此，需要保留完整的重建和模拟软件，这可能需要更加低级的原始数据，这取决于原始数据存储的级别。一般来说，为了获得更大的灵活性，应该保留所有数据。在保存 L4 数据时，应特别注意保护校准、刻度等敏感信息，除非有高水平的专家参与，否则不应重做。在这种保存水平上，目标不是一个共同的格式，而是一个共同的标准。在准备和维护阶段，L4 的保存模型需要大量资源。然而，这种模型的明显好处是，完整的物理分析链是可用的，并且保留了全部的灵活性以供将来使用。

在支持开放数据的人看来，经常会有一种期望，即"所有的东西都应该被保存"，以便实验可以重新进行，结果可以重新分析，或者分析可以在以后重复实现。事实上，一个实验并不总是可以重做的，因为对它进行足够详细的记录以使测量结果可以重做并不总是可行的。出于类似的原因，如果数据分析特别复杂，或需要对某一特定工具的行为有精细的了解，则后续实验人员可能无法将该分析记录得足够详细。因此，有一种情况是，至少一些物理实验环境的细节是不能合理保存的。因此，如果有充分记录的更高层次的数据产品是可获得的和可理解的，那么就不需要花费多少精力来保存原始数据了。在实际操作过程中，不提倡刻意删除原始数据，因为原始数据可能有用，也可能没有用。同时，也不应该夸大原始数据的价值。档案管理人员在他们的保留和处置策略中熟悉这样的选择，而这些选择对于大科学来说尤其敏感。

长期保存的目的之一是为了开放共享，L1-L2 级的长期保存是面向宣传、培训目的的开放共享，L3 级的长期保存面向的是实验结束后或者数据封闭期结束后，对整个科学研究社区的开放共享。长期保存和开放共享的目的和工作内容有重叠的地方，L1-L2 级的数据长期保存和数据开放共享的工作内容基本一致，L3-L4 级的数据保存需要解决计算环境的打包和迁移问题，开放共享也需要，相关技术可以共用。

在计算策略中应尽早考虑保存模型，以便减少向归档阶段过渡的工作量。为了最大限度地提高保存项目的效率，应该尽可能多地使用集中式软件。通过促进功能代码的复用，可以更有效地使用人力，减少重复工作。接近数据分析结束的实验往往需要将实现他们所选择的保存模型作为一项专门的工作来对待。任何数据保存项目的一个必要组成部分是实施稳健的验证程序，该程序能够在没有物理学家干预的情况下说明数据分析能力的状态。验证软件是升级存储系统或操作系统等技术步骤的重要组成部分，这些是数据保存项目的关键时刻。

## 9.2.2　数据共享模式

高能物理科学数据依托高能物理实验和大科学装置产生，在高能物理实验周期内产生的所有实验数据，包括原始数据和模拟数据等，都是实验的重要资产，需要保证数据长期安全可靠的保存和使用以及基于数据利用规范的共享访问。

　　针对以我国为主开展的高能物理实验，如果其实验设施是由我国投资并由我国科学家主导建设的专用大科学装置，数据主权属于大科学装置承担机构，原始数据只能在高能物理科学数据中心进行存储和处理。高能物理实验数据对合作组内部完全开放，非合作组成员无法访问。高能物理实验管理采用合作组模式，由国内外科学家共同参与组成，所有签订协议并参与合作组的国内外单位具有实验数据的访问权，并利用数据开展科学研究。

　　面向多学科交叉研究的公共服务平台类大科学装置科学数据管理中，我国目前还没有统一的数据主权相关规定，但国外的通常做法是该类科学数据由实验用户以及重大科技基础设施平台共同所有，在数据保护期有效期内，实验用户拥有该类数据使用权，公共服务平台重大科技基础设施有义务对数据安全性进行管理，数据保护期之后，公共服务平台重大科技基础设施则有权使用和开放该部分科学数据。

　　针对我国科学家参与的国际高能物理实验，并且实验数据产生于国外的重大科技基础设施，则参照高能物理合作组制度，在合作组之内的我国科研人员具有科学数据的使用权。

　　高能物理成果数据作为物理成果文章发表时，需要通过合作组内部相关委员会审核，并在合作组学术研讨会上报告，由合作组指定的相关审稿人审阅后，才可投稿发布。物理成果属于整个合作组，即实验组所有成员都会在文章署名。

## 9.3　数据长期保存策略

　　高能物理数据长期保存有其独特的应用背景。例如在某些需要长期分析的研究计划中，数据的长期保存就是该项工作得以继续进行的必要条件之一。尽管这类研究进行的速度较慢，但可以确保在分析人员能力以及内部组织管理等协作强度减弱时仍能充分利用数据的物理潜力。据估计，使用长期保存的数据所获得的科学产出约占合作总科学产出的 5% 至 10%[7]。因此，区分并妥善保存这些长期保存数据格外重要。

　　另一种情况是交叉协作分析，即同时对多个实验的数据进行综合分析。这为减少单个实验的统计和系统不确定性，或为进行本来不可能的全新分析提供了可能。事实上，在合作期间，LEP、HERA 和 TeVatron 等高能物理实验进行了开创性的实验结果组合，为基本量的精确测量提供了新的方法。保留的数据集可以进一步增强实验程序的潜力，因为它提供了组合的可能性。同时，保存完好的数据还将增加在当前实验中进行组合的机会。高能物理领域由不同领域的专家组成，如理论物理学、中微子物理学等，同时访问相关实验的数据集将使这些专家团体受益匪浅。

　　通过重新利用过去实验的数据，可以得到一些科学成果。例如，新的理论发展可以允许进行新的分析，从而显著提高物理观测值测定的精度。理论上的进步也可能导致新的预测（例如新的物理效应），这些预测在实验进行时没有被探测到，在目前的设施中也无法获得。类似地，新的实验见解（如探测器响应蒙特卡罗模拟的突破）或新的分析技术（如多元分析工具、更强大的计算能力）可以改进对保留数据的分析，其潜力远远超过已发表的分析。未来实验设施的结果可能需要对保存的数据进行重新分析（例如，由于物理观测值的测定不一致，或观察到以前可能/应该观察到的新现象）。例如，LHC 的结果可能很好地引发对 LEP、Tevatron 或 HERA 数据的重新分析。

用于教育、培训和宣传可能是最容易理解的数据应用模式。长期保存数据为培训、教育和外展提供了新的机会。它允许本科生或研究生进行数据分析，不限制与实验合作的研究所，为发展中国家的研究所提供开创和发展 HEP 研究的新机会。它还提供了前所未有的机会，在粒子物理、实验技术、统计学的课堂上都有可能大显身手，并能探索其他课程无法涵盖的物理主题。高中生可以接触到简化和高度可视化的分析，以便激发公众对该领域的兴趣，吸引新生学习物理。

### 9.3.1 数据长期保存目标

数据长期保存的目标是 FAIR[1]，也就是要求数据在长期保存的过程中拥有可查找性、可访问性、可操作性以及可重复使用性。

可查找性：数据或元数据需要被分配一个全局唯一且永久保留的标识符。数据要用充足的元数据进行描述。数据或元数据要在可搜索资源中注册。元数据指定数据标识符。

可访问性：数据或元数据可通过使用标准化通信协议的标识符进行检索。该协议是开放的、免费的，并且可普遍实施。协议允许在必要时进行身份验证和授权。即使数据不再可用，也可以访问其元数据。

可操作性：数据或元数据使用正式、可访问、共享和广泛适用的语言来表示知识。数据或元数据使用遵循 FAIR 原则的词汇。数据或元数据只能包括对其他(元)数据的有限引用。

可重复使用性：数据或元数据具有多个准确且相关属性。数据或元数据以清晰且可访问的数据使用许可证发布。数据或元数据与其出处相关联。数据或元数据符合与域相关的社区标准。

为了使数据保存满足上述的 FAIR 原则，一般可以经过如下的流程来实现[8]，如图 9-1 所示。

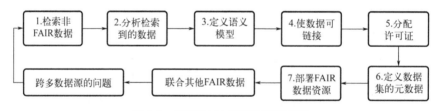

图 9-1　保证 FAIR 原则的检查流程

(1)检索非 FAIR 数据：获得对要进行开放共享的数据的访问权限。

(2)分析检索到的数据：检查数据内容，表示了哪些概念？数据的结构是什么？数据元素之间有什么关系？不同的数据分布需要不同的识别和分析方法。例如，如果数据集在关系数据库中，则关系模式将提供有关数据集结构、涉及的类型(字段名称)等信息。

(3)定义语义模型：为数据集定义一个"语义模型"，该模型准确、明确且以计算机可操作的方式描述数据集中实体和关系的含义。根据数据集，即使对于有经验的数据建模人员，定义适当的语义模型也可能需要大量的精力。一个好的语义模型应该代表特定领域中出于特定目的的共识视图。因此，搜索现有模型是一个好习惯。语义模型通常包含来自现有本体和词汇表的多个术语。词汇表是一种计算机可读文件，可捕获术语、URI 和描述等。本体可以粗略地描述为具有层次结构、概念之间有意义的关系及其约束的词汇表。

(4) 使数据可链接：通过应用步骤 (3) 中定义的语义模型，可以将非 FAIR 数据转换为可链接数据，当前使用语义网络和链接数据技术来完成。此步骤促进了互操作性和重用性，从而促进了数据与其他类型的数据和系统的集成。但是，用户应针对给定数据来评估此步骤的可行性。对许多类型的数据(例如，结构化数据)进行处理是明智的，但对其他类型(例如，图像、音频数据和视频中的像素或音频元素)可能并不重要。当然，关于图像、音频和视频的注释(例如，关于所标识的图像区域的数据或关于音频文件的部分数据)可以很好地被链接。

(5) 分配许可证：尽管许可证信息是元数据的一部分，但业界已将许可证分配作为 FAIR 检验流程中的一个单独步骤纳入其中，以突出其重要性。缺少显式许可可能会阻止其他人重用数据，即使该数据旨在进行开放访问也是如此。

(6) 定义数据集的元数据：正如许多 FAIR 原则所解释的那样，适当且丰富的元数据支持 FAIR 的所有方面。

(7) 部署 FAIR 数据资源：部署或发布 FAIR 数据以及相关的元数据和许可证，以便即使需要身份验证和授权，也可以由搜索引擎为元数据建立索引并可以访问数据。

数据长期保存需要满足 FAIR 原则，在这个过程中也存在着各种技术挑战，主要包括如下：

存储介质的物理损坏。物理存储设备始终会存在折旧和磨损，这就会导致数据在长期保存时经常会出现磁盘坏道、磁带消磁、索引数据丢失等数据损坏或丢失的情况，这就需要在存储过程中进行必要的备份。同时为了提高用户的访问速度，增大数据存储密度还需要不断地对存储硬件进行更新换代。在这个更新换代的过程中，适配之前硬件的驱动器可能就会出现兼容性问题。例如，磁带是归档数据的主要存储介质，常用的 LTO 磁带技术每隔两代就无法互相兼容。

操作系统及软件依赖库的升级。同硬件的迭代更新一样，文件管理系统和存储系统等软件也需要更新，同时软件依赖库也会不断更新。而数据长期保存策略中还包括了对计算环境等系统的保存，这时这些老旧的系统和当前使用的软件依赖库或硬件间可能会存在更难解决的兼容问题。例如编译 10 年前的软件，可能需要 32 位操作系统、旧版本的 glibc 等。

数据分析工具和模式的更新换代。例如 30 年前,物理分析程序的主要开发语言是 Fortran,有时需要重新学习当时的编程模式和分析方法。

在为数据进行层级分类和保存共享的过程中需要具备领域专业的知识和 IT 技术的人力，而这些工作也应当作为实验的一部分来完成。为了应对上面的挑战和遵循 FAIR 原则的存储要求，存储人员一般将所有数据分成三类来分配不同的存储策略。需要注意的是，这里的分类与前面提到的 DPHEP 数据的四个层级不同，这里的数据主要针对 L4 层级的数据，也就是原始数据、重建数据及模拟软件。

## 9.3.2　比特级数据的长期保存

比特级数据也就是实验数据主要指以非结构化数据格式存储的原始数据、模拟数据、重建数据、刻度数据、分析结果数据以及所有结构化数据的备份和镜像，可以达到 PB 级到 EB 级。在高能物理领域，一般使用 EOS、Lustre 作为磁盘管理系统进行文件存取，使用 Castor、CTA 作为磁带库管理系统。

实验数据长期保存应尽量做到：①每次数据拷贝和传输完成后均要进行数据完整性校验。②磁带设备上的原始数据需要定期读出做完整性校验。③系统管理员对每台存储设备进行严格的生命周期管理和追踪，过保和淘汰设备上的数据会被及时拷贝和复制到新设备上，当然这需要持续的经费支持。④严格控制存储设备运行环境的温度和湿度，尽量保证环境无尘，减少静电对磁带设备的威胁。⑤通过优化系统，减少磁带读写的次数，减少设备故障。⑥保证原始数据有两个以上的物理隔离存放的副本，避免由于自然灾害造成的无法恢复的数据损失。

下面以 CERN CASTOR 为例说明磁带库的长期保存策略[9]。CERN CASTOR 是一套磁带存储管理系统，写入 CASTOR 的所有数据都受到 adler32 文件级校验和的保护，该校验和在文件创建时生成。文件级校验和也在上传文件前通过实验预先创建，然后与计算的校验和进行比较，以检测写入是否损坏。文件级校验和还用于检测数据读取或者数据传输是否损坏。校验和是与数据分开存储的，每次在 CASTOR 中调用或移动文件时都会进行检查。如果校验和与接收的数据不匹配，文件传输将失败，相应的错误消息将被发送回用户。CASTOR 在 2015 年还支持了 ANSI T10 SCSI 逻辑块保护功能（Logical Block Provisioning，LBP），涵盖了从应用服务器通过磁带机到磁带介质的完整数据路径，例如 Linux 内核到光纤通道控制器、物理链路、内部驱动器数据通道、介质记录头等。逻辑块保护通过 CASTOR 预先计算一个 4 字节的循环冗余码来工作，该循环冗余码被附加发送到磁带的每个数据块上。磁带驱动器在接收数据和写入介质时会重新计算和验证该循环冗余校验。这个技术的好处是传输错误会被立即发现并通知 CASTOR，CASTOR 可以对错误采取行动并重新发送数据。每次从磁带读取数据块时，驱动器都会重新计算并检查循环冗余校验。

### 9.3.3　计算环境的长期保存

计算环境的长期保存比比特级数据的长期保存更加烦琐。大的实验组由几十甚至数百名软件开发者共同完成实验软件的编写，并且要依赖操作系统、各种编译环境以及相关的外部环境等。操作系统和外部库的寿命、程序员的合同期都有可能小于长期保存需要的年限，因此计算环境的长期保存也非常重要。

计算环境的长期保存实践中应尽量满足：在程序运行期需要良好的软件版本控制、中心发布和使用机器；采用 gitlab、SVN 等代码管理工具，并使用 AFS、CernVMFS 等文件系统发布软件；依靠实验的 Bookkeeping 和元数据库记录数据目录与软件版本之间的关系、软件之间的依赖关系等；如果需要开放共享，须有专人将这些关系整合到开放数据集中；使用虚拟化技术来"冷冻"程序需要的操作系统镜像，并长期保存、开放共享镜像文件。

CernVM-File System 简称 CVMFS[10]，提供了一种可扩展的、可靠的、低维护成本的软件分发服务。像在本地文件系统一样，软件包以文件和目录的形式组织在 CVMFS 的名字空间中，可以使用 POSIX 接口只读访问。CVMFS 服务器是可以通过 HTTP 协议全局访问的，通过简单的客户端配置，就可以将一个 CVMFS 软件仓库挂载到计算节点、虚拟机、容器本地使用。通过客户端的磁盘 Cache 加速访问。使用两级服务器，Stratum0 提供中心服务，由软件管理员发布软件，设置权限等。Stratum1 提供广域网上分布的副本服务，可以有任意多个。CernVMFS 已经成为还在运行中实验的软件发布工具，不仅用于长期保存还可用于版本化控制和版本分支、快照等，大大提高数据保存的工作效率。

### 9.3.4　分析过程的长期保存

保存和共享研究成果是科学进步的关键，这在高能物理领域中已得到认可并已经共享了大量的文档和数据。高能物理实验可能涉及数百到数千名合作者，产生的大型数据集在进入分析阶段之前经历了复杂的质量保证过程，留下了一系列不同级别和用途的研究成果。2014年，欧洲核子研究中心 CERN 推出了数据开放门户，以解决数据共享问题。随后，CERN 还推出了一项数字图书馆服务 (CERN Analysis Preservation，CAP)[11]，其设计考虑到高能物理独特的学科研究工作流，旨在捕获研究数据分析工作流步骤和生成的数字对象，帮助物理学家保存和记录与他们的分析相关的信息，以便将来可以理解和重用。CAP 项目中将数据分析过程的长期保存一般分为三个步骤：信息描述、信息抓取和分析重现。

1. 信息描述

第一步是提交表格，提交表格是为了帮助用户在做分析的时候提交不同的材料。CAP 表格中有四个主要部分来记录物理分析：基本信息、数据来源、分析软件和文档。它们用 JSON 模式来表示。存储在连接的数据库中的信息用于尽可能自动完成和自动填充分析描述。

第二步是通过 shell 提交到 CAP 客户端，可以通过程序的 API 接口提交也可以连接到其他数据库，考虑到数据库中存在的内容，这允许系统在创建分析记录后立即自动完成并自动填充大部分内容。系统提供了上传文件 (如配置文件) 的可能性，并提供一个网址，从该网址自动复制和存储文件。

2. 信息抓取

CAP 的搜索功能可以帮助用户找到他们在分析保存中可以访问的已保存的和正在进行的分析。使用页面顶部的搜索栏或附带的专用搜索页面，用户可以在他们过去或正在进行的合作中搜索他们自己的和所有共享的分析。过滤器将帮助用户选择相关内容，所有分析元数据都被编入索引，这意味着用户可以找到具有特定参数的分析，使用特定算法进行处理，或者使用特定数据集或模拟。CAP 通过允许用户对分析记录进行特定访问并将相关分析信息存储在一个地方，来支持审查分析和分析批准流程。例如，如果协作决定这样做，相关信息可以很容易地导出到像 Indico 这样的工具中。

3. 分析重现

由 CERN 和 DASPOS (Data and Software Preservation for Open Science) 联合发起的 REANA 项目[12]，负责分析重现。首先，获取新的 REANA 命令行访问令牌。其次，安装并激活 REANA 命令行客户端 reana-client。再次，为客户端设置 REANA 环境变量 (使用第一步中获得的访问令牌) 并测试连接。然后，运行批处理计算工作流。REANA 可以指定计算后端、存储后端，并与 CVMFS 集成使用。REANA 采用的计算后端支持 HTCondor、Kubernetes 和 SLURM，存储后端支持 EOS。输入需要包含 EOS 所规定的文件目录，输入参数和一些存储引擎的选项，工作流需要包括调用计算资源的必要说明，规定好分析环境以及分析过程，输出则是规定输出到本地文件系统的参数。

# 9.4　数 据 标 识

数据要有一个全局唯一的持久化标识符(Persistent Identifier，PID)是 FAIR 原则的第一项要求，是保证数据完整性的第一步[13]。真正可信的、可靠的数据标识符的特性有利于数据开放共享长期健康发展。

## 9.4.1　标识符的组织

一般来说，数据标识符要满足以下特征：①是一个名字，而不是地址；②全球独一无二；③持久化的，超过大多数系统或者组织的生命周期；④可作为统一资源标识符(Uniform Resource Identifier，URI)进行全局解析，支持包括内容协商在内的所有 HTTP；⑤通过可靠的组织和治理流程进行管理；⑥提供描述其最相关属性的元数据，包括一组最小的通用元数据元素；⑦可互连互通；⑧通过描述其关系的元数据元素可与其他标识符互操作；⑨通过其元数据元素以及所有其他受信任的标识符进行索引和搜索。

满足所有这些需求需要通过分层体系结构来组织(图 9-2)。持久性标识的基本层目前有一些标识符，如句柄(Handle)、统一资源名称(Uniform Resource Name，URN)、档案资源密钥(Archival Resource Key，ARK)[14]、可扩展资源标识符(Extensible Resource Identifier，XRI)等，这些标识符已经达到了高度的技术成熟度。但这些基本的技术解决方案并没有显示可信 PID 的所有功能。例如，ARK 和 Handle 可以是持久的且全局唯一的，它们可以被解析为 URI，但它们本身没有确保可靠的组织和治理过程；元数据不一定与它们关联。然而，它们可以通过提供附加治理功能和专业服务进行调整和丰富。

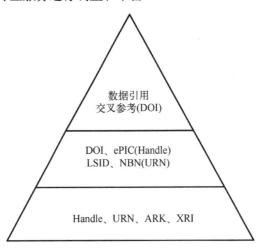

图 9-2　数据标识符组织的示意图

例如，数字对象标识符(Digital Object Identifier，DOI)[15]构建在句柄技术之上。句柄系统允许标识符和位置之间的关联。国际 DOI 基金会(International DOI Foundation，IDF)管理 DOI 基础设施并提供更强有力的治理，以提高人们对 DOI 持久性和可靠性的信任。IDF 成员向资源所有者提供 DOI 以及数据引用和交叉参考等。IDF 成员经常开发新的功能，以满足数据中心或出版商等不同利益相关者群体的需求。DOI 服务包括注册、元数据管理、片段识别、内容协商、搜索和发现以及治理。

## 9.4.2　几种推荐的数据标识系统

数字对象标识符(DOI)、句柄(Handle)、统一资源名称(URN)、开放链接(OpenURL)以及中国科技资源标识(China Science and Technology Resource，CSTR)等是目前应用较多的数字标识符，其中尤以 DOI 的应用和研究最为广泛。DOI 是用于识别数字环境下对象的知识产权的字符串，是国际标准化组织"信息与文献"领域的一项标准，广泛应用于数字化图书、期刊、数据等内容类型的学术出版。DOI 具有唯一且永久标识、永久定位、出版源头注册、点击即链接、动态更新、版本更迭等特点，在科学数据出版中具有跟踪、引用、集成、关联等的多重价值，便于实现对数据出版物的原文获取、引文链接、数字版权管理及永久标识等功能，解决数据多重链接和知识产权问题。

CERN Open Data 采用了数据对象标识符 DOI 进行数据标识，并遵循 FORCE11(The Future of Research Communications and e-Scholarship)的"数据引用原则联合声明"(Joint Declaration of Data Citation Principles，FINAL)[16]进行数据引用。为了方便数据引用，CERN Open Data 还为每个数据集提供了推荐引用格式(如 BibTex)等。论文中引用的数据允许第三方平台(如 INSPIRE)来跟踪这些数据集的引用情况，并评估其影响因子。

EUDAT 的数据标识采用句柄系统，称为 EUDat B2Handle[17]。B2Handle 是一个分布式的服务，为数据提供全局透明唯一的永久标识符(Persistent Identifier，PID)。PID 用来可靠标识、发布、保存和引用数据对象，并可以用来访问数据。B2Handle 服务包含了标识符空间管理、策略和业务流、句柄系统运行以及用户友好的开发库等。

中国科技资源标识(CSTR)[18]是面向科技资源提供的全网唯一永久标识符，符合国家标准 GB/T 32843《科技资源标识》要求。CSTR 既为科学资源提供了一套全网唯一识别机制，同时也提供了科学资源访问解析协议，对于科学资源而言，CSTR 就相当于其在数字化时代的"身份证"。CSTR 具有以下性质：①唯一性。CSTR 标识一经分配，就永久地指向特定的科学资源，且在全网范围永不重复，因此对于特定资源而言具有唯一性。②持久性。CSTR 标识注册后，无论其版权归属，存储地址等属性是否发生改变，都保持不变，因此具有持久性。③兼容性。CSTR 符合国际工业互联网标识解析体系(Handle System)的规则，该标识体系一经推出，即受到由科技部支持的国家科技基础条件平台，以及各个国家科学数据中心的支持，具有广泛的适用性。④互操作性。CSTR 预设可以支持包括数据、论文等 20 类科学资源的注册、管理和解析，且与系统实现技术无关，具有良好的互操作性。⑤动态更新。CSTR 系统支持随元数据、应用和服务功能动态更新。目前，中国科学院科学数据中心总中心依托单位中国科学院计算机网络信息中心已得到科技部的认证，成为 CSTR 的注册管理机构，并在科技部的统一领导下，推出了 CSTR 的前缀申请、标识注册、标识浏览与解析等相关服务，为中国科学院科学数据中心体系的唯一标识管理提供了有力的支撑。

# 9.5　数据检索

数据检索 Portal 是用户访问科学数据的入口，各实验根据自己的数据管理策略在领域共享的几个数据检索 Portal 发布数据。不同层级的数据一般采用不同的平台发布数据。L1 级的数据通常可以通过 INSPIRE[6]、HEPData[19]进行检索。L2 级的数据通过 CERN Open Data portal[20]，L3-L4 级的数据大部分还依靠实验的 Bookkeeping 系统，CMS 实验通过 CERN Open Data Portal 开放了部分 L3 级数据。

## 9.5.1　HEPData

对于 L1 级的数据，本节主要介绍 HEPData 平台(图 9-3)。HEPData 是在过去的 40 年中建立起来的一个独特的开放式存储库，用于存储来自粒子物理散射实验的数据。目前，它包括与数千种出版物(包括 LHC 的出版物)有关的图表的数据。HEPData 是对 CERN Open Data Portal 的补充，该门户侧重于从 L2 级和 L3 级发布数据。HEPData 的重点一直是存储实验中产生的横截面数据等测量量，这些测量量不同于粒子数据组提供的粒子属性，是实验装置产生的未经编译解析的原始数据。但是近年来，HEPData 所收纳的数据已经超出了传统的原始数据范围，其还包括了与 LHC 在标准模型之外的物理搜索相关的数据、来自粒子衰变和中微子实验的数据以及与 Geant4 探测器模拟工具包相关的数据。

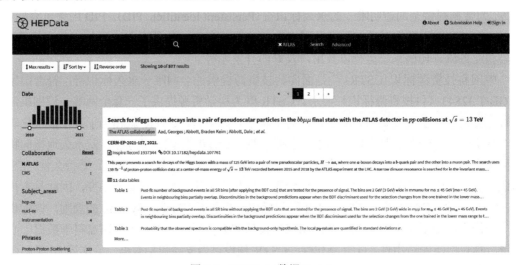

图 9-3　HEPData 数据 Portal

旧的 HEPData 网站将所有信息存储在一个(MySQL)数据库中。要添加新记录，首先需要将所有数据手动转换为标准的“输入”文本格式，由每个表的元数据和结构化格式的数据点组成。上传的输入文件被一个 Perl 脚本解析，以将信息插入数据库。对于新的 HEPData 站点，新 HEPData 将记录存储为文本文件，而不是数据库，因为只需要使元数据可搜索。新 HEPData 没有保留旧的临时“输入”文本格式，而是使用 YAML 定义了一个新的文本格式，YAML 是 JSON 的一个超集，更容易被人理解。他们研究了使用 ROOT 作为新通用输入格式的可能性，但它不适合表示 HEPData 中已经存在的所有不同的数据类型，特别是描述每个表的元数据。然后，将现有 HEPData 数据库中的所有数据导出为新的 YAML 格式，以便迁移到新系统。HEPData 还编写了一个验证器来确保 YAML/JSON 文件符合定义的 JSON 模式。迁移后的 YAML 文件（以及未来提交的文件）存储在欧洲核子研究中心的 EOS 文件系统中。

HEPData 软件主要是用 Python 和 JavaScript 编程语言，基于 Invenio 的数字档案系统[21]，但有很大程度的定制化修改。与以前的 HEPData 网站一样，以标准格式存储数据的主要附加价值在于，数据点可以自动转换为各种格式并可视化。表格和散点图，或者热度图，如果有一个以上的独立变量，用自定义的 JavaScript 代码呈现。

HEPData 软件使用 PostgreSQL 数据库，并通过弹性搜索进行索引，以提供跨所有元数据字段的快速而强大的搜索。使用 Schema 词汇在语义上丰富了 HEPData 中的所有内容。这使得谷歌和其他搜索引擎对内容更了解，内容可以被开发者自动检索和解释。

## 9.5.2　CERN Open Data

对于 L2 级的数据主要介绍 CERN Open Data Portal。CERN Open Data Portal 是 LHC 四实验（ATLAS、CMS、LHCb、ALICE）以及 OPERA 实验的数据开放平台。目前已经开放了超过 2PB 的数据及其运行分析环境、相关文档。用户既可以下载封装好的虚拟机环境进行分析，也可以在网页上在线体验简单的数据分析和可视化，适用于教育、科研和数据可视化三种用途。在每种用途的数据内部，数据可以按照类型、实验、对撞类型、对撞能级、物理过程、发布时间进行检索和查找。

CERN Open Data Portal 是一个门户网站，主要面向 CERN 主导的大型实验所产生的数据。它发布了各种研究活动的保留结果，并包括理解和分析数据所需的随附软件和文档。该门户网站遵循已建立的数据保存和开放科学全球标准：产品在开放许可下共享；它们带有 DOI，以使其成为可引用的对象。CERN Open Data Portal 专注于发布 L2 和 L3 事件数据。LHC 合作还可能提供 L4 数据的小样本。所有四个大型强子对撞机实验均已批准了数据保存和访问策略，其中规定它们将在禁止开放期过后使数据可用。该门户中可用的所有数据集和其他资料均带有持久性 DOI 标识符，这些标识符可永久链接至记录。CERN 的开放数据门户网站认可 FORCE11 数据引用原则联合声明。因此，当需要重复使用数据时，需按规则引用门户网站上提供的数据。该网站推荐了每个数据集以及其他合适的输出格式（例如 BibTeX）的引用建议。

# 9.6　案 例 分 析

事实上各个物理实验可能会采取不同的档案管理策略，本节主要分析 ATLAS 实验的数据开放策略和长期保存策略[22]，用以说明前面介绍过的数据层级、长期保存策略、数据标识和数据开放检索等部分。

ATLAS 实验是由欧洲核子研究中心大型强子对撞机 LHC 完成的四大实验之一。它是一项由国际合作运行的通用粒子物理实验，与 CMS 一样，旨在开发 LHC 的全部科学发现潜力和全面的硬件优势。在诸如 ATLAS 这些大型实验中，一旦数据分析完成并获得结果，物理学家就会将结果整理成论文在科学界共享。这些论文通常包含结果报告和部分能够突出展示成果的原始数据，但由于资源限制，往往无法提供测量出的初始数据。

然而除了论文中的筛选数据外，其他的测试数据同样具有长期分析的价值，这些数据对于教育、推广、科学传播和公众参与都很有用。像 ATLAS 这样的大型合作项目有专门致力于这些工作的团队。许多"公众科学"项目利用公众捐款来帮助科学研究。在这些项目中，用户可以使用这些公开的测试数据进行他们自己的科学研究与发现。因为数据量过于巨大，科学家可能没有时间对所有的数据进行全面分析，开放公众参与研究后，大众对于科学家所忽视的数据的研究所产生的发现成果有可能填补研究人员的研究空白。

2011 年公众首次使用大型强子对撞机数据后，启动了 ATLAS 开放数据项目。发布开放数据是 ATLAS 数据访问政策的一部分。ATLAS 开放数据属于 CERN 开放数据的范畴，包括其他 LHC 探测器 CMS、Alice 和 LHCb 的结果。2016 年，ATLAS 发布了对其 8TeV 开放数据集的审查，并表示此前已收集了一年多的反馈。

ATLAS 在其出版政策中充分支持开放获取的原则。其按照 DPHEP 模型中的描述，按照不同级别开放访问数据。

对于 L1 级数据，所有科学成果都在期刊上发表，初步结果在会议记录中提供。除版权法和欧洲核子研究所商定的标准条件外，所有资料都是公开提供的，不受外部各方使用的限制。还提供了与期刊出版物相关的数据：图表和绘图数据存储在适当的存储库中，如 HEPData。ATLAS 还努力提供与论文相关的额外材料，以便在新的理论模型背景下重新解释数据。例如，分析的扩展封装通常用于 RIVET 框架中的测量。对于搜索，还提供了有关信号接受度的信息，以便在理论物理学家在出版后开发的模型背景下重新解释这些搜索。ATLAS 也在探索如何通过 RECAST 等服务提供未来重新解释搜索的能力。RECAST 使理论家能够通过向 ATLAS 提交模型，评估已发表分析对新模型的敏感性。

对于 L2 级简化数据，用于推广教育以及与非高能物理领域进行合作。ATLAS 认识到对外交流和教育的重要作用，参与和鼓励开展交流和教育活动，并向使用者提供选定的数据。通常，使用完整 ATLAS 数据集的一小部分，以提供具有有趣物理特征但不足以发布成果的丰富事件样本。数据以简化、便携和自包含的格式提供，用于教育和科普。还提供了轻量级环境，以便轻松浏览这些数据。这包括所选事件的事件显示、用于说明恒定质量分布、寿命、CP 不对称性等计算的 N 倍或类似级别数据。ATLAS 已经将这些数据公开用于多种目的，从高中和大学教育的分析程序和事件显示，到为数据科学相关竞赛发布选定的模拟数据事件子集。ATLAS 2 级数据也适合作为更通用、多实验外联接口的输入。出于教育目的，还可以提供分析数据和环境的完整复杂性示例。这些数据仅供教育和公众理解之用，不得用于公布物理结果。ATLAS 鼓励与计算机科学或教育等其他科学领域进行科学合作。这种协作可能使用特定的 ATLAS 数据集（模拟事件或碰撞数据）和 ATLAS 工具。使用 ATLAS 数据集的项目应通过已建立的协会计划（STA、MCI）进行。科学合作项目完成后，项目使用的数据集以及使用/访问该数据集所需的工具，如果不敏感，经 ATLAS 发言人确认后，可公开供无限制使用。

对于 L3 级重建数据，ATLAS 认识到在合理的禁止开放期后公开其重建（三级）数据的潜在价值。发布数据时，必须同时发布适当的模拟数据集和工具，以执行数据分析。ODWG 文件[2]描述了 LHC 广泛开放的 L3 级数据策略。到目前为止，进行需要 L3 级数据的具体新分析的最实际方法是通过与合作伙伴的合作。特别是，ATLAS 协作建立了具体分析的联合方案。在此方案下，非 ATLAS 成员可以在 ATLAS 成员的支持下提交提案，围绕某一感兴趣的特定主题与 ATLAS 合作。这些建议将在个案基础上进行审议，如果获得批准，将提供 ATLAS 数据和分析所需的内部信息。

对于 L4 级原始数据，实际上不可能在协作之外以有意义的方式使用 ATLAS 实验的完整原始数据集。这是由于数据、元数据和软件的复杂性、探测器本身和重建方法所需的知识、所需的大量计算资源以及存储在档案介质中的大量数据的访问问题。应注意的是，由于这些原因，协作中的个人甚至无法直接访问原始数据，而是集中执行重建数据的生成（如上所述）。因此，ATLAS 不建议将资源用于开发非合作成员在合作有效期内对完整原始数据集的访问。如果动机良好，可以考虑访问具有代表性的较小原始数据样本。

ATLAS 同样规定了其数据保存策略，以确保 ATLAS 成员可访问的同时可靠地维护其数据。

不可复制数据，原始数据的保存政策旨在将因技术故障或灾难（如火灾或地震）造成的损失风险降至极低水平。至少两份 ATLAS 原始数据存储在 WLCG（全球 LHC 计算网格）站点子集的可访问档案媒体上。任何网站都不会保存数据特定部分的所有副本。其他不可复制数据（包括校准数据、元数据、文档和转换）存储在 WLCG 内的专业设计和备份数据库或文件系统中。这些数据的旧版本已存档。衍生数据原则上，衍生数据和模拟数据在任何时候都是完全可复制的，前提是提供适当的校准数据、元数据、转换、CPU 架构或其仿真，以及可用的文档。

物理结果的保存和重新推导物理结果的能力。除了保存数据、元数据和文档之外。一些过程，如中间结果和最终结果的内部同行评审，不能作为完整记录的、可复制的程序进行记录。ATLAS 合作计划在数据采集停止后，尽可能长时间地保持执行和审查物理分析所需的知识。ATLAS 与物理结果相关的内部文件，例如输入内部审查流程的详细分析说明保存在专业操作的文件管理系统中。在期刊上发表的或提交给 arXiv 和 HEPData 等存储库的科学成果假定由期刊或存储库操作员保存。此外，它们也由 ATLAS 协作组织存档。

用于外联和教育的数据。ATLAS 还制作外联和教育数据集，供 ATLAS 成员和第三方使用。虽然它承诺支持这些活动，但它没有做出任何承诺。

ATLAS 实验创建了 ATLAS Open Data 项目以发布数据集。ATLAS 开放数据项目包括软件工具和大型强子对撞机（LHC）的质子-质子碰撞数据子集，由 ATLAS 探测器收集，并重建为最终物理对象，如轻子、光子和强子射流。ATLAS 开放数据项目允许实验新手、年轻学生和公众了解高能物理分析是如何进行的，通过使用交互式分析工具和软件分析数据，他们可以在自己的本地机器上进行修改。

开放数据项目中可用的 ATLAS 数据约相当于 2012 年记录的 LHC 质子-质子数据的 1/fb，称为 ATLAS 开放数据 2016 数据集。它相当于大约 100 万亿次质子-质子碰撞。这是 ATLAS 发现希格斯玻色子的部分数据。因此，这部分 2012 年数据具有重要的科学、教育和历史价值。而且该项目还提供了各种标准模型和新物理信号模型的模拟数据，以便与 LHC 数据进行比较。

ATLAS 开放数据项目的目标之一是允许用户轻松了解进行物理分析的过程。因此，数据以简化格式提供，其中包含高级物理对象（例如电子、μ 子、喷流等），在数据发布时使用 ATLAS 探测器使用的算法进行重建和校准。数据事件编码在根 N 元组中，包含每个物理对象的集合。对事件和对象的质量进行松散的预选，以减少无法通过分析选择的事件的处理时间。在必要的情况下，简单比精确更受青睐。这意味着并非所有可用于实际 ATLAS 物理分析的信息都以 ATLAS 开放数据格式提供，以便维护更简单的布局和文档。

ATLAS 开放数据集由可在独立虚拟机(VM)或 ROOT NoteBook 上运行的分析工具补充。虚拟机可使用 CERN VM。它们包含可以从 Web 或 USB 驱动器安装的数据和分析工具。ROOTBook 使用 Jupyter note 技术，使用 ROOT 软件框架，以便使用直方图可视化工具在云上或开放数据网站上提供的虚拟机上执行分析。软件工具的文档通过 GitBooks 提供。文件包括一般介绍和每项分析的具体说明。

ATLAS 开放数据工具是公共软件和 ATLAS 协作发布的数据的组合。ATLAS 开放数据工具用于举例说明 LHC 物理分析是如何进行的，是适用于实验新手、学生和开放数据网站的访问者使用的开放数据项目。

## 9.7　本 章 小 结

数据是高能物理实验的主要财产，其长期保存和开放共享日益受到各国政府和科学界的重视。由于高能物理实验的特殊性，实验中产生的一系列数据需要以长期保存为目标，进行处理，用以充分开发本实验的数据价值、辅助其他实验的数据分析，并将其用于培训、教育、宣传等物理分析外的任务。本章介绍了高能物理数据保存的数据分级以及共享模式，阐述了数据长期保存的原则、策略以及技术等，并对 HEPData、CERN Open Data 等系统进行剖析，最后分享了 ATLAS 数据共享的实际案例。

## 思　考　题

1. 对于高能物理实验来说，数据长期保存有哪些方面的意义？
2. 高能物理数据长期保存的四个目标是什么？
3. 高能物理数据长期保存有哪几个层级，这些层级互相是什么关系？试举例说明各个层级的数据。
4. 思考位级数据长期保存的最佳实践包括哪些？
5. 计算环境的长期保存主要依靠哪些技术？
6. 分析环境的长期保存主要包括哪三个步骤？代表性的项目有哪些？
7. 尝试使用几个常用的数据检索系统检索感兴趣的物理信息。

### 参 考 文 献

[1] The FAIR Data Principles - FORCE11. [EB/OL]. [2022-06-02]. https://force11.org/info/the-fair-data-principles.

[2] DPHEP Study Group. Data preservation in high energy physics[J]. arXiv preprint arXiv:0912.0255, 2009.

[3] Morris C. Identifiers for the 21st century: How to design, provision, and reuse persistent identifiers to maximize utility and impact of life science data[J]. Plos Biology, 2017, 15(6). DOI: 10.1371 / journal. Pbio. 2001414.

[4] Akopov Z, Amerio S, Asner D, et al. Status report of the DPHEP Study Group: Towards a global effort for

sustainable data preservation in high energy physics[J]. arXiv preprint arXiv:1205.4667, 2012.

[5]　Amerio S, Barbera R, Berghaus F, et al. Status Report of the DPHEP Collaboration: A Global Effort for Sustainable Data Preservation in High Energy Physics[J]. arXiv preprint arXiv:1512.02019, 2015.

[6]　Ivanov R, Raae L. INSPIRE: A new scientific information system for HEP[J]//Journal of Physics: Conference Series, 2010, 219(8): 082010.

[7]　Bethke S. Data Preservation in High Energy Physics–why, how and when[J]. Nuclear Physics B-Proceedings Supplements, 2010, 207: 156-159.

[8]　FAIRification Process[EB/OL]. [2022-06-02]. https://www.go-fair.org/fair-principles/fairification-process.

[9]　Bit Preservation at CERN and ISO-16363[EB/OL]. [2022-06-02]. https://indico.cern.ch/event/658060/contributions/ 2889539/attachments/ 1623264/2583960/bit-preservation-ISO-16363-07032017.pdf.

[10]　Blomer J, Aguado-Sánchez C. Distributing LHC application software and conditions databases using the cernvm file system[J]. Journal of Physics:Conference Series, 2011, 331(4). DOI: 10.1088/1742-659/331/4/042003.

[11]　Chen X, Dallmeier-Tiessen S, Dani A, et al. CERN analysis preservation: A novel digital library service to enable reusable and reproducible research[C]//International Conference on Theory and Practice of Digital Libraries, Springer, Cham, 2016: 347-356.

[12]　Šimko T, Heinrich L, Hirvonsalo H, et al. REANA: A system for reusable research data analyses[C]//EPJ Web of Conferences, 2019, 214: 06034.

[13]　Dappert A, Farquhar A, Kotarski R, et al. Connecting the persistent identifier ecosystem: Building the technical and human infrastructure for open research[J]. Data Science Journal, 2017, 16(2). DOI: 10.5334/ dsj-2017-028.

[14]　Phillips M E. Using Archival Resource Keys (ARKs) for Persistent Identification[R]. Unt Scholarly Works, 2008.

[15]　Paskin N. Digital object identifiers for scientific data[J]. Data Science Journal, 2005, 4: 12-20.

[16]　Wimalaratne S M, Juty N, Kunze J, et al. Uniform resolution of compact identifiers for biomedical data[J]. Scientific Data, 2018, 5: 180029.

[17]　EUDAT Ltd. [EB/OL]. [2022-06-02]. B2HANDLE – EUDAT. www.eudat.eu/services/b2handle.

[18]　科技资源标识[EB/OL]. [2022-06-02]. https://www.casdc.cn/support/identifying.

[19]　Maguire E, Heinrich L, Watt G. HEPData: A repository for high energy physics data[J]. Journal of Physics Conference Series, 2017, 898(10). DOI: 10.1088/1742-6596/898/10/102006.

[20]　Bellis M. CERN open data portal for science and education[R]. Bulletin of the American Physical Society, 2020.

[21]　Caffaro J, Kaplun S. Invenio: A modern digital library for grey literature[R]. CERN-OPEN-2010-027. 2010.

[22]　ATLAS Data Access Policy. https://twiki.cern.ch/twiki/pub/AtlasPublic/ AtlasPolicyDocuments/ A78_ATLAS_ Data_Access_Policy. pdf.

# 第 10 章　高能物理大数据中的深度学习应用

深度学习是一类通过多层信息抽象来学习复杂数据内在表示关系的机器学习算法。近年来，深度学习算法在物体识别和定位、语音识别以及蛋白质折叠等领域取得了突破进展。本章将首先介绍深度学习算法的基本原理及其在高能物理计算中应用的主要动机，然后结合实例综述卷积神经网络、递归神经网络和对抗生成网络等深度学习算法模型的应用，并在数据压缩、数据迁移、异常检测等方面给出实际案例。

## 10.1　深度学习及相关知识

### 10.1.1　深度学习的基本原理

深度学习是一种通过多层叠加的非线性处理层构成的计算网络[1]，如图 10-1(a) 所示。输入层 $X$ 与输出层 $Y$ 之间包含了多个隐藏层，每个隐藏层节点是一个非线性函数，该函数的输入 $Z$ 是前层输出的一个线性加权，权重是 $W_{ij}$（从上层第 $i$ 个输出到本层第 $j$ 个处理单元的权重）。这类网络理论上能够拟合从输入向量到输出向量的任意函数。对于分类问题，这个函数可能是一个输入 $X$ 属于某个输出类别的概率；对于预测问题，这个函数可能是从 $X$ 到 $Y$ 之间复杂变换的一个拟合。如果通过某种逻辑组合使用多个深度学习网络，还能够实现降维、去噪、还原、模拟生成等复杂计算。

"学习"指的是通过梯度下降求解 $W_{ij}$ 的过程。"学习"开始前，算法会对所有的 $W_{ij}$ 做随机初始化。此时，随机抽样一批数据样本代入，模型输出与预期输出之间会存在一个差距 $E$，它是一个输入向量的复合函数，参数是所有的 $W_{ij}$。根据微分的链式求导法则，我们可以求出 $E$ 对最后一层参数的偏导，并且把这个偏导向量逐层传递给网络的所有权重，求出所有 $\partial E/\partial W_{ij}$，如图 10-1(b) 所示。$\partial E/\partial W_{ij}$ 定义了函数 $E$ 的梯度方向，沿着这个方向调整 $W_{ij}$ 可以使 $E$ 最快速地收敛到最小值。从模型输入到输出的计算叫作前馈(Feed Forward)过程，微分反向传递的过程叫作反向传播(Back Propagation)过程。假设所有样本独立同分布，每执行一次"抽样前馈—反向传播—参数调整"，可以使 $W_{ij}$ 离合理的参数设置更接近一些。当 $E$ 足够小时，可以认为算法学习到了 $W_{ij}$ 的最优解，"学习"结束。

这种思想在 20 世纪 80 年代就已经被提出，由于其计算过程与神经系统的一些相似性而被取名为神经网络。与支持向量机、提升决策树等同期出现的算法比较，神经网络在学习参数时需要大量的计算资源和训练样本，又存在训练复杂、结果泛化性能差等缺点，在 20 世纪 90 年代到本世纪初的十几年内曾一度销声匿迹。2006 年后，随着计算能力的提高、训练样本的扩大以及训练方法的改进，该算法逐步在人工智能领域取得突破，成为该领域最主流的算法，从实践上证明了该计算方法的合理性。现在，Google、微软等大公司训练的深度学习网络动辄包括上百个处理层、数十亿个权重参数。由于输入到输出要经过很多层的变换，所以该算法形象地有了一个新的名称——"深度学习"。

深度学习以外的机器学习算法在遇到图片、音频等高维复杂的原始数据时，会表现出建模能力的局限性。例如，在图像分类任务中，同一个位置的一只白狼和一只萨摩耶的原始图片输入非常相似，但我们要求给出不一样的输出。不同位置的同一只猫的原始输入非常不同，我们要求给出相同的输出。解决这类问题，首先需要领域专家基于经验从原始数据中提取适于解决某个问题的抽象特征。基于这些抽象特征，才能使用传统机器学习算法进行分类预测。深度学习强大的建模能力使得它能够从数据中自动学习到这些分类特征，大大降低了开发难度。同时，当数据足够多的时候，模型学习到的特征比人工设计的特征更优，因此算法的预测性能更好。这两点决定了深度学习算法较其他机器学习算法压倒性的优势。

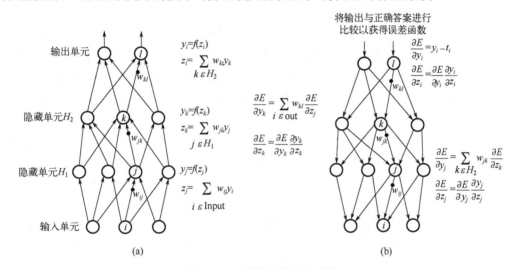

图 10-1　深度学习的基本思想

20 世纪 90 年代，高能物理学家就曾使用神经网络来处理实验数据。2014 年，深度学习在高能物理领域卷土重来。arXiv.org 上 2015 年以来相关的文章已经有数百篇。高能物理学家对深度学习算法的热衷并非一时兴起，主要有如下考虑[2]。

(1)高能物理主要的研究手段是对海量数据的统计分析，领域内已经有很多传统机器学习算法的应用，例如粒子鉴别、事例分类、异常检测、粒子径迹的模式识别等。

(2)深度学习是一类需要大量训练数据样本的算法，高能物理领域数据资源非常丰富。

(3)如果将深度学习模型看成一个通用函数模拟器，那么复杂的算法都可以用它来替代。有些场合下，深度学习的预测性能甚至优于人工精心设计的算法，使用深度学习是性能和成本的双赢。

(4)并行化是高能物理计算的大势所趋。深度学习算法天然地支持并行计算，而很多实验在传统算法的并行化问题上还在消耗着大量的人力财力。

(5)训练好完成后，深度学习的推理(Inference)计算比传统的算法要简单得多。一次训练多次调用，可以节约计算资源。

(6)人工智能时代，各公司争夺的主要目标是数据和用户，对技术的分享特别慷慨。谷歌、微软、百度等大公司开源了近 10 个深度学习软件框架，这些框架中又包含大量的算法实现、训练数据集甚至训练好的模型参数，这大大降低了基于深度学习的应用的开发难度，物理学家可以节约出更多的人力进行本领域的研究。

按照网络结构和应用场景的差异，深度学习可以细分出深度神经网络、卷积神经网络、递归神经网络等计算模型。按照训练样本中是否包含预期结果的标注，深度学习可以划分为监督学习和非监督学习。本节将以此为参照，介绍深度学习在高能物理领域的一些应用。

### 10.1.2 基于深度神经网络的分类

深度神经网络(Deep Neural Network，DNN)是一种最简单的深度学习模型。与图 10-1 中的结构一样，每个隐藏层单元的输入是前一层所有输出的线性加权。"深度"主要体现在比传统神经网络有更多的隐藏层数。

2014 年 Baldi 等人基于 DNN 实现了超出标准模型的新物理信号和本底判选[3]。在寻找超出标准模型的新物理中的额外重希格斯玻色子的问题中，他们生成了约 1100 万的模拟样本，其中包含新物理中的额外重希格斯玻色子信号(gg→H→WH→WWh→WWbb)的样本和标准模型背景样本(qq→tt→WWbb)。分类的输入特征共 28 维，包括横动量、Jet 参数等 21 个底层变量以及 Axial MET、Sum PT 等 7 个高层变量。通过对网络深度、隐藏层单元数、学习率、权重衰减等超级参数的调优配置，作者在一个 DNN 网络(5 个隐藏层，每层 300 个计算单元)上实现了 8%的分类效率改进(与提升决策树算法比较)。这项工作同时验证了深度学习的特征学习能力：只使用 21 维底层特征和同时使用 28 维输入特征的分类效果几乎一样，这证明了物理学家精心设计的 7 个高层分类特征已经被 DNN 网络学习到了。

2014 年，ATLAS 实验还将一个类似的数据集放到机器学习竞赛平台 Kaggle 上，以奖金激励的形式寻求该问题的解决方案[4]。最终，一个基于 DNN 集合(平均多个 DNN 网络输出)的方案获得了分类精度这一性能指标上的冠军。

DNN 的连接方式决定了它很难将网络做到很深，也很难处理图片、音频等特别高维的原始数据。假设输入是一个 30 万维的向量(100 KB 的图片)，每个隐藏层有 10 万个隐藏单元，每增加一层就会增加 300 亿个参数。反之，如果输入特征维数较低，并且有足够的训练样本，DNN 的分类和预测效果一般会优于其他的机器学习算法。

### 10.1.3 基于卷积神经网络的分类和预测

#### 1. 卷积神经网络

卷积神经网络(Convolutional Neural Network，CNN)是计算机视觉领域最经典的深度学习算法，特别擅长处理图像、视频等高维的能够组织在一个 2D 平面上的输入数据。模型包括卷积、激活函数应用、池化和全连接等计算过程。

1)卷积

卷积(Convolution)操作通过一个小型的卷积核依次与图片中相同大小的区域做点乘，对图片作线性变换，如图 10-2 所示。无论输入图片有几个信道，与一个卷积核卷积后，都只剩下一个信道。该信道中的每个像素的数值是多个信道卷积结果的叠加。卷积操作大大降低了每层变换需要的参数个数：参数个数取决于卷积核的大小和个数，与图片的大小和深度无关。

如果一个卷积层使用了 16×3 个 5×5 的卷积核,将一幅 3×1000×1000(3KB)的彩色图片变成了一个 16×1000×1000 的张量(注:假设卷积时,使用边缘填充,保持图片的长宽不变),那么这个卷积层包含的参数约为 16×3×5×5=1200 个,而在 DNN 网络中,这个变换需要约 4800 万个参数。这个操作是符合我们的一些先验知识的:图片中对预测有帮助的特征信号只存在于某个局部区域,同时该信号具体在哪个局部区域不影响预测结果。

图 10-2　用一个 2×2 卷积核对一张 4×4 图片做卷积的过程

### 2) 激活函数应用

卷积是一个线性变换,每次卷积后需要对结果做一次非线性变换。目前,深度学习中最常用的非线性函数是线性整流函数(Rectified Linear Unit, ReLU)。ReLU$(x)=\max(x,0)$,这个函数计算起来非常简单,也不会出现梯度消失等问题,是深度学习模型能够变深的重要保证。

### 3) 池化

跟在 ReLU 之后的池化(Pooling)操作将一个图片窗口内多个像素合并成一个像素,这样做不仅可以对信号降采样,缩小下层计算的输入尺寸,同时也可以减少局部数据扰动对结果的影响。常用的池化函数有 Mean-Pooling(均值池化)、Max-Pooling(最大值池化)、Min-Pooling(最小值池化)、Stochastic-Pooling(随机池化)等。

### 4) 全连接层

经过多次地"卷积—ReLU—池化",CNN 模型逐步将原始数据转换为局部的特征信号,底层的特征信号组合成高层的特征信号,高层的特征信号变换成抽象特征信号,如图 10-3 所示。因此,在 CNN 模型的尾部,只需一个浅层(比如 3 层)的神经网络就可以完成预测任务。由于该网络中相邻两层节点之间是全连接的,这些处理层被叫作全连接层。

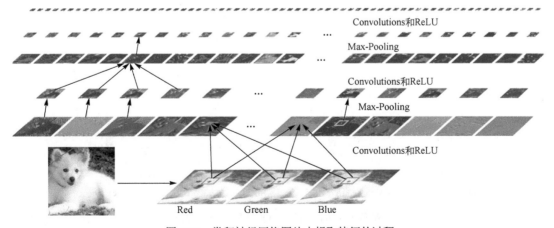

图 10-3　卷积神经网络图片中提取特征的过程

如果将探测器看成一个照相机，将探测器单元的读出理解为图片的像素值，那么探测器的读出就变成了一幅幅"物理照片"。把这些照片作为输入，我们可以将物理上的分类、拟合问题转换为计算机视觉上的图片分类、物体定位等问题来解决。

### 2. Jet 分类

Jet(粒子喷注)是指高能夸克或胶子强子经过部分子灼射和强子化形成的朝某个方向集中的大量强子。由于"色禁闭"，夸克和胶子无法单独存在，只能通过其强子化的产物观测，所以粒子物理实验需要重建 Jet 来得到原初夸克或胶子的信息。Jet 的测量对高能物理实验研究至关重要。这其中的工作既包括 Jet 来源的分类，也包括 Jet 子结构的研究。

Jet 识别的传统方法是用径迹参数和次级顶点等信息进行判选或者多变量分析[5]。近年来，物理学家提出一种基于 Jet 图像的预测方法[6]。该方法通过以下步骤为每个 Jet 生成一张"照片"：首先将探测器单元按照$(\eta, \varphi)$角度排布到二维图片上，图片的像素值是每个探测器单元的读出。然后通过角度变换、旋转、像素调整和翻转等预处理，使 Jet 信号尽可能地处于图片的中心，子 Jet 尽可能处于图片正下方，右边的像素值总和高于左边，减少由于时空对称性产生的图片差异。通过这些照片能够直观地区别不同类型的 Jet。图 10-4 显示了多张图片叠加后 W 玻色子 Jet(上图)和背景 QCDJet(下图)的对应图片的差异。由于前者存在子 Jet 结构，因此在预处理前(左图)，中心 Jet 信号周围有一个光圈。在预处理后中心 Jet 信号下

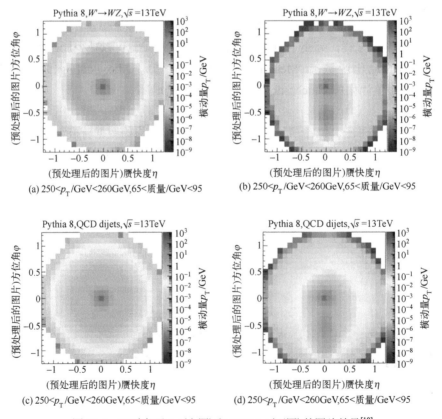

(a) 250<$p_T$/GeV<260GeV,65<质量/GeV<95　　(b) 250<$p_T$/GeV<260GeV,65<质量/GeV<95

(c) 250<$p_T$/GeV<260GeV,65<质量/GeV<95　　(d) 250<$p_T$/GeV<260GeV,65<质量/GeV<95

图 10-4　W 玻色子 Jet(上图)和 QCD Jet(下图)的图片差异[10]

面有一个明显的像素聚集区，而后者在 Jet 中心以外的像素分布则相对比较均匀。以这些照片为训练样本，可以训练一个用于 Jet 分类的卷积神经网络。图 10-5 显示了该方法相对于其他 Jet 分类方法的分类效率改进：①MaxOut 这一特殊的卷积神经网络性能最好；②普通的卷积神经网络性能其次；③图片归一化以后，普通神经网络的分类性能比不归一化更好。

在处理夸克Jet 和胶子Jet 分类问题时，文献[7]提出将量能器输出划分成带电粒子横动量、中性粒子横动量和带电粒子多重数三个信号通道输入给卷积神经网络的设计，模拟结果显示分类效率能够继续提高 10%～20%。基于卷积神经网络的 Jet 分类是一个活跃的研究领域，类似的工作还有很多。

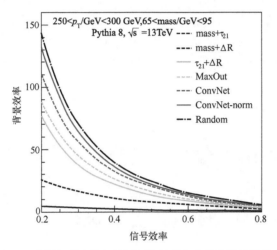

图 10-5　Jet 分类问题上卷积神经网络较传统分类方法的性能改进[10]

### 3. JUNO 缪子重建

江门中微子实验(The Jiangmen Underground Neutrino Observatory，JUNO)是一个测量"中微子质量顺序"的前沿实验。实验的探测器主体是一个直径约 35 米、蓄有 2 万吨的液体闪烁体的球型有机玻璃罐。该有机玻璃罐被浸泡在一个水池内，周围密布了约 18000 只 20 英寸光电倍增管 (Photomultiplier Tube，PMT)。液体闪烁体是探测中微子的介质，当粒子穿过探测器时，会在探测器内发生反应，发出极微弱的闪烁光。这些光子在飞行的过程中会发生折射、反射、吸收等物理过程，最终被 PMT 探测到。利用 PMT 记录的电荷和时间信息，实验可以重建出物理事例。

宇宙线缪子是 JUNO 实验重要的本底来源，它与探测器液闪发生反应会产生类似于中微子穿过的信号。每天穿过探测器的中微子大约只有 60 个，而平均每秒钟经过探测器的宇宙线缪子就有 3 个。为了提高中微子探测的效率，我们希望重建出每条宇宙线缪子的入射点和角度，然后在一定时间窗口内拒绝(Veto)这条径迹周围一定体积内的 PMT 信号。传统的宇宙线缪子重建方法基于探测器的光学模型来预测缪子的入射位置和方向，受到折射和反射等因素的影响，重建结果并不理想。

2016 年，本书作者所在的团队在 7 万个随机分布模拟事例样本模拟数据集上，验证了基于卷积神经网络的重建方法[2,8]。首先将球面上的 18000 个 PMT 以 0 度经线为中心展开到一个二维平面图片。每个 PMT 对应一个像素，相同纬度的 PMT 排布到图片的同一行，图片的

宽度 = 球面赤道上的 PMT 数量，其他部分填零，如图 10-6 所示。然后用一个小型卷积神经网络(三层卷积+ReLU+池化，三层全连接)去训练预测模型。测试结果(基于 1 万个测试样本)显示，该方法对径迹入射角和入射点位置的预测结果均优于人工设计的光学模型，平均误差分别是 0.5 度和 9 厘米，初步验证了该方法的可行性。

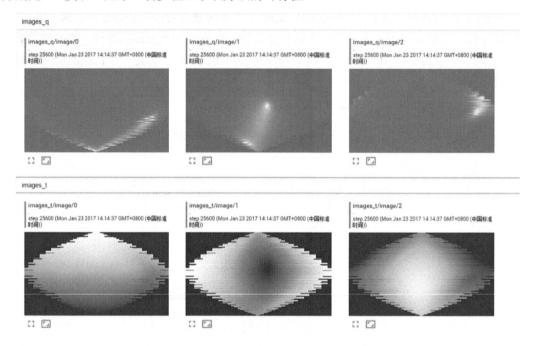

图 10-6　宇宙线缪子在 JUNO 探测器上形成的"照片"
(每一列代表一条径迹，第一行代表电荷 Q，第二行代表时间 T)

## 10.1.4　基于非监督学习的分类

前文所述的模型都需要通过监督学习的方法进行训练，模型的预期输出是人工标注的，从时间和金钱上来说都是一笔昂贵的开销。同时，这和人脑的学习过程是不一样的：人学会辨识 1000 个动物并不需要学习上千万张图片。基于深度学习模型的非监督学习算法，例如自编码器 AutoEncoder、对抗生成网络(Generative Adversarial Network，GAN)等，试图解决这部分问题。这些算法将深度学习网络当成一个复杂函数的模拟器，通过组合多个网络，能够从没有标签的数据中学习到解决问题需要的"知识"，表现出强大的学习能力。

1) 自动编码器

如图 10-7 所示，一个自编码器包括编码器和解码器两个部分，分别用神经网络进行建模。编码器将输入特征 $X$ 转换为隐藏特征 $Z$，解码器将隐藏特征 $Z$ 重新转换为 $X'$。如果我们将这个模型训练的代价函数设置成 $\|X^2-X'^2\|$，即要求 $X'$ 和 $X$ 尽可能相似的话，模型学到的隐藏特征 $Z$ 就是 $X$ 的一个非线性特征表示。

如果 $Z$ 的维数远小于 $X$ 的话，我们就通过自动编码器对数据进行压缩和还原。如果我们用从编码器的参数来初始化一个基于 $X$ 的分类模型，那么，用更少的标注样本就可以达到相同的训练效果。自动编码器还可用于预测结果的可视化。文献[9]中将 NOvA 中微子探测器的

"物理图片"用卷积自编码器进行了自编码，将自编码后的结果通过 t-SNE 算法呈现在一张二维图片上，结果表明，相同类别的粒子图片在这张照片上的位置更接近。

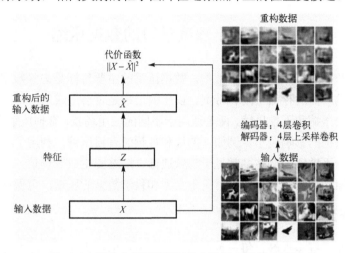

图 10-7　通过自编码器学习输入数据 $X$ 的核心特征

2) 对抗生成网络

对抗生成网络算法能够训练一个样本生成器，该样本生成器在训练过程中隐式地学习到了训练样本的分布函数，因此它可以将随机的噪声信号，转换为与训练样本"非常相似"的模拟样本。如图 10-8 所示，这个模型包括样本生成器和样本区分器两个网络。训练过程中，样本生成器尽量通过调节参数，生成区分器无法辨别的样本。区分器则尽量通过调节参数，发现生成器伪造的样本。通过这两个网络的迭代"互搏"，样本生成器生成的样本会越来越逼近真实的样本。在计算机视觉上，对抗生成网络可以用于图片渲染、恶劣天气下的图片还原、图片去遮挡等应用。

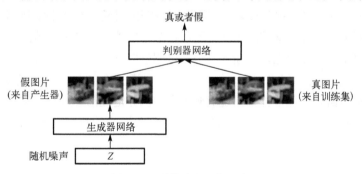

图 10-8　对抗生成网络示意

模拟计算消耗了整个高能物理计算资源的 50%以上。文献[10]实现了基于对抗生成网络的探测器模拟策略。这个工作也是基于探测器可以类比于电子照相机这一假设前提的。首先用模拟软件生成不同的粒子经过每层探测器的"物理照片"，之后以这些图片为训练样本，训练一个"物理照片"的生成器。如果生成器生成的图片可以无限逼近模拟软件的生成图片，就可以基于这些图片实现探测器的快速模拟。在文献[11]中，图片生成器生成一个簇射 (Shower)所需要的计算量比传统算法降低了 2 个数量级；如果在 GPU 上并发执行，生成一个 Shower 需要的时间可以降低 5 个数量级。

以上工作只是一些初步的尝试，基于 GAN 的快速模拟还需要考虑 3D 模拟、多层模拟等更复杂的探测器环境，以及提供一些可量化的性能指标。

# 10.2　基于深度学习的数据压缩

高能物理实验产生了大量的科学数据。数据压缩的主要目标是去除数据冗余，可用于减少数据存储和传输所需的存储空间和带宽。以压缩过程是否会造成原始信息损失为标准，数据压缩可分为有损压缩和无损压缩，两者适用于不同的应用场景。有损压缩会损失部分信息，但是对理解原始数据的影响较小。例如，图片和视频的有损压缩，利用了人类对图像或声波中的某些频率成分不敏感的特性，常见于视频通话、缩略图生成等场景。无损压缩中，解压后的数据必须与原始数据完全一致，常见于文本和科学数据的压缩，可保证数据的完整性。

## 10.2.1　数据压缩的基本方法

为了消除歧义、减少误解，每一种自然语言都内在地包含冗余，而专业语言如航空通信语言，为尽量减少嘈杂信道对信息的混淆，会对相似的读音添加额外的音节；图像和视频数据中也存在着信息冗余，例如图像中的同色像素点，物体自身具备的空间结构特征，视频中前后帧在时间上的相关性等。冗余中包含对于交流和观赏必不可少的信息，但是对于存储来说，压缩具有冗余的数据，可以有效降低数据存储所需空间和成本。

压缩效果由压缩率衡量，这里将压缩率定义为压缩前文件大小与压缩后文件大小的比值，因此，压缩率越高，节省的存储空间越多，随着压缩后数据冗余越来越少，压缩率的提升难度也会逐步上升。

无损压缩是有限的，不存在一种方法可以将任意文件压缩到一个固定阈值内[12]。如果任何文件均可压缩至 $n$ 个二进制位以内，则不同的压缩结果最多有 $2^n$ 种。则若有 $2^n+1$ 个文件，则必然至少有两个文件的压缩结果相同，所以这两个文件不可能无损地还原。也说明，不存在一种方法能够将所有文件无损压缩到 $n$ 个二进制位以下。

每个文件压缩的极限是可以计算的。香农的经典通信论文《通信的数学理论》[13]中指出，信息冗余的大小与信息中每个符号出现的概率有关，并定义信息熵作为数据压缩极限值。若信息中出现的符号有 $n$ 种 $x_1$, $x_2$, $\cdots$, $x_n$，每一个符号对应的概率为 $p_1$, $p_2$, $\cdots$, $p_n$，并且各个符号的出现彼此独立，信息熵 $H$ 计算如式 (10-1) 所示：

$$H = -\sum_{i=1}^{n} p_i \log_2 p_i \tag{10-1}$$

直接影响信息熵大小的因素有两个：符号个数 $n$ 和符号的频率分布。对于符号个数相同的数据，频率分布越平均，说明符号前后出现的关联性越小，随机性越强，因此压缩后体积越大，而符号的频率分布越不均匀，则信息熵越小，越容易压缩。对于符号频率分布相同的数据，其信息熵为 $\log_2 n$，因此符号越多，信息熵越大，说明单个符号提供的信息越多，因此压缩后体积越大。因此，降低符号个数和提供更准确的频率分布是提高压缩率的有效方法。

压缩方法一般由预测、变换、量化和编码中的几部分组合而成。预测及变换可用于消除空间冗余，量化用于缩小数据范围，编码用于去除编码冗余。

1. 预测

文字、图像或视频数据当中，相邻数据之间有一定的相关性，例如文章前后文的逻辑相关性，图像内部相邻节点间的结构和内容的相似性，视频前后帧之间在时间上的相似度等，因此，可通过相邻的数据预测待压缩数据，以去除部分内部冗余。相邻数据间的关系可以通过固定的数学方法拟合，也可以通过深度学习方法拟合，根据拟合方法的不同，本节将预测方法分为基于数学方法的预测和基于深度学习的预测。

1) 基于数学方法的预测

图像压缩方法中，预测方法利用了单幅图像内部的空间冗余。视频压缩方法中，除去利用空间关系，还可以通过时间相关性进行预测，图像压缩方法中的预测阶段可看作视频方法中的帧内预测。

图像压缩方法 WebP 的有损压缩使用与视频压缩方法 VP8 相同的方法进行预测。VP8 中的预测以块为单位，图像分块后，通过已处理的图像块预测当前图像块内物体的运动状态和颜色信息，视频压缩框架 H.264 中通过计算前向帧不同图像块与当前帧图像块之间的相似度，选择最相似的图像块直接作为当前帧图像块的预测值，将图像块间在水平轴和竖直轴上的位移作为运动矢量，对当前图像块进行运动补偿。FLIF 中无损预测方法与 FFV1 视频无损压缩方法中使用的预测器完全相同，取预测像素位置的上方 $T$，左侧值 $L$ 以及梯度值 $\nabla (T+L-TL$，$TL$ 为左上方值) 的中值作为预测值。JPEG-LS 中，当前像素的预测值应取决于局部边缘方法向的自适应模型，但是考虑到复杂度，预测方法被简化为三种情况，预测公式如式 (10-2) 所示：

$$\hat{x} = \begin{cases} \min(T,L), & \text{if } TL \geq \max(T,L) \\ \max(T,L), & \text{if } TL \leq \min(T,L) \\ T+L-TL, & \text{otherwise} \end{cases} \tag{10-2}$$

2) 基于深度学习的预测

基于深度学习的预测方法有两种：一种是作为已有成熟压缩框架中的一部分，另一种是端到端的预测方法。第一种方法中，仅用基于深度学习的预测方法替换掉原始方法中某一个组成部分，但是原有其余部分不变，多用于解压后图像的进一步重建，提高有损图像质量，减少编码伪影的影响。

端到端的预测方法一般结合熵编码以适应压缩需求。压缩任务中，深度学习方法用于拟合数据分布。有损压缩任务中通过深度学习方法直接输出预测值，或通过降低图像分辨率等方法达到压缩目的。而无损压缩任务中，则是通过深度学习方法得到概率模型，最大化模型在真实值上的预测概率等同于最小化使用编码器的无损压缩模型所获得的比特率。文献[14]通过神经网络对低分辨率到高分辨率图像的还原过程进行建模，从低分辨率图像推出预测图像的概率分布，结合熵编码压缩。文献[15]中以有损压缩结果与原始图像的残差为对象，利用 CNN 模型对残差分布进行建模。文献[16]中通过基于流的方法将输入图像转换为具有预定义分布函数的潜在表示，其中编码和解码函数必须互为可逆，并且需要使用大型神经网络以提高性能。

大部分基于深度学习的压缩方法追求泛化性和通用性。而文献[17]中提出了一种基于时序网络的文本无损压缩方法，通过对不同的数据过拟合训练独立模型，即模型仅适用于训练数据的压缩任务，追求压缩率的优化，针对该方法中模型大小影响压缩率提升的问题，文献[18]中提出一种基于自适应和半自适应性训练的新型混合架构，无需重新训练模型即可压缩新的数据。

## 2. 变换

变换方法通过将空域信号转换到频域，图像的能量会从整幅图像聚集到低频部分，同时分离出图像的主要信息和细节信息，其中，低频系数中包含图像中的物体结构信息，高频系数则表达了图像中的细节信息。通过将图像变换为一系列变换系数，一方面可在一定程度上去除部分相关性，将数据变换到稀疏分布，使之更易压缩；另一方面可根据信息含量的不同采用不同的量化及编码方法，从而达到压缩率的优化效果。

变换中最基本的方法是傅里叶变换，但是由于其自身计算复杂度、对于非平稳信号的局限性等问题，出现了离散余弦变换和离散小波变换，这两种变换被广泛应用于图像、视频压缩方法中。

### 1) 离散余弦变换

离散余弦变换(Discrete Cosine Transform，DCT)具有比傅里叶变换更低的复杂度。另外，DCT 与 KL 相比，KL 变换在能量压缩和信号去相关方面是最优的，但是其计算的复杂性影响了其应用范围，当假设信号可以通过具有各向同性像素间相关性的静止一阶马尔可夫过程建模时，DCT 可看作对 KL 变换的良好近似。由于 DCT 变换是完全可逆的，所以被广泛应用于无损压缩。一维 DCT 变换有 8 种形式，其中最常用的是第二种形式，运算简单，其表达式如式(10-3)所示：

$$F(u) = C(u) + \sum_{i=0}^{N-1} \left( f(i) \cos \frac{(i+0.5\pi)}{N} u \right)$$

$$C(u) = \begin{cases} \sqrt{\dfrac{1}{N}}, u = 0 \\ \sqrt{\dfrac{2}{N}}, u \neq 0 \end{cases} \tag{10-3}$$

其中，$f(i)$ 为原始信号，$F(u)$ 为变换系数，$N$ 为原始信号个数，$C(u)$ 是补偿函数，作用是保证 DCT 变换矩阵为正交矩阵。

图像经过变换之后，低频分量集中在左上角，高频分量分布在右下角。而能量主要集中在低频分量，因此低频分量系数较大，高频分量系数较小，几乎都为 0。由于 DCT 变换复杂度较高，因此在实际应用中会首先对图像进行分块处理。JPEG 中将图像划分为 8×8 的块。WebP 中使用 DCT 作为其有损压缩过程中的变换方法，其分块大小是可变的，典型的块大小由一个 16×16 的亮度块和两个 8×8 的色度块组成，细节越丰富，分块越小。JPEG-XR 中块大小同样为 16×16，但是其变换过程由两部分组成，核心变换(Photo Core Transform，PCT)和重叠过滤(Photo Overlap Transform，POT)。PCT 类似于广泛使用的离散余弦变换，并且可以利用块内的空间相关性。

### 2) 离散小波变换

由于自然界中的信号一般为非平稳信号，而傅里叶变换对于这种非平稳过程有局限性，只能获取信号包含的频域信息，不能获取每个频率出现的时刻，导致不同的图像可能得到相同的频谱图。小波变换将傅里叶变换中的无限长的三角函数基替换为有限长会衰减的小波基，从而获取频率成分在时域上的位置。

离散小波变换（Discrete Wavelet Transform，DWT）可用于无损压缩，也可用于有损压缩，两者不同之处在于使用的小波变换不同，整数小波变换是可逆的变换，浮点小波变换是不可逆的变换。

JPEG2000 中使用提升小波变换去除冗余，变换过程如图 10-9 所示。以二级小波变换为例，原始图像通过一级小波变换后，被分为四个部分，每一个部分称为一个子带，每个子带中包括图像的频域和空域成分。其中左上角为低频子带，包含图像的主要信息。二级小波变换的对象仅为低频子带部分，将其再次细分为四个子带，多级小波以此类推。因此可以通过控制 DWT 的变换层数实现不同的压缩率目标。

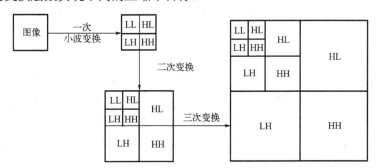

图 10-9　JPEG2000 多级小波变换

### 3.　量化

在数字信号处理领域，量化是指将信号的连续取值或者大量可能的离散取值近似为有限多个或较少的离散值的过程。在压缩领域中，量化后新范围更小，数据的字典数更小，数据所占比特位数减少，而更小的字典数有益于更好的压缩效果。但是一般情况下，反量化后数据与原始数据不同，常应用于有损压缩。

常见压缩框架中，按照量化的数据维度，量化方法可分为标量量化和矢量量化。标量量化将数据看作一维序列，依次量化。矢量量化中，数据首先会被分成若干组二维或多维的矢量，再以矢量为单位进行量化。因此，后者是前者的多维扩展，而前者是后者量化维度退化为 1 的特殊情况。

### 1) 标量量化

标量量化是将输入数据近似表示为一个最接近它的整数。在 JPEG2000、H.265 等压缩框架中，使用的量化方法为死区量化，该方法即为一种标量量化方法。死区量化在量化过程中有损耗，同时量化为 0 的数据是数值较小的部分。而对于大多数自然信号，变换之后，高频信息对应的变换系数大部分非常小。当这一部分系数被量化为零时，重构信号中不会有明显的损失，因此多用于有损压缩。

在实际应用过程中，不同方法会对死区量化方法进行相应的优化和调整。图像压缩方法JPEG2000 中将图像分为不同的块，但是块大小不固定，块的高和宽一般在 64～1024 像素之间。对于每个块中的数据依次进行量化，与死区量化基本公式类似，但是进一步细化了量化步长的取值。

2) 矢量量化

香农的率失真理论提出，即使数据源是无记忆的，通过编码向量，总能获得比编码标量更好的性能。基于该理论基础，Robert 于 1984 年提出矢量量化方法[19]。矢量量化同样为有损量化方法，但是它将标量量化扩展到了多维空间。一个矢量量化过程可以被定义为一个映射 $Q$ 将一个 $K$ 维欧几里得空间 $R^K$ 映射到 $Y$，$Y$ 是 $R^K$ 的一个有限子集。

以二维空间为例，矢量量化过程即将数据分为多个不重叠的块，以块中某一个数据点代表块内所有数据，即每一个块中的数据量化到各自的块内的单个数据点。图像压缩方法中，JPEG 将图像分为若干个 8×8 大小的块，以块为单位进行量化，分别对亮度和色度定义了不同的量化矩阵，量化矩阵大小与块大小一致，块内数据量化时的量化步长 $\delta$ 对应为量化表中同位置数据，量化矩阵的大小可以根据不同的图像压缩质量进行调整。

4. 编码

编码过程通常是压缩方法中的最后一个步骤，用于消除数据中的编码冗余。常用于压缩中的基本编码方法有 Huffman 编码和算术编码，两者属于熵编码方法，编码效果与概率分布有关，静态熵编码统计整体概率分布用于整体编码，而动态熵编码统计局部概率分布用于局部编码，因此动态熵编码具备比静态熵编码更高的压缩率，但会消耗更多的编码时间。一些压缩方法会在基本编码方法上进行改进和优化，以达到更好的压缩效果。

1) Huffman 编码

该方法统计每个数值出现的频数，将其作为概率构建编码树，编码树如图 10-10 所示。建树的过程使用贪心策略。每个字符视作一个叶子节点，组成一个初始集合，每次选取概率估计最小的两个节点，将其组合成一个新的节点，节点的概率估计值是两个叶子节点的和，将该节点添加到集合中，循环往复，直至集合中只包含一个节点。字符存储在叶子上，树的左右节点按照一定规则编码(如左 0 右 1)，从根节点到叶子节点的路径，即为叶子节点中字符对应的码字，由此可以得到一个编码表。解码时，通过保存的编码表和压缩流可以快速地无损还原到原始值。但是在编码过程中，Huffman 代码树构建的复杂性较高，同时可能需要生成具有大量符号的码本，码本的大小可能会成为影响压缩效率的重要瓶颈。

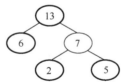

| Step1.统计频数 | | Step2.构建编码树 | Step3.构建编码表 | |
| --- | --- | --- | --- | --- |
| 字典 | 频数 | | 字典 | 编码 |
| a | 6 | | a | 0 |
| b | 2 | | b | 10 |
| c | 5 | | c | 11 |

图 10-10　Huffman 编码树示例

　　位图图形格式 PNG 中的编码部分将 LZ77 和 Huffman 结合，针对 Huffman 编码中先验知识难以预先获得的问题，通过 LZ77 利用数据的重复结构信息进行数据压缩，将字符串的最长匹配结果用一个三元组 $(p, l, c)$ 来表示，其中，$p$ 表示最长匹配字符串在字典中开始的位置，$l$ 表示最长匹配字符串的长度，$c$ 为最长匹配结束时的下一字符。由于图像的不同区域可能包含不同的特征，WepP 中允许不同块使用不同的 Huffman 编码，为熵编码提供更大的灵活性，并且可能获得更好的压缩效果。

　　2) 算术编码

　　算术编码中，一串字符能够映射到[0, 1)区间内的单个数字上，如图 10-11 所示。编码初始步骤与 Huffman 编码相同，首先统计数据中每个字符出现的频率，作为概率估计。然后，根据字符的字典序依次在[0, 1)的区间上划分不重叠的子区间，子区间大小与对应符号的概率成比例。子区间划分完毕后，选取待编码字符对应的子区间作为下一个要划分的区间范围，即$[m, n)$，其中 $0 \leqslant m < n < 1$，直到区间不可划分为止。从最终的区间中选取一个数字，作为编码值，代表编码过程中参与区间范围选取的一串字符。

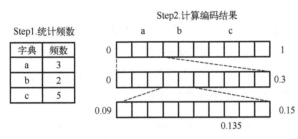

图 10-11　算术编码示例

　　在算术编码过程中，保留了字符排列顺序，对于更高频的数据赋予更大的区间，更大的区间可以容纳更低精度的小数，因此最终的二进制编码会更短。但是该过程区间划分和概率更新时要进行浮点运算，运算较慢。针对该问题，MQ 算术编码引入查找表更新概率，但是为得到概率表索引，需要进行位平面编码，而位平面编码的前提是小波变换。这三部分也是 JPEG2000 无损压缩的主要步骤。其中，位平面编码和 MQ 算术编码过程包含在最佳截断嵌入码块编码当中，由 David Taubman 在 2000 年发表。该方法将变换系数转换为位平面，数据被分解为若干个比特层，编码时按照有效位平面从高到低的顺序，依次对每个位平面上的系数进行扫描。将图像数据以固定行数为单位分为多组，每一组作为一个扫描条带，边缘处的条带行数可少于固定行数，在每一个扫描条带内部，按列扫描。通过构建位平面的方式支持 MQ 算术编码。

　　FLIF 中熵编码方法 MANIAC 同样基于算术编码，是上下文自适应二进制算术编码的一种变体。FLIF 中的上下文是在编码期间动态学习的决策树节点，与使用固定的上下文相比，这种方式可以随图像大小和复杂度缩放上下文，同时无需对属性值进行量化，并且这些属性只有在对压缩有益处时才会被使用。

　　相较于 Huffman 编码，算术编码提供了接近熵极限的压缩效果，易于自适应实现，可以在不断变化的符号概率甚至多个概率分布下自适应地应用，每个符号都可以在前文建立的上下文环境中进行编码。

## 10.2.2　基于神经网络的数据压缩

由信息论得知，好的压缩器需要好的预测器。基于循环神经网络和时序卷积网络的模型擅长捕捉长期依赖关系，并可以很好地预测下一字符或者单词。那么这些神经网络模型可被有效用于压缩吗？本节将介绍这些神经网络模型以及相关系统，以展示基于神经网络的数据压缩技术。

### 1.　循环神经网络

1933 年，神经生物学家发现了大脑皮层的解剖结构允许刺激在神经回路中循环传递的现象，以此为依据提出反响回路假设。2015 年，文献[20]提出在大脑皮层中，局部回路的基本连接可以通过一系列的互联规则所捕获，而且这些规则在大脑皮层中处于不断循环之中。循环神经网络(Recurrent Neural Network，RNN)[21]借助自反馈神经元，将历史的信息保存下来并作为下次处理的依据之一，以此来模仿大脑的记忆功能。因此，RNN 在理论上拥有了处理任意长度序列的能力。

RNN 每次处理输入序列中的一个元素。通过“状态向量”隐式包含输入序列中所有过去时刻的信息，如图 10-12 所示。由于 RNN 不仅可以学习输入和输出之间的关系，还可以学习到序列内部的关系，这种特性使得 RNN 成为用于时序建模最常见的神经网络之一。但是传统 RNN 在反向传播过程中，存在梯度爆炸和梯度消失的问题。

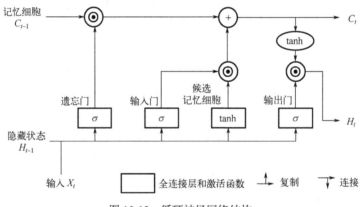

图 10-12　循环神经网络结构

长短期记忆网络(Long Short-Term Memory Network，LSTM)[22]是 RNN 的一个变体，基本结构如图 10-13 所示。LSTM 通过引入门控机制来控制信息传递的路径，同时将梯度前向传播过程由相乘计算改为累加计算，可以有效解决以往循环神经网络中的梯度爆炸和梯度消失问题，从而达到更长时间记忆的目的。

LSTM 通过不同的“门”控制不同信息的传递，每个门用于控制对应信息通过的比例，因此每个门的取值均在 $(0,1)$ 之间。输入门可控制当前时刻的候选信息中需要保留的信息量，遗忘门用于控制历史信息中需要丢弃的信息量，输出门则确定当前时刻输出到外部状态的信息量。在一个 LSTM 的神经元结构中，$x$ 作为输入，$h_t$ 为当前时刻输出，也是下一时刻的输入，$t$ 为当前时刻，$c$ 记忆单元，$\tilde{c}$ 为候选状态，$W$ 和 $U$ 为权重，$b$ 为偏差。

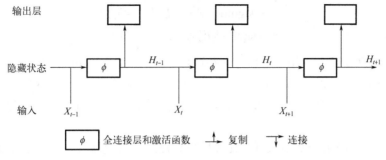

图 10-13　长短期记忆网络结构

首先通过上一时刻的输出 $h_{t-1}$ 和当前时刻的输入，分别计算三个门以及候选状态，$c$，$\tilde{c}$ 如式(10-4)所示：

$$i_t = \text{sigmod}(W_i x_t + U_i h_{t-1} + b_i)$$

$$f_t = \text{sigmod}(W_f x_t + U_f h_{t-1} + b_f) \qquad (10\text{-}4)$$

$$o_t = \text{sigmod}(W_o x_t + U_o h_{t-1} + b_o)$$

$$\tilde{c}_t = \tanh(W_c x_t + U_c h_{t-1} + b_c)$$

然后结合遗忘门 $f_t$ 以及输入门 $i_t$ 更新记忆单元 $c_t$，如式(10-5)所示：

$$c_t = f_t \cdot c_{t-1} + i_t \cdot \tilde{c} \qquad (10\text{-}5)$$

最后通过输出门将内部信息传递给外部状态 $h_t$，用于下一时刻，如式(10-6)所示：

$$h_t = o_t \cdot \tanh c_t \qquad (10\text{-}6)$$

在 LSTM 中，输入门和遗忘门是互补的关系。门控循环单元(Gated Recurrent Unit，GRU)网络[23]使用更新门代替 LSTM 中的输入门和遗忘门，去除其中的冗余性，如图 10-14 所示。

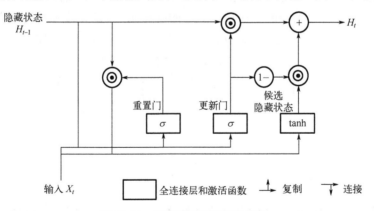

图 10-14　门控循环单元网络结构

GRU 状态更新如式(10-7)所示：

$$h_t = x_t \cdot h_{t-1} + (1 - z_t) \cdot \tilde{h}_t$$

$$\tilde{h}_t = \tanh(W_h x_t + U_h \cdot (r_h h_t - 1) + b_h)$$

$$z_t = \text{sigmod}(W_z x_t + U_z h_{t-1} + b_z)$$
$$r_t = \text{sigmod}(W_r x_t + U_r h_{t-1} + b_r)$$

(10-7)

其中，$z_t \in [0, 1]_D$ 为更新门，用于平衡输入和遗忘之间的关系，$r_t \in [0, 1]_D$ 为重置门，用于控制候选状态 $h_{\tilde{t}}$ 对上一时刻状态 $h_{t-1}$ 的依赖程度。多数实验表明，GRU 与 LSTM 实验效果相当，但是相比之下，由于 GRU 中门控数量较少，参数量更少，因此 GRU 收敛速度更快，需要的计算资源较少。

LSTM 已广泛应用于诸多领域。比如股票预测、异常检测等，而谷歌在机器翻译任务中提出的 GNMT 架构中也大量使用了 LSTM，应用双向 LSTM 可以同时学习过去和未来的数据信息。但是由于 LSTM 当前状态的计算依赖上一个状态的数据，所以很难具备高效的并行计算能力。另外，由于 LSTM 总提升类似马尔科夫决策过程，因此对于全局信息提取不占优势。

### 2. 时序卷积网络

在 10.1 节中介绍过，一个 CNN 结构通常包含卷积层、池化层和全连接层，具有局部连通性、权重共享和平移不变性，因此广泛应用于图像处理，具有比 RNN 更少的训练参数。近年来，一些研究工作表明，CNN 也可用于时序问题建模。时序卷积网络 (Temporal Convolution Network，TCN)[24] 是一种完全基于卷积的时序建模方法，通过扩张卷积[25] 和因果卷积[26] 达到抓取长时间依赖信息的效果。

扩张卷积能够在不损失分辨率或覆盖范围的情况下支持感受野的指数级扩展，在这一点上，扩张卷积优于下采样和堆叠多层网络的方式。扩张卷积最初是为了提高小波变换的算法而提出的，相较于普通的卷积操作，扩张卷积中引入了一个新的参数：delation rate，用于控制卷积核计算中点与点之间的间隔数量，当 delation rate 等于 1 时，扩张卷积退化为普通卷积。对于一个 $k \times k$ 的普通卷积核，当引入 delation rate 后，相当于 $(k + (k-1) \times \text{delationrate}) \times (k + (k-1) \times \text{delationrate})$ 大小的卷积核，更大的卷积核对应更大的感受野，但是只有 $k \times k$ 个参数是有效的，其余位置为 0，因此效率较高，如图 10-15 所示。

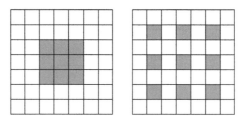

图 10-15　空洞卷积

因果卷积首次提出是在谷歌的 WaveNet 网络中[26]，基本结构如图 10-16 所示。在因果卷积中，$t$ 时刻的预测仅与 $t$ 时刻之前的数据有关，与未来的时间无关。训练时，由于真实值已知，因此所有时刻的预测可以并行计算。在预测过程中，$t$ 时刻的预测结果可以用于下一时刻预测。因果卷积通常比 RNN 训练更快，但是需要更多的层或更大的卷积核等方法来增加感受野。而多层的扩张卷积可以弥补这一问题，同时保证网络输入分辨率和计算效率。

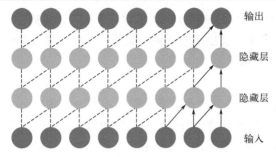

图 10-16　因果卷积

TCN 将扩张卷积和因果卷积结合起来,其网络架构如图 10-17 所示。通过因果卷积学习从过去到现在的信息,而扩张卷积的堆叠保证 TCN 能够获取任意长度的序列,并且映射到相同长度的输出序列。对于多层网络不易训练的问题,引入残差模块。

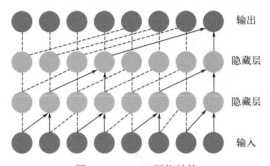

图 10-17　TCN 网络结构

### 3. DeepZip

2018 年,Stanford 大学的 Bonde 和 Chandak 提出 DeepZip,用循环神经网络进行文件无损压缩[27]。DeepZip 包含两个主要模块:基于 RNN 的概率评估器和算术编码模块。对于数据流 $S_0, S_1, \cdots, S_N$,RNN 概率评估器模块可以基于此前观察到的序列符号 $S_0, S_1, \cdots, S_{k-1}$ 来估计 $S_k$ 的条件概率分布。这一概率估计 $P(S_k|S_0, S_1, \cdots, S_{k-1})$ 会被递送到算术编码模块。算法编码器模块可被认为是有限状态机(Finite State Machine,FSM),它接收下一个符号的概率分布估计并将其编码成一个状态(与解码器的操作相反)。

1)基于 RNN 的概率评估器

在实际实现中,基于 RNN 的概率评估器模块可以是任何包含 Softmax 层的循环神经网络,比如 LSTM 或 GRU 等。算术编码器模块也可以是经典的算术编码 FSM,或更快的非对称数字系统(Asymmetric Numeral Systems,ANS)模块。对于模型的运行,有一些特别的限制,包括:①输入的因果关系。RNN 概率评估器必须是具有因果关系的,它可以视输入为特征,仅仅基于此前的编码符号进行估算(BiLSTM 等或许不行)。②权重更新。权重更新(如执行)应在编码器和解码器中执行。这是必要的,因为编码器和解码器需要为每个符号产生相同的分布。

DeepZip 主要探索了两个模型,即符号级别的 GRU 模型(DeepZip-ChGRU)和基于特征的模型(DeepZip-Feat)。在 DeepZip-GRU 上,在第 $k$ 步,GRU 模块的输入是 $X_{k-1}$,而 state$_{k-1}$

是输出的状态，直到 $k$ 点为止。DeepZip-Feat 包含基于因果计算的特征输入，如过去的 20 个符号，以及观察到的流内上下文出现的记录。此外，研究人员也考虑过基于文字的模型，比如 Attention-RWA 模型[28]等。

2) 算术编码器模块

算术编码器保持在区间[0，1]之间。每个符号流唯一地确定一个范围，这个范围可按顺序计算，并直接基于下一符号的概率评估。该范围可以认为是传递至下一迭代的算术编码器的一个状态。最后，该范围被编码，由此形成了压缩数据。在给定概率评估的情况下，解码操作则相反。

3) 编码器和解码器操作

DeepZip 的编码器和解码器结构如图 10-18 所示。

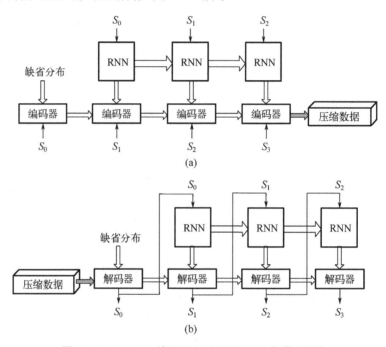

图 10-18　DeepZip 编码器 (a) 和解码器 (b) 的模型结构

算术编码器模块通常从首个符号 $S_0$ 的自定义概率分布评估开始。这样做以后，解码器可以解码首个符号。算术编码器和基于 RNN 的概率评估器模块都通过迭代传递状态信息，算术编码器的最终状态充当压缩数据。如果模型训练超过一定的时间，基于 RNN 的概率评估器模块的权重需要被存储，并计算压缩大小。

4) 结果评估

DeepZip 在综合数据集和实际数据集上做了测试，进行结果评估。所用的综合数据集，包括两类：①独立同分布数据源(Independent and Identically Distributed，IID)，可以考虑各种 IID 分布，目前已有的压缩算法都可以在 IID 源上工作得很好[29]。②马尔可夫-k 源(Markov-k)，它是马尔可夫性(Markovity)为 $k$ 的 0 熵源，通常用式(10-8)来表示。马尔可夫-k 源很难压缩，因为在 $k$ 阶之前，它们的经验熵接近于 1，也就是它几乎是均匀的样本。

$$X_n = X_{n-1} + X_{n-k} \bmod M \tag{10-8}$$

DeepZip 的研究人员讨论了不同模型在上述数据集上的一些实验。模型包括：①DeepZip-ChRNN：基于字符级 RNN 的神经网络模型。②DeepZip-ChGRU：基于字符级 GRU 的神经网络模型。③DeepZip-Feat：基于 GRU 的模型，其中包含所有以前观察到的符号的功能，而不仅仅是之前的输入。

IID 数据源似乎非常简单，即使是最小的基于 Vanilla-RNN 的网络也可以优化。该模型本身不需要任何类型的内存。DeepZip-ChGRU 模型有 16 个单元，在几次迭代中就达到了熵的界限。

研究人员在 Markov-k 源实现了一个基于 Vanilla-RNN 的 128 单元 DeepZip-ChRNN 模型，包括如下的一些细节：①只有随机种子被存储。该模型使用一个存储的随机种子进行初始化，该种子也被传达给解码器。因此，有效的模型权重对总的压缩数据大小没有贡献。②状态保持。在编码和解码过程中使用序列长度为 50 的截断反向传播来训练模型权重。RNN 的状态在不同批次中被保留下来，并被适当地用于下一个序列批次。③权重训练是重复的。编码器和解码器都以完全相同的方式进行权重训练，以复制概率估计，从而实现无损压缩。④单一通道。由于本身不存储模型的权重，所以对数据进行单次传递。

图 10-19 显示了 DeepZip-ChRNN 模型的性能。可以看到，DeepZip-ChRNN 在 Markov-k 数据集上的表现非常好，直到 30 阶的 Markov 依赖。事实上，DeepZip-ChRNN 模型比 DeepZip-ChGRU 模型表现得更好(更快地收敛到熵)，这稍微令人惊讶。然而，该模型无法在超过 30 个时间步长的所有依赖关系中学习，因此无法对 Markov-35 源进行压缩。这在某种意义上展示了 Vanilla-RNN 模型中消失梯度问题。

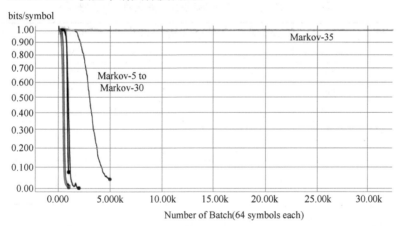

图 10-19　DeepZip-CHRNN-128-Cell 模型在 Markov-k 源上的性能

研究人员接着用基于 LSTM/GRU 的概率估计器模型进行实验，并实现了 DeepZip-ChGRU 128 单元模型，实现的细节和训练程序与基于 Vanilla-RNN 的 DeepZip-ChRNN 类似。结果显示 DeepZip-ChGRU 在 Markov-k 源上能够压缩到 Markov-50 源，这比 DeepZip-ChRNN 的性能更好，这意味着它能够捕捉到多达 50 个时间步长的依赖性。但是，由于梯度消失问题，仍然无法压缩 Markov-60 源。

为了解决 GRU 的梯度消失问题，研究人员采用 DeepZip-Feat 模型，它使用过去 50 个符号和 5 个 4-gram 上下文计数作为输入。表 10-1 结果显示，对于像 Markov-140 这样的更困难的数据源，DeepZip-Feat 模型确实面临着梯度消失的问题。但是也可以看到，在大多数情况下，DeepZip 模型在 Markov-k 源上的表现比 GZIP 和自适应算术编码器模型要好。

表 10-1　DeepZip-128-Cell 模型与 GZIP 和适应性算术编码 Adaptive-AE 的性能对比

| Dataset | Size | DeepZip-ChGRU | DeepZip-Feat | GZIP | Adaptive-AE |
|---|---|---|---|---|---|
| Markov-20 | 100MB | 200KB | 200KB | 5MB | 2MB |
| Markov-30 | 100MB | 1MB | 400KB | 40MB | 87MB |
| Markov-50 | 100MB | 30MB | 500KB | 63MB | 100MB |
| Markov-80 | 100MB | 100MB | 2MB | 69MB | 100MB |
| Markov-100 | 100MB | 100MB | 38MB | 100MB | 100MB |
| Markov-140 | 100MB | 100MB | 100MB | 100MB | 100MB |

根据 DeepZip 在 Markov-k 源上的性能结果，研究人员继续采用了一些真实的数据源来对 DeepZip 进行评估。这些数据包括：①PSRN-m-n。这是滞后斐波那契伪随机数生成的序列（Pseudo-Random-Number-Generated Sequences，PRNG），由于它们实际上是“随机数”，是一个难以压缩的数据集。②哈特奖（Hutter-Prize）数据集。5 万欧元奖金竞赛的维基百科文本数据集[30]。③Enwiki9：一个更大的 XML 维基百科数据副本[31]。④HGP-Chr1：人类基因组计划 DNA 染色体-1（Chromosome-1）数据[32]，该数据集也是难以压缩的。众所周知，虽然基因组序列有大量的重复，但几百个到数万个符号之间有明显的分离。实验的结果如表 10-2 所示。

表 10-2　DeepZip-128-Cell 模型在真实数据集上性能

| Dataset | Size | DeepZip-ChGRU | DeepZip-Feat | GZIP | Best-Custom |
|---|---|---|---|---|---|
| PRNG-31-13 | 100MB | 32MB | 500KB | 95MB | – |
| PRNG-52-21 | 100MB | 85MB | 1MB | 100MB | – |
| PRNG-73-31 | 100MB | 100MB | 62MB | 100MB | – |
| Hutter-Prize | 100MB | 18MB* | 16.5MB* | 34MB | 15.9MB（CMIX） |
| En Wiki-9 | 1GB | 178MB | 168MB | 330MB | 154MB（CMIX） |
| Chromosome-1 | 240MB | 48MB | 42MB | 57MB | 49MB（MFCompress） |

对于伪随机数生成的序列（PRNG）实验，研究人员选择了重复长度最高的参数，意味着难度更大。同时观察到，GZIP 在 PRNG 序列上的表现很差，这并不完全出乎意料，因为 PRNG 数据集几乎是随机的。还应注意到，DeepZip-Feat 模型能够压缩 PRNG-73-31 序列，并说明 PRNG-73-31 并不完全是“随机”的，这是一个相当有趣的事情。而且，DeepZip-Feat 能够比现有的最佳定制的 DNA 序列压缩器 MFCompress 表现得更好。DeepZip 在文本数据集上无法表现得更好，可能是因为文本数据没有很强的依赖关系。

### 4. 面向光源图像的智能压缩

高能同步辐射光源（High Energy Photon Source，HEPS）是世界上最先进的同步辐射光源之一，是重要的材料研究技术平台。高能光源每年将产生数百 PB 的数据，在数据存储管理和数据处理方面存在前所未有的挑战。随着实验站的建成，高能同步辐射光源装置预计产生的总数据量会不断累计增加，且有长期存储的需求，急需有效的无损数据压缩方法缓解存储压力。HEPS 信息技术团队在分析研究现有无损压缩方法的基础上，设计并实现了一种面向同步辐射光源图像的无损压缩方法，将图像数据中存在的冗余分为线性冗余与非线性冗余，通过差分去除线性冗余，利用深度学习对于非线性关系的强拟合能力去除非线性冗余，结合新颖的量化、预测和编码方法，提高光源图像压缩效果，降低存储资源需求[33]。

1）基于 RNN 的深度学习预测模型 C-Zip

首先针对 DeepZip 处理一维序列以及使用 RNN 导致模型预测耗时的问题进行优化。CNN和 Transformer 拥有比 RNN 更好的并行度，因此选择 CNN 作为基础网络架构，并且 CNN 可直接用于处理二维图像数据。一般来说，CNN 层级越深，或者卷积核越大，效果越好，但是更深的层级和更大的卷积核往往意味着更高的计算量和计算资源，因此引入 Octave Convolution 作为中间层。它将输入数据分解为高频和低频两个部分。高频部分包含更多细节特征，低频部分更加平滑，通过降低低频部分尺寸，可减少卷积计算量和所需计算资源。

其次针对模型参数带来的压缩数据膨胀问题，分析压缩框架中压缩数据与预测器（压缩器）的关系，基于光源图像的特性，设计了一种以样本为单位的训练及预测方法，降低模型训练需要的资源和时间，并且不影响压缩率优化。

网络结构的最后是全连接层和 softmax 层，这种结构常用于分类网络。全连接层的输入是卷积得到的特征，不同维度的特征对最终输出的影响程度不同，因此全连接层用于训练一个权重向量，用以表征每个维度特征的重要程度，对特征加权求和后作为输出。字典中每个值均为预测像素的可能取值，全连接的输出是字典中每个值的得分，分数在 $(-\infty, +\infty)$范围内，最终用于编码的概率由 softmax 层得到。softmax 层通过 $e^{z_j}$ 将全连接层得到的分数映射到 $(0, +\infty)$，最后归一化到 $(0, 1)$，视为当前像素取字典中每一个值的概率。

模型的输入是由指定时序的若干张图像分割成的不重叠的图像块。Swin Transformer 中的 Patch Embedding 用于将原始的二维图像转换成一系列一维 Patch Embedding，它首先将图像分为若干不重叠的图像块，块大小为 patch_size×patch_size，二维卷积层的 stride 和 kernel size设置为 patch_size 大小，最后将二维展开并移动到第一维度，以达到通过 Transformer 处理图像数据的目的。以前 $k$ 张图像中的图像块，预测第 $k+1$ 张图像中对应位置的图像块中每一个像素值的预测概率分布。构建的模型称为 C-Zip，模型结构如图 10-20 所示，包含 Embedding层、3D 卷积层、3D-TCON 层、全连接层、softmax 层。

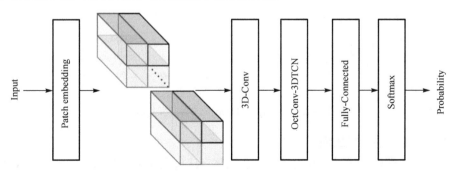

图 10-20　C-Zip 模型结构

训练数据中，输入数据大小为 $k$×patch_size×patch_size，目标输出为 patch_size×patch_size 个像素值的 one-hot 编码，每一个 one-hot 编码表示对应像素值真实的概率分布，训练过程中，真实值已知，因此概率分布是确定的，真实值对应概率为 1，因此输出是一个长度与字典数相同的一维向量，仅与像素值真实值相同的下标对应位置数据为 1，其余数据为 0。

2) 结果评估

根据网络模型结构，C-Zip 会比 DeepZip 有更快的预测时间。本实验的数据集来自上海同步辐射光源装置，由扫描不同样品得到的图像序列构成，涵盖了小鼠脑、化石翅膀等多种样品。不同图像序列的帧数和图像尺寸有所不同，分辨率为 2048×2048 和 2048×1200 两种，均为 16 位单通道灰度投影图序列，分别命名为 yulinup、junsi、mouse_brain、wings。

用于 C-Zip 结果评估的数据集是对以上数据经过差分及分区量化后输出。从每个样本中抽取若干个连续的时间步图像，其中连续时间步长设置为 4，将图像裁剪成不重叠的 32×32 块大小，以连续时间步中前 3 张图像数据块为输入，按时间拼接成一个大小为 3×32×32 的三维矩阵，最后一张图像数据块的 one-hot 编码为输出，大小为 32×32×$n$，$n$ 为字典数大小，输入输出按空间位置一一对应。利用当前帧的前向 3 帧不同图像块预测当前帧相应图像块每一个像素值的概率分布，Octave Convolution 中超参数设置为 0.5。

对于光源图像压缩任务，评价指标为确定为最终的压缩效果，以及压缩过程中消耗的时间。压缩率定义为原始文件大小除以压缩后文件大小，因此压缩率越高，压缩效果越好。首先以图像为单位过拟合训练单独模型进行压缩率对比。C-Zip 与 DeepZip 压缩率相当。在预测时间上，C-Zip 与 DeepZip 对比如图 10-21 所示。预测时间不包括模型加载、数据预处理等阶段，仅为模型预测过程。预测时间与图像尺寸和模型结构有关。junsi 的字典数为 1024，yulinup 字典数为 2048，但是 junsi 数据集的尺寸较大，所以耗时较长。在不同模型结构下，DeepZip 预测耗时在数十秒，C-Zip 预测阶段耗时极短，在 1s 以内，与 DeepZip 差距明显，加速比达到 100 倍。同时，C-Zip 具备高并行度的性质。C-Zip 模型可在对存储空间优化影响较小的前提下，大幅提高预测速度，并且具备高并行度。

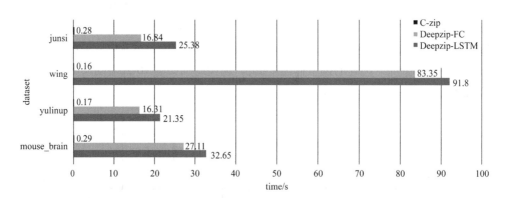

图 10-21　C-Zip 与 DeepZip 的预测时间对比

3) 光源图像智能无损压缩的实现

结合 C-Zip 模型，针对光源图像的智能压缩方法如图 10-22 所示。该方法可根据样本自适应选择参数，通过不同模块逐步降低存储光源图像所需资源，以线性预测和非线性预测方

法分别去除数据中存在的线性冗余与非线性冗余，通过分区量化缩小数据分布范围，将像素
值映射到概率距离以换取更集中的数据分布，结合熵编码输出压缩流。输入图像在经过线性
冗余去除后，像素值分布范围大幅缩小，分布更为集中，通过进一步去除非线性冗余，得到
更小更集中的像素值分布范围，最终通过熵编码方法去除编码冗余。

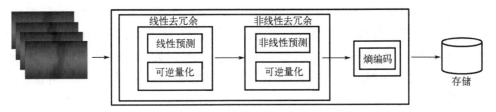

图 10-22　光源图像智能无损压缩的方法

该方法整体压缩流程如图 10-23 所示，以样本为单位压缩。初始样本数据为 $k$ 张图像序
列 Img，下标表示时序关系。

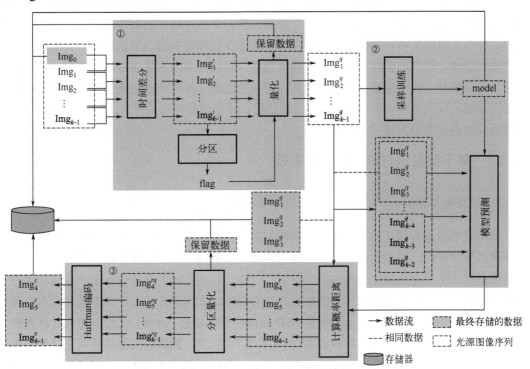

图 10-23　面向同步辐射光源图像的智能无损压缩流程

首先以时间差分作为简单的线性预测器去除图像序列内部的线性冗余，使像素值分布更
加集中，具备通过分区量化缩小像素值的性质，得到差分后光源图像序列 Img′。分区过程用
于自适应确定样本的量化函数，量化过程用于将数据通过对应量化函数转换到更小范围内，
得到差分量化图像序列 Img$^q$。然后采样部分数据训练 C-Zip 模型，模型结构与量化后数据范
围有关，模型参数与训练数据有关，因此 C-Zip 模型的结构与参数同样为根据样本自适应确
定，基于过拟合的训练方式，得到样本专用模型 model。模型预测阶段，数据可分组并行预

测，如 $Img_1^q$，$Img_2^q$，$Img_3^q$ 推测 $Img_4^q$ 的预测过程与 $Img_2^q$，$Img_3^q$，$Img_4^q$ 推测 $Img_5^q$ 的过程是相互独立的，最终得到从时刻 4 开始的 $Img^q$ 中每一个像素位置的预测概率向量。将概率预测向量根据对应图像中的像素值转换为概率距离，得到大小与图像尺寸相同的概率距离序列 $Img^r$，通过分区量化和 Huffman 编码，得到最终的压缩流 $Img^c$。

最终存储的数据由六个部分构成，为图 10-23 中灰色框图部分，$Img_0$ 用于时间差分还原，model 一并存放可在解压过程中获得与压缩过程中相同的预测概率向量，$Img_1^q$，$Img_2^q$，$Img_3^q$ 用于模型预测阶段，推测出下一张图像之后可构建新的输入数据以推测后续图像。$Img^c$ 作为最终的图像压缩结果保存。而两个分区量化过程中产生的直接保留数据也需一并保存，用于反量化过程。

## 10.3 数据驱动的数据存储管理

高能物理计算是典型的数据密集型计算，存储系统是其性能决定因素之一。随着各实验数据规模的扩大，未来的存储系统将是一个包含数百个服务器、上万个客户端、分级的、异构的、分布式集群环境。存储系统的管理面临着工作量和复杂度的双重挑战，自动化的存储管理成为必须。现有的管理工具存在经验依赖性、通用性和适应性等方面的缺陷。智能存储技术具有不依赖于人工经验、预测精度高、可以在线学习等特点，正逐渐成为高能物理科学大数据领域的研究热点。本节将介绍数据驱动的智能存储管理相关技术，重点包括数据迁移、参数调优以及异常检测等三个部分。

### 10.3.1 基于监督学习的数据分层管理

#### 1. 数据分层存储

面对数据量爆炸增长的存储挑战，在控制成本的基础上，如何提升存储访问性能是目前工业界和学术界广泛关注的内容。在互联网领域很早就开始应用分级存储管理(HSM)技术，将数据根据价值和使用频率分布在各类容量、价格、性能各异的存储设备上，各级存储设备保持对应用透明，均能直接向用户提供数据存取服务。在实现方式上，大多通过在内存和机械硬盘之间增加由一个或多个固态硬盘 SSD 组成快速存储层。此外，大型分布式计算系统中实现存储分级还有很多不同的解决方案。例如在客户端 CPU 到数据的最终持久化位置即机械硬盘之间，设计客户端内存、I/O forwarding 节点、数据存储服务器内存、存储控制器等中间环节，逐级缓冲 CPU 对机械硬盘的数据访问压力，以满足有限的预算条件下，海量数据处理对存储容量和访问性能的要求。高能物理实验每年产生的数据量巨大且需要长期保存，本书作者所在单位将固态硬盘 SSD 作为快速存储层，和机械硬盘、磁带库构建三级存储系统，以解决目前高能物理计算中数据访问性能瓶颈问题。

分级存储管理的目标是使性能、容量各有差异的多种存储设备发挥最大综合效益，减少存储构建成本。缺点是增加了存储管理复杂度。分级存储系统性能与数据分布密切相关，数据放置策略和数据迁移策略驱动数据在各存储层级之间的流动，是分级存储管理研究的重点。

　　数据迁移指数据根据需要在不同存储介质间的迁移，能够充分发挥各级存储的性能和容量优势，优化分级存储系统效率。高能物理实验数据的生命周期普遍在 2～3 年以上，数据访问模式以"一次写多次读为主"。以往，数据迁移直接继承静态 I/O 负载下存储系统的运行机制，对数据热度的计算存在过于依靠人工经验和历史统计等问题，传统的方法很难对分级存储中数据分布进行高效地管理。

　　数据放置主要考虑不同数据应写入哪个或者哪些存储介质上的问题，一般与应用密切相关。应用场景决定了哪些数据可以在创建时直接写入性能加速的存储位置，不必再从机械硬盘迁移至固态硬盘，进一步提升数据访问性能。高能物理实验观测到的一系列事例往往以文件形式存储，不采用分片存储方式。传统数据放置策略中，分配存储节点时只考虑了存储空间使用率，高能物理计算中数据访问特点和访问场景并未考虑在内。在加入固态硬盘 SSD 作为快速存储层后，如何设计数据放置策略，以提升存储效率和用户访问性能也是研究的目标之一。

　　本书作者所在的团队采用深度学习的方式开展了数据热度预测、数据迁移以及文件放置等工作，本节将进行简单的介绍[34]。

　　2. 数据热度预测

　　数据访问热度是数据迁移的重要依据之一。高能物理计算中，数据热度与历史访问特征紧密相关。考虑到负载的变化性，无法直接人工定义数据的历史访问特征与访问热度的关系。深度学习能从输入数据自动学习变化规律和潜在依赖关系，具有强大的表达和非线性映射能力。借助深度学习技术，根据数据时序访问特征训练有监督学习的数据热度预测模型，综合考虑存储节点的 I/O 负载，从而促进热数据的提前上迁和冷数据的及时回迁，以提升分级存储系统访问性能。

　　文件访问频率是影响数据迁移的重要因素。高能物理分级存储要求尽量减少频繁迁移对用户访问的影响。传统情况下访问热度此类连续型变量预测问题可以使用回归分析的方法。数据是否迁移及迁移方向受预测准确率的直接影响。使用线性回归或最小二乘回归的预测结果均方误差较高。高能物理数据迁移中，由于文件访问频率在小范围内的变化并不改变文件应该迁移至哪个存储层级，即最优决策不会因访问频率的细微差异而发生变化。因此，预测文件的访问热度可以转化为访问频率落在哪个区间范围内。这样，预测问题可以被重新表述成一个分类问题，划分原则如下所示：①热数据。在较短时间内被多个用户访问，或近期平均访问频率大于某个固定阈值 $\gamma$（例如 $\gamma = 3$，表示访问频率超过三次）。②温数据。在较长时间内只被单个独立用户访问，且平均访问频率小于阈值 $\gamma$。③冷数据。在较长时间内未被任何用户访问。大部分历史久远的高能物理实验数据属于此类，适合迁移到磁带库中备份存储。

　　1) 模型结构

　　与一般的分类问题类似，访问热度预测问题适合采用深度学习方法求解。由于高能物理数据处理模式的特点，文件热度变化具有一定的时间特性，和长短期记忆神经网络模型的记忆机制比较契合，因此长短期记忆神经网络在处理此问题上具有独特优势。原始长短期记忆神经网络通过记忆单元和多个门结构，将梯度前向传播计算由相乘改为累加，一定程度上可以缓解 RNN 梯度消失和梯度爆炸问题，但针对超长时间序列输入仍无能为力。因此，可以在原始 LSTM 网络的基础上增加注意力层和双向 LSTM 结构，设计数据热度预测模型。模型以层为单位构建，输入为访问特征时序序列，输出为文件未来的访问热度，包含输入层、LSTM 层、注意力层和输出层经连接组成，具体结构如图 10-24 所示。

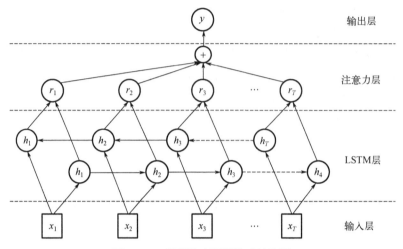

图 10-24　数据热度预测模型结构图

(1)输入层。

高能物理领域广泛使用的 Lustre 和 EOS 分布式存储系统提供以文件名为单位的历史访问记录，按照时间顺序组织成访问特征的时序序列。

$$F_o = \{f_1, f_2, \cdots, f_n\} \tag{10-9}$$

在实现时，Lustre 和 EOS 的日志系统，能够提供以文件名为单位的历史访问记录：<时间戳，文件名，访问类别，读写区间，访问位置>。这些记录可以按照操作类型组织成一个多维的访问频度向量，将定义其为文件访问模式向量。可以按照时间窗口，将多个向量组织成一个时序序列，如图 10-25 所示。

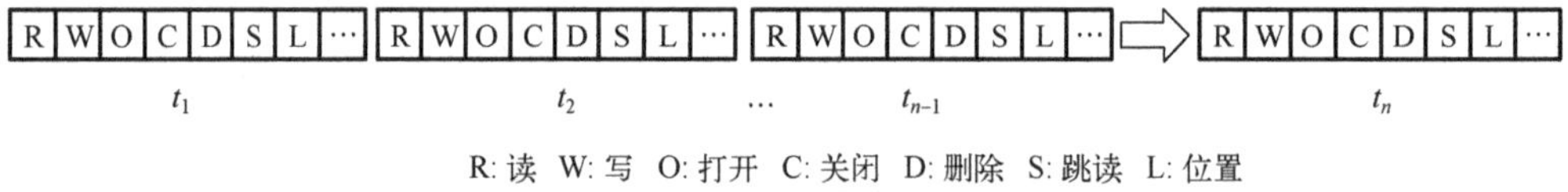

| R | W | O | C | D | S | L | … | R | W | O | C | D | S | L | … | R | W | O | C | D | S | L | … | ⟹ | R | W | O | C | D | S | L | … |

$t_1$　　　　　　　　$t_2$　　　…　　$t_{n-1}$　　　　　　　　$t_n$

R: 读　W: 写　O: 打开　C: 关闭　D: 删除　S: 跳读　L: 位置

图 10-25　由文件操作频率统计组成的时间序列

(2)LSTM 层。

LSTM 层是预测模型的核心，接收访问特征时序序列的输入数据，输出传递给下一层进一步处理。在原始 LSTM 神经长短期记忆神经网络的基础上，这里使用了双向 LSTM 和注意力机制两种改进方式。对于某些序列数据处理任务而言，后续(未来)的信息和前述(过去)的信息同样重要，例如文本情感识别、机器翻译等，期望的预测或输出结果由序列前面的输入和后面的输入共同决定。普通 LSTM 网络只能处理单向顺序输入的特征序列。双向 LSTM 神经网络在前向正序的 LSTM 神经网络层外额外增加一个反向的 LSTM 层，使输入信息按时间顺序相反的方向流动，同时利用序列数据过去和未来的信息。

（3）注意力层。

LSTM 长短期记忆神经网络可以解决访问特征序列的长距离依赖问题。某些场景下需要更多地关注特定时间段内的数据访问。注意力机制是模拟人类视觉和大脑的思考方式，使神经网络模型更关注输入的某些子集。例如，给不同时刻的输入分配不同的注意力大小，如，t0：0.1，t1：0.2，t3：0.3，t4：0.4。模型训练时计算各时刻输入特征的注意力概率分布，从而强化关键输入对模型输出的影响，以改进传统 LSTM 神经网络对较长序列数据的处理能力。

（4）输出层。

预测模型输出层为单层全连接神经网络，本质上是一个 softmax 分类器，输出给定文件属于访问热度 $y$ 的概率，并选取概率最大的 $y^*$ 作为最终输出结果。计算公式如下：

$$p(y) = \text{softmax}(W_{\text{softmax}} h^* + b_{\text{softmax}}) \tag{10-10}$$

$$y^* = \arg\max(p(y)) \tag{10-11}$$

2）模型训练

模型训练主要以 LSTM 隐藏层为研究对象。LSTM 神经网络学习能力受隐藏层数及每层神经元数目影响。在时间维度上 LSTM 也可展开类似 RNN 的网络结构，不同时刻下共享每层神经元的参数和权重。循环结构的展开次数，即步长决定了预测模型每次可利用多长时间的历史访问数据。

假设每个神经元状态向量大小为 $S$，可知 $C_{p-1}$ 和 $H_{p-1}$ 向量大小也均为 $S$。在训练过程中，模型不同参数会使相同的样本输入得到不同偏差的结果。LSTM 神经网络是有监督学习，训练的目的是通过学习已有带标签的样本数据，不断调整神经网络参数和权重，使输出结果最大可能接近样本真实分类。因此必须定义一种损失函数来衡量不同网络参数和权重下的预测偏差。针对分类问题通常使用 0-1 损失（0-1 Loss）、交叉熵损失（Cross Entry Loss）、指数损失（Exponential Loss）等计算损失函数的损失值。本书使用交叉熵损失函数度量模型预测结果和真实分类的差异。交叉熵是信息论中描述概率分布差异性的概念。交叉熵越小代表模型预测效果越好。使用交叉熵损失函数与均方误差损失等相比，交叉熵计算时只考虑输出值和真实值，对于输出层的梯度不再和激活函数导数相关，模型收敛速度更快。反向传播的导数连乘也会加快整个权重矩阵的更新。

$$\text{Loss} = -(y_i \log(\hat{y}_i) + (1 - y_i) \log(1 - \hat{y}_i)) \tag{10-12}$$

激活函数是一类作用在神经元上运行的函数，给神经网络引入了非线性特性，从而使神经网络可以应用于任何非线性映射关系中。预测模型使用 sigmoid 或 ReLU 作为激活函数。由于 LSTM 神经网络中门结构的存在，前向传播过程中一般不会发生梯度消失，默认情况下使用 sigmoid 函数。神经网络隐藏层过深，即模型展开步长过长时，才使用 ReLU 激活函数，以解决梯度消失问题。同时学习率（Learning Rate）相应调低，防止进入"死神经元"。

为使损失函数在训练样本集上尽可能小，需要计算导数和梯度以不断调整网络权重。传统的神经网络优化方法有批量梯度下降法、随机梯度下降法、小批量随机梯度下降法、Momentum、RMSprop 和 Adam 等。梯度下降法的原理是计算函数值变小最快的方向即梯度，沿该方向不断迭代以收敛到最小值，但存在最终收敛到局部最小值而非全局最小值的风险。

批量梯度下降和随机梯度下降在单次迭代优化中分别使用全部样本或随机选取一个样本的方式，但存在训练时间长或收敛效果差等缺点。小批量随机梯度下降法每次使用训练集部分样本进行模型迭代，是上述两种算法的折中。Momentum 算法在迭代优化中对原始梯度先平滑处理，再进行梯度下降，具有更快的收敛速度。RMSprop 计算梯度的微分平方加权平均数，降低摆动幅度，分别调整不同维度的步长以加快收敛。Adam 结合使用 Momentum 和 RMSprop 两种算法，具备高效计算、更好的收敛等优点，特别适用于超大规模数据样本集的参数优化问题，能够容忍很高的数据噪声和稀疏梯度。

3）结果评估

结果评估将数据集随机划分为训练集（80%）、验证集（10%）和测试集（10%）三部分，从耗时、精度和一致性三个方面对预测模型进行评估[35]。耗时为每类模型构建消耗的时间，对于精度统计了每类模型在训练集和测试集上的预测准确率。除了预测准确率，结果评估还使用基于混淆矩阵的 kappa 系数来评估模型的一致性。kappa 系数是统计学中评估一致性的方法，取值范围为[-1, 1]，实际应用中一般为[0, 1]，值越高代表模型分类一致性越好，即在每个类别上的预测置信度都比较高。如果值接近于 0，说明模型分类结果接近于随机分类。kappa 系数的计算方式如下：

$$\mathrm{kappa} = \frac{p_o - p_e}{1 - p_e} \tag{10-13}$$

$P_o$ 代表总体分类精度，$P_e$ 为：

$$p_e = \frac{a_1 \cdot b_1 + a_2 \cdot b_2 + \cdots + a_c \cdot b_c}{n \cdot n} \tag{10-14}$$

其中，$n$ 为测试集样本数，$a_i$ 为每一类真实样本数，$b_i$ 为预测出的每一类样本数。

测试过程中，首先应用上述方法对文件访问热度建立 LSTM 预测模型，动态时间窗口 $L$ 大小为 30，训练步数为 steps=1000，使用棋盘搜索法确定了模型的超参数，隐藏层数为 4 层，每层拥有 128 个隐藏节点。初步根据经验确定模型训练时的学习率。图 10-26 展示了相同 LSTM 网络结构下，不同学习率（$\eta = 0.001, 0.002, 0.005$）下模型在训练集上的损失函数变化。可以看出，当 $\eta = 0.002$ 时，最终获得的损失较小。

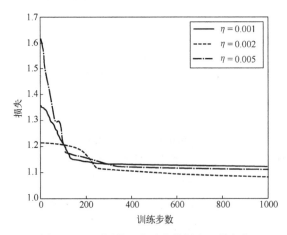

图 10-26　不同学习率对应的损失函数变化

为了验证 LSTM 模型在不同冷热文件定义下的优势，根据人工经验确定热文件的访问频率阈值 $\gamma$ 的不同取值 ($\gamma = 1, 2, 5$)，如表 10-3 和表 10-4 中所示。分别训练 MLP、SVM、GRU、LSTM、带注意力机制的 LSTM 模型并在训练集和测试集上进行对比测试，可以看出 LSTM 模型在整体预测精度和一致性上表现都很不错，在 $\gamma = 1$ 时预测精度最高，一致性也最好。模型训练耗时和推理耗时多于其他模型，但仍处于可接受的范围内。GRU 模型耗时好于 LSTM 模型，但在 $\gamma = 1$ 上的预测精度和一致性上不如 LSTM 模型。SVM 模型在 $\gamma = 2, 5$ 时测试集一致性上的表现较差。MLP 模型训练耗时和推理耗时最短，但在 $\gamma = 1, 2$ 时预测准确率和一致性不如其他模型。

表 10-3　不同预测模型预测准确率对比

| 模型 | 模型参数 | 训练集 | | | 测试集 | | | 训练耗时/h | 推理耗时/ms |
|---|---|---|---|---|---|---|---|---|---|
| | | $\gamma = 1$ | $\gamma = 2$ | $\gamma = 5$ | $\gamma = 1$ | $\gamma = 2$ | $\gamma = 5$ | | |
| MLP | $\eta = 0.1$, layers = 6, nodes = 64, steps = 500 | 0.591 | 0.658 | 0.547 | 0.662 | 0.693 | 0.634 | <u>0.78</u> | <u>269</u> |
| SVM | Kernel = rbf, c = 5.12e+02, gamma = 2.50e-01 | 0.682 | 0.883 | 0.481 | 0.612 | 0.811 | 0.352 | 0.96 | 513 |
| GRU | $\eta = 0.05$, layers = 4, nodes = 128, steps = 500 | 0.690 | 0.792 | 0.835 | 0.740 | 0.787 | 0.818 | 1.14 | 964 |
| LSTM | $\eta = 0.001$, layers = 4, nodes = 128, steps = 500 | 0.866 | 0.788 | 0.772 | 0.847 | 0.724 | 0.763 | 1.23 | 1053 |
| Attention LSTM | $\eta = 0.001$, layers = 4, nodes = 128, steps = 500 | <u>0.873</u> | <u>0.924</u> | <u>0.856</u> | <u>0.866</u> | <u>0.897</u> | <u>0.820</u> | 1.37 | 1191 |

注：最大准确率和最小耗时由下划线标记。

实验结果表明，该方法在测试数据集上较传统的基于统计的方法，有更好的预测效果。如表 10-4 所示，对于访问热度最热的 100 个文件，LSTM 算法对访问频次的预测优于传统的统计平均方法。

表 10-4　不同预测模型预测一致性 kappa 值对比

| 模型 | 模型参数 | 训练集 | | | 测试集 | | | 训练耗时/h | 推理耗时/ms |
|---|---|---|---|---|---|---|---|---|---|
| | | $\gamma = 1$ | $\gamma = 2$ | $\gamma = 5$ | $\gamma = 1$ | $\gamma = 2$ | $\gamma = 5$ | | |
| MLP | $\eta = 0.1$, layers = 6, nodes = 64, steps = 500 | 0.564 | 0.536 | 0.784 | 0.408 | 0.356 | 0.619 | <u>0.78</u> | <u>269</u> |
| SVM | kernel = rbf, c = 5.12e+02, gamma = 2.50e-01 | 0.782 | 0.978 | 0.541 | 0.439 | 0.221 | 0.490 | 0.96 | 513 |
| GRU | $\eta = 0.05$, layers = 4, nodes = 128, steps = 500 | 0.435 | 0.688 | 0.658 | 0.590 | 0.402 | 0.557 | 1.14 | 964 |
| LSTM | $\eta = 0.001$, layers = 4, nodes = 128, steps = 500 | 0.801 | 0.682 | 0.753 | 0.623 | 0.512 | 0.661 | 1.23 | 1053 |
| Attention LSTM | $\eta = 0.001$, layers = 4, nodes = 128, steps = 500 | <u>0.822</u> | <u>0.981</u> | <u>0.795</u> | <u>0.793</u> | <u>0.674</u> | <u>0.727</u> | 1.37 | 1191 |

注：最大 kappa 值和最小耗时由下划线标记。

## 3. 数据迁移

文件迁移策略一直是存储系统的重要研究领域。文献[36]综述了 LRU，CLOCK，2Q，GDSF，LFUDA 和 FIFO 等算法驱动的文件迁移策略。在单机时代，这些算法主要用于解决数据在内存和磁盘两个存储层级之间的迁移问题，其本质是以某个单一的文件访问特征(如迁入上级存储的时间、最后被访问的时间、访问频率等)为阈值，设定启发式的迁入迁出规则。

因为这些算法需要在操作系统内核中运行,设计者必须在预测精度和执行效率之间做出权衡,不可能利用复杂的文件访问特征,也不可能设计非常复杂的模型来辅助判断。文献[37]提出了基于文件未来访问代价预测来制定迁移规则的思想。该方法假设每次用户都会完整、顺序地读完整个文件,因此将未来访问频率和未来访问代价进行了简单的同化处理,然后训练了一个基于支持向量机算法的监督学习模型,来执行预测任务,在特定数据集上取得了良好的预测效果。然而,高能物理数据的访问模式是复杂多样的,文件访问代价不能用访问频率来等效。

高能物理存储系统一般包括 SSD 磁盘、物理磁盘和磁带库三个存储层级,以及本地存储和远程存储两个存储域。数据迁移包括"向上迁移""向下迁移""迁入本域""迁出本域"四个方向,以及"保留源副本"和"删除源副本"两种模式。不同的文件需要采用不同的迁移策略,如表 10-5 所示。高能物理存储系统往往存储数十亿个文件和副本,这个任务是无法用人工来精确完成的。

在表 10-5 中不同条件下的文件迁移策略是不一样的。其中:①未来可能有写操作的大文件,将永远不会被下迁到磁带中;②只读模式大文件从磁带向磁盘的迁移是应用需求驱动的,不需要预测。

从表 10-5 的描述可以看出,如果系统能够预测文件未来的访问热度(冷、热)、访问模式(是否有写操作)、访问位置(本地还是远程),就可以自动化数据迁移过程。高能物理计算中,文件未来的访问模式,是与历史区间内文件的访问模式紧密相关的。考虑到负载的变化性,无法人工定义文件的历史访问特性与预测访问特征的关系,需要借助机器学习算法模型来学习这种关系。

**表 10-5　高能物理文件迁移策略**

|  | 访问热度变化 | 未来访问模式 | 迁移动作 | 迁移方向 | 迁移模式 |
|---|---|---|---|---|---|
| 大文件 | 热→冷 | 只读 | 磁盘→磁带 | 向下 | 删除源副本 |
| 大文件 | 热→冷 | 读写 | 留在磁盘 | 无 | 保留源副本 |
| 小文件 | 热→冷 | 读写 | SSD→磁盘 | 向下 | 删除源副本 |
| 小文件 | 热→冷 | 只读 | SSD→磁盘 | 向下 | 保留源副本 |
| 小文件 | 冷→热 | 读写 | 磁盘→SSD | 向上 | 删除源副本 |
| 小文件 | 冷→热 | 只读 | 磁盘→SSD | 向上 | 保留源副本 |
| 小文件 | 只有远程访问 | 读写 | 本地→远程 | 迁出 | 删除源副本 |
| 小文件 | 只有远程访问 | 只读 | 本地→远程<br>SSD→磁盘 | 迁出<br>向下 | 保留源副本 |
| 小文件 | 只有本地访问 | 读写 | 无 | 无 | 删除源副本 |
| 小文件 | 只有本地访问 | 只读 | 无 | 无 | 保留源副本 |

在上节中介绍了数据访问热度预测方法,作为制定数据迁移策略的依据之一。预测即收集文件访问特征序列,并使用事先训练好的热度预测模型进行推理的过程。除此之外,迁移策略设计中还需考虑以下方面:

(1)文件扫描。迁移开始之前需要快速扫描存储系统中文件元数据信息,了解在机械硬盘和固态硬盘等存储介质上的文件分布。慢速存储层中的文件访问热度增加,触发迁移系统的数据上迁操作。快速存储层中的文件访问热度减少，触发迁移系统的数据回迁操作。

(2) 数据一致性。迁移过程应保证用户能够正常访问存储系统中的原始数据，并且迁移完成后，原始数据和新数据应完全一致。用户无需关心数据存储位置和当前是否正在被迁移，即存储系统的数据迁移过程应对用户或应用透明。

### 4. 文件放置

高能物理海量存储系统中的数据主要包括各科学装置产生的实验数据和用户在个人目录下创建的数据。数据放置策略作用于新数据创建阶段、写入硬盘物理位置之前，一般认为此时还无法预测数据访问热度。因此，需要一种基于访问场景的数据预放置策略，从数据创建后用户访问场景的角度，在放置时根据已有信息进行预测和识别，以减少后期数据迁移的代价。比如上文中，若在前端登录节点被访问次数较多，且以 Vim、ls、ROOT 做图等操作为主，定义为交互式访问数据，此类数据创建后短时间内被用户访问概率较大。若数据在分布式计算集群被访问次数较多，且以批处理作业的访问形式为主，或数据创建后短时间内未被用户访问，则定义为批处理访问数据，此类数据所占比例较大。在放置时还需考虑各存储设备的负载，为数据找到最合适的存储层和存储位置。

考虑高能物理分级存储使用的存储介质既包含前期部署的基于 SATA 协议的廉价 HDD 盘，又包含后期扩展的基于 PCIE 等协议的高性能 SSD 盘，按照性能划分快慢不同的存储池。将交互式访问的数据优先放置于快存储池中，批处理访问的数据优先放置慢存储池中，以充分发挥快存储池高性能和慢存储池大容量的优势，进而提升存储效率和用户体验。

数据放置策略首先基于机器学习分类模型对文件访问场景进行识别。高能物理同类访问场景下的数据可能具有一定的相似性，例如大小、格式（文件后缀）、访问权限、路径等。在文件写入客户端本地缓存后、拷贝至存储节点之前，采集文件后缀名、大小、绝对路径、访问权限、所属用户 UID、用户组 GID 等有用信息，经过预处理作为随机森林的输入数据进行分类预测。文件被预测为交互式数据或批处理数据，根据系统管理员事先定义的规则，分别存储在不同性能的硬盘组成的存储池。

文件访问场景和文件格式、文件大小、所属用户等存在潜在关联。比如，以.c 或.cxx 为后缀的文件一般为实验组用户编写的物理分析程序，在集群登录节点上可能被用户使用 Vim 多次打开或读写。此外，交互式访问场景中数据创建后短时间内被频繁访问概率较大，访问性能和用户使用体验密切相关。以.dst 为后缀的文件一般为高能物理实验重建后的数据，在计算节点上一般以离线批处理作业形式访问。批处理场景中数据创建后短时间内被频繁访问概率较小，访问速度对用户使用体验相对较小。

1) 基于随机森林的文件访问场景预测

图 10-27 是使用基于决策树的随机森林构建文件访问场景预测模型。决策树是一种无参数的有监督学习模型。本质上是从带有标签的训练数据集中学习分类和决策规则。决策树计算速度快，能处理训练数据的离散值和连续值，训练后的决策树可以生成易于逻辑解释的规则。

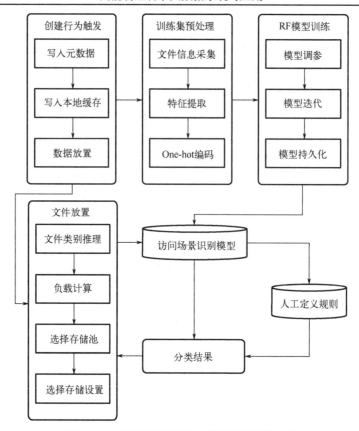

图 10-27　基于访问场景的文件预放置系统架构

单棵决策树的缺点是容易过拟合,对输入噪声和异常值敏感,准确率不高。随机森林(Random Forest,RF)是一种基于多棵决策树的集成模型,包含多棵决策树的弱分类器,通过重采样从原始训练样本集 $N$ 中有放回地抽取 $n$ 个样本构成新的训练样本集,进而训练 $m$ 棵决策树,输出的类别由个别树输出的类别的总数而定。随机森林在训练时引入双重随机性,有很好的抗噪声和泛化能力。

需要注意的是,在随机森林模型中决策树的深度和个数直接影响着分类预测的复杂度和准确度。决策树越深,个数越多,分类越复杂且耗时越长,但准确性也越好。在分布式文件存储系统内数据写入磁盘前能等待的时间最多在数十毫秒以内,访问场景预测和放置策略选择也必须在该时间段内完成。模型构建中定期对每棵决策树进行剪枝,控制决策树深度的增长。模型对每棵决策树的预测准确率进行评估,"隔离"低于某个固定值的决策树,以限制模型中决策树的总数,提高访问场景预测和数据放置效率。

随机森林模型训练过程如下:

Step1:在文件写入本地缓存后,采集文件后缀名、文件大小、文件目录、访问权限、创建时间、文件所属用户 UID、用户组 GID 等信息,生成训练样本数据集。

Step2:对数据集进行预处理,包括特征提取、特征归一化、数据标注等过程。文件路径和文件名为访问场景识别提供重要的信息,通过 one-hot 编码提取路径名称中的文本特征。One-hot 处理后的文本特征常常是高维稀疏的,视情况增加 Embedding 操作以防止出现维度灾难等问题。由于随机森林算法既支持连续输入变量，又支持离散输入变量，输入无需进一步规范化处理。

Step3：进行随机森林模型训练，包括模型调参、模型迭代、模型持久化存储等过程。随机森林中决策树数目和最大深度是影响模型效果的重要因素。决策树越多，深度越大，一般而言预测效果会越好，但性能会越差。训练好的随机森林模型一般以 Python 对象结构表示，高能物理分布式存储系统如 EOS、Lustre 等均以 C/C++语言实现。采用 Pickle 协议将训练好的随机森林模型序列化至本地持久化存储。分布式存储反序列化生成 C/C++对象结构，常驻于存储节点内存中，以加快文件创建时访问场景预测过程。

高能物理海量存储中每天产生的新文件数目众多，和其他算法相比，基于决策树的随机森林算法相对简单，推理过程耗时较短，对分布式存储系统写入性能影响较小。通过合理放置交互式数据和批处理数据，能有效提升数据访问性能，同时避免后期再将交互式数据迁移至快速存储层的过程，提高存储系统效率。

2）预测结果评测

首先验证随机森林模型的预测准确率。决策树的数目直接影响随机森林模型分类效果。由于随机森林最终输出由所有决策树的输出投票决定，决策树数目设置为奇数以避免平局问题。测试中分别使用集成 1、7、15、31、63 棵决策树的随机森林进行对比。同时选择极端梯度提升树(eXtreme Gradient Boosting，XGBoost)、梯度下降树(Gradient Boosting Decision Tree，GBDT)、支持向量机(Support Vector Machines，SVM)等其他常用机器学习分类模型作为基线方法。测试结果如图 10-28 所示，使用随机森林对文件访问场景预测准确率在使用 31 或 63 决策树作为弱分类器时能达到 84%左右，好于其他分类模型。

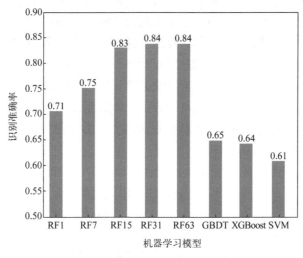

图 10-28　文件访问场景预测结果

针对采集到的测试集样本，新创建文件大小在 10KB 和 2GB 之间。假设测试初始时 EOS 各存储节点都处于空载状态，硬盘空间使用率也是从 0 开始。对比所有文件创建完成后，各 FST 存储服务器和硬盘上的数据分布，如图 10-29 所示。

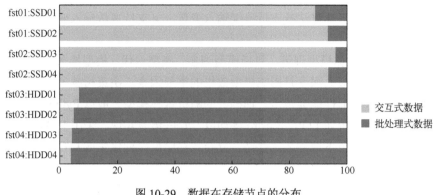

图 10-29　数据在存储节点的分布

可以看出，使用基于访问场景的放置策略，交互式访问的文件集中存储在 fst01、fst02 节点以及挂载的固态硬盘 SSD 上。批处理访问的文件集中存储在 fst03、fst04 节点以及挂载的机械硬盘 HDD 上，验证了算法的有效性，提升了针对不同数据的存储效率。

## 10.3.2　基于强化学习的自动化调参

### 1. 深度强化学习

传统的动参数配置算法包括基于模型的控制反馈算法和无模型的参数搜索两大类。前者需要系统管理员具备丰富的先验知识且不支持动态负载变化，后者在参数搜索空间很大时，优化效率很低。2017 年的超算大会上，文献[38]提出基于深度强化网络的无模型的参数配置方法。此方法利用参数配置问题和游戏策略搜索问题的相似性，将该问题转换为深度强化学习问题来解决，但是其原型系统只解决了小型测试环境中的 Lustre 客户端参数配置问题。面向高能物理的复杂存储集群，还需要解决算法本身的超参数设置、可扩展性和泛化性、服务器参数配置、参数联合配置、参数搜索空间限制等一系列问题。

深度强化学习[39]是深度学习和强化学习的融合，其代表性成就是 Google 公司的 AlphaGo 和 AlphaZero 围棋机器人。在围棋游戏这个有巨大参数搜索空间(3 的 19×19 次方)的策略优化问题上，深度强化学习驱动的 AlphaGo 已经战胜了人类的最高智慧代表，而 AlphaZero 仅用三天的训练时间就打败了 AlphaGo。

理想的存储系统参数自动配置模块，能够在每一个参数配置时间点(例如每分钟开始时)，根据当前的运行状态，在服务器和客户端给出每个参数配置选项的合理调节动作(增大或缩小)，使得性能调节目标得到最优化。在 EOS 和 Lustre 存储系统中，服务器和客户端各自有数百个性能监控参数、数十个参数调节选项、包含读写吞吐率、读写延时、客户端公平性等多个性能优化目标。基于人工经验的启发式参数配置策略很难实现系统的最优配置：

(1)参数配置动作和系统的反馈之间是有延时的，如果采取了连续多个配置动作，很难确定究竟是哪个动作起了作用，或者每个动作对结果的影响是多少。因此，系统管理员的经验很有可能是有偏差的，主观的。

(2)即使人工经验是完全可信的，庞大的参数搜索空间、负载的连续性、负载和设备的多样性等因素也决定了这种方法是非常低效的。

基于深度强化学习算法的参数自动配置策略，可以把参数配置问题转换为一个带反馈的机器学习方法来求解。假设每个客户端和服务器运行着一个性能收集器和一个参数调节器，在某个时刻 $t$，性能收集器能够观察到系统当前的运行状态 $S_t$，参数调节器根据行动策略 $\pi$ 采取了参数调节动作 $A_t$，使得系统的状态变成了 $S_{t+1}$，同时获得反馈 $R_{t+1}$。强化学习的目标是从历史数据中学习到最优的参数调节策略 $\pi$，使得在任意状态 $S_t$ 时采取的动作 $A_t$，能够使未来所有步骤获得的累积反馈的期望 $G_t$ 最大。考虑到当前动作对未来的影响会逐渐减少，通常会给 $R$ 增加一个衰减系数 $\gamma$，此时：

$$G_t = \sum_{k=1}^{\infty} r^k R_{t+k+1} \tag{10-15}$$

假设系统的性能监控项有 $n$ 维，那么状态 $S$ 将是一个 $n$ 维的向量 $S \to R^{|n|}$，系统的参数调节选项有 $m$ 维，考虑到每次参数调节有两个方向（调大或者调小），动作 $A$ 是一个 $2m$ 维的向量 $A \to R^{|2m|}$。参数调节的目标可以是单一的，例如吞吐率，也可以是多维的，例如吞吐率和响应延时。这里将人工定义从参数调节目标到期望 $R$ 之间的映射函数 $C$。

强化学习问题中，用 $Q$ 值函数来估计一对 $(S, A)$ 对应的 $G$ 值，用 $P(A|S)$ 定义在策略 $\pi$ 下，如果当前状态为 $S$，采取动作 $A$ 的条件概率。强化学习的求解有两个方向：一是用复杂的模型逼近从 $(S, A)$ 到 $Q$ 函数，一旦知道了某个状态下所有 $A$ 对应的 $Q$ 值，则 $Q$ 值最大的 $A$ 对应的就是最优策略，这种方法叫值函数法。二是直接用复杂函数逼近条件概率 $P(A|S)$，那么条件概率最大的 $A$ 对应的就是最优策略，这种方法叫策略搜索法。AC（Actor-Critic）算法框架将这两个方法做了结合，也是可以尝试的方法之一。根据贝尔曼公式，以上函数都可以用历史记录 $(S_t, A_t, S_{t+1}, R)$ 来训练和迭代逼近。如果选择了深度学习模型来逼近以上函数，那么这个方法就可以称为深度强化问题，其模型训练最主要的难点是权衡策略搜索和策略优化，保证模型的泛化性能。

### 2. 基于强化学习的 Lustre 文件系统系统调优

本书作者所在团队实现了基于强化学习的 Lustre 文件系统性能调优[40]，结构如图 10-30 所示，系统由策略节点和目标集群组成。策略节点包含强化学习智能体以及信息接口，目标集群上的每个节点都包括一个用来收集节点信息的 Monitor 和一个用来执行参数调节动作的 Actor。系统运行时，每个节点的 Monitor 每隔固定的时间会收集系统状态信息，并将信息发送给接口，接口把状态信息发送给智能体，智能体根据状态信息返回动作信息，并将其发回给接口，由接口将该动作发送给对应的节点，该节点的 Actor 负责执行调节动作。然后不断迭代执行上述过程，直至满足终止条件。在这整个的交互过程中，强化学习智能体是在不断训练提升的。

在实际的部署过程中，策略节点应部署在目标集群外，以尽量降低系统运行过程中对目标集群的影响。并且策略节点应尽可能地部署在含有 GPU 的节点上，以加快训练速度。

#### 1）状态

类似于人类需要对环境信息了如指掌后才能做出好的决策一样，强化学习中的状态信息是十分重要的，算法会分析这些信息并做出决策。传统的机器学习方法需要大量的特征工程，近年来深度学习的飞速发展，已经证明其拥有强大的感知能力，所以深度强化学习算法只需要把状态信息输入深度神经网络，神经网络会自动抽取重要特征进行训练。

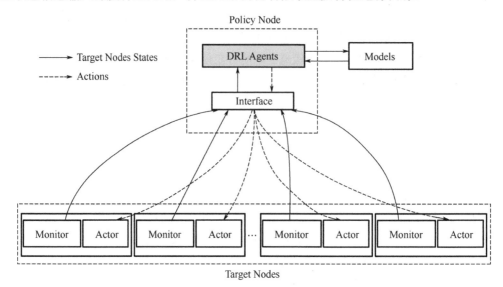

图 10-30　基于强化学习的 Lustre 文件系统性能调优系统框架

在做状态信息选取时，应尽可能地把跟系统性能相关的因素都包含进来，选取的部分状态信息如下：Read throughput，读吞吐率；Write throughput，写吞吐率；dirty_pages_hits，脏页缓存命中的写操作数；dirty_pages_misses，脏页缓存未命中的写操作数；Read IOPS，每秒读操作数；Write IOPS，每秒写操作数；used_mb，使用的缓存空间；unused_mb，空闲的缓存空间；recliam_count，缓存回收次数；cur_dirty_bytes，当前 OSC（对象存储客户端）上写入和缓存的字节数；cur_grant_bytes，当前 OSC 与每个 OST（对象存储目标）保留的回写缓存空间；inflight，待处理的 RPC 的数量；timeouts，RPC 超时值；avg_waittime 请求平均等待时间；osc_cached_mb，当前总缓存空间；req_waittime，请求在服务器处理之前在队列中等待的时间量；req_active，现在正在处理的请求数。

2）动作

动作决定了参数应如何调节，按离散动作空间来处理，为每个参数指定一个步长，则每个参数对应两个动作：调高和调低，调高即当前参数加步长，调低即当前参数减步长。此外，系统如果根据状态信息判断当前没有需要调节的参数，那么也应可以选择什么都不做。这样，动作空间即为：2×参数个数+1。

从安全的角度考虑，还应为每个参数设置范围，当调节后的值大于或小于该范围时，相应地设置值为最大值或最小值，以保证系统的正常运行。

当性能优化目标确定时，系统应针对该优化目标进行参数选取。这需要存储领域一定的先验知识，即需要知道所关注的性能变化是与哪些参数相关的。如果将存储系统的全部参数都纳入进来，动作空间会很大，模型不好收敛。选择的参数及其相关信息如表 10-6 所示。

表 10-6　调整参数信息

| 参数名 | 默认值 | 最小值 | 最大值 | 步长 |
|---|---|---|---|---|
| max_dirty_mb<br>(OSC 中可以写入多少 MB 脏数据) | 32 | 1 | 4096 | 32 |
| max_pages_per_rpc<br>(在单个 RPC 中对 OST 进行 I / O 的最大页数) | 256 | 1 | 1024 | 64 |
| max_rpcs_in_flight<br>(从 OSC 到其 OST 的最大并发 RPC 数) | 8 | 1 | 256 | 4 |
| max_read_ahead_mb<br>(文件上预读的最大数据总量) | 40 | 0 | 160 | 40 |
| max_cached_mb<br>(客户端缓存的最大非活动数据量) | 128 | 128 | 32234 | 128 |
| max_read_ahead_per_file_mb<br>(每个文件预读的最大数据量) | 40 | 0 | 80 | 10 |
| max_read_ahead_whole_mb<br>(可以完整读取的文件的最大大小) | 2 | 0 | 8 | 2 |
| statahead_max<br>(statahead 线程预取的最大文件属性数) | 32 | 0 | 8192 | 32 |

3) reward

reward 的设计是强化学习最关键之处, 因为模型的训练是依赖 reward 进行的, reward 设计的好坏往往决定了一个强化学习算法最后能不能成功应用。

分布式存储系统的负载是不断变化的, 如果只是简单定义 reward 为当前吞吐率与上一时刻吞吐率之差, 当负载剧烈变化时, reward 会相应有很大变化, 那么此时的 reward 系统无法分辨是因为负载变化导致, 还是因为参数调节导致, 导致模型无法收敛。

如果不只是考虑当前时间点的吞吐率跟上时间点的吞吐率差, 而是考虑动作执行后某一时间段内的吞吐率变化情况作为 reward, 比如最近一定步数 $N$ 或者一定时间窗口 $W$ 内的吞吐率差, 即：

$$\sum_{n=0}^{N}(吞吐率差 \times g^{n}) \tag{10-16}$$

这样当时间段选取合适的值时, 可以克服某个时间点(或某个时间段)负载剧烈变化导致 reward 受影响的问题。$\gamma$ 值的选取代表了是更关心当下的奖励还是长期奖励。可能会出现某个时间窗口内, 负载一直在不断加大, 从而导致 reward 因为负载的原因一直变大, 这样的情况是可以接受的, 并且 reward 也理应给高, 因为这代表系统利用率高(除了吞吐率外也考虑系统的利用率)。

4) 接口

接口模块介于强化学习算法模块与目标集群之间, 负责两个模块之间的消息通信, 使得两个模块可以独立开发而互相不影响, 践行了强内聚、松耦合的设计模式。

本书的消息通信模块选用了 ZeroMQ, 它是一种基于消息队列的多线程网络库, 其对套接字类型、连接处理、帧, 甚至路由的底层细节进行抽象, 提供跨越多种传输协议的套接字, 可并行运行, 分散在分布式系统间。ZeroMQ 将消息通信分成 4 种模型, 分别是一对一结对模型(Exclusive-Pair)、请求回应模型(Request-Reply)、发布订阅模型(Publish-Subscribe)、推拉模型(Push-Pull)。基于系统的架构, 本书采用了请求回应模型。

5）模型

一个前馈神经网络如果具有线性输出层和至少一层具有任何一种"挤压"性质的激活函数（例如 logistic sigmoid 激活函数）的隐藏层，只要给予网络足够数量的隐藏单元，它可以以任意的精度来近似任何从一个有限维空间到另一个有限维空间的 Borel 可测函数，此即万能近似定理。具有单层的前馈网络足以表示任何函数，但是网络层可能大得不可实现，并且可能无法正确地学习和泛化。在很多情况下，使用更深的模型能够减少表示期望函数所需的单元的数量，并且可以减少泛化误差。

深度学习与强化学习的结合，即用深度神经网络去逼近强化学习的值函数或策略函数。采用 Pytorch 0.4 实现含 3 个隐藏层的全连接神经网络，每个隐藏层的单元数量是状态空间的 2 倍，激活函数为 ReLu 函数，优化算法为 Adam 算法。

6）效果评估

基于强化学习的 Lustre 文件系统调优工具开发完成以后，搭建了测试环境，并对各强化学习算法进行了测试。测试前，对每个算法模型预先训练 24h，后对每个算法测 3 次（每次测试花费时长约 10h），取其均值作为测试结果，测试数据为 32 个并发读写进程的平均吞吐率。为了更加直观地体现测试结果，采用直方图对测试数据进行可视化，但由于各测试项数据差异较大，致使数据值较小的测试项展示效果不太明显，故又对测试数据进行了标准化（范围 100～200），如图 10-31 所示。

可以看到，在跳读和随机读测试项上，A2C（advantage actor critic）和 PPO（proximal policy optimization）强化学习算法都有明显的提升效果。而 DQN（deep Q-network）算法在这种负载多变的测试环境上表现较差，这在相关的论文中也有所体现[38]，其测试结果指出 DQN 算法在测试读写比例为 1：1 时，性能几乎没有提升，本书的测试读写比例即为 1：1。因此，针对存储系统参数调优任务来说，策略梯度方法是明显优于值函数方法的。具体来说，虽然 PPO 算法对 5 个测试项都有性能提升，而就高能物理计算环境所关注的跳读和随机读来说，A2C 算法表现更好，是最贴近实际应用的算法。

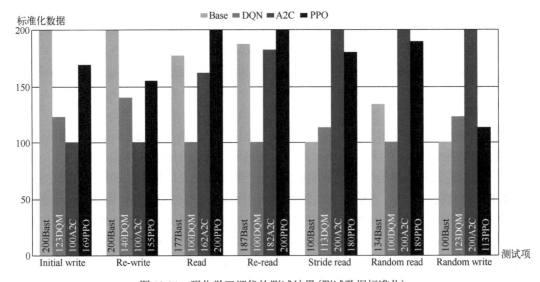

图 10-31　强化学习调优的测试结果（测试数据标准化）

经过对测试结果的分析发现使用强化学习的方法来对存储系统的参数进行调节，确实对存储系统性能有了较为显著的提升，而当负载发生变化时，其可进行动态适应性的调整，并且对生产系统的影响很小。在提升系统性能的同时，可大大减少人力成本及时间成本。

### 10.3.3　基于非监督学习的异常检测

作为数据密集型科学计算，高能物理计算的效率很大程度上取决于 I/O 性能。有问题的 I/O 模式是导致作业效率低下的主要原因。在拥有数万个作业槽的集群中，定位异常工作负载的来源是一项非常耗时且需要经验的任务。I/O 行为的自动异常检测可以在很大程度上减轻这些情况的影响并减少诊断所花费的人力。

一个作业的输入/输出(I/O)行为可以通过以下两类操作来描述：一类是元数据操作，包括打开(open)、关闭(close)、获取属性(getattr)等操作的频率；另一类是数据操作，包括读(read)和写(write)等操作的频率和带宽。集群中典型的性能杀手模式包括长距离文件 seek(几百 MB)之后进行少量(几个字节)读取，一次写入少量数据同时强制同步写回，以及多对一方式的同步操作等。手动设置检测阈值的启发式方法不是一个好主意。首先，一些异常行为与多个操作有关，为数十个指标的组合定义阈值并不容易。其次，静态阈值不能适应集群的多样性和可变性。

机器学习提供了一种数据驱动的方法来解决这个问题。不需要人工标记训练数据样本的非监督机器学习算法在异常检测中具有更广泛的实现。孤立森林(Isolation Forest，iForest)[41]是一个基于模型聚合的快速异常检测方法，能够在较小的内存空间中，以线性时间复杂度处理高维海量数据的异常检测问题。它的基础逻辑是：异常是少数且不同的数据点，因此，如果在高维数据空间中反复选择随机切割参数和值，则异常点比正常点更容易被"孤立"。

Lustre 作为高能物理领域集群的主要存储系统之一，可以对作业的 I/O 行为提供非常具体和全面的描述和监控。在高能物理计算集群上，每天有数十万个作业完成，大多数都很好地考虑了 I/O 模式。基于以上条件，本节将介绍一个基于孤立森林的 I/O 异常检测工具。使用检测工具，追踪有问题的工作负载来源所花费的时间可以从几小时减少到几分钟。

#### 1. 孤立森林

孤立森林 iForest 的思想主要是利用随机选取的特征和特征值对高维数据集进行多次划分，将更易于被隔离数据看作异常。iForest 是由 $N$ 个孤立树组成的，在进行模型训练之前，首先将原始数据进行子采样，然后针对每份子样本分别建树，如图 10-32 所示。

建立每棵二叉树的过程如下：

(1)将一份子样本的共 $n$ 个样本数据作为树的根节点。

(2)随机选择样本的一个特征 $q$。

(3)针对特征 $q$ 选择一个分割点 $p(D_{qmin} \leqslant p \leqslant D_{qmax})$

(4)对于该节点的数据，若特征 $q$ 的值小于 $p$，则被划分至该节点的左子树，若特征 $q$ 的值大于或等于 $p$，则被划分至该节点的右子树。

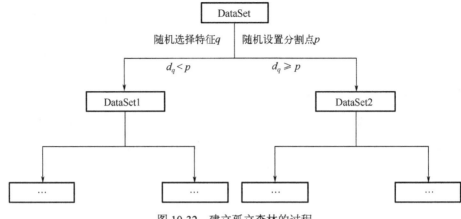

图 10-32 建立孤立森林的过程

(5)继续使用步骤(2)~(4),对左子树和右子树的数据进行划分,直至满足终止条件。终止条件为所有叶子节点的数据无法再次进行划分,即叶子节点上只包括一个样本,或叶子节点的所有数据的属性值都一致,或者树已经达到限制高度。

上述过程即为一棵孤立树(isolation tree)的建立过程,对于其他子样本的建树过程与上述一样。所有的孤立树最终组成了孤立森林。

在建成所有的孤立树之后,将利用叶子节点到根节点的高度(即从叶子节点到根节点之间的边的数目)来进行异常点的判断,若叶子节点至根节点的距离越短,即说明其异常的可能性越大。我们将利用异常分数来评估异常的可能性,具体的评估过程如下:

(1)对于每一个样本,计算它在每一棵孤立树的所在的叶子节点与该棵树根节点之间的高度。

(2)得到该样本在所有的孤立树上的平均高度。

(3)根据平均高度计算异常分数。

异常分数代表了其异常的可能性,异常分数的计算见式(10-17),其中 $E(h(x))$ 表示该样本的平均高度,而 $c(\psi)$ 为树的平均高度,用于归一化,$\psi$ 表示用于建树的样本数目,且 $h(x)$ 为叶子节点到根节点的边的数目加上偏移值 $c(\text{T.size})$,T.size 表示该样本所在的叶子节点的样本数目。$c(\psi)$ 的计算见式(10-18),其中 $H(x)$ 可由 $\ln(x)+0.5772156649$ 估计。异常分数的取值在0至1之间,且平均高度越短,异常分数越接近1,异常的可能性越大。通过阈值threshold确定异常比例,若将训练数据的异常分数从大到小排列,则将异常分数大于前 threshold 个异常分数的数据判断为异常。

$$s(x,\psi) = 2^{\frac{E(h(x))}{c(\psi)}} \tag{10-17}$$

$$c(\psi) = \begin{cases} 2H(\psi-1) - \dfrac{2(\psi-1)}{\psi}, & \psi > 2 \\ 1, & \psi = 2 \\ 0, & \text{otherwise} \end{cases} \tag{10-18}$$

## 2. 数据集构建

每个发送到 Lustre 服务器的请求都有一个字段表示请求的"来源"。这个源可以是一个作业 ID，一个进程名和用户 ID 的组合等代表身份的环境变量。在 Lustre 服务器上，每个 Lustre 存储设备在内核中都有计数器，通过从"源"字段中提取的身份 ID 来统计其传入请求。对于每个存储设备，"jobid"计数的 I/O 指标可以通过"jobstats"/proc 条目查询。通用监控软件如 collectD 可以解析这些/proc 文件条目并将它们报告给中央数据库。

Lustre 通过 19 个元数据操作和 12 个数据操作来描述和统计一个客户端进程的 I/O 模式，如图 10-33 Lustre 客户端数据操作所示。使用 collectD 的开源 Lustre 插件，这些指标可以计算为人类可读的指标，例如每秒操作数、带宽（最大值、最小值、平均值）。对于机器学习模型训练和数据预测，将某个进程的 I/O 指标合并并封装成两个向量，分别由 start_time、end_time 和进程标识组成。这两个向量分别请求元数据操作行为（19 维）和数据操作行为（12 维）。

(a) 19 个元数据操作统计量　　　　　　　　(b) 12 个数据操作统计量

图 10-33　Lustre 客户端数据操作

## 3. 异常检测工作流

作业 I/O 模式的异常检测工作流如图 10-34 所示。运行在 Lustre 服务器上的 collectD 插件收集以时间戳、操作类型和作业号表示的计数器数值，然后发送给 Graphite 服务器。Graphite 本身有一个很好的时间序列数据库，但是，它将其数据条目存储为普通的磁盘文件。考虑到数以万计的作业乘以数百台设备乘以数十次数据操作，这个磁盘文件系统很快就会因为每分钟几百万次的插入和查询而过载，即使没有过载，几小时后也会耗尽 inode。因此，数据通过 Graphite 转发插入到 ElasticSearch 数据库集群后，相应的在 Graphite 内存空间中条目将会直接被丢弃。作为底层大数据设施的 ElasticSearch 数据库集群擅长处理来自数据流的这些高吞吐量插入和查询。

模型训练服务器上，有一个定期 crond 作业，它查询固定时间窗口内的数据条目并将数据样本组装为 I/O 模式样本。元数据和数据操作被封装在两个独立的向量中，并将作为两个独立预测模型的输入。目前 crond 作业每天运行一次，我们使用的时间窗口是 1 分钟。假设作业 A 在其生命周期的每一分钟内都有持续的数据操作，其生命周期为 1 小时，那么它将产生 60 个数据样本。

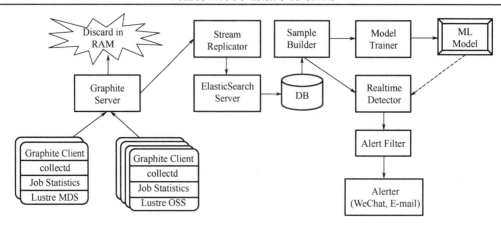

图 10-34　I/O 模式的异常检测工作流

系统每天和每周会用相应数据窗口内的作业样本训练两个孤立森林模型。我们选择的孤立树的个数是 100，采样子样本数是 256。目前，设置的异常阈值是 0.05，这意味着我们假设 5%的工作是异常的，该值可以根据预测的假阳性率和假阴性率进行调整。

每隔十分钟，一个 cron 作业将按照上文介绍的相同过程为运行作业组装和标记新的数据样本。每个数据样本都会通过对 last day model 和 last week model 的预测得到一个异常分数和一个异常标签。经过一个报警过滤器过滤以后，报警信息将通过微信和邮件发送给系统管理员。

### 4. 网页界面

为了简化系统管理工作，异常检测系统设计了一个基于 Django 的网页界面。它具有三大功能：①数据排序和浏览；②降维和可视化；③人工标注，如图 10-35 所示。默认情况下，最近十分钟的所有数据样本都按 last-day-score 排序的首页表格列出。如果管理员对某个指标更感兴趣，还可以基于该指标重新排序。为了方便标记结果的验证，在后端使用两种算法处理降维：PCA 和 t-SNE。如图 10-36 所示，如果所有标记的异常点都位于边缘区域，管理员将对预测结果更有信心。系统管理员还可以对数据样本进行人工重新标记，这些标记结果将成为 ElasticSearch 数据库中的新的数据列。基于人工标注结果，我们可以：①统计验证模型预测的准确性；②调整异常阈值；③为未来的监督学习模型构建数据集。

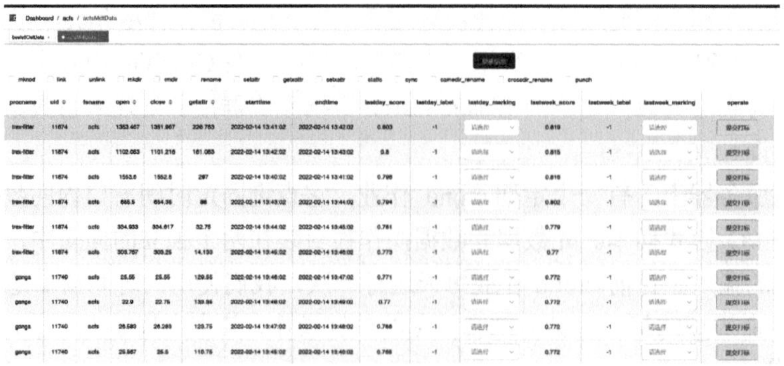

图 10-35　异常样本排序和人工打标界面

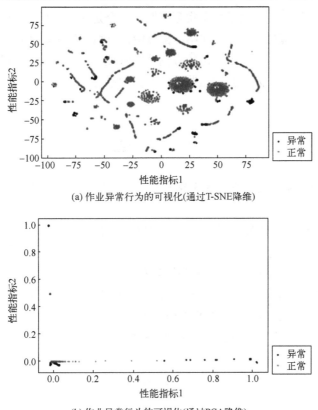

(a) 作业异常行为的可视化(通过T-SNE降维)

(b) 作业异常行为的可视化(通过PCA降维)

图 10-36　后台降维算法可视化

**5. 异常检测工作流**

如图 10-35 所示，此时标记为"-1"的 9 个样本恰好是属于相同"procname+uid"的作业，并且在过去 10 分钟内具有最大的读取吞吐量。通过仔细检查该用户的单个作业，系统管理员发现该用户的单个行为是正常的，它被标记为-1，只是因为该用户的聚合吞吐量大于昨天的大多数其他用户。在这种情况下，管理员可以通过人工标记界面将该作业标记为正常。过去定位这样的异常，需要在服务器上运行 systemTap 等入侵式的内核性能探针，对请求按照客户端进行排序。按照排名，登录到多个客户端上，查找某个 Lustre 实例的用户，跟踪这个用户的所有进程，发现异常行为。由于造成问题的作业不一定位于请求最多的客户端上，因此故障定位时间可能会很长。对于由于异常负载模式造成的系统问题，系统管理员的检测时间可以从数小时减少到几分钟。

# 10.4　本章小结

深度学习技术正在快速发展，不仅正在改变科学家的科研方式，同时在科学大数据管理方面也有多种应用。本章首先介绍了深度学习的相关知识和应用，包括基于深度神经网络的分类、基于卷积神经网络的分类和预测以及基于非监督学习的分类等。接着，详细介绍了基于深度学习的数据压缩，并给出了两个实际案例，一个是来自斯坦福大学的 DeepZip，另外一个是面向光源图像压缩的 C-Zip。在第三部分中，剖析了数据驱动的数据存储管理技术，均来自实际的系统，包括基于监督学习的数据分层管理、基于强化学习的自动化调参以及基于非监督学习的异常检测，除了介绍这些系统的技术原理和架构，还给出了效果评估以及应用情况。

# 思　考　题

1. 思考监督学习和非监督学习的区别和特点，举例说明它们在高能物理数据处理中可能的应用场景？

2. 从数据压缩的原理出发，说明基于神经网络的数据压缩的特点，并考虑针对哪些数据会比传统压缩算法表现更好？

3. 强化学习有哪些特点，适合于哪些场景？

4. 以图片分类问题为例，说明数据驱动的方法和传统方法的不同和优点。

5. 试说明机器学习的定义，以及机器学习的三种范式。

6. 请描述一个基于机器学习的应用包括哪些要素？

## 参 考 文 献

[1]  LeCun Y, Bengio Y, Hinton G. Deep learning[J]. Nature, 2015, 521 (7553): 436-444.

[2]  汪璐. 深度学习在高能物理领域中的应用[J]. 物理, 2017, 46 (9): 597-605.

[3]  Baldi P, Sadowski P, Whiteson D. Searching for exotic particles in high-energy physics with deep learning[J]. Nature Communications, 2014, 5.

[4]  Cowan G, Rousseau D, Bourdarios C, et al. The Higgs Machine Learning Challenge[J]. J. Phys: Conference Series, 2015, 664 (7): 072015.

[5]  Altheimer A, Arora S, Asquith L, et al. Jet substructure at the Tevatron and LHC: New results, new tools, new benchmarks[J]. Journal of Physics G: Nuclear and Particle Physics, 2012, 39 (6): 063001.

[6]  de Oliveira L, Kagan M, Mackey L, et al. Jet-images — deep learning edition[J]. J. High Energ. Phys. 2016, 69. arXiv: 1511.05190.

[7]  Komiske P T, Metodiev E M, Schwartz M D. Deep learning in color: Towards automated quark/gluon jet discrimination[J]. J. High Energ. Phys. 2017, 110. arXiv: 1612.01551v2.

[8]  Wang L, Zhang K, He M, et al. Muon reconstruction of JUNO experiment with convolutional neural networks[R]. [2017-08-21]. https://indico.cern.ch/event/567550/contributions/2629587/attachments/1510352/2355592 / Muon_ reconstruction_ of_JUNO_experiment_with_convolutional_neural_networks.pdf.

[9]  Aurisano A, Radovic A, Rocco D, et al. A convolutional neural network neutrino event classifier[J]. Journal of Instrumentation, 2016, 11 (9): P09001.

[10]  de Oliveira L, Paganini M, Nachman B. Learning particle physics by example: Location-aware generative adversarial networks for physics synthesis[J]. Computing and Software for Big Science, 2017, 1 (1): 1-24.

[11] Paganini M, de Oliveira L, Nachman B. Accelerating science with generative adversarial networks: An application to 3D particle showers in multilayer calorimeters[J]. Physical Review Letters, 2018, 120(4): 042003.

[12] 阮一峰. 数据压缩与信息熵[EB/OL]. [2014-09-07]. https://www.ruanyifeng.com/blog/2014/09/information-entropy.html.

[13] Shannon C E. A mathematical theory of communication[J]. The Bell System Technical Journal, 1948, 27(3): 379-423.

[14] Mentzer F, Agustsson E, Tschannen M, et al. Practical full resolution learned lossless image compression [C]//Proceedings of the IEEE/CVF Conference on Computer Vision and Pattern Recognition, 2019: 10629-10638.

[15] Mentzer F, Gool L V, Tschannen M. Learning better lossless compression using lossy compression [C]//Proceedings of the IEEE/CVF Conference on Computer Vision and Pattern Recognition, 2020: 6638-6647.

[16] Ho J, Lohn E, Abbeel P. Compression with flows via local bits-back coding[C]//Neural Information Processing Systems, Vancouver, 2019.

[17] Goyal M, Tatwawadi K, Chandak S, et al. Deepzip: Lossless data compression using recurrent neural networks [J]. arXiv preprint arXiv:1811.08162, 2018.

[18] Goyal M, Tatwawadi K, Chandak S, et al. Dzip: Improved general-purpose loss less compression based on novel neural network modeling[C]//2021 Data Compression Conference (DCC). IEEE, 2021: 153-162.

[19] Gray R. Vector quantization[J]. IEEE Assp Magazine, 1984, 1(2): 4-29.

[20] Jiang X, Shen S, Cadwell C R, et al. Principles of connectivity among morphologically defined cell types in adult neocortex[J]. Science, 2015, 350(6264): aac9462.

[21] Medsker L R, Jain L C. Recurrent neural networks[J]. Design and Applications, 2001, 5: 64-67.

[22] Hochreiter S, Schmidhuber J. Long short-term memory[J]. Neural Computation, 1997, 9(8): 1735-1780.

[23] Cho K, van Merriënboer B, Bahdanau D, et al. On the properties of neural machine translation: Encoder-decoder approaches[J]. arXiv preprint arXiv:1409.1259, 2014.

[24] Bai S, Kolter J Z, Koltun V. An empirical evaluation of generic convolutional and recurrent networks for sequence modeling[J]. arXiv preprint arXiv:1803.01271, 2018.

[25] Yu F, Koltun V. Multi-scale context aggregation by dilated convolutions[J]. arXiv preprint arXiv:1511.07122, 2015.

[26] Oord A, Dieleman S, Zen H, et al. Wavenet: A generative model for raw audio[J]. arXiv preprint arXiv:1609.03499, 2016.

[27] Goyal M, Tatwawadi K, Chandak S, et al. Deepzip: Lossless data compression using recurrent neural networks[J]. arXiv preprint arXiv:1811.08162, 2018.

[28] Jared O, Cowell L. Machine learning on sequential data using a recurrent weighted average[J]. arXiv preprint arXiv:1703.01253, 2017.

[29] Shamir G I. Patterns of i.i.d sequences and their entropy-Part I: general bounds[J]. arXiv preprint cs/0605046, 2006.

[30] Hutter Prize[EB/OL]. [2022-06-02]. http://prize.hutter1.net.

[31] Enwiki9[EB/OL]. [2022-06-02]. http://www.mattmahoney.net/dc/textdata.

[32] Sawicki M P, Samara G, Hurwitz M, et al. Human genome project[J]. The American Journal of Surgery, 1993, 165(2): 258-264.

[33] 符世园. 面向同步辐射光源图像的智能无损压缩方法[D]. 北京: 中国科学院大学, 2022.

[34] 程振京. 面向高能物理数据的分级存储管理关键技术研究[D]. 北京: 中国科学院大学, 2020.

[35] 程振京, 汪璐, 程耀东,等. 面向高能物理分级存储的文件访问热度预测[J]. 计算机工程, 2021, 47(2):7.

[36] Gibson T J. Long-term Unix File System Activity and the Efficacy of Automatic File Migration[D]. Baltimore County: University of Maryland, 1998.

[37] Eads D, Glocer K, Miller E. Viewing adaptive migration policies for tiered storage systems as a supervised learning problem[R]. CorpusID: 2819748, 2006.

[38] Li Y, Chang K, Bel O, et al. CAPES: Unsupervised storage performance tuning using neural network-based deep reinforcement learning[C]//Proceedings of the International Conference for High Performance Computing, Networking, Storage and Analysis. Denver, Colorado, ACM, 2017: 1-14.

[39] Mnih V, Kavukcuoglu K, Silver D, et al. Human-level control through deep reinforcement learning[J]. Nature, 2015, 518: 529-533.

[40] 张文韬, 汪璐, 程耀东. 基于强化学习的Lustre文件系统的性能调优[J]. 计算机研究与发展, 2019, 56(7): 9.

[41] Liu F T, Ting K M, Zhou Z H. Isolation forest[C]//2008 Eighth IEEE International Conference on Data Mining, 2008: 413-422.

# 第 11 章　前沿技术展望

随着 IT 技术的发展，存储硬件的发展日新月异，尤其到近年来发展速度明显加快，从磁带到磁盘，再从磁盘到固态硬盘，再到持久内存技术。存储硬件的延迟越来越小，达到微秒级甚至纳秒级，从而对存储软件的要求也越来越高。同时，网络带宽越来越高，100G 的广域网专线在科研领域越来越普遍，从而推动了跨地域数据存储和管理迈向新的模式。本章将从存储硬件的发展，介绍前沿的数据管理技术，包括面向闪存的存储软件、可计算存储技术、数据组织与管理等。存储技术的快速发展将给科学大数据的体系结构及数据处理方法带来了革命性的变化。

在历史上，高能物理实验产生了海量的数据。为了大规模地收集、存储和分析这些海量数据，各个实验采用了先进的存储技术，下一代的高能物理实验还将继续这一传统。在过去的几十年中，存储技术发生了翻天覆地的变革，并且仍在快速发展。本章将介绍存储硬件及相关存储技术的发展，以及在高能物理科学大数据管理中潜在的应用。

## 11.1　高性能存储

### 11.1.1　存储硬件的发展

存储硬件是存储系统的基础，存储硬件的发展对计算机体系结构、操作系统、科学数据处理软件等带来巨大的影响。现代计算机系统使用不同的存储和内存技术，具有不同的特性，包括：访问延迟、存储容量、功耗、持久性(易失性或非易失性)、价格、可靠性、寻址方式(块或字节)、访问方式(随机访问或顺序访问)等。本节将介绍磁介质硬盘、固态硬盘、NVMe存储、持久化内存、磁带等存储介质。

存储介质一般来说根据其特性被安装在计算机的不同层次，比如易失性的内存按字节寻址、访问更快、能耗和价格更高，被安装在离 CPU 更近的地方。而访问更慢、更便宜、更节能、按块寻址的非易失性存储设备离 CPU 更远。很显然，内存是典型的易失性存储介质，而磁介质硬盘、磁带、光盘、固态盘等都是非易失性存储设备。

#### 1. 磁盘

磁介质硬盘是当前使用最多的存储设备。根据 TrendFocus 的统计(图 11-1)，在 2021 年第二季度，磁介质硬盘的销售量达到 6760 万块，容量达到 351.4EB。

世界上第一块磁介质硬盘由 IBM 公司在 1956 年制造，大小为 5M，转速为 1200 RPM。在之后的 60 多年里，硬盘一直作为计算机系统中最主要的二级存储设备，容量越来越大，价格越来越便宜。比如，世界第一块硬盘价值为 100 万美元/GB，而在 2016 年下降到 0.06 美元/GB，到了 2021 年下降到 0.01 美元/GB 以下。硬盘价格下降和容量的增长是增加磁记录的密度来实现的，即在每平方英寸上存储的比特数。

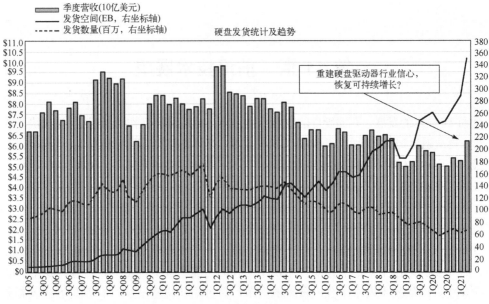

(来源: TrendFocus; Company Data; Wells Fargo Securities, LLC Estimates)

图 11-1　磁盘销售统计

　　图 11-2 显示了磁盘和磁带存储密度的历史增长情况和未来预测。从 2008 年到 2015 年，磁盘的存储密度的增长率接近每年 16%。虽然磁带的密度没有磁盘高，但是磁带的存储密度的增长更为迅速，增长率达到每年 33% 以上，目前磁带仍然在备份等多种场景下使用。另外一方面，固态硬盘由于在访问性能等方面的优势也在快速发展，形成了强大的竞争力。图 11-3 显示了磁介质硬盘和固态硬盘存储密度发展统计和预测，可以看出固态硬盘的存储密度基本上赶上了磁介质硬盘，差距越来越小。

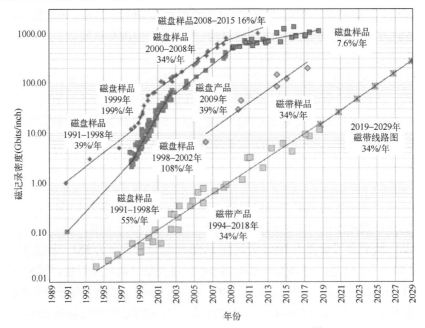

图 11-2　磁盘和磁带的存储密度发展统计[1]

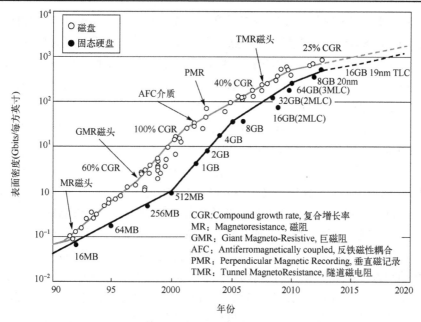

图 11-3　磁盘和固态硬盘存储密度的发展统计[2]

　　为了保持竞争力，磁介质硬盘需要不断提高容量与性能。目前，磁介质硬盘大部分采用垂直磁记录技术(Perpendicular Recording，PMR)。垂直磁记录技术又分为传统磁记录(Conventional Magnetic Recording，CMR)和叠瓦式磁记录(Shingled Magnetic Recording，SMR)。采用 PMR 的盘片每平方英寸的容量常见的是 1TB，增大存储密度的代价是降低可靠性，随着密度越来越高，仅靠提升密度来提升容量已经非常难了。因此，CMR 硬盘主要通过增加盘片来提高容量。但是，标准化的磁盘尺寸是固定的，里面不可能安装太多的盘片，借助氦气安装 10 个盘片提供 20TB 的磁盘可能已接近极限。容量超过 20TB 的硬盘需要借助 SMR 或者能量辅助的磁记录技术。

　　SMR 和传统硬盘不同，它采用了磁道重叠技术(类似瓦片堆叠)，该技术可以有效提升硬盘存储密度，从而达成提升硬盘有效容量的目的。SMR 技术利用读磁头的宽度低于写磁头的特性，把整个磁道的宽度设计成读磁头的宽度。在实际应用当中，SMR 硬盘的读取功能和传统硬盘一样，但是数据写入的效率则远远低于传统硬盘。在数据写入过程中会执行一系列复杂操作，写磁头要写满整个磁道，而每个磁道都有一部分被相邻磁道覆盖，也就是向磁道中写数据可能会覆盖与其相邻的磁道的数据，导致相邻磁道上的数据被改写。为了保证相邻磁道上数据的完整性，需要在写之前，先将相邻磁道上的数据读出来，和需要新写的数据一起重新组织后再依次写入，也称之为：写放大。SMR 数据的访问一般采用"存储区(Zone)"的方式进行[3]。为了保证 SMR 硬盘正确和高效读写，通常会采用"主机感知(Host Aware)"或者"主机管理(Host Managed)"的方式。国际小型计算机系统接口标准委员会为此定义了 ZBC(Zone Block Commands)指令集[4]。

　　硬盘的使用方式一般分为三种：①驱动器管理(Drive Managed)，在系统中显示的是一个普通的磁盘驱动器，不需要特定的主机支持，没有访问限制，没有访问优化的能力；②主机感知，与驱动器管理类似，但是具有 ZBC 指令的访问优化能力；③主机管理，在系统中不出现磁盘驱动器,支持 ZBC 指令,但只支持顺序写操作。ZBC 指令集提供一系列的标准 API 和 ZBD(Zone Based Device)设备模型,允许操作系统来优化 SMR 磁盘或者其他设备的非一致性写操作。ZBC 的发展得到了学术界和企业界的共同支持,不仅支持 SMR 磁盘,还可以支持 NVMe 等类似的设备,比如 NVMe ZNC(Zoned Name Space)是面向固态硬盘的 ZBC 指令。

除了垂直磁记录技术 PMR 之外,能量辅助的磁记录技术被认为是未来的发展方向,主要包括热辅助磁记录技术(Heat Assisted Magnetic Recording,HAMR)和微波辅助磁记录技术(Microwave Assisted Magnetic Recording,MAMR)。这两种技术将进一步提高磁盘的存储密度,有望达到 5～10Tbpsi,即每平方英寸存储 5～10Tbit。

HAMR 在磁记录过程中使用激光加热来降低介质的矫顽力,其基本原理是:选取室温下矫顽力很大的材料,同时它具有合适的居里温度点,当磁性材料被加热到接近该温度时,其矫顽力迅速下降,较低的写入场即可使其磁矩重新定向。因此,当用于加热的激光和用于磁矩定向的磁头场同时作用在记录介质上时,在较小的写磁场强度条件下便可实现信息位在激光作用区域的写入。在激光未照射的区域,由于介质有很大的矫顽力,所以受写入磁场的干扰很小,在没有磁场作用的区域,这一过程对原有的磁化强度方向不产生任何影响。当激光束除去后,随着记录区域的冷却,该记录区域将很快恢复到原来的高矫顽力状态,从而该记录位将是非常稳定的。采用这种方法既可以克服在高矫顽力介质上的写入困难,又能改善信息位的热稳定性。因此,运用该技术可显著提高硬磁盘的面记录密度。但是,要在极短时间(约 1ns)内完成从加热到冷却的全过程,具有很大的技术挑战。

MAMR 采用另外一种方法来减小写过程时介质的矫顽力,可达到与 HAMR 异曲同工的效果,但是原理有所不同。MAMR 利用微波场作用磁矩,以此提高磁矩的反转速度并且同时降低反转场,磁矩在磁场的作用下进动时,会出现一个共振频率,微波辅助磁记录技术就是恰到好处地利用这个共振频率,在磁矩翻转进动的过程中施加辅助微波磁场,促进磁矩快速翻转。其核心部件就是自旋磁矩振荡器,通过它可以产生合适大小的微波。MAMR 能极大提高磁盘的存储密度,但是与 HAMR 类似,也面临诸多技术挑战。

在发展 HAMR 和 MAMR 技术的同时,目前磁盘存储技术还有晶格介质磁记录技术(Bit Patterned Magnetic Recording,BPMR)、热点磁记录技术(Heated-Dot Magnetic Recording,HDMR)和二维磁记录技术(Two Dimensional Magnetic Recording,TDMR)等。BPMR 将磁性粒子或颗粒划分为磁性"岛",这些"岛"比均匀的颗粒层更能抵抗自发的位翻转。热点磁记录技术(HDMR)将晶格介质磁记录 BPMR 和热辅助磁记录技术结合起来。二维磁记录(TDMR)采用更细的数据轨道以及更多的读磁头,在充分利用磁道内的每一个磁性颗粒的同时提高信噪比,从而把记录密度推升到物理极限。TDMR 既不是 SMR 技术,也不是多磁头技术。

在磁盘容量不断提升的时候,性能并没增加,如图 11-4 所示。按照 IOPS/TB 来衡量磁盘性能,即每 TB 的 IOPS 数。如果采用单磁头技术,硬盘的 IOPS/TB 会随着容量的提升而呈线性递减,在 16TB 容量时降低到 5 IOPS/TB,严重影响用户的使用。如果采用多磁头的技术,基本可以随着磁盘容量增长时性能保证不会明显降低,一般高于 10 IOPS/TB,能够较好满足用户的需求。但是,多磁头会增加磁盘厚度,同时还需要异步控制各个磁头的读写任务,比较复杂,目前商用还不广泛。

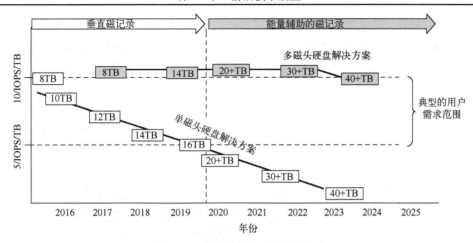

图 11-4　磁盘性能与容量的关系[5]

如上所述，磁盘技术一直在不断的发展。高级存储技术联合会(Advanced Storage Technology Consortium, ASTC)在 2016 年发布了磁盘发展路线图，如图 11-5 所示。根据该路线图，HAMR 将很快取代传统的 PMR，随后 BPMR 将进入市场。在 2025 年左右，热点磁记录技术 HDMR 将开始应用，实现高达每平方英寸 10TB 的存储密度，从而出现容量在 100TB 以上的磁盘。

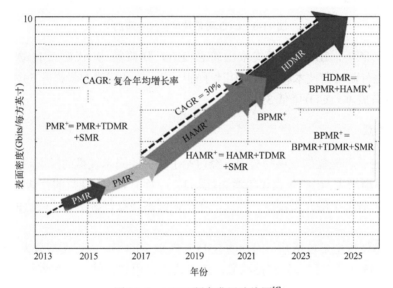

图 11-5　ASTC 硬盘发展路线图[6]

## 2. 磁带

磁带存储器是以磁带为存储介质，由磁带机及其控制器组成的存储设备。磁带机由磁带传动机构和磁头等组成，能驱动磁带相对磁头运动，用磁头进行电磁转换，在磁带上顺序地记录或读出数据。磁带存储器是计算机外围设备之一，磁带控制器是中央处理器在磁带机上存取数据用的控制电路装置。磁带存储器以顺序方式存取数据，存储数据的磁带可脱机保存和互换读出。

1952 年，世界上第一款商用磁带机正式面市，为 IBM 726 Magnetic Tape Unit，当时每盒磁带具有 2MB 的存储容量。此后，出现了多种磁带格式，包括 DAT（Digital Audio Tape）、DLT（Digital Linear Tape）、AIT（Advanced Intelligent Tape）、T10K（T10000）、LTO（Linear Tape-Open）等。随着 T10K 磁带在 2021 年停止销售，目前市面磁带格式基本只剩下了 LTO。LTO 技术由 IBM、HP、Seagate 三家厂商在 1997 年联合制定，它结合了线性多通道、双向磁带格式的优点，基于服务系统、硬件数据压缩、优化的磁道面和高效率纠错技术来提高磁带的能力和性能。LTO 磁带技术发展线路如图 11-6 所示。

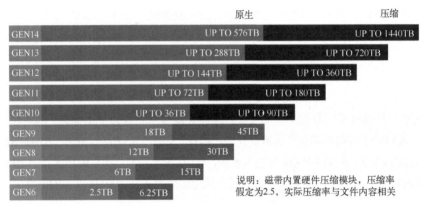

图 11-6　LTO 磁带技术发展线路图[7]

2021 年上半年，IBM 将正式推出符合 LTO 联盟第 9 代磁带自动化解决方案的 LTO9Ultrium 磁带驱动器技术和介质，相比于前一代，单盒磁带容量提升 50%，达到 18TB，磁带库总体拥有成本（TCO）降低 39%。

3. 固态硬盘

在之前的磁带和磁盘的发展趋势中已经讨论了相关的固态硬盘的发展趋势，即成本会逐渐下降，容量逐渐增大，出货量也逐年增加（图 11-7）。而且，固态硬盘的存储密度增加在 2020 年左右已经基本赶上了磁介质硬盘。因此，在未来固态硬盘代替磁介质硬盘的趋势已经非常明显了。

目前，固态硬盘主要包括基于闪存的 SSD 和傲腾 SSD 等。闪存类型分为 NOR 和 NAND 等。NOR 闪存读取快，但写入和擦除慢，所以通常只用来存储一些配置设定类的参数等。NAND 闪存具有容量较大，改写速度快等优点，适用于大量数据的存储，因而在业界得到了越来越广泛的应用。目前市场存在五个 NAND 闪存类型，区别在于每个单元可以存储的位数，包括 SLC、MLC、TLC、QLC 和 PLC 等，它们每个单元可以存储的数据位数分别是一位、两位、三位、四位和五位。因此，SLC NAND 的每个单元可以存储一个 "0" 或 "1"，MLC NAND 的每个单元可以存储 "00" "01" "10" 或 "11"，以此类推。这五类 NAND 以不同的定价范围提供不同水平的性能和耐久性，其中 SLC 是 NAND 市场中性能较高、价格最高的类型。

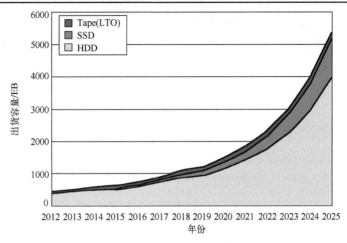

图 11-7　存储介质的出货量

NAND SSD 通过改变电子负荷来实现数据的存储，每次负荷的改变都意味着损耗，即 SSD 的 PE 次数，SSD 的寿命问题是众所周知的，当然目前主流 SSD 内存使用的均衡算法也能实现延缓寿命的效果。而英特尔傲腾固态盘则使用新型材料，从原理上就与 NAND 不同，天然具有更好的 PE 次数。傲腾是 Optane 的中文名，是英特尔公司发明的一种超高速内存新技术，兼容 NVMe（非易失性存储器）存储协议，傲腾内存则是该项技术的具体应用。3D XPoint 是傲腾内存的关键技术，由英特尔和美光科技共同推出的非易失性存储技术，英特尔将该技术称为 Optane，而美光则称其为 QuantX。这个技术是近年来存储技术的革命性突破，其速度和耐用性都是目前 NAND 闪存的 1000 倍。在低延迟性能上，3D XPoint 技术只有 NAND 闪存的千分之一，存储密度则是 DRAM 的 10 倍，使其拥有了更强的数据吞吐性能。同时，3D XPoint 拥有 200 万次的读写寿命，在平衡算法下，一个 512GB 的 3D XPoint 设备理论上需要完全读写 1024PB 才会死亡，相当于在五年内每天写入 574TB 数据。除了那些必须使用 DRAM 维持超高负载的特殊场合，3D XPoint 完全可以胜任目前几乎所有的热/温存储中心应用。

在存储原理上，传统的 NAND 采用的是电容存储原理，通过以浮置栅极是否带电来表示 1 或 0。同时，NAND 由块（block）构成，block 的基本单元是页（page），NAND 的 page 进行一次编程才能存储 1bit 数据，而且擦除操作要在 block 层级进行操作。这种方式导致 NAND 速度相比内存要慢，也是其寿命较短的重要原因。而 3D XPoint 内存单元是一种特殊的电阻材料，它的特殊之处在于，在施加了不同的电压后，材料形态会发生改变，从而改变电阻阻值，即便是电压消失，其阻值仍然存在。也就是说，3D XPoint 可以通过改变电压大小实现 0 和 1 的区分。所以 3D XPoint 中，基础访问单位是 bit，数据以 bit 的形式存储在内存单元中，一个内存单元可存储 1bit 数据。在数据访问效率上，3D XPoint 比 NAND 更高。更值得一提的是，内存单元材料本身不会因为形态的重复改变而老化衰退，因此 3D XPoint 在寿命上也较 NAND 更有优势。

## 11.1.2　固态硬盘存储优化

一个典型的存储系统一般由存储介质、I/O 层以及应用层组成，如图 11-8 所示。存储介质是存储系统的基础，是数据的物理存储位置。I/O 层是上层应用与存储介质沟通的桥梁。应用层的存储系统直接为用户服务并处理用户请求。这三个层次不断发展变化，影响存储系统的最终性能。

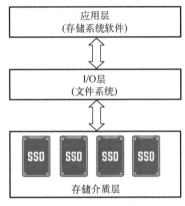

图 11-8 典型的存储系统架构图

如上节所述，存储介质发展迅速，已由最早的磁带、光盘等，发展到机械硬盘，再到基于闪存的 SSD 以及英特尔傲腾等高端 SSD。存储介质的发展使得存储系统在介质层的延迟有了显著的降低，如 HDD 的延迟通常在毫秒级，SSD 的延迟通常在几十微秒，高端 NVMe SSD 降到 10 微秒以下。

而在 I/O 层，目前主要采用文件系统来管理存储介质上的数据。但是，现在大多数主流的文件系统和操作系统 I/O 栈都是以传统的机械硬盘等来设计的。这些介质的 I/O 速度往往比较慢，要远远大于操作系统 I/O 栈或者文件系统的开销。随着高端快速的 NVMe SSD 的发展，出现了英特尔 SPDK 等新的 I/O 工具。SPDK 将设备驱动从内核态迁移到用户态，实现数据零拷贝，并利用基于轮询的策略来替代中断，从而大大提高 I/O 效率。SPDK 驱动大大压缩了传统 I/O 栈的深度，避免上层应用在进行 I/O 时在传统 I/O 栈的开销。Linux 内核在 5.1 版本中引入新的 IO 框架 io_uring，它实现了全新的系统调用和异步 API，同时支持轮询的模式。这些新的 I/O 工具使得上层应用可以进一步充分利用底层存储介质的潜能。

在应用层，通常采用存储系统软件提供数据存储和访问的功能，包括关系型数据库、键值存储系统以及文件存储系统等。在非结构化数据管理方面，键值存储系统比传统的关系型数据库具有更好的读写性能和可扩展性。针对 SSD 固态盘的发展，业界也提出了很多基于键值存储系统的优化方案。

从存储系统的架构来看，存储介质的访问速度直接影响着上层的数据读写性能，因此存储介质本身的性能也严重影响整个存储系统的性能。由于闪存技术的快速发展和闪存的各项优越性能，固态硬盘已经逐渐作为主流的存储介质被使用。但是，由于闪存的一些物理限制，固态硬盘内部通常需要一个闪存转换层(Flash Translation Layer，FTL)来实现各种管理算法。FTL 算法的好坏，直接决定了 SSD 在性能(Performance)、可靠性(Reliability)、耐用性(Endurance)等方面的好坏，FTL 可以说是 SSD 固件的核心组成。因此，对于固态硬盘 FTL 的优化和缓存管理尤为重要。FTL 一般实现如下这些功能：地址映射、垃圾回收、闪存缓冲区管理算法、掉电保护和损耗均衡等。基于固态硬盘存储介质的存储优化通常对 FTL 的这些功能展开，以实现高性能、高可靠的数据存储和访问。

1. 地址映射

地址映射是将操作系统中文件系统的逻辑地址映射成固态硬盘设备上的具体物理地址，使得固态硬盘像机械硬盘一样使用。根据映射表中映射信息的粒度，FTL 地址映射分为页级映射、块级映射和混合映射等。

1) 页级映射

在页级映射中，任意的逻辑页面都可以被映射到 SSD 中任意的物理页面，存在两两映射关系，映射关系表存放在 SSD 的内置内存(SRAM 或者 DRAM)中。这种方法对于写数据和读数据的寻址非常快，因而性能表现良好。但是，缺点也非常明显，当 SSD 容量很大时，页级映射关系表占用空间很大。例如，某 SSD 硬盘的容量为 1TB，页面大小为 4KB，那么该 SSD 有 1TB/4KB=$2^{28}$ 个页面，对应 $2^{28}$ 个映射记录，如果每个记录采用 8 个字节，就需要 $2^{28}×8B=2GB$ 的内存空间来存储。因此，页级映射的方案比较适合小容量的固态硬盘。

2) 块级映射

针对页级映射存在的不足，块级映射将一个逻辑页面地址分解为一个逻辑块号和一个块内偏移，块级映射只维护逻辑块号到物理块号的映射，块内偏移量是不变的，比如逻辑块内第 $i$ 个逻辑页面总是对应某个物理块内第 $i$ 个物理页面。一个逻辑块通常由多个逻辑页面组成，因此映射关系大大减少，整个映射表的空间开销就非常小。在该映射关系中，任意逻辑页地址 $i$ 可以用逻辑块地址 $j$ 和块内偏移地址 $k$ 表示，通过查询块级映射表，知道逻辑块 $j$ 对应的物理块号 $m$，所以逻辑页 $i$ 对应的物理页为物理块 $m$ 上对应的第 $k$ 个物理页。因此，对于给定的一个逻辑页，只能映射到某个物理块中固定偏移量的物理页。这导致一个逻辑页在物理块中找一个合适的物理页的概率变低，从而增加了空间的浪费和垃圾回收的代价。而且，块级映射机制的读写开销很大，即使只对块的一部分更新也会带来很大的代价。总结来看，虽然块级映射节省了映射表的存储空间，但是也带来了新的挑战，包括如何最小化在一个物理块内部寻找一个合适页面的开销、如何支持随机读写、如何高效支持更新操作等。

3) 混合映射

混合映射综合了页级映射和块级映射的特点，既有页级映射高效和灵活的优点，又吸收了块级映射中映射表小、管理开销小的特点。混合映射策略把逻辑块分为数据块和日志块两类。由于数据块占用存储空间很大的部分，采用块级映射能够减少映射表所占空间。而数据块中的数据更新用页级映射实现，由日志块完成，一般来说数据更新的量比较小，这样日志块仅占存储空间很小的一部分，对闪存中内置内存需求也不太大。日志块作为日志缓冲区，将所有的更新记录保存在日志块中。当日志块用完时，需要将日志块中的更新合并到数据块中，从而释放日志块的空间。合并操作的开销也比较大，需要进行优化。

2. 垃圾回收

垃圾回收(Garbage Collection，GC)是 SSD 的一个基本技术，它对 SSD 的性能和寿命有直接的影响。当使用机械硬盘时，文件系统可以直接将新数据写入到旧数据存储的位置，即可以直接覆盖旧数据。在固态硬盘中，如果想让存储无用数据的块写入新数据，就需要先把整个块删除，才可以写入新的数据，也就是说固态硬盘并不具备直接覆盖旧数据的能力。对于固态硬盘来说，GC 是指把现存数据重新转移到其他闪存位置，并且把一些无用的数据彻底删除的过程。但是，固态硬盘数据写入的方式，即以页面为单位写入，要想删除数据却需要以块为单位。因此要删除无用的数据，固态硬盘首先需要把一个块内包含有用的数据先复制到全新的块中的页面内，这样原来块中包含的无用数据才能够以块为单位删除。删除后，才能够写入新的数据，而在擦除之前是无法写入新数据的。

垃圾回收的处理过程主要有三步：①垃圾回收的触发点，即什么情况下开始数据块的回收，一种是空闲块的数量少于设定的阈值，另外一种是硬盘空闲时进行回收。②数据块的回收标准，这和地址映射机制有关，一般选择无效页面最多的数据块进行删除和回收。③对回收块的处理机制，一般是将有效页面迁移到空闲块中。

### 3. 损耗均衡

固态硬盘中物理块的擦除次数是有一定限制的，如果针对某些单元进行超过其擦除次数峰值的操作，这些单元可能会失效，成为坏块。当坏块达到一定数量后，那么后续这些单元的写入可靠性则无法保证，最终导致整个固态硬盘无法使用。因此，固态硬盘应该将擦除操作均匀分布到各个单元上，并把某些磨损严重单元上的数据另外保存一份。损耗算法有不同的策略，一般情况下当固态硬盘收到数据写入命令时，会寻找磨损少的块写入，保证整个固态硬盘的寿命。另外的一些策略，反其道而行之，当发现某些单元磨损大大超过其他单元磨损的平均值，则会首先将数据写入这个单元，从而使这个单元加速老化，当磨损最终达到某个阈值时，将其标识为不可用，同样也可以保证整个固态硬盘的寿命。

损耗均衡算法常见有静态和动态两种策略[8]。动态损耗均衡的做法是使用单元进行擦除操作的时候，将损耗低的进行擦除，写入新数据。静态损耗均衡的做法是把长时间没有数据更新的数据从损耗低的单元迁移到损耗高的单元存储，再将损耗低的单元作为空白区域写入数据。经过实验发现，仅使用动态损耗均衡算法的固态硬盘的寿命约为 4 年，而使用静态磨损均衡算法的固态硬盘可使用 15 年。

### 4. 掉电保护

固态硬盘的地址映射表大部分都存储在物理空间中，当需要访问数据时，部分映射表会被调回到主控的内存或者换成 DRAM 中，如果突然掉电会导致主控的映射表丢失。当系统重新上电时，把掉电之前内存中丢失的映射表恢复回来，才能进行读写操作。固态硬盘正常写入时，把逻辑地址写入到物理页面的冗余区中，当再次上电时，会全盘扫描物理页的冗余区来恢复映射表，根据这个表来找到这些数据的原始逻辑地址。

### 5. 缓冲区管理算法

固态硬盘通常采用内置的设备缓存，例如 DRAM 或 SRAM，来降低用户 I/O 请求的延迟。在传统的存储系统中，已经有了非常完善的缓冲区管理算法，但是这些算法并不适用于固态硬盘。基于闪存的固态硬盘具备一些特点，比如读写开销不对称、异地更新、垃圾回收以及连接到多个芯片的多通道架构。这些特点使得传统的算法，比如最近最久未使用（LRU）算法，对于固态硬盘来说效率不高。在固态硬盘的缓存区管理中，使用闪存感知的缓存替换算法，比如 CFLRU[9]将 LRU 列表分为"工作区域"和"干净优先区域"，总是优先从"干净优先区域"中替换出干净的页面。LRU-WSR[10]、CCF-LRU[11]和 AD-LRU[12]等基于 CLFRU 进行继续改进。GCaR[13]给那些所属单元正在进行垃圾回收操作的页面更高的优先级滞留在缓存中，以减少响应延迟。总体来说，在缓存替换算法中主要考虑如何将替换脏页的时间延迟减小，同时不影响选择干净页的准确度。

## 11.1.3　高性能存储开发套件

如前节所述，存储系统的整体性能由存储介质、I/O 层及应用层的性能决定。在低速的存储介质时代，存储软件的开销几乎可以忽略不计，存储系统的性能主要由存储硬件的性能来决定。但是随着 NVMe 和 3D XPoint SSD 等高速存储硬件的出现，这个状况改变了。从图 11-9 可以看出，软件的开销在整个存储系统的延迟中所占比例越来越高，逐渐变成了存储系统性能提高的瓶颈。在机械硬盘时代，存储介质的延迟可以达到 10 毫秒，而存储软件的延迟在 10 微秒以下，再加上 SAS/SATA 控制器 20 微秒的延迟，存储软件的开销不足整个系统的千分之一。NAND SSD 出现后，仍采用 SAS/SATA 控制器，由于闪存特性，将存储介质的延迟降低为原来的百分之一，达到 120 微秒左右，但是控制器 20 微秒的开销占的比例就相当可观了。于是 NVMe 技术出现了，将控制器延迟降低了大约 20 微秒。此后，3D XPoint SSD 又将存储介质从 NAND SSD 降低为原来的十分之一，存储系统的整体延迟降到 10 微秒，但是其中的存储软件开销能占到 50%。历史上，外部存储介质的速度远远低于 CPU 处理和内存访问速度。如今，3D XPoint 的性能已经慢慢接近内存的访问速度，打破了 CPU 和内存访问间的界限，但是存储软件的开销比例过大，因此非常有必要解决存储软件的开销问题。

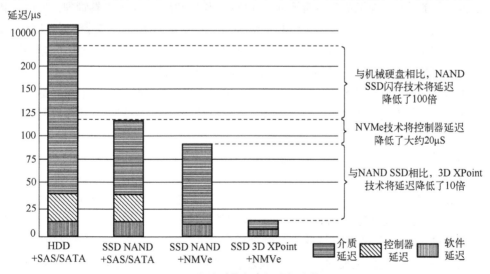

图 11-9　存储系统各个组成部分的延迟

存储软件通常由应用层模块和内核模块组成。而在存储软件的开销中，内核模块占了大部分的执行时间，包含了上下文切换、内核层和应用层之间数据拷贝、中断、共享资源竞争等各种开销。为了降低内核 I/O 开销，Intel 公司研发了高性能存储开发套件[14]（Storage Performance Development Kit，SPDK），它提供了一组工具和库，用于编写高性能、可伸缩的用户空间的存储应用程序。图 11-10 显示了 Linux IO 栈和 SPDK 驱动的对比。

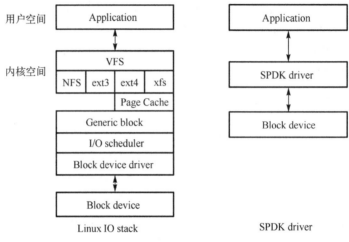

图 11-10　Linux IO 栈和 SPDK 驱动的对比

　　SPDK 通过使用一些关键技术实现了高性能，包括：将所有必需的驱动程序移动到用户空间，这样可以避免系统调用并实现应用程序的零数据拷贝；任务完成时通过轮询硬件而不是依赖中断来进行通知，从而降低访问延迟；在 I/O 路径中使用消息传递而非依赖锁机制。

　　SPDK 的基石是用户空间、轮询模式、异步操作、无锁NVMe驱动程序等。这提供了从用户空间应用程序直接到 SSD 的零拷贝以及高度并行访问。SPDK 进一步提供了一个完整的块堆栈，作为一个用户空间库，执行许多与操作系统中块堆栈相同的操作。这包括统一不同存储设备之间的接口，排队处理内存不足或 I/O 挂起等情况，以及逻辑卷管理。最后，SPDK 提供了建立在这些组件之上的 NVMe-oF、iSCSI 和 vhost 服务器，它们能够通过网络或向其他进程提供磁盘。这些服务器的 CPU 效率可以比其他实现方式高一个数量级。这些目标可以作为如何实现高性能存储目标的例子，或者作为生产部署的基础。

　　从用户空间控制硬件是 SPDK 的核心概念，因此了解技术层面的含义非常重要。首先，驱动程序是直接控制连接到计算机的特定设备的软件。其次，操作系统根据权限级别（内核空间和用户空间）将系统的虚拟内存分为两类地址。这种分离由 CPU 本身的功能辅助，这些功能强制执行称为保护环的内存分离。通常，驱动程序在内核空间中运行（即 x86 上的 ring 0）。SPDK 包含的驱动程序设计为在用户空间中运行，但它们仍然直接与它们控制的硬件设备连接。

　　为了让 SPDK 控制设备，它必须首先指示操作系统放弃控制。这通常被称为解除设备内核驱动程序的绑定，而 Linux 则通过写入 sysfs 中的文件来完成。然后，SPDK 将驱动程序重新绑定到与 Linux 捆绑的两个特殊设备驱动程序之一（uio或vfio）。这两个驱动程序是"虚拟"驱动程序，因为它们主要向操作系统指示设备有绑定的驱动程序，因此它不会自动尝试重新绑定默认驱动程序。它们实际上并没有以任何方式初始化硬件，也不了解它是什么类型的设备。uio 和 vfio 的主要区别在于：vfio 能够对平台进行编程，是确保用户空间驱动程序内存安全的关键硬件。

一旦设备从操作系统内核解除绑定，操作系统就不能再使用它了。例如，如果在 Linux 上取消绑定 NVMe 设备，则与其对应的设备（例如/ dev / nvme0n1）将消失。这进一步意味着安装在设备上的文件系统也将被删除，内核文件系统也无法再与设备交互。实际上，此时不再涉及整个内核中"块存储"的堆栈。相反，SPDK 在典型的操作系统存储堆栈中提供了大多数层的重新构想的实现，所有这些都是可以直接嵌入到应用程序中的 C 库。这主要包括块设备抽象层，但也包括块分配器和类文件系统组件。用户空间驱动程序利用 uio 或 vfio 中的功能将设备的 PCI BAR（基地址寄存器）映射到当前进程，从而允许驱动程序直接执行内存映射输入输出（Memory Mapping I/O，MMIO）。例如，SPDK NVMe 驱动程序映射 NVMe 设备的 BAR，然后跟随 NVMe 规范来初始化设备，创建队列对，并最终发送 I/O。

设备映射到用户空间后，SPDK 还用轮询代替了中断机制。一方面，在用户空间进程中将中断路由到处理程序对于大多数硬件设计来说是不可行的。另外，中断引入软件抖动并且由于强制上下文切换而产生显著的性能开销。SPDK 中的操作几乎是普遍异步的，允许用户在完成时提供回调。轮询 NVMe 设备很快，因为只需要读取主机内存（无 MMIO）来检查队列对的位翻转，而 Intel 的数据直接 IO 技术（Data Direct I/O Technology，DDIO）等将确保设备更新后，被检查的主机内存存在于 CPU 缓存中。

当 NVMe 设备驱动工作在内核空间时，一般会将硬件队列映射到 CPU 核心上，然后在提交请求时，它们会查找当前线程正在运行的任何核心的正确硬件队列。这时，就需要获取队列周围的锁或临时禁用中断以防止在同一核上运行的线程抢占，而这个开销可能很大。而 SPDK 的设备驱动程序工作在用户空间，会嵌入到单个应用程序中。此应用程序确切知道存在多少个线程（或进程），因为应用程序创建了它们。因此，SPDK 驱动程序选择将硬件队列直接暴露给应用程序，并要求一次只能从一个线程访问硬件队列。实际上，应用程序为每个线程分配一个硬件队列（而不是内核驱动程序中每个核心一个硬件队列）。这保证了线程可以提交请求，而不必与系统中的其他线程执行任何类型的锁操作。

SPDK 包含了一系列的库，用于构建定制的高性能存储服务。在 SPDK 中，主要有四种组件（图 11-11），即应用调度（app scheduling）、驱动程序（driver）、存储设备（storage device）和存储协议（storage protocol）。

（1）应用调度组件通过利用 SPDK 的基础库，为编写异步、轮询模式、无共享服务器应用程序提供了一个应用程序事件框架。

（2）SPDK 的基础是驱动程序组件，SPDK 有一个用户空间轮询模式 NVMe 驱动程序，为用户空间应用提供对 NVMe SSD 的零拷贝、高度并行和直接访问。类似地，SPDK 提供了一个用户空间轮询驱动程序，用于操作许多基于 Intel Xeon 的平台上的 IOAT（I/O Acceleration Technology）引擎，这些平台具有与 NVMe 驱动程序相同的所有属性。

（3）存储设备层抽象由驱动程序导出的设备，并向上面的存储应用程序提供用户空间块 I/O 接口。SPDK 可以导出由用户空间 NVMe 驱动程序、Linux 异步 I/O（libaio）、Ceph rados 块设备 API 等构建的块 dev（即 BDev）。因此，存储应用程序可以避免直接在低级别驱动程序上工作。在这一层中，还提供了 blobstore/blobfs，旨在为应用程序提供用户空间文件 I/O 接口。目前，blobstore/blobfs 可以与 rocksdb 集成。

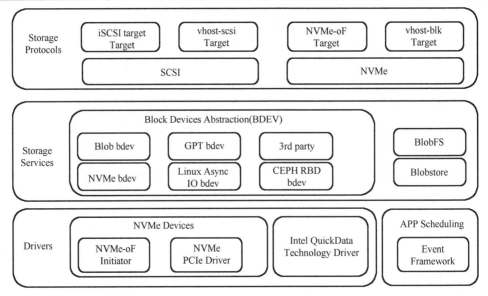

图 11-11　SPDK 主要组件

（4）存储协议层包含在 SPDK 框架上实现的加速应用程序，以支持各种不同的存储协议，例如，用于 iSCSI 服务加速的 iSCSI 目标、用于在虚拟机中加速 virtio scsi/blk 的 vhost scsi/blk 目标，以及用于在结构上加速 NVMe 命令的 NVMe oF target。

## 11.1.4　基于闪存的文件系统

如前文所述，固态硬盘涉及页（Page）、块（Block）、分组（Plane）、晶圆（Die）、芯片（Chip）、通道（Channel）等概念。通常一个页的大小为 4KB，将 128 个页组织在一起构成一个块（Block），页和块是基本的逻辑布局单元。其中，页是闪存读、写操作的基本单位，块是擦除操作的基本单位。在页、块基础之上，从下至上分别是分组、晶圆、芯片和通道。闪存设备的通道数和芯片数越多，设备的性能就越高。闪存的存储原理是向浮置栅极（Floating Gate）中注入电荷，然后读取其电压。由于多次向一个存储单元中充入电荷会导致数据出现错误，每一个存储单元再次写入数据之前，必须进行擦除操作，将浮置栅极中的电荷释放掉。为了提高数据更新的效率，闪存存储设备采用了非就地更新机制，也就是每次更新时，并不会立即擦除存储单元中的原有数据，而是将该存储单元置为无效，然后在空闲的存储单元中写入新的数据。当一个块中没有空闲页时或者达到一定的规则，闪存存储设备会启动垃圾回收机制，将该块中有效的页迁移到其他的空闲页中，然后再将这些有效页设置为无效。最后，将该块中所有存储单元中的数据擦除。

由于闪存存储设备垃圾回收、非就地更新以及写前擦除等操作的性能开销比较大，特别是在随机写操作的模式下，闪存存储设备的 IO 性能会大幅下降[15]。在实际应用中，随机同步写所占的比例也是相当高的。Kim 等人发现[16]，Facebook 移动应用程序执行的随机写操作是顺序写操作的 150%。此外，在所有的 I/O 操作中，高达 80%的操作是随机写，超过 70%的随机写由 Facebook、Twitter 等应用程序调用 fsync 函数引起的[17]。如果不能很好地处理频繁的随机写和刷新操作，将会大大增加闪存存储设备的延迟并降低设备生命期。遗憾的是，目前在 Linux 系统中广泛采用的 EXT4 等文件系统并没有针对这一问题进行优化。

为了改善闪存存储设备的 I/O 性能,当前普遍采用日志结构的文件系统[18](Log-Structured File System,LFS)技术来减少随机写操作的次数。LFS 在 20 世纪 90 年代初由 Mendel Rosenblum 和 John K. Ousterhout 提出来,其优化随机写操作的思想在很多文件系统中被吸收采用,在 SSD 逐渐成为主流存储设备的时代更加受到重视。LFS 的一个基本思想是把文件系统作为一个日志文件,仅支持追加写入,因此永远只有顺序写操作。如果修改文件时,就把修改内容追加在硬盘的最后。但是这样简单的设计会带来一个明显的问题,即当把硬盘写满以后,就不能再往硬盘里写入新的数据。实际上,文件会删除,或是用新的内容覆盖旧的内容,因此在存储中会有过期数据,这就需要设计垃圾回收机制和空余空间管理机制。

在 LFS 中,空余空间是用固定大小的段(Segment)来管理的:硬盘被分割成固定大小的段;写操作首先会被写入到内存中;当内存中缓存的数据超过段的大小后,LFS 将数据一次性写入到空闲的段中。基于段的批量写入将随机写入变成了顺序写入,同时为了能够读出数据,LFS 在段内存储文件内容时,也存储了文件的索引。在每个段中,文件内容存储在固定大小的数据块(data block)中,段中同时存储了数据块的索引,即 inode,每个 inode 存储了对应文件的数据块的索引和数据块的地址。在图 11-12 中,段 0 里存储了文件 2 的两个数据块。而之后的 inode2 中存储了这两个数据块的索引。段 1 里存储了文件 4 和文件 5 的数据块及索引。同时,LFS 在每个段的尾部存储了对 inode 的索引,称为 inode map。在 LFS 中,所有的 inode map 内容都会被缓存到内容中,从而加快读取速度。

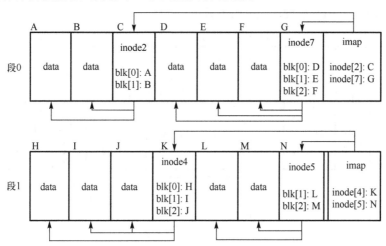

图 11-12　LFS 中的数据及索引

在 LFS 中读取一个 inode 号为 i 的文件流程如下:①从内存中缓存的 inode map 中找到所有的段中 inode 为 i 的地址;②根据不同段中的 inode 找到对应的数据块地址;③读取数据块中的数据。由于 LFS 是“追加写”的模式,所以对同一个文件的同一个数据块可能存在多个版本,通过比较不同段的更新时间,从而判断出哪个数据块是最新版本。

由于 LFS 中存在过期数据的段,比如文件内容被更新或者被删除。LFS 通过在每个段的头部增加段描述(Segment Summary)的数据结构来记录和检查过期的数据段。段描述中存储了段中每个数据块的地址,和这个数据块的索引号(inode number),以及该数据块在文件中的偏移量。对于任意数据块,只要对比该数据块的地址,和通过 inode map 查询这个数据块的地址是否相同，就能判断这个数据块是否过期。然后，LSF 通过垃圾回收机制，将多个过期数据块迁移到新的数据段，并删除其中的旧数据。

从上面的分析可以看出，LFS 将存储空间划分为顺序分布的 log 结构，多个随机写合并为一个写请求，有效降低了随机写的数量，能够改善闪存存储设备 I/O 性能。同时，LFS 采用了非就地更新的机制，通过垃圾回收来重新利用存储空间。由于 LFS 在设计之初还没有固态硬盘技术出现，因此不会考虑闪存存储设备本身的垃圾回收机制，导致 LFS 的垃圾回收机制效率低下。同时，部分数据块的更新需要更新 inode, inode_map, segment summary 等结构，从而出现所谓的游离树问题(wandering tree problem)，这是 LFS 的另外一个问题。因此，LFS 技术在闪存存储时代需要进一步优化。于是，一种闪存友好型文件系统[19](Flash Friendly File System，F2FS)出现了，它是一个开源软件，于 2012 年 12 月进入 Linux 3.8 内核，特别针对 NAND 闪存存储介质做了设计和优化。F2FS 选择日志结构的文件系统方案，并使之更加适应新的 NAND 存储介质。同时，修复了现有日志结构文件系统 LFS 的一些已知问题，如游离树的滚雪球效应和过高的垃圾回收开销。

F2FS 的空间布局在设计上试图匹配闪存存储内部的组织和管理方式。如图 11-13 所示，整个存储空间被划分为固定大小的段(Segment)。段是 F2FS 空间管理的基本单元，也确定了文件系统元数据的初始布局。一定数量连续的段组成区段(Section)，一定数量连续的区段组成存储区(Zone)。区段和存储区是 F2FS 日志写入和清理的重要单元，通过配置合适的区段大小可以极大地减少 FTL 层面垃圾回收的开销。

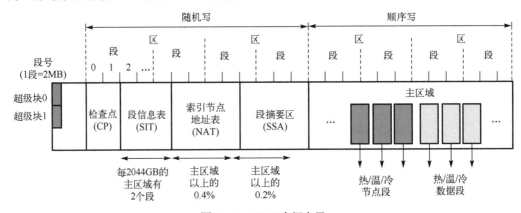

图 11-13　F2FS 空间布局

F2FS 的整个存储空间被划分为 6 个区域，超级块(Super Block，SB)、检查点(Check Point，CP)、段信息表(Segment Information Table，SIT)、索引节点地址表(Node Address Table，NAT)、段摘要区(Segment Summary Area，SSA)、主区域(Main Area，MA)。其中，超级块 SB 包含基本分区信息和 F2FS 在格式化分区时确定不可更改的参数。

CP 保存文件系统状态，有效 NAT/SIT 集合的位图，孤儿 inode 列表，比如文件被删除时尚有引用无法立即释放时需被计入此列表，以便再次挂载时释放，以及当前活跃段的所有者信息。与其他日志结构文件系统一样，F2FS 的检查点是指在某一给定时刻一致的文件系统状态集合，可用于系统崩溃或掉电后的数据恢复。F2FS 的两个检查点各占一个段，通过检查点头尾两个数据块中的版本信息判断检查点是否有效。

　　SIT 包含主区域中每个段的有效块数和标记块是否有效的位图，主要用于回收过程中选择需要搬移的段和识别段中有效数据。

　　NAT 表用于定位所有主区域的索引节点块，包括：inode 节点、直接索引节点、间接索引节点等地址，即 inode 或各类索引 node 的实际存放地址。

　　SSA 存放主区域所有数据块的所有者信息(即反向索引)，包括：父 inode 号和内部偏移。SSA 表项可用于搬移有效块前查找其父亲索引节点编号。

　　MA 由 4KB 大小的数据块组成，每个块被分配用于存储数据(文件或目录内容)和索引(inode 或数据块索引)。一定数量的连续块组成 Segment，进而组成 Section 和 Zone。一个 Segment 要么存储数据，要么存储索引，因此划分为数据段和索引段。

　　由于 NAT 的存在，数据和各级索引节点之间的"滚雪球效应"被打破。如图 11-14 所示，当文件数据更新时，只需更新其直接索引块和 NAT 对应表项即可，其他间接索引块则不会受到影响。

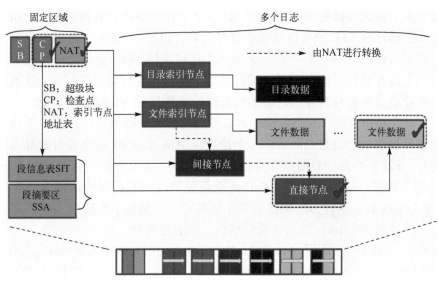

图 11-14　F2FS 索引结构

　　为了减少垃圾回收的开销，F2FS 采用了多日志头的记录方式实现冷热数据分离。如表 11-1 所示，将数据区划分为多个不同冷热程度的 Zone。目录文件的 inode 和直接索引更新频繁计入热节点区，多媒体文件数据和回收中被搬移的数据计入冷数据区。冷热分离的目的是使得各个区域数据更新的频率接近，存储空间中各个 Section/Zone 的有效块数量呈二项分布，使得冷数据大多数保持有效因而无需搬移，热数据大多数更新后处于无效状态只需少量搬移。目前 F2FS 的冷热分离还较为简单，结合应用场景有很大的优化空间。

表 11-1　F2FS 不同类型数据冷热划分

| 类型 | 更新频率 | 包含的对象 |
|---|---|---|
| 节点 | 热 | 目录的 inode、直接索引块 |
| | 温 | 文件的 inode、直接索引块 |
| | 冷 | 间接索引块 |

续表

| 类型 | 更新频率 | 包含的对象 |
|---|---|---|
| 数据 | 热 | 目录数据块 |
| | 温 | 文件数据块 |
| | 冷 | 多媒体文件数据、搬移数据块 |

F2FS 的垃圾回收（Garbage Collection，GC）分为前台 GC 和后台 GC。当没有足够空闲 Section 时会触发前台 GC，内核线程也会定期执行后台 GC 尝试清理。另外，F2FS 也会预留少量空间，保证 GC 在任何情况下都有足够空间存放搬移数据。GC 过程分三个步骤：①搬移目标选择，两个著名的选择算法分别是贪心（Greedy）和成本最优（Cost-benefit）。贪心算法挑选有效块最少的 Section，一般用于前台 GC 以减少对 IO 的阻塞时间。Cost-benefit 算法主要用于后台 GC，综合了有效块数和 Section 中段的时效（由 SIT 中 Segment 的更新时间计算）。该算法的主要思想是识别出冷数据进行搬移，热数据可能在接下来一段时间被更新无需搬移，这也是进行动态冷热分离的又一次机会。②识别有效块并搬移，从 SIT 中可以获取所有有效块，然后在 SSA 中可以检索其父亲节点块信息。对于后台 GC，F2FS 并不会立即产生迁移块的 I/O，而只是将相关数据块读入页缓存并标记为脏页交由后台回写进程处理。这个方式既能减少对其他 I/O 的影响，也有聚合、消除小的分散写的作用。③后续处理，迁移后的 Section 被标记为"预释放"状态，当下一个检查点完成中 Section 才真正变为空闲可被使用。因为检查点完成之前掉电后会恢复到前一个检查点，在前一个检查点中该 Section 还包含有效数据。当空闲空间不足时，F2FS 不会一直继续保持日志写的方式，而是直接向碎片化的 Segment 中的无效块写入数据，即不进行清理操作而重新使用过期的数据块，成为线程日志策略（Threaded Logging）。这种方式虽然变成了随机写，但避免了被前台 GC 阻塞，同时通过以贪心方式选择 Section，写入位置仍然有一定的连续性。

总体来说，基于日志结构的文件系统，特别是新出现的 F2FS，很好地优化闪存存储设备的性能，已经在移动设备和服务器上开始推广使用。同时，也应注意到 F2FS 仍然在发展之中，距离大规模的使用还有一段路程。随着断电恢复、在线扩容、冷数据压缩等功能不断推出和完善，其成熟度和稳定性也在不断提升，并且在叠瓦式机械硬盘以及其他分区块设备（Zoned Block Device）上都有很好的支持。

### 11.1.5　分布式异构对象存储

在科学和其他领域的数据密集型应用产生和处理的数据越来越大，对 I/O 的需求越来越高，分布式存储作为数据中心的核心，逐渐成为主要瓶颈。数据访问延迟高、可扩展性差、管理大型数据集难度大、缺乏查询功能，这些都是经常遇到的问题。传统的分布式文件系统建立在块设备之上，通过操作系统内核块的 I/O 接口来访问设备，这些接口往往都是基于机械硬盘设计和优化的，比如内核使用 I/O 调度器优化磁盘寻道、聚合写请求以改变工作负载的特性，然后再向底层的磁盘发送大块的数据请求，从而获得高带宽。然而，随着像 3D XPoint 这些新的存储技术出现，磁盘访问的延迟呈现多个数量级的下降，建立在机械磁盘的存储软件就变成了瓶颈。而且，大多数分布式文件系统可以使用具有远程直接数据存取(Remote Direct Memory Access，RDMA)功能的网络作为快速传输层，以减少层间的数据复制。例如，将数据从客户端的页面缓存转移到服务器的缓冲区缓存，然后将其持久化到块设备。然而，由于传统的存储堆栈中缺乏针对块 I/O 和网络事件的统一轮询或进度机制，I/O 请求处理严重依赖于中断和多线程的并发远程过程调用(Remote Procedure Call，RPC)处理。因此，I/O 处理过程中的上下文切换将极大地限制低延迟网络的优势。虽然基于传统的分布式文件系统繁重的堆栈层，包括缓存和分布式锁等，用户可以使用 3D NAND、3D XPoint 存储和高速网络来获得一些更好的性能，但也会因为软件堆栈所带来的开销而失去这些技术的大部分好处。

分布式异步对象存储[20](Distributed Asynchronous Object Storage，DAOS)是一个开源的、由软件定义的对象存储，专门为大规模分布式非易失性存储器(Non-Volatile Memory，NVM)设计，它提供了一个键值存储接口，并提供了诸如事务性非阻塞 I/O、版本化数据模型和全局快照等功能。DAOS 利用存储级内存(Storage-Class-Memory，SCM)和 NVMe 等下一代存储技术，并绕过所有 Linux 内核 I/O，实现在用户空间中端到端运行，在 I/O 期间不进行任何系统调用。

如图 11-15 所示，DAOS 的体系结构由三个基础的构建块构成。第一个构建块是持久性内存(Persistent Memory，PM)和持久性内存开发工具包(Persistent Memory Development Toolkit，PMDK)。DAOS 用它来存储所有的内部元数据、应用程序或中间件的关键索引和延迟敏感的小型 I/O。在系统启动期间，DAOS 使用系统调用来初始化对持久性内存的访问。例如，它将支持直接访问(Direct Access，DAX)的文件系统的持久性内存文件映射到虚拟内存地址空间。当系统启动并运行时，DAOS 可以通过加载和存储等内存指令直接访问用户空间的持久性内存，而不是通过复杂冗长的存储栈。

持久性内存 PM 速度快，但容量小，成本效益低，所以实际上不可能只用持久性内存创建一个大容量的存储层。DAOS 利用第二个构建块，即 NVMe SSD 和高性能存储开发套件 SPDK，以支持大型 I/O 以及更高延迟的小型 I/O。SPDK 提供了一个可以链接到存储服务器的 C 语言库，可以在 NVMe SSD 之间提供直接、零拷贝的数据传输。DAOS 服务可以通过 SPDK 队列对以异步方式完全从用户空间提交多个 I/O 请求，随后在完成 SPDK I/O 时为存储在 SSD 中的数据创建持久性内存的索引。

Libfabric 和一个底层的高性能网络，如 Omni-Path、InfiniBand 或一个标准的 TCP 网络，是 DAOS 的第三个构建块。Libfabric 是一个库，它定义了 OFI(OpenFabrics Interfaces)用户空间的 API，并将网络通信服务导出到应用或存储服务。DAOS 的传输层是在 Mercury 框架的基础上建立的，支持 Libfabric/OFI 插件。Mecury 是一个远程过程调用框架，专门用于具有高速网络的高性能计算系统。Libfabric 为消息和数据传输提供了基于回调的异步 API，并为网络活动的进展提供了无线程的轮询 API。DAOS 服务线程可以主动轮询来自 Mercury 或 Libfabric 的网络事件，作为异步网络操作的通知，而不是使用中断，因为中断会因为上下文切换而对性能产生负面影响。

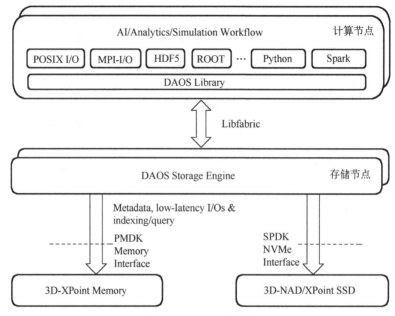

图 11-15　DAOS 系统结构

在高能物理科学大数据领域，ROOT 被广泛应用于事例数据的存储，总的数据量超过 1000PB。事例是高能物理数据处理最基本的单位，一个事例被编码为一条记录，包含一些可变长度的集合或属性。例如，一个事例可能包含一个粒子的集合，每个粒子都包括一组标量属性(如动量、能量等)、一个轨道的集合、喷流以及由粒子探测器收集的任何其他数据。大多数高能物理的数据分析需要访问许多事例，但只需要这些事例属性的一个子集。在这种情况下，使用传统的面向行的存储系统不是最优的，因为它们会因读取大量不需要的数据而产生开销。ROOT 框架中的 TTree 通过使用列式布局避免了这种开销，即连续存储一系列行的相同属性的值。这种编码方式不仅避免了上述的开销，而且还由于类似的值被存储在一起而有助于提高数据压缩率。虽然 TTree 在过去 20 年里被用来成功地存储了超过 1EB 的高能物理数据，但它的设计难以充分利用现代硬件和存储系统，如 NVMe 设备和对象存储。RNTuple[21]是 TTree 的一个向后兼容的重新设计，它克服了 TTree 的局限性，利用了最先进的硬件和存储系统。RNTuple 的分层设计允许对页面(属于同一数据列的数值)的编码和存储进行分离。这种分离对于支持不同的存储系统至关重要，例如 POSIX 文件或对象存储。因此，RNTuple 可以扩展支持 DAOS 作为后端存储[22]。

RNTuple 的设计包括四层：存储层、原语层、逻辑层和事例迭代层(图 11-16)。存储层抽象了底层存储类(如 POSIX 文件系统、对象存储等)的细节，还提供额外的打包或压缩等功能；因此，该层负责存取以簇(Cluster)或页(Page)的形式组织的数据。页包含一个列的所有数值，而簇则由特定行的页组成。原语层将一系列基本类型(如 float、int 等)的元素，组成页和簇。逻辑层将复杂的 C++类型映射到基本类型的列中，例如，std::vector<float>被映射到一个索引列和一个值列。最后，事例迭代层为事例迭代提供了一个方便的接口。

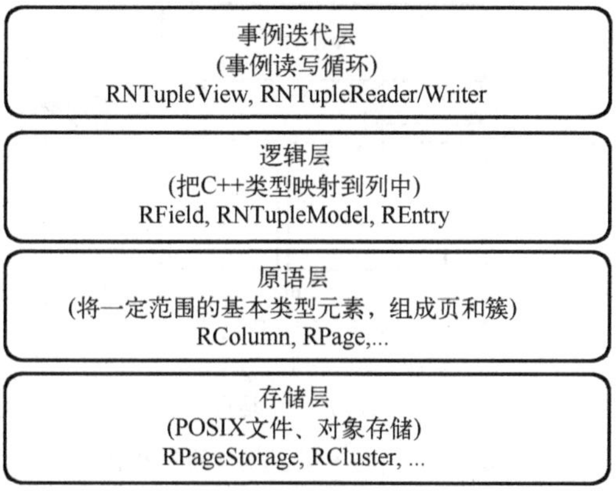

图 11-16 RNTuple 系统分层结构

RNTuple 分别依靠 RPageSource 和 RPageSink 类来读取和写入页面。因此，新的后端存储可以通过继承这些类来实现。RPageSource 类定义了两个成员函数，可以在子类中被重载。PopulatePage()负责读取单个页面，以及 LoadCluster()用于读取属于某个簇的所有页面。后者可以实现额外的优化，例如向量读取和并行解压。RPageSink 类提供了 CommitPage()和 CommitCluster()方法，负责写入数据。和它们的读对应方法一样，可能包括以聚合写请求等优化。DAOS 的 API 由 libdaos 提供，PopulatePage()和 CommitPage()通过 libdaos 定义的接口执行同步读或写操作，可以使用向量读函数对簇中的所有页面的访问进行优化。

通过扩展 RNTuple，使得 ROOT 可以调用 DAOS 对象存储功能，从而充分利用 NVMe 等新型存储的性能优势，优化高能物理数据处理。同时，对用户和应用的影响降到最低，仅在执行数据处理时将原有的文件名方式，比如/data/raw01.root，修改为一个对象存储的模式，比如 daos:// 75ae95b4-d4ab-401b-a705-25e9f634aa08/dddbce3e-e55b-4f6a-a714-53aaef4c64f5，其中第一个 UUID 为 DAOS 的 pool name，第二个 UUID 为 DAOS 的 container name。

## 11.2 可计算存储

### 11.2.1 传统体系架构的挑战

作为科学大数据处理基石的计算机体系结构，目前仍以冯·诺依曼架构为基础，正面临着发展的瓶颈。1945 年，冯·诺依曼提出在数字计算机内部的存储器中存放程序的概念，后被广泛称之为"冯·诺依曼体系结构"或"冯氏架构"（图 11-17）。冯·诺依曼体系结构中计算和存储功能是分离的，分别由中央处理器 CPU 和存储器完成。CPU 和存储器通过总线互连通信，CPU 从存储器读出数据，完成计算，然后将结果写回存储器。冯·诺依曼架构以 CPU 为核心，其他部件都是为 CPU 服务。随后几十年间，围绕数据处理、数据存储和数据交互展开了快速创新迭代。但是，21 世纪以来，计算技术升级速度逐渐放缓，起因于芯片主频提升、多核数目堆叠、工艺尺寸微缩等固有升级路径因遭遇瓶颈而渐次失效。

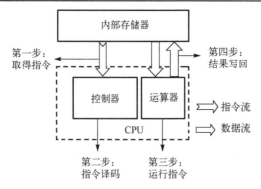

图 11-17　冯·诺伊曼体系结构图

在冯·诺伊曼体系结构中对处理器聚焦的牵引下，业界对处理器性能的关注远远超过对存储器性能的关注。随着半导体产业的发展和需求的差异，处理器和存储器二者之间走向了不同的工艺路线。处理器和存储器二者的需求不同，工艺不同，封装不同，导致二者之间的性能差距越来越大。从1980年开始至今，处理器和存储器的性能差距不断拉大，存储器数据访问速度跟不上CPU的数据处理速度，导致了"存储墙"问题越来越严重。造成"存储墙"的根本原因是存储与计算部件在物理空间上的分离。

从图11-18中可以看出，从1980年到2000年，两者的速度失配以每年50%的速率增加。为此，工业界和学术界开始寻找弱化或消除"存储墙"问题的方法，开始考虑从聚焦计算的冯·诺依曼体系结构转向聚焦存储的"存算一体"技术，也称为可计算存储或存内计算等。

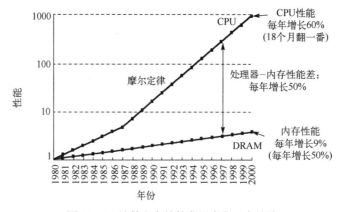

图 11-18　计算和存储的发展失衡及存储墙

当前，高能物理数据处理架构普遍采用"计算–存储分离"的计算模式，典型的高能物理计算环境图11-19所示，其核心是一个高速、高可靠的网络，其余子系统连接到这个核心网络上，包括前端登录集群、存储集群、计算节点集群、备份与分级存储系统、管理系统等。在这种模式下，数据访问的I/O路径非常长，数据需要从底层硬盘读入到存储节点的内存中，然后再通过网络从存储节点传输到计算节点，甚至广域网上的网格计算节点。I/O瓶颈已经成为目前高能物理数据处理面临的主要问题之一。

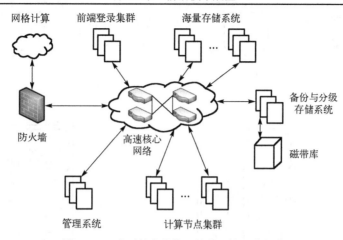

图 11-19　典型的高能物理计算环境及其组件

　　为了克服"计算–存储分离"的计算模式中数据搬运及 I/O 瓶颈的问题,大数据处理逐渐出现了一种新的思路,即"把计算移动到数据上",而不是传统的"把数据移动到计算上",因为移动数据比移动计算的开销更大(图 11-20)。Hadoop 框架[23]就采取了这样一种思路,将计算节点和存储节点合并在一起,使得计算更加靠近数据,从而减少数据在网络上的移动。但是,从计算机体系架构的角度来看,Hadoop 中计算和存储只是在一台机器内部,数据从外部磁盘读取到内存再到 CPU 处理,仍然遵循的是冯•诺依曼架构,还没有解决"存储墙"的问题。与 Hadoop 不同,可计算存储等"存算一体"的方案实现计算和访存融合,在存储单元内实现计算,从体系结构上消除了数据搬运,是一种极具前景的解决方式。

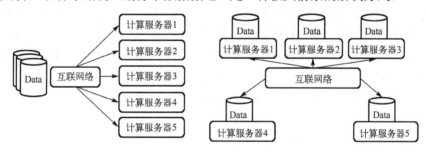

图 11-20　"移动数据"与"移动计算"方式的对比

　　"存算一体"的核心思想是将部分或全部的计算移到存储中,计算单元和存储单元集成在同一个芯片,在存储单元内完成运算,让存储单元具有计算能力。这种极度近邻的方式完全消除了数据移动的延迟和功耗,彻底解决了存储墙问题。"存算一体"既可以在内部存储器中实现,也可以在外部存储器中实现,往往称为"存内计算"或者"可计算存储"等。高能物理数据量大,数据分析时具有典型流式数据的特点,因此现阶段多采用基于外部存储器实现的可计算存储(Computational Storage)技术[24],常见的结构如图 11-21 所示,其中图 (a)是传统的计算架构,数据存放在硬盘(SSD 或者 HDD 等)上,CPU 将数据从硬盘读取到内存中进行处理。图 (b)是可计算存储的一种常见结构,即可计算存储驱动器(Computational Storage Drive,CSD),将计算功能卸载到硬盘的控制中,这样计算就可以直接在硬盘内部完成,而不需要将数据从硬盘读取到内存中再由 CPU 进行处理。

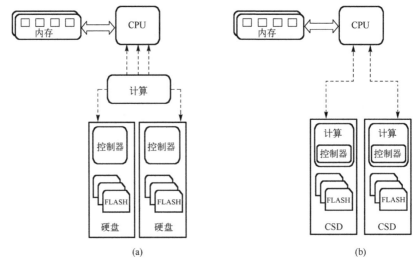

图 11-21　可计算存储示意图

## 11.2.2　可计算存储体系架构

可计算存储类似于人脑，将数据存储单元和计算单元融合为一体，能显著减少数据搬运，极大提高计算并行度和能效。可计算存储设备将数据处理移到更靠近数据的地方，使用可计算存储体系架构，数据直接在存储设备中进行处理，从而减少原来在存储和计算平面之间移动的数据量。减少数据移动可以提高实时数据分析的效率，减少 I/O 瓶颈，提高性能。可计算存储的潜力引起了众多公司和标准机构的关注。全球网络存储工业协会（Storage Networking Industry Association，SNIA）成立了一个工作组，以建立可计算存储设备之间的互操作性标准，工作组成员来自 ALIBABA、ARM、AMD、Intel、AWS、Facebook、谷歌、美光科技、微软、惠普、戴尔、联想、浪潮等 50 多家单位。2021 年 6 月，SNIA 发布了最新的可计算存储技术架构与编程模型白皮书[25]，并在快速迭代。

在 SNIA 的可计算存储技术白皮书中给出了一些可计算存储的实现架构，如图 11-22 所

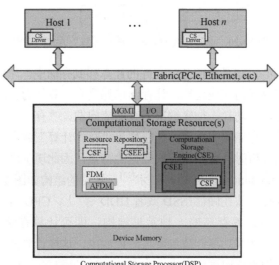

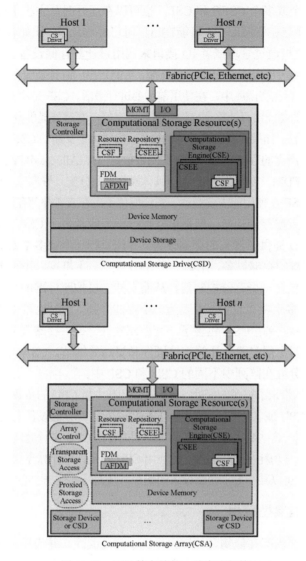

图 11-22　可计算存储的一些实现架构

示，包括可计算存储处理器(Computational Storage Processor，CSP)、可计算存储驱动器以及可计算存储阵列(Computational Storage Array，CSA)等。

CSP、CSD、CSA 统称为可计算存储设备，一个可计算存储设备由可计算存储资源(Computational Storage Resources，CSR)、设备内存(Device Memory)等组成，CSD 和 CSA 还包含存储控制器(Storage Controller)和设备存储(Device Storage)等。可计算存储资源是可计算存储设备的必需组件，包含资源库(Resource Repository)、函数数据内存(Function Data Memory)、一个或多个可计算存储引擎(Computational Storage Engine，CSE)等。资源库通常用来保存可计算存储函数(Computational Storage Function，CSF)以及可计算存储引擎环境(Computational Storage Engine Environment，CSEE)。

CSE 支持编程以提供一个或多个具体的操作。CSE 需要 CSEE 来激活某一个 CSF。CSE

可以在出厂时激活一个或多个 CSEE 和 CSF，也可以在运行时从主机下载和激活一个或多个 CSEE 和 CSF。CSF 保存在资源库中，可能在出厂时已经固化了，比如各类压缩算法、RAID、纠删码、加解密等。主机通过管理或者 IO 接口来调用可计算存储设备上的各种 CSF 的功能。

CSEE 是可计算存储引擎运行的操作系统环境，可能是出厂时预装或者从主机上下载的。预装或者下载的 CSEE 都保存在资源库中，在使用前需要进行激活。CSF 是由 CSE 配置和执行的一系列的操作。一个 CSF 的功能由可计算存储设备预先定义好，并对外提供具体的接口，不能随意改变，比如 ZSTD 压缩算法。如果需要其他功能的操作，需要再定义新的 CSF。函数数据内存(FDM)为 CSF 提供输入输出所需的存储空间。预分配函数数据内存(Allocated Function Data Memory，AFDM)是一类特殊的 FDM，专门为 CSF 某些具体操作预先分配。资源库是保存 CSF 和 CSSE 的区域，这些 CSF 和 CSSE 在使用前需要激活。资源库位于内存或者外部存储中。

CSP 没有持久的数据存储功能，但是可以执行一个或者多个 CSF，提供可计算存储的能力。与 CSP 相比，CSD 提供了持久的存储设备，并能执行一个或多个 CSF 功能。因此，CSD 还可以表现为一个标准的存储设备，比如一个 SSD 硬盘，主机可以用标准的接口来管理和访问它。这样，CSD 要包含一个存储控制器，从而支持主机按照标准的协议对其进行寻址。与 CSD 相比，CSA 拥有多个持久设备，表现为一个存储阵列，同时也可以执行一个或多个 CSF 的功能。作为一个存储阵列，CSA 包含了一套控制软件，提供存储服务、存储设备和可计算存储资源的虚拟化，对上层隐藏可计算存储硬件和资源的细节。CSA 中的 CSR 可能是一个中心的资源，也可能分散在阵列中不同的 CSD 和 CSP 中。

可计算存储的架构带来了很多的好处，比如：①卸载主机 CPU 的负载，这样存储服务器上就可以配置较为便宜的 CPU 或者让 CPU 做其他任务；②在可计算存储设备上配置特定功能的数据处理功能，比如压缩数据，这些数据就没有必要传输到内存由 CPU 进行处理，从而减少数据传输，提升数据处理性能；③与功耗在 100W 以上的通用 CPU 相比，可计算存储设备更加节能；④由于降低了数据传输购置，可以减少更多网络设备的购买，从而降低数据中心建设和扩容的成本。

## 11.2.3　可计算存储典型应用

可计算存储技术在国际高能物理领域也受到了高度关注，并启动了相关研究工作。为了应对 HL-LHC 的数据处理挑战，国际高能物理领域成立了数据管理组织[26](Data Organization，Management and Access，DOMA)，推进数据存储和处理相关技术研究，以解决 HL-LHC 时代的数据挑战，并开始采用可计算存储技术 SkyhookDM 系统[27]。SkyhookDM 是加利福尼亚大学圣克鲁兹分校发起的一个开源项目，通过实现 CEPH 文件系统插件，将查询、聚合、索引等数据管理操作从计算节点卸载到存储节点，以提升数据处理效率。阿里巴巴使用可计算存储的固态盘来加速 PolarDB 关系型数据库的操作[28]，在 TPC-H 基准测试中取得了良好的效果。在多数的可计算存储解决方案中采用了 FPGA，文献[29]基于 FPGA 和 SSD 实现 TB 级的数据排序，文献[30]实现了基于 FPGA 加速的近存储数据分析 SmartSSD。目前，在可计算存储设备中增加 FPGA 计算能力是常用技术之一。FPGA 的 MIMD(多指令流多数据流)架构比 GPU 的 SIMD(单指令多数据)架构更为优秀。

在高能物理数据处理过程中，需要访问大量的实验数据，实验数据往往具有高维稀疏的特点。如果将可计算存储资源加到单个固态硬盘中(即 CSD 的方式)，会出现一个数据集存放在多个硬盘上的现象。如果将可计算存储资源加到阵列中(即 CSA 的方式),成本会比较高,并且与现有高能物理采用的 JBOD 硬盘存储方式不太兼容。因此,现阶段面向高能物理的可计算存储系统采用了 CSP 的方式,即可计算存储资源通过外部总线的方式连接到不同类型硬盘存储,应用灵活。典型的高能物理可计算存储架构如图 11-23 所示。底层是可计算存储硬件设备,包括 CPU/SoC、FPGA、硬盘等。第二层是可编程高性能 IO 设备驱动,包括数据零拷贝技术、FPGA 硬件功能重配置以及并行数据处理等。第三层是可计算存储软件框架,运行在存储服务器上,支持存储服务、应用库、算法库及任务执行等。第四层是关键算法与模型,实现算法硬件化,通过算子库的形式提供给上层的可计算存储应用调用,包括数据压缩/解压、数据排序、数据索引以及常用的神经网络模型等。最上层是可计算存储应用生态,支持数据约简、解码、重建、快速检索等功能。

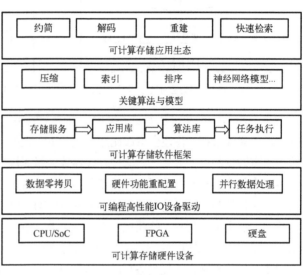

图 11-23　面向高能物理的可计算存储系统架构

　　可计算存储系统通过算法、应用和服务的形式提供高能物理计算任务卸载的功能,可以灵活覆盖模拟、重建、分析等多种高能物理应用场景。物理模拟是开展高能物理研究必需的工作,通过采用 GEANT4 等工具,追溯每一个微观粒子,利用已知的粒子与物质的相互作用截面(粒子与粒子的相互作用截面),模拟粒子在物质里面的输运过程,然后将模拟的结果通过 ROOT 写入到文件保存。物理模拟过程需要消耗大量的 CPU 资源,是典型的计算密集型应用,但是模拟同样会产生大量的数据,需要保存到分布式存储系统中。此时,可计算存储功能完全是透明的,模拟程序不需要任何修改,仍然使用原有的存储接口写入即可。可计算存储系统收到数据后会自动压缩保存到后台的硬盘中,在节省存储空间的同时还可以节省 CPU 资源,提高 CPU 利用率。物理模拟程序调用可计算存储系统的流程如图 11-24 所示。

　　物理重建将探测器记录的原始数据转化为粒子的动量、能量和运动方向等物理量,生成重建数据。在重建过程中,重建软件(比如 LHAASO 软件系统 LodeStar 等)需要从存储系统的 ROOT 文件中读入大量数据,然后调用排序、拟合以及人工智能等算法进行复杂的计算,重建出物理量再写入存储系统的新的 ROOT 文件中。因此,重建过程是一个大量数据和大量计算的应用。如果简单地调度到可计算存储设备上,并不是最适合的。因此,可以采用可计算存储服务的模式,将数据重建过程进行解耦,需要大量计算的操作仍然在计算节点运行,压缩、排序、卷积等需要大量数据的操作调度到可计算存储设备上,然后将结果返回给计算节点。数据重建程序调用可计算存储系统的流程如图 11-25 所示。除了采用标准存储接口透明调用可计算存储功能之外,重建程序还需要通过自定义的 API 来访问可计算存储系统的计算服务接口,比如卷积或者池化等操作。

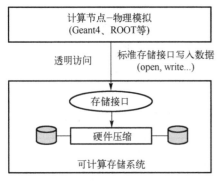

图 11-24　物理模拟应用场景及流程图

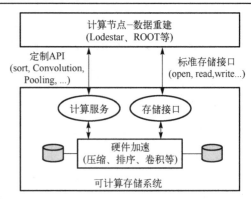

图 11-25　数据重建应用场景及流程图

数据分析是物理学家从海量数据中挖掘科学成果的过程，是典型的数据密集型计算，需要读取大量的实验数据，往往会形成比较严重的 I/O 瓶颈。由于数据分析仅对部分事例感兴趣，甚至只占原有数据的百万分之一。这种方式导致大量无用数据的读取，既浪费了带宽，又导致了数据分析效率的降低。数据分析常用的工具包括 BOSS（BESIII Offline Software System）、SNiPER 等离线软件框架等。高能物理的数据存储在 ROOT 文件中，每个 ROOT 文件包含数万甚至上百万的事例，每个事例具有一些属性，比如光子数、电子数、动量、方向、时间等。高能物理数据分析工具采用事例数据模型，即按照事例进行筛选数据并进行处理。事例筛选的过程其实就是按照事例属性进行判断，将满足条件的事例留下，不满足条件的忽略。

在该应用场景下，基于可计算存储系统研发索引和检索的机制可以大大加速事例筛选。当存储 ROOT 文件时，系统自动按照各个事例的属性建立一个索引文件，包括这些事例的关键属性与事例在文件中的地址。当用户或者应用读取文件时，先发送筛选条件。然后，可计算存储服务从索引中查找满足条件的事例及其地址，然后再从 ROOT 文件直接读取相应的事例。在这个应用场景下可以实现两个功能：①索引检索机制；②扩展 ROOT 接口，实现条件查询和数据取回。可以看出，可计算存储系统从硬盘读取事例数据，先进行筛选然后再发给计算节点，这样就可以大大减少数据传输，提高数据分析效率。基于可计算存储的数据分析及流程如图 11-26 所示。

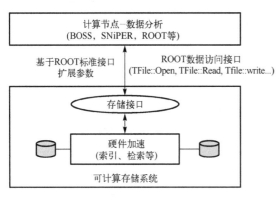

图 11-26　数据分析应用场景及流程图

除了模拟、重建、分析等通用的应用场景外，在一些特定场景下使用可计算存储还可以简化计算任务，提高计算效率，实现计算模式的变革与创新。在 LHAASO 等实验中通常要将中探测器上采集的数据进行解码（decode），将探测器上获取的二进制文件转换成有格式的 ROOT 文件。在图 11-27（a）传统流程中包括三个独立的过程，即①将从探测器上采集到的原始数据存放到存储节点上；②用户在登录节点轮询元数据服务器，发现是否有新的原始文件产生，一旦发现新文件，就向作业调度系统（比如 HTCondor）提交作业；③作业调度服务器将任务分配到计算节点，然后计算节点运行 decode 从一个存储节点上通过网络读取原始数据，然后再通过网络写入到另外一个存储节点。这三个过程完全独立，一旦某个环节出了问题就导致 decode 任务流程得不到执行，可靠性不高。

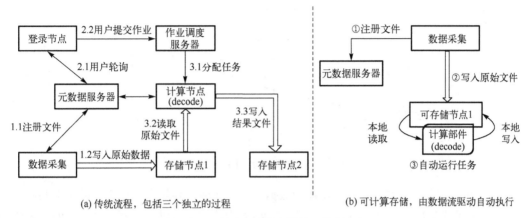

(a) 传统流程，包括三个独立的过程　　　　　(b) 可计算存储，由数据流驱动自动执行

图 11-27　基于可计算存储的工作流实现

如果使用可计算存储系统，其执行流程如图 11-27(b)所示，完全变成一个由工作流驱动的自动执行系统，数据采集在元数据服务器上注册文件并向可计算存储节点写入数据时就会触发 decode 计算任务，该任务从本地节点内存(缓存的数据)或者硬盘中读取原始数据，然后调用可计算存储上的计算能力(CPU、SoC、FPGA)直接执行 decode 任务，然后将数据再写入本计算节点上硬盘，完全是本地化的操作。

## 11.3　数据组织与管理

### 11.3.1　未来的挑战

未来十年，高能物理领域将进入到 EB 级的时代，像 HL-LHC 实验每年都要产生近 1EB 的实验数据，还有 DUNE 实验等，甚至一些非高能物理的实验比如平方公里阵列 SKA 也将进入到这个时代。因此，在设计计算模型的时候要考虑到数据的组织、管理以及访问等诸多因素。特别地，由于网络技术的快速发展，使得计算资源和存储资源可以异地部署，将导致分布式计算模型被更加广泛地应用。最近几年，网络提速明显加快。带宽性能增速比(Ratio of Bandwidth and Performance Growth Rate，RBP)定义为网络带宽的增速除以 CPU 性能增速。如图 11-28 所示，以 Mellanox 的 ConnectX 系列网卡带宽作为网络 IO、以 Intel 的系列产品性能作为 CPU 的案例，用"带宽性能增速比"来反映趋势的变化。可以看出，2010 年前，网络的带宽年化增长大约是 30%，到 2015 年微增到 35%，然后在近年达到 45%。相对应的，CPU 的性能增长从 10 年前的 23%，下降到 12%，并在近年直接降低到 3%。在这三个时间段内，RBP 指标从 1 附近，上升到 3，并在近年超过了 10。RBP 指标在近几年剧增，给数据的传输、管理以及处理方式都将带来新的挑战与机遇。

图 11-28　带宽性能增速比(RBP)发展趋势[31]

以 LHC 为例，目前管理将近 1EB 的数据，一半在磁盘存储上，一半在磁带上归档。而到了几年后的 HL-LHC 时期，每年数据的数据量将增长 10 倍以上，而计算资源的需求要增加 60 倍。实际上，存储和计算的需求已经超过了实际技术的发展，这也是目前高能物理数据管理领域面临的主要挑战。如果解决不好，就会限制科学的产出和潜在的物理分析成果，因此急需新的技术和算法模型。概括来说，主要存在如下三类挑战：

(1)大数据。未来高能物理领域的数据量将显著增加，计算系统将需要在不大幅增加成本以及在存储技术的限制下来高效处理这些数据。

(2)动态分布式计算。未来高能物理领域计算需求的大幅增加也将对数据提出新的要求。具体来说，使用具有不同动态可用性和特点的新型计算资源(如云计算、高性能计算等)，需要更多的动态的数据管理系统。

(3)新应用。机器学习训练或用于分析的高速数据查询系统等新的应用，将用于满足计算限制和扩大物理研究的范围。这些新的应用将对数据的获取以及产生的方式和地点提出新的要求。例如，特定的应用(如机器学习的训练)可能需要使用专门的处理器资源，如 GPU、FGPA 等。

近年来，无论是在商业领域还是在其他研究领域，数据密集型应用问题的迅速增加也为应对这些挑战提供了许多机会和解决方案，包括数据组织、数据管理以及数据访问等。

## 11.3.2　数据组织

经过长期的发展，高能物理建立了本领域的数据组织模式，并形成了当今使用的主流数据访问和存储模型。当前，高能物理数据组织以文件为中心，然后在文件中存储多个事例。数据的组织主要是指数据写入的结构方式，目前大多数高能物理的数据是以 ROOT 文件格式写入。ROOT 将数据对象序列化，进行压缩，并以列的方式写入。ROOT 文件需要配合相应的应用软件才能访问。实际上，高能物理的数据可以看成一个二维结构，行表示的是一个事例，而列表示的是这个事例的相关属性，比如动量、方向等。因此，在数据的组织上可以用行存储和列存储两种方式。显而易见，行存储更有利于事例显示等针对单个事例的操作，而列存储更有利于统计分析等大量事例的操作。如何找到这两种方法之间的平衡将会促进事例分析与访问。同时，除了文件内部对事例按照行或者列的方式进行组织，单个事例还可以按照属性进行组织，即子事例级的粒度。当然，多个文件可以组织数据集，甚至数据集还可以组成更大的数据集，比如"数据容器(Container)"等。数据组织的粒度不同，会最终影响到数据管理以及数据分析的方式和效率。

数据组织粒度的选择还有可能扩展数据存储的技术，比如利用 AMS S3 或者 CEPH 等一些对象存储技术。把事例存储在对象中作为事例对象，可以支持事例的并行读或写。在当前的数据模型中，由于受到事例顺序写的限制导致并发处理的问题，而事例对象的方式可以支持扩展到更大规模的 CPU 核并发处理。当然，如果一个事例太小的话，也会影响到数据读写的效率。一般来说，事例读写效率与事例大小密切相关，事例越小效率越差。在这种情况下，可以创建事例集合，即把多个事例放在一个对象里，来缓解读写效率差的问题。某些高能物理实验的事例非常复杂，单个事例的大小能达到数百兆字节甚至更大，此时也可以采用子事例级的细粒度组织管理方式，从而支持更好的并行数据处理。

除了 ROOT 之外，HDF5[32](Hierarchical Data Format)格式的文件在科学计算领域有着广泛的应用。HDF5 是自 20 世纪 90 年代末以来科学界流行的 I/O 库[1,6-11]，使用户能够以一种可移植的、自我描述的文件格式存储数据，并从 1.10.3 版本开始支持并行 I/O 进行数据压缩。此外，许多用于数据可视化和分析的开源和商业软件包可以读取和写入 HDF5 文件。HDF5 拥有一系列的优异特性，使其特别适合进行大量科学数据的存储和操作，如它支持非常多的数据类型、灵活、通用、跨平台、可扩展、高效的 I/O 性能、支持几乎无限量(高达 EB)的单文件存储等。HDF5 文件以分层结构组织，其中包含两个主要结构，即组(Group)和数据集。组结构包含零个或多个组或数据集的实例，以及元数据。数据集由描述数据的元数据和数据本身组成。使用组和组成员在许多方面类似于在 UNIX 中使用目录和文件，与 UNIX 目录和文件一样，HDF5 文件中的对象通常通过给出其完整(或绝对)路径名来描述。比如/表示根组，/ foo 表示根组中名为 foo 的成员，/foo/zoo 表示组 foo 中名为 zoo 的成员。数据集可以是图像、表格、图表，甚至是 PDF 或 Excel 等文档。

图 11-29 是一个 HDF5 文件的例子，该文件中有两个组，Viz 和 SimOut。在 Viz 组中有一些图像和一张表，这个表与 SimOut 组进行共享。SimOut 组包含了一个三维数组、一个二维数组、一个与 Viz 组共享的表格以及一个链接到其他 HDF5 文件的二维数组。

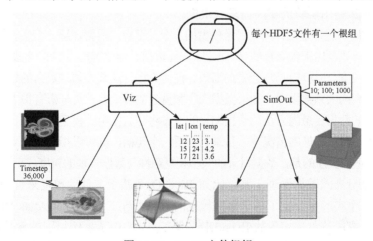

图 11-29　HDF5 文件组织

　　高能物理实验通常产生大量的原始数据文件，经过过滤、约简等操作后，输出文件尺寸变小，但是文件数量仍然很大。为了简化数据管理、传输等操作，将大量小尺寸的文件聚合成少量的大尺寸文件是一个比较好的优化方式。但是，文件的聚合会带来额外的开销。如果采用 HDF5 文件则可以有效解决这个问题。美国的中微子实验 NOvA 采用 HDF5 来管理实验数据[33]。所有的 NOvA 文件都有相同的组和数据集，包含不同时间段的测量数据。考虑到数据聚合过程，即给定数百至数千个 HDF5 文件，每个数据集将所有输入文件聚合，并写入一个共享文件中。数据聚合是一个关键步骤，使得 NOvA 数据分析组件能够并行搜索整个探测器的读出数据，并确定物理学家感兴趣的一小部分中微子相互作用事例。NOvA 这个分析方式使得 HDF5 成为理想的 I/O 分析方法。

　　NOvA 的数据是高度可压缩的。如果使用 ZLIB 软件以默认的 6 级 (level 6) 进行压缩，大多数 NOvA 数据的压缩率可以达到 30 倍到 1000 倍。HDF5 将一个多维数组 (在 HDF5 中被称为"数据集")分成同等大小的子数组，每个子数组都可以被独立压缩。对于并行写操作，压缩后的数据集分块分配给一个独占的所有者进程，然后任何其他进程对该块的部分访问必须在压缩之前转移给所有者。调整分块的参数可以对性能产生重大的影响，因为块的大小和它的尺寸决定了数据 (去) 压缩和 I/O 的并行程度。通过调整分块等优化，HDF5 在 NovA 实验中得到了成功的应用，因此在未来的高能物理数据组织中可以尝试 HDF5 的格式。

### 11.3.3　数据管理

　　数据管理的关键挑战是如何在网格等分布式计算模型中高效管理和传输数据。为了解决这个问题，各个高能物理实验开发了专门的数据目录、传输和放置系统。传统的方式按照"移动计算而非移动数据"的思想，首先将数据放置在站点上，然后把相关的计算任务调度到正确的位置。这种方式也有缺点，比如计算任务依赖于数据的分布，很容易导致站点 CPU 利用不均衡。随着网络带宽的快速提升，数据管理方式也会发生新的变化。

　　数据管理策略直接影响数据访问。例如，为不同的使用场景分别准备相应的数据样本，这样能够提高计算效率，但代价是传输和存储的数据量更大。同样，数据管理的粒度也可以改变，比如基于事例的管理，有望减少存储量，并能够提高对于动态计算资源的使用效率。这将对数据目录、数据分配和存储系统产生连带的影响，并将影响数据访问。因此，采用什么样的数据管理策略由实验的实际需求来决定。

　　数据管理粒度的选择是设计数据目录模型的一个关键点，需要理解一个实验的哪些数据需要集中编目或跟踪，以及出于什么目的 (比如记账、元数据、定位等)。例如，对数据的分析访问以事件级别以下的粒度 (如物理对象) 会更加高效。任何数据目录都必须与数据的外部存储相关联，比如与存储元数据的关系数据库。如果数据产生和重建的目录要求与分析有很大差别，也可以考虑采用多个互补的数据目录的方法。数据编目的方案将与数据组织模型紧密结合，例如，在基于对象或使用内容可寻址存储的情况下，目录只需要一个句柄，就可以指向一个事例或其他正在寻找的一个对象。值得关注的是，数据目录的大小和复杂性与数据管理的粒度成正比。

　　常用的一些分布式数据管理工具，比如 RUCIO 等基于文件的粒度来管理、存储和传输数据。同时，各个实验也开发了基于事例粒度的数据管理工具，比如 Atlas 的 EventIndex[34]以及高能物理研究所等单位实现的 EventDB[35]等工具，实现了事例级别的元数据管理、存储、筛选以及传输等，可以大大降低无效的事例访问，从而提高数据处理效率。

### 11.3.4    数据访问

高能物理数据处理过程中要访问所需的数据，目前主要的方式通过 RFIO、DCAP、XRootD、HTTP 等数据访问协议直接访问本地站点内的数据。如果数据不在本地站点，通常通过数据传输服务将数据从远程站点提前传输本地站点。这种方式的优点是本地数据访问效率高，缺点是无法适应云计算等动态计算环境。随着网络带宽的提升，远程直接访问逐渐体现出其灵活的优势，通过实现数据"按需访问"可以支持数据处理任务在全球范围内调度，从而充分利用各类计算资源。同时，在高能物理领域广泛采用数据缓存的技术，比如 XRootD Proxy Cache[36]，以节省广域网带宽，并利用数据流行度等人工智能技术，优化数据传输和缓存命中率。XRootD Proxy Cache 是 XRootD 的一个组件，也称为 XCache，可以提供文件或者部分文件级的数据缓存服务，在 WLCG 中得到了广泛的应用[37]。

图 11-30 给出了一个 XCache 的部署示意图，其中数据存储在远程存储服务器上，计算任务运行在工作节点上。在工作节点上不存储数据，当计算任务需要输入文件时可以通过 XRootD 协议"找到"一个附近的 XCache 服务器，如果该服务器有需要的文件就可以直接打开使用；如果 XCache 服务器上没有所需要的文件，可以通过广域网从远程存储服务器下载，然后再提供给工作节点访问。工作节点上计算任务的输出一般不通过 XCache 服务器，会直接写回到远程存储服务器上。

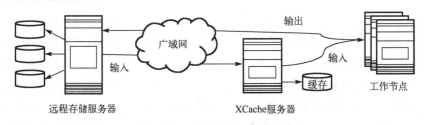

图 11-30    XCache 部署示意图

在这个过程中，如何"找到"附近的 XCache 服务器以便快速访问数据是一个需要解决的问题。实际上，在互联网中广泛使用内容分发网络(Content Delivery Network，CDN)技术来提供视频文件或者网页等靠近用户侧的缓存服务，提升用户的上网体验。CDN 网络大大地改善了互联网的服务质量，因此传统的大型网络运营商纷纷开始建设自己的 CDN 网络，如 AT&T、中国电信等。随着市场需求的不断增加，甚至出现了纯粹的 CDN 网络运营商，在世界各地建立数千个 CDN 节点。在科学研究领域，美国的开放科学网格项目(Open Science Grid，OSG)构建了科学数据分发的 CDN 网络[38]，高能物理、引力波等科学应用可以使用这个网络来加速数据访问并提高 CPU 的利用率。

OSG 的 CDN 网络称为开放科学数据联盟(Open Science Data Federation，OSDF)，支持大量计算任务直接在分布式计算平台运行，而不需要提前将数据传输到目标站点，实现数据的"按需访问"。OSDF 由三个组件组成，分别是数据源(Origin)、缓存(Cache)和转发器(Redirector)，如图 11-31 所示。

数据源保存一个数据的原始副本，每个数据源由希望在数据联盟内分发数据的组织来管理。缓存将数据直接传输给客户端，为了让客户端能够找到和访问就近的缓存，在 OSG 中实际运行着一组缓存来提供服务，每个站点也可以运行自己的缓存，以减少在广域网上传输的数据量。转发器会告诉缓存服务从哪个数据源下载数据，转发器由 OSG 统一运行和管理。

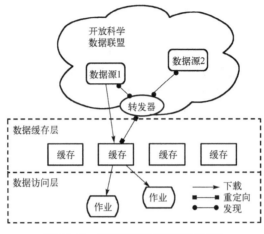

图 11-31　开放科学数据联盟结构图

## 11.4　本 章 小 结

当前，计算机体系架构正在发生快速的变化，比如：外部存储设备延迟越来越小，其性能逐渐接近内存；摩尔定律逐渐失效，异构计算异军突起，可计算存储等技术兴起；带宽性能增速比发展失调，网络带宽的增速将要超过 CPU 等。同时，HL-LHC 等高能物理实验数据大幅增长，给数据处理技术带来了前所未有的挑战。计算机体系架构的变革给解决超大规模数据存储和管理问题提供了新的技术思路，包括高性能存储、可计算存储以及数据组织与管理等，都会有新的发展。本章结合 IT 技术发展与高能物理数据处理的需求，首先介绍了高性能存储硬件方面的发展以及文件系统、对象存储等软件方面的优化，接着论述了可计算存储体系架构及其在高能物理数据处理方面的应用，最后展望了高能物理数据组织与管理的最新发展和未来可能的演进方向。

## 思 考 题

1. 随着硬盘容量的增大以及高能物理数据的快速增加，传统 RAID 技术面临的主要问题是什么？

2. 思考未来硬盘容量越来越大，单盘甚至达到100TB 以上，如何提高每 TB 的 IOPS 和读写带宽？

3. NVMe 是通过什么技术来降低存储延迟的？

4. 在数据去重技术中，如何高效地存储数据块索引？

5. 日志文件系统在闪存时代使用越来越广泛，其基本原理及其优势是什么？

6. 在日志文件系统中普遍存在 Wandering Tree 的问题，该问题是如何产生的，F2FS 是如何解决的？

# 参 考 文 献

[1] Information Storage Industry Consortium. Information Storage Industry Consortium（INSIC）2019, Technology Roadmap[R]. INSIC-Technology-Roadmap-2019. pdf（2019）.

[2] Marchon B, Pitchford T, Hsia Y T, et al. The Head-Disk Interface Roadmap to an Areal Density of Tbit/in2[M]. Advances in Tribology, 2013. DOI: 10.1155/2013/521086.

[3] Manzanares A, Watkins N, Guyot C, et al. ZEA, A Data Management Approach for SMR[C]//8th USENIX Workshop on Hot Topics in Storage and File Systems（HotStorage 16）, 2016.

[4] T10. Zoned block commands[R/OL]. [2022-06-02]. https://www.t10.org/.

[5] Borden J, Walker T. Multi-actuator - Increasing parallelism in HDD technology[C]//SDC, 2018. https://www.snia.org/educational-library/multi-actuator-increasing-parallelism-hdd-technology-2018.

[6] The Advanced Storage Technology Committee of the International Disk Equipment and Materials Association. ASTC-Technology-Roadmap-2014-v8[R]. San Jose, 2014.

[7] LTO. LTO 磁带技术发展路线图[EB/OL]. [2022-06-02]. https://www.lto.org/roadmap/.

[8] 陈钊, 余锋, 陈婷婷. 基于日志结构的闪存均衡回收策略[J]. 浙江大学学报（工学版）, 2014, 48（1）: 92-99.

[9] Park S, Jung D, Kang J, et al. CFLRU: A replacement algorithm for flash memory[C]//Proceedings of the 2006 International Conference on Compilers, Architecture and Synthesis for Embedded Systems, 2006: 234-241.

[10] Jung H, Shim H, Park S, et al. LRU-WSR: Integration of LRU and writes sequence reordering for flash memory[J]. IEEE Transactions on Consumer Electronics, 2008, 54（3）: 1215-1223.

[11] Li Z, Jin P, Su X, et al. CCF-LRU: A new buffer replacement algorithm for flash memory[J]. IEEE Transactions on Consumer Electronics, 2009, 55（3）: 1351-1359.

[12] Jin P, Ou Y, Härder T, et al. AD-LRU: An efficient buffer replacement algorithm for flash-based databases[J]. Data & Knowledge Engineering, 2012, 72: 83-102.

[13] Wu S, Lin Y, Mao B, et al. GCaR: Garbage collection aware cache management with improved performance for flash-based SSDs[C]//Proceedings of the 2016 International Conference on Supercomputing, 2016: 1-12.

[14] Yang Z, Harris J R, Walker B, et al. SPDK: A development kit to build high performance storage applications[C]// IEEE International Conference on Cloud Computing Technology and Science（CloudCom）, 2017: 154-161.

[15] Min C, Kim K, Cho H, et al. SFS: Random write considered harmful in solid state drives[C]// Proceedings of the USENIX Conference on File and Storage Technologies（FAST）, 2012: 139-154.

[16] Kim H, Agrawal N, Ungureanu C. Revisiting storage for smartphones[J]. ACM Transactions on Storage（TOS）, 2012, 8（4）: 1-25.

[17] Jeong S, Lee K, Lee S, et al. I/O stack optimization for smartphones[C]//USENIX Annual Technical Conference（USENIX ATC 13）, 2013: 309-320.

[18] Rosenblum M, Ousterhout J K. The design and implementation of a log-structured file system[R]. ACM SIGOPS Operating Systems Review, 1991.

[19] Lee C, Sim D, Hwang J, et al. F2FS: A new file system for flash storage[C]. 13th USENIX Conference on File and Storage Technologies（FAST 15）, 2015: 273-286.

[20] Liang Z, Lombardi J, Chaarawi M, et al. DAOS: A scale-out high performance storage stack for storage class memory[C]. Supercomputing Frontiers. SCFA 2020, Cham: Springer, 2020.

[21] Blomer J, Canal P, Naumann A, et al. Evolution of the ROOT Tree I/O[C]//EPJ Web of Conferences, 2020, 245, 02030.

[22] López-Gómez J, Blomer J. Exploring object stores for high-energy physics data storage[C]//EPJ Web of Conferences, 2021, 251: 02066.

[23] Ghazi M R, Gangodkar D. Hadoop, MapReduce and HDFS: A developers perspective[J]. Procedia Computer Science, 2015, 48: 45-50.

[24] Lukken C, Trivedi A. Past, present and future of computational storage: A survey[J]. arXiv preprint arXiv:2112.09691, 2021.

[25] SNIA Computational Storage Architecture and Programming Model v0.8[EB/OL]. [2021-06-09]. https://www.snia.org/sites/default/ files/technical-work/computational/draft/SNIA-Computational-Storage- Architecture-and-Programming-Model-0.8R0-2021.06.09-DRAFT. pdf.

[26] Berzano D, Bianchi R M, Bird I, et al. HEP Software Foundation Community White Paper Working Group: Data Organization, Management and access（DOMA）[M]. arXiv preprint arXiv:1812.00761, 2018.

[27] LeFevre J, Maltzahn C. SkyhookDM: Data processing in Ceph with programmable storage[J]. USENIX Login, 2020, 45（2）: 10182302.

[28] Cao W, Liu Y, Cheng Z, et al. POLARDB meets computational storage: Efficiently support analytical workloads in cloud-native relational database[C]//18th USENIX Conference on File and Storage Technologies（FAST 20）, 2020: 29-41.

[29] Jun S W, Xu S. Terabyte sort on FPGA-accelerated flash storage[C]//2017 IEEE 25th Annual International Symposium on Field-Programmable Custom Computing Machines（FCCM）, 2017: 17-24.

[30] Lee J H, Zhang H, Lagrange V, et al. SmartSSD: FPGA accelerated near-storage data analytics on SSD[J]. IEEE Computer Architecture Letters, 2020, 19（2）: 110-113.

[31] 中国科学院计算技术研究所. 专用数据处理（DPU）技术白皮书第 1.0 版[R]: 北京, 2021.

[32] Folk M, Heber G, Koziol Q, et al. An overview of the HDF5 technology suite and its applications[C]//Proceedings of the EDBT/ICDT 2011 Workshop on Array Databases, 2011: 36-47.

[33] Lee S, Hou K, Wang K, et al. A case study on parallel HDF5 dataset concatenation for high energy physics data analysis[J]. Parallel Computing, 2022, 110: 102877.

[34] Barberis D, Zárate S E C, Cranshaw J, et al. The ATLAS EventIndex: Architecture, design choices, deployment and first operation experience[J]. Journal of Physics: Conference Series, IOP Publishing, 2015, 664（4）: 042003.

[35] Cheng Y, Li H, Xu Q, et al. EventDB: An event-based indexer and caching system for BESIII experiment[C]//EPJ Web of Conferences, 2019, 214: 04011.

[36] Bauerdick L A T, Bloom K, Bockelman B, et al. XRootd, disk-based, caching proxy for optimization of data access, data placement and data replication[J]. Journal of Physics: Conference Series, IOP Publishing, 2014, 513（4）: 042044.

[37] Li T, Currie R, Washbrook A. A data caching model for Tier 2 WLCG computing centres using XCache[C]//EPJ Web of Conferences, 2019, 214: 04047.

[38] Fajardo E, Weitzel D, Rynge M, et al. Creating a content delivery network for general science on the internet backbone using XCaches[C]//EPJ Web of Conferences, 2020, 245: 04041.